U0383306

住房城乡建设部土建类学科专业“十三五”规划教材
高等学校土木工程专业创新型人才培养规划教材

土木工程防灾

叶继红　主　编
徐秀丽　杜　咏　副主编
李宏男　主　审

中国建筑工业出版社

图书在版编目（CIP）数据

土木工程防灾/叶继红主编. —北京：中国建筑工业出版社，2017.1（2024.9重印）
住房城乡建设部土建类学科专业“十三五”规划教材. 高等学校土木工程专业创新型人才培养规划教材
ISBN 978-7-112-21709-0

Ⅰ.①土… Ⅱ.①叶… Ⅲ.①土木工程-防灾-结构设计-高等学校-教材 Ⅳ.①TU350.4

中国版本图书馆CIP数据核字（2017）第327639号

本书为住房城乡建设部土建类学科专业“十三五”规划教材，同时也是高等学校土木工程专业创新型人才培养规划教材。本书根据土木工程学科教学要求，参考国内外土木工程防灾减灾方向相关文献和教材，并结合最新规范、工程案例编写而成。主要内容包括：绪论、结构动力学基础理论、建筑结构抗震基本理论与设计方法、多高层建筑钢结构抗震设计、砌体结构抗震设计、框架结构抗震设计、剪力墙结构抗震设计、框架-剪力墙结构抗震设计、桥梁结构抗震理论与设计、建筑结构基础隔震与消能减振设计、桥梁结构减隔震设计、建筑结构风荷载与风振响应分析、建筑结构抗风设计、桥梁结构抗风理论与设计、建筑结构抗火设计、地质灾害与防治等。

本书可用作土木工程专业本科教材或教学参考书，也可供研究生和有关技术人员参考使用。

为更好地支持本课程的教学，本书作者制作了配套的多媒体课件，有需要的读者可以发送邮件 jiangongkejian@163.com 索取。

* * *

责任编辑：仕 帅 吉万旺 王 跃
责任设计：韩蒙恩
责任校对：李美娜

住房城乡建设部土建类学科专业“十三五”规划教材
高等学校土木工程专业创新型人才培养规划教材
土木工程防灾
叶继红 主 编
徐秀丽 杜 咏 副主编
李宏男 主 审
*
中国建筑工业出版社出版、发行（北京海淀三里河路9号）
各地新华书店、建筑书店经销
霸州市顺浩图文科技发展有限公司制版
建工社（河北）印刷有限公司印刷
*
开本：787×1092毫米 1/16 印张：20¾ 字数：516千字
2018年3月第一版 2024年9月第二次印刷
定价：**45.00**元（赠课件）
ISBN 978-7-112-21709-0
（31566）

高等学校土木工程专业创新型人才培养规划教材
编委会成员名单

（按姓氏笔画排序）

出 版 说 明

近年来，我国高等教育教学改革不断深入，高校招生人数逐年增加，相应对教材质量和数量的需求也在不断提高和扩大。随着我国建设行业的大发展、大繁荣，高等学校土木工程专业教育也得到迅猛发展。江苏省作为我国土木建筑大省、教育大省，无论是开设土木工程专业的高校数量还是人才培养质量，均走在了全国前列。江苏省各高校土木工程专业教育蓬勃发展，涌现出了许多具有鲜明特色的创新型人才培养模式，为培养适应社会需求的合格土木工程专业人才发挥了引领作用。

中国土木工程学会教育工作委员会江苏分会（以下简称江苏分会）是经中国土木工程学会教育工作委员会批准成立的，其宗旨是为了加强江苏省具有土木工程专业的高等院校之间的交流与合作，提高土木工程专业人才培养质量，促进江苏省建设事业的发展。中国建筑工业出版社是住房城乡建设部直属出版单位，是专门从事住房城乡建设领域的科技专著、教材、技术规范、职业资格考试用书等的专业科技出版社。作为本套教材出版的组织单位，在教材编审委员会人员组成、教材主参编确定、编写大纲审定、编写要求拟定、计划交稿时间以及教材编写的特色和出版后的营销宣传等方面都做了精心组织和专门协调，目的是出精品，体现特色，为全国土木工程专业师生提供一个全新的选择。

经过反复研讨，《高等学校土木工程专业创新型人才培养规划教材》定位为高年级本科生选修课程或研究生通用课程教材。本套教材主要体现创新，充分考虑诸如装配式建筑、新型建筑材料、绿色节能建筑、新型施工工艺、新施工方法、安全管理、BIM 技术等，选择 18 种专业课组织编写相应教材。本套教材主要特点为：在考虑学生前面已学知识的基础上，不对必修课要求掌握的内容过多重复；介绍创新知识时不要求过多、过深、过全；结合案例介绍现代技术；体现建筑行业发展的新要求、新方向和新趋势。为满足多媒体教学需要，我们要求所有教材在出版时均配有多媒体教学课件。

本套《高等学校土木工程专业创新型人才培养规划教材》是中国建筑工业出版社成套出版体现区域特色教材的首次尝试，对行业人才培养具有非常重要的意义。今年正值我国“十三五”规划的开局之年，本套教材有幸入选《住房城乡建设部土建类专业“十三五”规划教材》。我们也期待能够利用本套教材策划出版的成功经验，在其他专业、在其他地区组织出版体现区域特色的土建类教材。

希望各学校积极选用本套教材，也欢迎广大读者在使用本套教材过程中提出宝贵意见和建议，以便我们在重印再版时得以改进和完善。

中国土木工程学会教育工作委员会江苏分会

中国建筑工业出版社

2016 年 12 月

前　言

从古至今，人类文明的发展史就是不断与各种灾害抗争的历史。灾害造成人员伤亡和财产损失，与土木工程确有很大关系。例如汶川地震所造成的人员伤亡大多由于房屋倒塌引起，而财产损失大半也集中于损毁的建筑中。因此，土木工程对防灾减灾存在巨大的职责。

本书综合防灾减灾的重要组成部分和最有效的对策和措施，共分七章，涉及的工程结构类型为建筑结构和桥梁结构，灾害类型为地震、风、火和地质。本书由中国矿业大学叶继红教授主编，南京工业大学徐秀丽教授、杜咏教授副主编，大连理工大学李宏男教授主审。叶继红教授、陈伟副教授（中国矿业大学）、徐秀丽教授、张志强副教授（东南大学）、冯若强教授（东南大学）、丁幼亮教授（东南大学）、黄镇副教授（东南大学）、王浩教授（东南大学）、杜咏教授、韩爱民教授（南京工业大学）共同编著。

具体分工如下：第 1 章、第 2 章、第 3 章 3.2.1（除 3.2.1.7）由叶继红编写；第 3 章 3.1（除 3.1.4.6）、第 3 章 3.2.3 由陈伟编写；第 3 章 3.1.4.6、第 3 章 3.3、第 4 章 4.1.2.2、第 4 章 4.4 由徐秀丽编写；第 3 章 3.2.1.7、第 3 章 3.2.4、第 4 章 4.1（除 4.1.2.2）、第 4 章 4.3.1 由张志强编写；第 3 章 3.2.2、第 5 章 5.1、第 5 章 5.2、第 5 章 5.3 由冯若强编写；第 3 章 3.2.5、第 3 章 3.2.6 由丁幼亮编写；第 4 章 4.2、第 4 章 4.3.2 由黄镇编写；第 5 章 5.4 由王浩编写；第 6 章由杜咏编写；第 7 章由韩爱民编写。全书由叶继红、徐秀丽、杜咏负责统稿。

本书在编写过程中，学习和参考了大量兄弟院校和科研院所出版的教材和论著，在此谨向原编著者致以诚挚的谢意。感谢李宏男教授对全书进行了细致审阅。感谢中国建筑工业出版社的领导、编辑、校审人员为本书的出版所付出的辛勤劳动。

本书注重基本概念、基本理论和基本方法；注重内容的系统性和先进性；注重理论与工程实践的相结合；注重学生启发式和创造性思维的培养与训练。但限于时间和水平，书中难免存在疏漏和不妥之处，敬请读者批评指正。

编　者

2017.12

目　录

第1章 绪 论

本章要点及学习目标

本章要点：
(1) 土木工程防灾减灾的主要目的；
(2) 地震、风、火、地质灾害简述与防治原则；
(3) 本书内容编排。
学习目标：
(1) 了解土木工程防灾减灾的主要目的；
(2) 掌握土木工程的四类灾害及防治原则；
(3) 了解本书的内容布局。

从古至今，人类文明的发展史就是不断与各种灾害抗争的历史。在此过程中，人们不断研究总结，形成一门新的科学——防灾减灾学。防灾减灾学是以防止灾情为目的，综合运用自然科学、工程科学、经济学、社会科学等多种科学理论和技术，为社会安定与经济可持续发展提供可靠保障的一门科学。

灾害之所以造成人员伤亡和财产损失，与土木工程确有很大关系，例如汶川地震所造成的人员伤亡大多由于房屋倒塌引起，而财产损失大半也集中于损毁的建筑中。因此，土木工程对防灾减灾存在巨大的职责。

土木工程防灾减灾是综合防灾减灾的重要组成部分和最有效的对策和措施，主要由灾害监测、灾害预报、防灾、抗灾、灾后重建与恢复生产等多个环节组成，每个环节又包括若干个相互联系的子系统。其主要内容包括土木工程防灾规划，土木工程结构抗灾理论与应用，土木工程防灾、抗灾技术及应用，土木工程减灾技术，土木工程在灾后的检测与加固，高新技术在土木工程防灾减灾中的应用。

鉴于灾害对现代文明的巨大破坏作用和越来越长久的后遗症，联合国将20世纪的最后10年命名为“国际减灾十年”，并规定每年10月的第二个星期三为“国际减灾日”，旨在唤起全世界对灾害问题的关注。

1.1 土木工程防灾减灾的主要目的

我国是世界上自然灾害最为严重的国家之一，灾害种类多、分布地域广、发生频率高、造成损失重。在全球气候变化和我国经济社会快速发展的背景下，近年来，我国自然灾害损失不断增加，灾害风险进一步加剧，因此，加强防灾减灾工程的意义重大。一是防灾减灾工程有利于维护社会稳定。随着社会发展，人类对工程的安全性要求也越来越高，防灾减灾工程正是顺应工程建设规模不断扩大的防灾要求而迅速得到发展。现阶段，加强防灾减灾工程，是全面提高综合防灾减灾应急管理能力、防范各类灾害风险、提高人民生活水平、保障人民生命财产安全的现实需要，对于维护社会稳定、构建社会主义和谐社会具有重要意义。二是防灾减灾工程有利于可持续发展。我国的现代化水平与国外发达国家相比有较大差距，而发达国家的现代化很大程度上体现在其防灾减灾工程的建设上。西方发达国家一般有较完善的防灾减灾工程及体系，这使得发生自然灾害后能在最大限度上减少损失，并持续、健康发展。三是防灾减灾工程是构建社会主义的必要保障。现阶段，我国正处于社会主义建设的关键时期，而自然灾害对我国的危害在一定程度上制约了我国生产和人民生活水平的提高。因此，正确认识我国灾害现状，构筑防灾减灾工程，对于建设中国特色社会主义具有深刻和长远的意义。

1.2 土木工程防灾减灾发展历史与现状

面对各种自然灾害和人为灾害在全球横行肆虐，即使在经济相当发达、科学技术十分先进的现代社会，人们对于灾害在人类生存和发展中所造成的巨大危害仍然心存忧患。从全球来看，人类每时每刻都受到各种各样的自然或人为灾害的威胁，减轻灾害后果、减小灾害的发生已成为全人类面临的共同任务。由于各种自然灾害相互联系而构成自然灾害系统，影响到社会的方方面面，因此，减灾需要社会各部门、各地区、各学科、各阶层协调行动，减灾的各项措施必须相互衔接、紧密配合，并形成一套系统工程。现代减灾系统不再是简单的灾害发生以后的抢险救灾，而是一个复杂的有机综合系统，主要由灾害监测、预报与评估、防灾、抗灾和重建等多个环节组成，每个环节又包括若干个相互联系的子系统。

一般来说，防灾减灾通常采取两大类措施：灾前的措施和灾后的措施。灾前的措施体现预防为主；灾后措施包括 4R：Rescue——抢救生命；Relief——救济，包括给受害者生活和医疗的必需品和必需的条件或货币；Resettlement——对灾民的重新安置；Recovering and Reconstruction——恢复与重建。灾前的措施是为了“防患于未然”，灾后措施则是为了“减损与善后于已然”。最有效的防灾减灾措施应该是灾前措施，也就是要预防为主；防灾减灾的最终目标应该是尽量避免发生人为灾害，减少自然灾害损失，至少不造成重大的难以挽回的损失，乃至永远不施行灾后的措施，永远不要发生抢救或救济之类的不得已措施。

灾害之所以会造成人员伤亡和财产损失，主要是土木工程及其设施的倒塌破坏，以及引起的次生灾害所导致，因此，土木工程在防灾减灾中起着非常重要的作用。土木工程防灾减灾涉及地震工程、风工程、结构抗火、地质灾害防治、结构防爆抗爆、防护工程和城市综合防灾等领域。在这些分支领域，国际上有很多学术组织，大部分学术组织的学术交流活动已经系列化和规范化，有力地促进了国际学术交流和本分支领域的发展。

早期土木工程的任务主要是解决人类“住与行”的基本问题，还没有意识到防灾问题。然而，历史上几次重大的灾害及其对土木工程设施的破坏，引起了人们对土木工程防灾减灾的逐渐关注与重视。这几次重大灾害例如：1906 年美国旧金山地震及大火，使人们认识到地震及其次生火灾对人类生存的重大影响，使地震工程初具萌芽，建筑防火引起了人类的高度重视。1924年日本关东大地震，使地震工程应运而生，如何在工程设计中考虑地震影响有了初步的想法。1940年美国华盛顿州塔科马悬索桥建成后4个月就发生风毁，震惊了全世界，由此揭开了桥梁风致振动的研究，人们很快发现除了塔科马桥之外，历史上至少还有10座桥梁毁于强风。1976年中国唐山地震，造成了人员的重大伤亡和大量房屋的倒塌，使中国人民认识到了提高土木工程设施抗震能力的重要性。1995年日本阪神地震，对现代化的城市造成了严重破坏和重大的经济损失，使人类进一步认识到了提高城市综合防灾能力的极端重要性，由此萌发了基于性能的抗震设计理念。1999年中国台湾集集地震，使人类再一次认识到了地震发生的不确定性及工程质量（设计与施工）对抗震防灾的重要性。2001年美国世贸大厦的恐怖袭击及火灾，使人类又一次看到了现代城市的脆弱和重大火灾的危害性。2004年印尼太平洋地震及海啸，对发展中国家的防灾减灾以及结合地域特点的防灾减灾提出了新的课题。2005年美国Katrina飓风及水灾，造成近1100人死亡、1500亿美元经济损失，对发达国家的防灾减灾又提出了新的挑战。2008年的中国汶川地震，充分验证了严格执行现行抗震设计规范有关规定的必要性。

1.3 四类灾害及防治

1.3.1 地震灾害及防治

地震作为一种自然现象本身并不是灾害，但当它达到一定强度，发生在有人类生存的空间，且人们对它没有足够的抵御能力时，便可造成灾害。地震是由地壳破坏引发的地面运动，这种运动具有突发性和不可预测性，对土木工程结构造成的破坏后果尤为严重。地震按其成因分为诱发地震、陷落地震、火山地震和构造地震共四类。其中，构造地震发生的次数多，影响范围广，是地震工程和工程抗震的主要研究对象。

我国处于环太平洋地震带与欧亚大陆地震带之间，地震分布相当广泛，平均每年发生30次5级以上地震，6次6级以上地震，1次7级以上地震，是一个地震频发的国家。自1950年以来，我国发生数十次大地震，其中影响较大的如1966年的邢台地震、1975年的海城地震、1976年的唐山大地震、1996年的云南丽江地震、2008年四川汶川地震以及2009年青海玉树地震等。这些地震给人们的生命财产造成了巨大损失，在人们的心里留下了巨大创伤。地震所引起的地面剧烈运动使得房屋、桥梁等各类建筑跟随地面剧烈摇晃，其后果是轻者发生破坏，重者倒塌。地震除了对工程结构造成巨大破坏、给人员生命财产安全带来威胁外，对城市生命线工程系统（由供水、供电、天然气、通信、交通、电力等基础设施组成的系统）也会造成直接的破坏。该系统一旦失效会导致整个社会陷入瘫痪，同时引起更大的损失。另外，地震还可能产生一系列次生灾害，如山体滑坡、泥石流、海啸、瘟疫、火灾、爆炸、毒气泄漏、放射性物质扩散等，都会加重地震产生的后果。

随着世界各地城市化进程的加快，人口向大城市集中，采取必要的抗震措施势在必行。数次的震害表明，一次大地震可能在数十秒时间内将一座城市夷为平地。如何防止、减少地震灾害造成的损失，是地震工程和工程技术人员肩负的重要使命。

自1966年的邢台地震以后，我国逐渐加大了对地震灾害的重视程度，开始了地震监测和预报的工作。其中1975年海城地震是世界范围内的一次成功的地震预报实例。虽然海城地震达7.3级，且发生在人员密集的城市地区，但是由于震前做出了中期预测和短期预报，且采取了一系列应急防震措施，因此大大减少了人员伤亡。但是，就目前技术而言，想要准确预报地震仍然难以做到，因此，目前工程抗震根本性的措施就是采取合理的抗震设计方法，提高建筑物的抗震能力，防止严重破坏，避免倒塌。我国第一部正式批准的抗震规范出版于1974年。在2001版的《建筑抗震设计规范》GB 50011—2001中明确提出了建筑物“三水准”的抗震设防目标。所谓“三水准”是指建筑物遭受低于本地区抗震设防烈度的地震影响时，一般不受损坏或不需修理即可继续使用；当遭受相当于本地区抗震设防烈度的地震影响时，可能损坏，但经一般修理或不需修理仍可继续使用；当遭受高于本地区抗震设防烈度的罕遇地震影响时，不致出现倒塌或危及生命的严重破坏。上述三个水平的抗震设防目标可简述为“小震不坏，中震可修，大震不倒”。为了实现三水准抗震设防目标，抗震设计采取两阶段方法。第一阶段为结构设计阶段，主要为承载力计算并辅以一系列构造措施；第二阶段为验算阶段，主要是对抗震有特殊要求或对地震特别敏感、存在大震作用时易发生震害的薄弱部位进行弹塑性变形验算。

在抗震设计中，除了进行必要的抗震计算外，抗震概念设计也是非常重要的内容。概念设计是指进行结构设计时，根据地震灾害和工程经验等所形成的基本设计原则和设计思想，进行建筑和结构总体布置并确定细部构造的过程。概念设计是结构工程师展现先进设计思想的重要环节。结构工程师对特定的建筑空间应能用整体的概念完成结构总体方案的设计，并处理好结构与结构、结构与构件、构件与构件之间的关系，确定好细部构造的做法。由于地震是随机的，有难于把握的复杂性和不确定性，目前，还难以做到能准确预测工程结果所遭遇地震的特性与参数。同时，在结构分析方面，由于不能充分考虑结构的空间作用、非弹性材质、材料时效、阻尼变化等多种因素，也存在着不确定性。因此，结构工程抗震问题不能完全依赖“计算设计”解决，结构抗震性能的决定因素是良好的概念设计。

1.3.2 风灾及防治

风是相对地面的空气运动，适度的风对人类的生产和生活起到有益的作用。对建筑结构和生命线工程能够产生不良影响的风属于强风，主要有台风和龙卷风等。

台风是热带气旋的一个类别。当热带气旋的中心风速达到12级（即风速为32.7m/s）以上时，可称之为台风。2016年9月15日凌晨3时05分，今年以来全球最强，也是1949年以来登陆闽南的最强台风“莫兰蒂”正面袭击厦门，中心附近最大风力达到创纪录的17级以上，13级以上的平均风力持续影响达5小时之久，全城一度大面积停电停水、通信中断、交通瘫痪，大量园林绿植被摧毁，65万株行道树倒伏，4033个通信基站受灾，145万户居民停水，17907间房屋倒损，566家企业、10.5万亩农作物受灾。全市直接经济损失102亿元，实际因灾死亡1人。台风不但会给沿海城市带来风灾，还会引起洪水，引发滑坡和泥石流等地质灾害。

龙卷风是在极不稳定天气下由空气强烈对流运动而产生的一种伴随着高速旋转的漏斗状云柱的强风涡旋。其中心附近风速可达100～200m/s，比台风（产生于海上）近中心最大风速大好几倍。龙卷风的破坏性极强，其经过的地方，常会发生大树拔起、车辆掀翻、摧毁建筑物等现象，甚至把人吸走。2016 年 6 月 23 日 14 点 30 分左右，江苏省盐城市遭遇强冰雹和龙卷风双重灾害。江苏盐城阜宁县和射阳县在这次龙卷风中受灾严重，共造成 99 人死亡，受伤 846 人。阜宁县倒损民房 3200 间，2 所小学房屋受损，损毁企业厂房 8 栋，毁坏农业大棚面积 4.8 万亩，城东水厂因供电设备毁坏中断供水，部分地区通信中断，40 条高压供电线路受损，射阳县倒损房屋 615 间，电力、通信杆线受损严重。此次龙卷风等级为 EF4 级，风力超过 17 级。

内陆地区的强风虽然逊于台风和龙卷风，影响范围小，但仍可能给工程结构带来严重的破坏。因为风对结构的作用不仅与风速有关，还受结构形体、所处环境的影响。对于高层结构、大跨度桥梁结构、输电塔和渡槽等受风面积大的柔性结构受风的影响尤为明显。著名的工程事故实例当属 1940 年美国塔科马悬索桥的风毁事件。在一场风速不到 20m/s 的风振作用下，由于风振频率与大桥自振频率一致而形成结构共振，最终导致桥梁吊杆拉断而倒塌。

在一些高楼云集的地区，易形成人造风口，风力在此大大加强，放大了风对附近高层建筑的作用。另外，近年来玻璃幕墙、大型广告牌风毁伤人的事件也屡有发生。

对于受风振作用明显的结构类型，其抗风设计与抗震设计同等重要。应积极开展针对各地区的风荷载特性及结构响应研究，如地区风压分布、地面粗糙度划分、高层建筑风效应、大跨结构的风振分析等。另外，对于风灾严重的地区还要有防风灾害的对策，如在北方大陆内建造防风固沙林，在沿海地区建造防风护岸植被，以减少风力及大风对城市或海岸的破坏。在经常受风灾危害的地区，建立预报、预警体制。城市应编制风灾影响区划，建立合理有效的应对策略，如避风疏散应急预案等。

工程结构传统的抗风、抗震设计方法是一种“硬碰硬”式的方法，即通过提高结构本身的强度和刚度抵御风荷载或地震作用，这种做法很不经济，也不一定安全。1972 年，美国华裔学者姚治平（J. T. P. Yao）教授明确提出土木工程结构控制的概念，从而使结构振动控制理论在土木工程领域中逐步得到广泛的研究与应用。结构振动控制可以有效地减轻结构在风和地震等动力作用下的反应和损伤，提高结构的抗震、抗风能力。结构控制通过在结构上设置控制机构，由控制机构与结构共同控制抵御地震、风荷载等动力荷载，使结构的动力反应减小。结构控制是人的主观能动性与自然的高度结合，是结构对策发展新的里程碑。

1.3.3 火灾及防治

火灾是对建筑威胁较大的事故，多为人为因素造成。提高建筑物的火灾防范能力，对于减小生命财产损失，降低不良社会影响具有重要意义。

火灾指在时间和空间上失去控制的燃烧所造成的灾害。在各种灾害中，火灾是最经常、最普遍地威胁公众安全和社会发展的主要灾害之一。它可以是天灾，也可以是人祸，因此火灾既是自然现象，又是社会现象。

火灾灾害的属性按照产生燃烧的不同条件可以分为自然火灾和建造物火灾。自然火灾是指在森林、草场等一些自然区发生的火灾。这类火灾的起因有两种，一种是由大自然的物理和化学现象所引起，有直接发生的，如火山喷发、雷火等；也有条件性的次生火灾，如干旱高温的自燃、地下煤炭的引燃等；另一种则是由人类自身行为的不慎所引起的火灾。这类火灾发生的次数不多，但其火势一般都较大，难以扑灭，例如森林、煤矿火灾等。建造物火灾是指发生于各种人为建造的物体内的火灾。事实证明，最常见、最危险、对人类生命和财产造成损失最大的还是这类发生于建造物之中的火灾。

建筑火灾的发展一般要经历初起、发展、猛烈、下降和熄灭五个阶段。初起阶段是扑救的最有利时机。这个阶段火灾的面积不大，烟和气体的流动速度比较缓慢，辐射热较低，火势向周围发展蔓延比较慢，还没有突破房屋建筑外壳。随着燃烧强度的继续增加，环境温度升高，气体对流增强，燃烧速度加快，燃烧面积扩大。当火势发展至猛烈阶段，燃烧达到高潮，燃烧强度最大，辐射热量强，燃烧物质分解出大量的燃烧产物，温度和气体对流达到最大限度，浓烟、烈火气势逼人，火场内部有的结构构件强度受到破坏，可能发生变形或倒塌。随后，随着可燃物的逐渐消耗，火势逐渐下降直至熄灭。

建筑物火灾不仅会引起巨大的财产损失，也会造成重大的人员伤亡。特别是当火灾发生在人员密集的建筑物内，火场中产生的烟雾、人员出逃时相互拥挤踩踏，都会增加人员的伤亡。1994 年 12 月 8 日，新疆克拉玛依市发生恶性火灾事故。在一场由教委组织的文艺汇演中，舞台纱幕被光柱灯烤燃，火势迅速蔓延至剧厅，各种易燃材料燃烧后产生大量有害气体，由于演出场馆内很多安全门紧锁，造成 325 人死亡、132 人受伤。死者中 288 人是学生，37 人是教师、家长和工作人员。这次火灾是我国近年来发生的一起代表性的恶性火灾事件，给我们留下了惨痛教训。

对建筑火灾的防范可以从多方面入手。在设计阶段要做好建筑防火设计，如在建筑总平面设计中考虑建筑物防火间距、消防通道和防火分区等；在建筑构造设计中设置防火墙、排烟道、卷帘门以及紧急疏散通道等；在建筑物内部装修设计中选用耐火性好的材料，同时按照消防设计，配备消防系统。在建筑物日常使用中，落实防火责任制度，防患于未然。

1.3.4 工程地质灾害及防治

自然的变异和人为的作用都可能导致地质环境或地质体发生变化，当这种变化达到一定程度，其产生的后果便给人类和社会造成危害，称为地质灾害。常见的地质灾害包括滑坡、泥石流等。

滑坡是指斜坡上的土体或者岩体，受河流冲刷、地下水活动、地震及人工切坡等因素影响，在重力作用下，沿着一定的软弱面或者软弱带，整体或者分散地顺坡向下滑动的自然现象。

滑坡不仅会毁坏耕地，冲毁房屋，掩埋人、畜，还会破坏铁路、高速公路、输油管道、水电站等。这些城市间交通、能源、建筑的破坏所造成的损失比毁坏一般建筑物要严重得多。这种破坏不但对承灾地点造成重大损失，也会给其相联系的其他地方造成重大影响。例如，因滑坡造成铁路断道，火车不能运行，就会严重影响该条铁路沿线所有的大中城市的运输和旅行。

对于滑坡地带的建筑，一般均应首先考虑绕避原则。对于无法绕避的滑坡地区工程，经过技术经济比较，在经济合理及技术可能的情况下，即可对滑坡工程进行整治。滑坡整治可以从两个角度进行，一是直接整治滑坡，采取各种工程技术措施阻止滑坡的产生；二是采取工程技术措施，保护滑坡发生时可能受到危害的生命财产和各种重要的国防、交通、通信设施。

泥石流是产生于山区的一种严重的地质灾难，它是由暴雨、冰雪融水等水源激发的，含有大量泥砂石块的特殊洪流。其特征是突然爆发，在很短的时间内大量泥沙石块如流体一般沿着陡峻的山沟前推后拥，奔腾咆哮而下，地面为之震动，山谷犹如雷鸣，常常给人类生命财产造成很大灾害。

泥石流的发生发展与山地环境的形成演化过程息息相关，是环境退化、生态失衡、地表结构破坏、水土流失、地质环境恶化的产物。人口的增长及在山区进行的不合理生产活动，在很大程度上加剧了泥石流的形成和发展。

泥石流最常见的危害是冲进村镇、摧毁房屋、淹没人畜、毁坏土地，造成村毁人亡的灾难。泥石流还有可能埋没铁路、公路，摧毁路基、桥涵等设施，致使交通中断，引起正在运行的火车、汽车颠覆，造成重大的人身伤亡事故，甚至迫使道路改线。有时，泥石流汇入河道，引起河道大幅度变迁。2010 年 8 月 7 日至 8 日，甘肃省舟曲爆发特大泥石流，造成 1434 人遇难，331 人失踪，舟曲 5000m 长、500m 宽区域被夷为平地。

防治泥石流的主要工程措施包括：一是修建蓄水、引水工程，其作用是拦截部分或大部分洪水，削减洪峰，以控制暴发泥石流的水动力条件；二是修建挡土墙、护坡等支挡工程，其作用主要是拦截泥石流和护床固坡；三是修建排导沟、渡槽、急流槽、导流堤等排导工程，其作用是调整流向，防止漫流，以保护附近的居民点、工矿点和交通线路；四是修建拦淤库和储淤场等储淤工程，其主要作用是在一定期限内、一定程度上迫使泥石流固体物质在指定地段停淤，从而削减下泄的固体物质总量及洪峰流量。

避免泥石流发生的根本措施在于维持生态平衡、保护植被、合理耕牧，使流域坡面得到充分保护、免遭冲刷，从而有效控制泥石流发生。

1.4 本书内容编排

本书共分 7 章；涉及的结构类型为建筑结构和桥梁结构；灾害类型为地震、风、火和地质。

通常将地震与风表征为动力作用（荷载）。作为处理动荷载的基础知识储备，第 2 章介绍了结构动力学基础理论，涉及单自由度（SDOF）体系和多自由度（MDOF）体系。之所以讨论单自由度体系是出于以下两点理由：①许多实际结构的动力效应可以仅用一个坐标表达，这种情况可直接用单自由度处理；②复杂线性结构的反应可以表达为一系列单自由度体系反应的叠加。对于具有离散参数的多自由度体系，本章介绍了振型和频率的计算方法，进而给出了体系在任意给定动荷载作用下动力反应计算的振型叠加法，即将总反应表述为各振型单独反应的和，而每个振型的反应计算都由一个典型的单自由度分析方法确定。

第 3 章给出了有关地震成因和特性的简要地震学背景知识，以及土木工程结构抗震的基础知识。围绕我国现行结构抗震设计规范，阐述了建筑结构、桥梁结构的抗震理论与设计方法，其中建筑结构体系涉及多高层建筑钢结构、砌体结构、框架结构、剪力墙结构和框剪结构体系。这些结构体系在实际工程中被广泛应用，并具有各自不同的抗震特点。结构传统的抗震设计方法是一种“硬碰硬”式的方法，即通过提高结构本身的强度和刚度抵御地震作用。这种做法很不经济，也不一定安全。而结构控制是人的主观能动性与自然的高度结合，是结构对策发展新的里程碑。本书第 4 章介绍了隔震与消能减震设计方法。

建筑结构与桥梁结构的抗风理论与设计方法在第 5 章介绍。第 5 章给出了关于大气边界层风特性的简明气象学背景知识，这部分内容对建筑结构和桥梁结构而言是共性的。第 6 章给出了工程结构两种基本材料混凝土、钢材的高温材性力学性能表述，阐述了混凝土构件、钢结构构件的抗火计算与设计方法。限于目前国内外研究水平及规范水平，未涉及建筑结构整体抗火问题。有关地质灾害的简明阐述在第 7 章，涉及地质灾害的基础知识及土木工程地质灾害的防治。

本章小结

（1）加强土木工程防灾减灾有利于维护社会稳定和可持续发展，是构建社会主义的必要保障。

（2）地震、风、火、地质灾害对土木工程结构造成的灾害后果各不相同，其防治措施也各具特点。

（3）本书涉及的结构类型为建筑结构和桥梁结构；灾害类型为地震、风、火和地质灾害。全书脉络是先阐述共性基础知识，再到各类型结构的抗震、隔震减震、抗风、抗火及地质灾害的防治应对。

思考与练习题

1-1 简述土木工程防灾减灾发展历史。

1-2 何谓抗震概念设计？为何抗震概念设计是抗震设计中非常重要的内容？

第 2 章　结构动力学基础理论

本章要点及学习目标

本章要点：

(1) 单自由度体系运动方程（包括地震作用）的建立与求解；

(2) 多自由度体系运动方程（包括地震作用）的建立与求解。

学习目标：

(1) 掌握单自由度体系运动方程的建立方法；掌握地震作用下单自由度体系响应求解的杜哈曼（Duhamel）积分法；

(2) 掌握多自由度体系运动方程的建立方法；掌握频率求解、振型分解方法；掌握地震作用下多自由度体系响应求解的振型叠加法。

2.1　单自由度体系运动方程的建立与求解

2.1.1　单自由度体系运动方程的建立

承受外部激励或荷载的任何线性弹性结构的基本物理特性是：体系的质量、弹性特性（柔度或刚度）、能量耗散机理或阻尼。在单自由度（SDOF）体系的最简单模型中，每一个特性都假设集结于单一的物理单元内，此体系的示意图如图 2-1 所示。产生此体系动力反应的外部荷载是随时间变化的力 $p(t)$。

质量所产生的惯性力与它的加速度成正比，但方向相反。这个概念称为 d’Alembert 原理。由于它可以把运动方程表示为动力平衡方程，因而是结构动力学问题中一个很方便的方法。建立图 2-1（a）所示简单体系的运动方程，最简单的作法是利用 d’Alembert 原理直接考虑作用于质量上的全部力的平衡。如图 2-1（b）所示，沿位移自由度方向作用的力有 $p(t)$ 及由于运动所引起的三个抗力，即惯性力 $f_I(t)$、阻尼力 $f_D(t)$ 和弹簧力 $f_S(t)$。

运动方程只是这些力的平衡表达式：

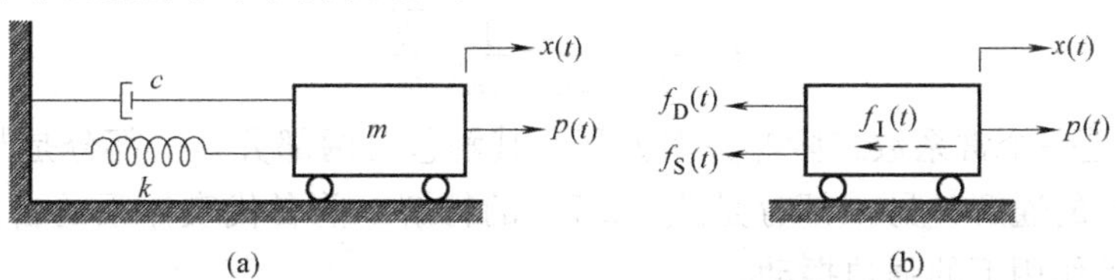

图 2-1　理想化单自由度体系

（a）基本元件；（b）平衡力系

$$f_{\mathrm{I}}(t)+f_{\mathrm{D}}(t)+f_{\mathrm{S}}(t)=p(t) \tag{2-1}$$

根据 d'Alembert 原理，惯性力是质量与加速度的乘积：

$$f_{\mathrm{I}}(t)=m\ddot{x}(t) \tag{2-2a}$$

如果假设是黏滞阻尼机理，则阻尼力是阻尼常数 c 与速度的乘积：

$$f_{\mathrm{D}}(t)=c\dot{x}(t) \tag{2-2b}$$

最后，弹性力是弹簧刚度和位移的乘积：

$$f_{\mathrm{S}}(t)=kv(t) \tag{2-2c}$$

把式（2-2）代入方程式（2-1），即可得到单自由度体系的运动方程：

$$m\ddot{x}(t)+c\dot{x}(t)+kx(t)=p(t) \tag{2-3}$$

在地震作用下，体系上并无干扰力 $p(t)$ 作用，仅有地震引起的地面运动 $\ddot{x}_{\mathrm{g}}(t)$（图 2-2），则由式（2-3）可以推导出在地震作用下单自由度体系的运动方程：

$$m[\ddot{x}_{\mathrm{g}}(t)+\ddot{x}(t)]+c\dot{x}(t)+kx(t)=0 \tag{2-4}$$

即

$$m\ddot{x}(t)+c\dot{x}(t)+kx(t)=-m\ddot{x}_{\mathrm{g}}(t) \tag{2-5}$$

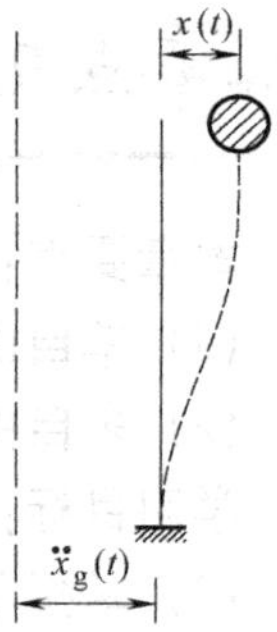

图 2-2　单自由度弹性体系在水平地震作用下的变形

2.1.2　单自由度体系运动方程的求解

设：

$$\omega^2=\frac{k}{m} \tag{2-6a}$$

$$\zeta=\frac{c}{2\sqrt{km}}=\frac{c}{2\omega m} \tag{2-6b}$$

将式（2-6）代入式（2-5），整理后得到：

$$\ddot{x}(t)+2\zeta\omega\dot{x}(t)+\omega^2x(t)=-\ddot{x}_{\mathrm{g}}(t) \tag{2-7}$$

式中　ζ——体系的阻尼比，一般工程结构的阻尼比在 0.01～0.20 之间；

ω——无阻尼单自由度弹性体系的圆频率，即 2πs 时间内体系的振动次数。

在结构抗震计算中，常常用到结构的自振周期 T，它是体系振动一次所需要的时间，单位为“s”。自振周期 T 的倒数为体系的自振频率 f，即体系在每秒内的振动次数，自振频率 f 的单位为“1/s”或称为赫兹（Hz）。

$$T=\frac{2\pi}{\omega}=2\pi\sqrt{\frac{m}{k}} \tag{2-8}$$

$$f=\frac{1}{T}=\frac{\omega}{2\pi}=\frac{1}{2\pi}\sqrt{\frac{k}{m}} \tag{2-9}$$

式（2-7）是一个常系数二阶非齐次方程，其解包含两部分：一部分是与式（2-7）相对应的齐次方程的通解；另一部分是式（2-7）的特解。前者代表体系的自由振动，后者代表体系在地震作用下的强迫振动。

2.1.2.1　齐次方程的通解

对应式（2-7）的齐次方程为：

$$\ddot{x}(t)+2\zeta\dot{x}(t)+\omega^2x(t)=0 \tag{2-10}$$

根据微分方程理论，齐次方程式（2-10）的通解为：

$$x(t)=\mathrm{e}^{-\zeta\omega t}(A\cos\omega' t+B\sin\omega' t) \tag{2-11}$$

$$\omega'=\sqrt{1-\zeta^2}\omega \tag{2-12}$$

式中 ω'——有阻尼单自由度弹性体系的圆频率；

A、B——常数，其值可按问题的初始条件确定。

当 $t=0$ 时，$x(t)=x(0)$，$\dot{x}(t)=\dot{x}(0)$，其中 $x(0)$ 和 $\dot{x}(0)$ 分别为初始位移和初始速度。

将 $t=0$ 和 $x(t)=x(0)$ 代入式（2-11），得：$A=x(0)$；再对式（2-11）求时间 t 的一阶导数，并将 $t=0$ 和 $\dot{x}(t)=\dot{x}(0)$ 代入，得：$B=\dfrac{\dot{x}(0)+\zeta\omega x(0)}{\omega'}$。将所得的 A、B 值代入式（2-11）得：

$$x(t)=\mathrm{e}^{-\zeta\omega t}\left[x(0)\cos\omega' t+\frac{\dot{x}(0)+\zeta\omega x(0)}{\omega'}\sin\omega' t\right] \tag{2-13}$$

式（2-13）就是方程（2-10）在给定初始条件时的解答。

如果阻尼很小，通常可以近似地取 $\omega'=\omega$，也就是在计算体系的自振频率时，可以不考虑阻尼的影响，从而简化了计算过程。从式（2-13）可以看出，只有当体系的初位移 $x(0)$ 或初速度 $\dot{x}(0)$ 不为零时，体系才产生振动，而且振动幅值随时间不断衰减。一个低阻尼体系在初始位移为 $x(0)$、初速度为零时，利用式（2-13）可以绘制出该体系自由振动时的位移时程曲线，如图 2-3 所示。可以看出它是一条逐渐衰减的振动曲线，即其振幅 $x(t)$ 随时间增加而减小，阻尼比 ζ 的值愈大，振幅的衰减也愈快。将不同的阻尼比 ζ 代入式（2-12），体系的振动可以有以下三种情况：

（1）当 $\zeta<1$ 时，$\omega'>0$，则体系产生振动；

（2）当 $\zeta>1$ 时，$\omega'<0$，则体系不产生振动，这种形式的阻尼称为过阻尼；

（3）当 $\zeta=1$ 时，$\omega'=0$，则体系不产生振动，这时 $\zeta=\dfrac{c}{2m\omega}=\dfrac{c}{c_r}=1$，$c_r=2m\omega$ 称为临界阻尼系数，ζ 则表示体系的阻尼系数与临界阻尼系数 c_r 的比值，所以，ζ 又叫作临界阻尼比，或简称为阻尼比。

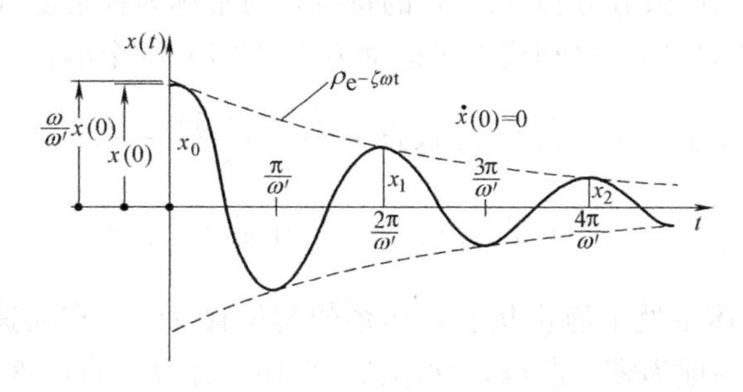

图 2-3 低阻尼单自由度体系自由振动反应

2.1.2.2 地震作用下运动方程的特解

求解地震作用下运动微分方程即式（2-7）的特解时，可将图 2-4（a）所示的地面运动加速度时程曲线看作是由无穷多个连续作用的微分脉冲所组成。图中的阴影部分就是一个微分脉冲，它在 $t=\tau-\mathrm{d}\tau$ 时刻开始作用在体系上，其作用时间为 $\mathrm{d}\tau$，大小为 $-\ddot{x}_{g}(\tau)\mathrm{d}\tau$。到 τ 时刻这一微分脉冲从体系上移去后，体系只产生自由振动 $\mathrm{d}x(t)$，如图 2-4（b）所示。只要把这无穷多个脉冲作用后产生的自由振动叠加起来即可求得运动微分方程的解 $x(t)$。

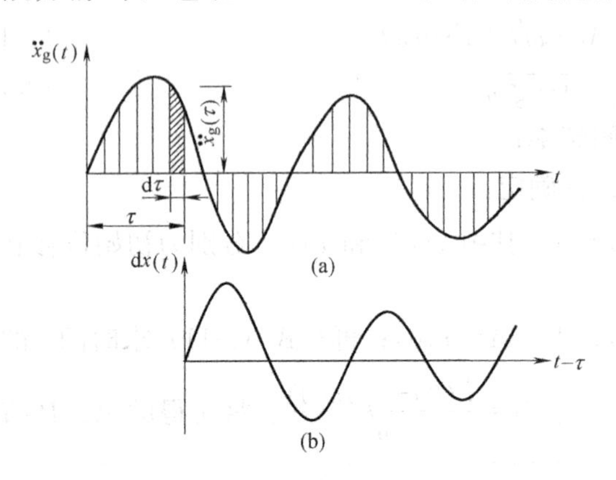

图 2-4　有阻尼单自由度弹性体系地震作用下运动方程解答图示
（a）地面运动加速度时程曲线；
（b）微分脉冲引起的自由振动

单一微分脉冲作用后体系所产生的自由振动可用式（2-13）求得，但必须首先知道，当微分脉冲作用后体系开始作自由振动时的初位移 $x(\tau)$ 和初速度 $\dot{x}(\tau)$，如图 2-4（b）所示，体系从 τ 时刻开始作自由振动。体系在微分脉冲作用前处于静止状态，其位移、速度均为零。由于微分脉冲作用时间极短，体系的位移不会发生变化，故初位移 $x(\tau)$ 应为零，而仅获得了初速度。初速度可以从动量定律即冲量等于动量的增量求得。冲量为荷载与作用时间的乘积，等于 $-m\ddot{x}_{g}(\tau)\mathrm{d}\tau$，而动量的增量为 $m\dot{x}(\tau)$，据冲量定律可以求得体系作自由振动时的初速度 $\dot{x}(t)$ 为：

$$\dot{x}(\tau)=-\ddot{x}_{g}(\tau)\mathrm{d}\tau \tag{2-14}$$

由式（2-13）可以求得当 $\tau-\mathrm{d}\tau$ 时作用一个 $\ddot{x}_{g}(\tau)\mathrm{d}\tau$ 微分脉冲的位移反应 $\mathrm{d}x(t)$ 为：

$$\mathrm{d}x(t)=e^{-\zeta\omega(t-\tau)}\frac{\ddot{x}_{g}(\tau)}{\omega'}\sin\omega'(t-\tau)\mathrm{d}\tau \tag{2-15}$$

将所有微分脉冲作用后产生的自由振动叠加，就可以得到地震作用过程中引起的有阻尼单自由度弹性体系的位移反应 $x(t)$，用积分式表达为：

$$x(t)=-\frac{1}{\omega'}\int_{0}^{t}\ddot{x}_{g}(\tau)\,e^{-\zeta\omega(t-\tau)}\sin\omega'(t-\tau)\mathrm{d}\tau \tag{2-16}$$

式（2-16）是非齐次线性微分方程（2-7）的特解，通常称为杜哈曼（Duhamel）积分，它与齐次方程的通解式（2-13）之和构成了运动方程（2-7）的全解：

$$x(t)=e^{-\zeta\omega t}\left[x(0)\cos\omega' t+\frac{\dot{x}(0)+\zeta\omega x(0)}{\omega'}\sin\omega' t\right]-\frac{1}{\omega'}\int_{0}^{t}\ddot{x}_{g}(\tau)\,e^{-\zeta\omega(t-\tau)}\sin\omega'(t-\tau)\mathrm{d}\tau \tag{2-17}$$

由于地震发生前体系处于静止状态，体系的初位移 $x(0)$ 和初速度 $\dot{x}(0)$ 均等于零，也即式（2-17）的第一项为零。所以，常用式（2-16）计算单自由度弹性体系在水平地震作用下相对于地面的位移反应 $x(t)$。

将式（2-16）对时间求导数，可以求得单自由度弹性体系在地震作用下相对于地面的速度反应 $\dot{x}(t)$ 为：

$$\dot{x}(t)=\frac{\mathrm{d}x(t)}{\mathrm{d}t}=-\int_0^t \ddot{x}_g(\tau)\,e^{-\zeta\omega(t-\tau)}\cos\omega'(t-\tau)\mathrm{d}\tau$$
$$+\frac{\zeta\omega}{\omega'}\int_0^t \ddot{x}_g(\tau)\,e^{-\zeta\omega(t-\tau)}\sin\omega'(t-\tau)\mathrm{d}\tau \tag{2-18}$$

将式（2-16）和式（2-18）回代到体系的运动方程式（2-7），可求得单自由度弹性体系的绝对加速度为：

$$\begin{aligned}\ddot{x}(t)+\ddot{x}_g(t)&=-2\zeta\omega\dot{x}(t)-\omega^2x(t)\\&=2\zeta\omega\int_0^t\ddot{x}_g(\tau)e^{-\zeta\omega(t-\tau)}\cos\omega'(t-\tau)\mathrm{d}\tau\\&-\frac{2\zeta^2\omega^2}{\omega'}\int_0^t\ddot{x}_g(\tau)e^{-\zeta\omega(t-\tau)}\sin\omega'(t-\tau)\mathrm{d}\tau\\&+\frac{\omega^2}{\omega'}\int_0^t\ddot{x}_g(\tau)e^{-\zeta\omega(t-\tau)}\sin\omega'(t-\tau)\mathrm{d}\tau\end{aligned} \tag{2-19}$$

由式（2-16）、式（2-18）、式（2-19）计算体系的地震反应，需对上述各式进行积分。由于地面运动加速度时程曲线 $\ddot{x}_g(t)$ 是随机过程，不能用确定的函数表达，上述积分只能用数值积分完成。目前，常用的方法是把加速度时程曲线 $\ddot{x}_g(t)$ 划分为 Δt 的时段而对运动方程进行直接积分求出地震反应，即时程分析法。

对于式（2-18）和式（2-19）作下述简化处理：因为阻尼比 ζ 值较小（一般结构为0.02～0.05），所以可忽略上述两式中带有 ζ 和 ζ^2 的项；由于 ω' 和 ω 非常接近，故取 $\omega'=\omega$；用 $\sin\omega(t-\tau)$ 取代 $\cos\omega(t-\tau)$。作这样处理并不影响两式的最大值，只是相位相差 $\pi/2$。同时，取式（2-16）、式（2-18）和式（2-19）绝对值的最大值，得到单自由度弹性体系在地震作用下的最大位移反应 S_d、最大速度反应 S_v 和最大绝对加速度反应 S_a，即：

$$S_d=|x(t)|_{\max}=\frac{1}{\omega}\left|\int_0^t\ddot{x}_g(\tau)\,e^{-\zeta\omega(t-\tau)}\sin\omega(t-\tau)\mathrm{d}\tau\right|_{\max} \tag{2-20}$$

$$S_v=|\dot{x}(t)|_{\max}=\left|\int_0^t\ddot{x}_g(\tau)\,e^{-\zeta\omega(t-\tau)}\sin\omega(t-\tau)\mathrm{d}\tau\right|_{\max} \tag{2-21}$$

$$S_a=|\ddot{x}(t)+\ddot{x}_g(t)|_{\max}=\omega\left|\int_0^t\ddot{x}_g(\tau)\,e^{-\zeta\omega(t-\tau)}\sin\omega(t-\tau)\mathrm{d}\tau\right|_{\max} \tag{2-22}$$

2.2 多自由度体系运动方程的建立与求解

2.2.1 多自由度体系运动方程的建立

在建立一般多自由度体系的运动方程时，采用图 2-5 所示的普通简支梁作为典型例子是方便的。

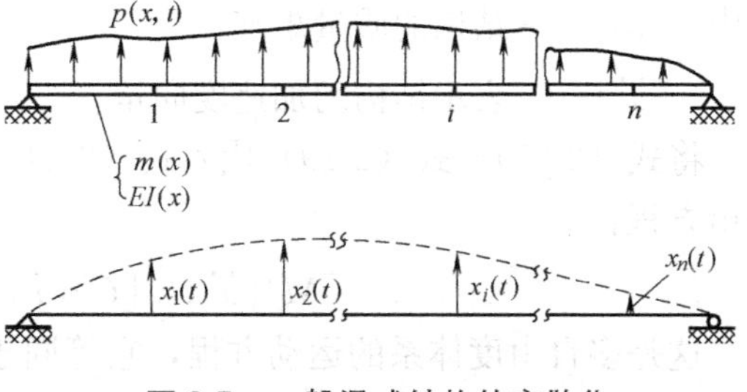

图 2-5 一般梁式结构的离散化

针对体系的每一个自由度列出实际作用力的平衡方程就可以写出图 2-5 所示体系的运动方程。一般来说，在任何一个自由度 i 上包含有四种力：外荷载 $p_i(t)$；由于运动而产生的力，即惯性力 $f_{Ii}(t)$、阻尼力 $f_{Di}(t)$、弹性力 $f_{Si}(t)$。这样，对于多自由度体系中的每一个自由度，动力平衡条件可写成：

$$\begin{aligned} f_{I1}+f_{D1}+f_{S1}&=p_1(t)\\ f_{I2}+f_{D2}+f_{S2}&=p_2(t)\\ f_{I3}+f_{D3}+f_{S3}&=p_3(t)\\ &\cdots\cdots \end{aligned} \tag{2-23}$$

当力向量用矩阵形式表示时，则：

$$\{f_I\}+\{f_D\}+\{f_S\}=\{p(t)\} \tag{2-24}$$

这就是多自由度体系的运动方程，它相当于单自由度的方程式（2-1）。

每一种抗力都可以非常方便地用一组适当的影响系数表示。例如，考虑在自由度 1 上产生的弹性力分量，这个量一般依赖于结构所有自由度产生的位移分量：

$$f_{S1}=k_{11}x_1+k_{12}x_2+k_{13}x_3+\cdots+k_{1n}x_n \tag{2-25a}$$

同样地，对应于自由度 2 的弹性力是：

$$f_{S2}=k_{21}x_1+k_{22}x_2+k_{23}x_3+\cdots+k_{2n}x_n \tag{2-25b}$$

写成一般形式：

$$f_{Si}=k_{i1}x_1+k_{i2}x_2+k_{i3}x_3+\cdots+k_{in}x_n \tag{2-25c}$$

不言而喻，在这些表达式中假定了结构的行为是线性的，因此应用了叠加原理。这组弹性力的全部关系式可写成矩阵形式：

$$\begin{Bmatrix} f_{S1}\\ f_{S2}\\ \cdots\\ f_{Si}\\ \cdots \end{Bmatrix}=\begin{bmatrix} k_{11} & k_{12} & k_{13} & \cdots & k_{1i} & \cdots & k_{1n}\\ k_{21} & k_{22} & k_{23} & \cdots & k_{2i} & \cdots & k_{2n}\\ & & \cdots & \cdots & \cdots & & \\ k_{i1} & k_{i2} & k_{i3} & \cdots & k_{ii} & \cdots & k_{in}\\ & & \cdots & \cdots & \cdots & & \end{bmatrix}\begin{Bmatrix} x_1\\ x_2\\ \cdots\\ x_i\\ \cdots \end{Bmatrix} \tag{2-26}$$

或者，用符号表示为：

$$\{f_S\}=[K]\{x\} \tag{2-27}$$

式中 $[K]$——结构的刚度矩阵；

$\{x\}$——表示结构变形形状的位移向量。

同理：

$$\{f_D\}=[C]\{\dot{x}\} \tag{2-28}$$

式中 $[C]$——结构的阻尼矩阵；

$\{\dot{x}\}$——表示结构的速度向量。

同理：

$$\{f_I\}=[M]\{\ddot{x}\} \tag{2-29}$$

式中 $[M]$——结构的质量矩阵；

$\{\ddot{x}\}$——表示结构的加速度向量。

将式（2-27）～式（2-29）代入式（2-24），考虑全部自由度时，给出结构完整的动力平衡方程：

$$[M]\{\ddot{x}\}+[C]\{\dot{x}\}+[K]\{x\}=\{p(t)\} \tag{2-30}$$

这是多自由度体系的运动方程，它等同于方程式（2-3）。在式（2-30）中的一个矩阵相当于单自由度方程的一项，矩阵的阶数等于用来描述结构位移的自由度数目。因此，方程式（2-30）表示 n 个运动方程，它们用来确定多自由度体系的反应。

同单自由度体系，地震作用下，由式（2-30）可以推导出多自由度体系的运动方程：

$$[M]\{\ddot{x}\}+[C]\{\dot{x}\}+[K]\{x\}=-[M]\{I\}\ddot{x}_{g}(t) \tag{2-31}$$

式中 $\{I\}$——地震作用指示向量，其元素为 1 或 0。

2.2.2 振动频率分析

从式（2-31）略去阻尼矩阵和作用荷载向量就能得到无阻尼自由振动体系的运动方程：

$$[M]\{\ddot{x}\}+[K]\{x\}=0 \tag{2-32}$$

其中 0 是零向量。振动分析问题包括：确定何种情况下满足式（2-32）表示的平衡条件。与单自由度体系的行为类似，假定多自由度体系的自由振动是简谐运动，可写成：

$$\{x(t)\}=\{X\}\sin(\omega t+\phi) \tag{2-33}$$

对式（2-33）取二次导数，得自由振动的加速度：

$$\{\ddot{x}(t)\}=-\omega^2\{X\}\sin(\omega t+\phi)=-\omega^2\{x(t)\} \tag{2-34}$$

式中 $\{X\}$——体系的形状（它不随时间而变，只是振幅变化），即振型；

ϕ——相位角。

将式（2-33）和式（2-34）代入式（2-32），得：

$$([K]-\omega^2[M])\{X\}=0 \tag{2-35}$$

方程式（2-35）表示的方式称为特征值或本征值问题，特征值 ω^2 表示自由振动频率的平方。根据 Cramer 法则可知这组联立方程解的形式是：

$$\{X\}=\frac{0}{\|[K]-\omega^2[M]\|} \tag{2-36}$$

因此，只有当分母行列式等于 0 时，才能得到平凡解。换句话说，只有当：

$$\|[K]-\omega^2[M]\|=0 \tag{2-37}$$

时，才可能得到有限振幅的自由振动。

方程式（2-37）叫作体系的频率方程。展开一个具有 n 个自由度体系的行列式得到一个频率参数为 ω^2 的 n 次代数方程。这个方程的 n 个根（ω_1^2，ω_2^2，ω_3^2，…，ω_N^2）表示体系可能存在的 N 个振型的频率。将求得的 ω_j 依次回代到方程式（2-35），可以求得对应于每一频率值的结构体系的各振型$\{X\}_j$。其中，对应最低频率的振型叫作第一振型，第二低频率的振型叫作第二振型，即 $\omega_1<\omega_2<\cdots<\omega_j\cdots<\omega_n$，以此类推。可以证明，稳定的结构体系具有实的、对称的、正定的质量和刚度矩阵，频率方程所有的根都是实的和正的。

【例题 2-1】 如图 2-6 所示的框架结构，假定横梁为刚性，求解行列方程式（2-37）以说明振动频率的分析方法。

【解】 这个框架的质量与刚度矩阵是：

$$[M]=100\times\begin{bmatrix}1.0 & 0 & 0\\ 0 & 1.5 & 0\\ 0 & 0 & 2.0\end{bmatrix}$$

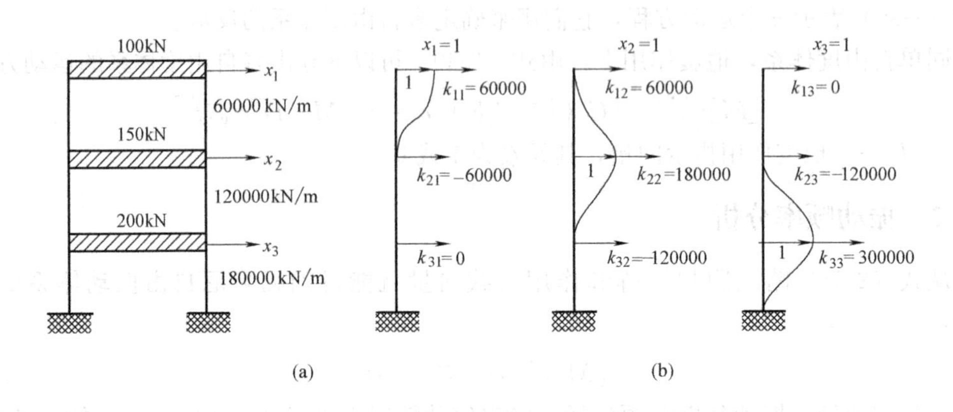

图 2-6 三层框架结构

(a) 结构体系；(b) 刚度影响系数

$$[K]=60000\times\begin{bmatrix}1 & -1 & 0\\ -1 & 3 & -2\\ 0 & -2 & 5\end{bmatrix}$$

从而：

$$[K]-\omega^2[M]=60000\times\begin{bmatrix}1-B & -1 & 0\\ -1 & 3-1.5B & -2\\ 0 & -2 & 5-2B\end{bmatrix} \tag{a}$$

这里：

$$B=\omega^2/600$$

令式（a）中方阵的行列式 $\Delta=0$，求出框架频率。将这个行列式展开，化简并令其等于零，得三次方程：

$$B^3-5.5B^2+7.5B-2=0$$

用直接求解或试错法，可以得到这个方程的三个根为：

$$B_1=0.3515,\quad B_2=1.61066,\quad B_3=3.5420$$

因此，频率是：

$$\begin{Bmatrix}\omega_1^2\\ \omega_2^2\\ \omega_3^2\end{Bmatrix}=\begin{Bmatrix}210.88\\ 963.96\\ 2125.20\end{Bmatrix}\quad \begin{Bmatrix}\omega_1\\ \omega_2\\ \omega_3\end{Bmatrix}=\begin{Bmatrix}14.522\\ 31.048\\ 46.100\end{Bmatrix}\text{rad/s}$$

2.2.3 正交条件

自由振动的振型$\{X\}_n$具有某些特殊性质，它们在结构动力分析中是非常有用的。这些性质叫作正交关系，能用 Betti 定律证明。例如，考虑图 2-7 所示结构体系的两个不同振型。为了方便，结构表示为集中质量体系，但是该分析方法同样适用于理想化的一致质量体系。

体系自由振动时的运动方程式（2-35）可重写为：

$$[K]\{X\}_n=\omega_n^2[M]\{X\}_n \tag{2-38}$$

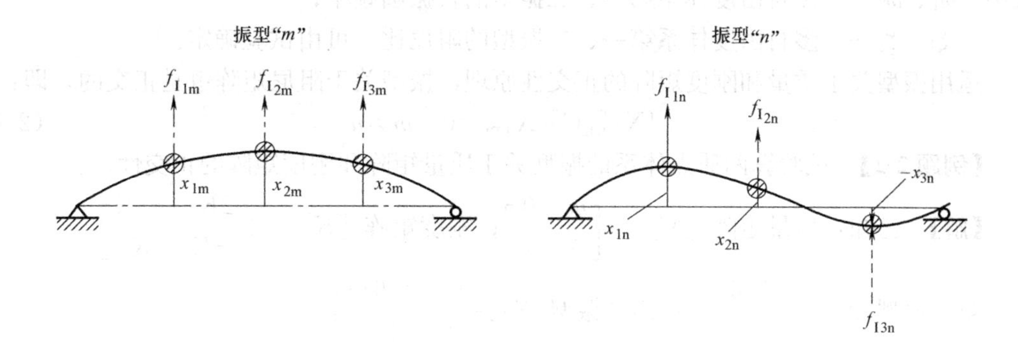

图 2-7 振型形式和产生的惯性力

其中右面表示施加的惯性力向量 $\{f_I\}$，左边是弹性抗力向量 $\{f_S\}$。因此如图 2-7 所示，可以把自由振动的运动视为以惯性力作为作用荷载而产生的挠度。在此基础上，图中所示的两个振型表示两种不同的荷载作用体系及其产生的位移，从而可以应用 Betti 定律如下：

$$-\{f_{Im}^T\}\{X\}_n=-\{f_{In}^T\}\{X\}_m \tag{2-39}$$

把惯性力表达式（2-38）代入式（2-39），得：

$$\omega_m^2\{X\}_m^T[M]\{X\}_n=\omega_n^2\{X\}_n^T[M]\{X\}_m \tag{2-40}$$

考虑到矩阵乘积的转置规则和 $[M]$ 的对称性，或者注意到式（2-40）中矩阵的乘积是一个标量并能随意转置，显然方程能写成：

$$(\omega_m^2-\omega_n^2)\{X\}_m^T[M]\{X\}_n=0 \tag{2-41}$$

在两个振型频率不相同的条件下，由式（2-41）给出第一个正交条件：

$$\{X\}_m^T[M]\{X\}_n=0 \quad \omega_m\neq\omega_n \tag{2-42}$$

用 $\{X\}_m^T$ 前乘式（2-38），可直接推导出第二个正交条件，即 $\{X\}_m^T[K]\{X\}_n=\omega_n^2\{X\}_m^T[M]\{X\}_n$，对等号右边应用式（2-42），显然有：

$$\{X\}_m^T[K]\{X\}_n=0 \quad \omega_m\neq\omega_n \tag{2-43}$$

这说明了振型对于质量与刚度矩阵一样都是正交的。

一般用无量纲振型向量表示正交条件比用任意幅值更为方便。用任何一个基准位移值除以式（2-42）和式（2-43）时，显然等式仍然成立，即可把式（2-42）和式（2-43）重写为：

$$\{X\}_m^T[M]\{X\}_n=0 \quad m\neq n \tag{2-44a}$$

$$\{X\}_m^T[K]\{X\}_n=0 \quad m\neq n \tag{2-44b}$$

如果体系的各振型对应的频率都不相等，式（2-44）所示的正交条件适用于任意两个不同的振型；对具有相同频率的两个振型，正交条件不适用。

由于阻尼矩阵通常表示为质量和刚度矩阵的线性组合（瑞利阻尼），即：

$$[C]=\alpha[M]+\beta[K] \tag{2-45}$$

其中 α、β 为两个比例常数，按下式计算：

$$\left.\begin{aligned}\alpha&=\frac{2\omega_1\omega_2(\zeta_1\omega_2-\zeta_2\omega_1)}{\omega_2^2-\omega_1^2}\\ \beta&=\frac{2(\zeta_2\omega_2-\zeta_1\omega_1)}{\omega_2^2-\omega_1^2}\end{aligned}\right\} \tag{2-46}$$

式中　ω_1、ω_2——多自由度体系第一、二振型的自振圆频率；

ζ_1、ζ_2——多自由度体系第一、二振型的阻尼比，可由试验确定。

运用振型关于质量和刚度矩阵的正交性原理，振型关于阻尼矩阵也是正交的，即：

$$\{X\}_m^T[C]\{X\}_m=0 \quad m\neq n \tag{2-47}$$

【例题 2-2】 试验算两质点体系的振型关于质量矩阵和刚度矩阵的正交性。

【解】 已知：质量矩阵 $[M]=\begin{bmatrix} m & 0 \\ 0 & m \end{bmatrix}$；刚度矩阵 $[K]=\begin{bmatrix} 2K & -K \\ -K & K \end{bmatrix}$

第一振型$\{X\}_1=\begin{Bmatrix} 0.618 \\ 1 \end{Bmatrix}$；第二振型$\{X\}_2=\begin{Bmatrix} -1.618 \\ 1 \end{Bmatrix}$

(1) 验算振型关于质量矩阵的正交性

由式 (2-42) 得：

$$\{X\}_1^T[M]\{X\}_2=\{0.618 \quad 1.000\}\begin{bmatrix} m & 0 \\ 0 & m \end{bmatrix}\begin{Bmatrix} -1.618 \\ 1.000 \end{Bmatrix}$$
$$=\{0.618 \quad 1.000\}\begin{Bmatrix} -1.618m \\ 1.000m \end{Bmatrix}=0$$

(2) 验算振型关于刚度矩阵的正交性

由式 (2-43) 得：

$$\{X\}_1^T[K]\{X\}_2=\{0.618 \quad 1.000\}\begin{bmatrix} 2K & -K \\ -K & K \end{bmatrix}\begin{Bmatrix} -1.618 \\ 1.000 \end{Bmatrix}$$
$$=\{0.618 \quad 1.000\}\begin{Bmatrix} -4.236K \\ 2.618K \end{Bmatrix}=0$$

2.2.4 振型分解

前述已知，一个 n 个自由度的弹性体系具有 n 个独立振型。振型又叫作振动体系的形状函数，它表示体系按某一振型振动过程中各个自由度的相对位置。

把每一个振型汇集在一起就形成振型矩阵 $[A]$，它为一 $n\times n$ 阶的方阵（n 为体系的自由度数）：

$$[A]=[\{X\}_1 \quad \{X\}_2 \quad \cdots \quad \{X\}_j \quad \cdots \quad \{X\}_n]$$
$$=\begin{bmatrix} X_{11} & X_{21} & \cdots & X_{j1} & \cdots & X_{n1} \\ X_{12} & X_{22} & \cdots & X_{j2} & \cdots & X_{n2} \\ \vdots & \vdots & & \vdots & & \vdots \\ X_{1i} & X_{2i} & \cdots & X_{ji} & \cdots & X_{ni} \\ \vdots & \vdots & & \vdots & & \vdots \\ X_{1n} & X_{2n} & \cdots & X_{jn} & \cdots & X_{nn} \end{bmatrix} \tag{2-48}$$

$$\{X\}_j=\{X_{j1} \quad X_{j2} \quad \cdots \quad X_{ji} \quad \cdots \quad X_{jn}\}^T \tag{2-49}$$

式中　$\{X\}_j$——第 j 振型的列向量；

X_{ji}——j 振型 i 自由度的相对位移。

按照振型叠加原理，弹性结构体系中每一个自由度在振动过程中的位移 $x_i(t)$ 可以表示为：

$$x_i(t)=\sum_{j=1}^{n}X_{ji}q_j(t) \tag{2-50}$$

式中 $q_j(t)$——j 振型的广义坐标，它是以振型作为坐标系的位移值，$q_j(t)$ 是时间的函数。

广义坐标的列向量可写成：

$$\{q(t)\}=[q_1(t) \quad q_2(t) \quad \cdots \quad q_n(t)]^T \tag{2-51}$$

则整个结构体系的位移列向量、速度列向量和加速度列向量可分别表示为：

$$\{x(t)\}=\begin{Bmatrix} x_1(t) \\ x_2(t) \\ \vdots \\ x_n(t) \end{Bmatrix}=[\{X\}_1 \quad \{X\}_2 \quad \cdots \quad \{X\}_n]\begin{Bmatrix} q_1(t) \\ q_2(t) \\ \vdots \\ q_n(t) \end{Bmatrix}=[A]\{q(t)\} \tag{2-52a}$$

$$\{\dot{x}(t)\}=[A]\{\dot{q}(t)\} \tag{2-52b}$$

$$\{\ddot{x}(t)\}=[A]\{\ddot{q}(t)\} \tag{2-52c}$$

式（2-52）就是多自由度弹性体系的各种反应量按振型进行分解的表达式。显然，$n\times n$阶振型矩阵［A］起着将广义坐标向量｛$q(t)$｝转换成几何坐标向量｛$x(t)$｝的作用。向量｛$q(t)$｝中的广义元素称为结构的正规坐标（或正则坐标）。

2.2.5 动力反应求解——叠加法

由式（2-31）知，多自由度弹性体系在地震作用下的运动微分方程矩阵表达式为：

$$[M]\{\ddot{x}(t)\}+[C]\{\dot{x}(t)\}+[K]\{x(t)\}=-[M]\{I\}\ddot{x}_g(t) \tag{2-53}$$

将式（2-52）代入式（2-53），并对方程等式两端左乘$[A]^T$ 得：

$$[A]^T[M][A]\{\ddot{q}(t)\}+[A]^T[C][A]\{\dot{q}(t)\}+[A]^T[K][A]\{q(t)\}=-[A]^T[M][I]\ddot{x}_g(t) \tag{2-54}$$

运用振型关于质量矩阵、刚度矩阵和阻尼矩阵的正交性原理，对式（2-54）进行化简，展开后可得 n 个独立的二阶微分方程。对于第 j 振型可写为：

$$\{X\}_j^T[M]\{X\}_j\ddot{q}_j(t)+\{X\}_j^T[C]\{X\}_j\dot{q}_j(t)+\{X\}_j^T[K]\{X\}_jq_j(t)=-\{X\}_j^T[M]\{I\}\ddot{x}_g(t) \tag{2-55}$$

令 M_j^* 为体系第 j 振型的广义质量：

$$M_j^*=\{X\}_j^T[M]\{X\}_j \tag{2-56a}$$

令 K_j^* 为体系第 j 振型的广义刚度：

$$K_j^*=\{X\}_j^T[K]\{X\}_j \tag{2-56b}$$

令 C_j^* 为体系第 j 振型的广义阻尼：

$$C_j^*=\{X\}_j^T[C]\{X\}_j \tag{2-56c}$$

则式（2-55）重写为：

$$M_j^*\ddot{q}_j(t)+C_j^*\dot{q}_j(t)+K_j^*q_j(t)=-\{X\}_j^T[M]\{I\}\ddot{x}_g(t) \tag{2-57}$$

广义阻尼、广义刚度与广义质量有下列关系：

$$\left.\begin{aligned}C_j^* &= 2\zeta_j\omega_j M_j^* \\ K_j^* &= \omega_j^2 M_j^*\end{aligned}\right\} \tag{2-58}$$

式中 ζ_j、ω_j——体系第 j 振型的阻尼比和圆频率。

将式（2-58）代入式（2-57），并用 j 振型的广义质量除等式两端，得：

$$\ddot{q}_j(t) + 2\zeta_j\omega_j\dot{q}_j(t) + \omega_j^2 q_j(t) = \frac{-\{X\}_j^{\mathrm{T}}[M]\{I\}}{\{X\}_j^{\mathrm{T}}[M]\{X\}_j}\ddot{x}_{\mathrm{g}}(t) = -\gamma_j\ddot{x}(t)$$

$$(j=1,2,\cdots,n) \tag{2-59}$$

$$\gamma_j = \frac{\{X\}_j^{\mathrm{T}}[M]\{I\}}{\{X\}_j^{\mathrm{T}}[M]\{X\}_j} \tag{2-60}$$

式中 γ_j——j 振型的振型参与系数。

式（2-59）完全相当于一个单自由度弹性体系的运动方程。与式（2-7）相比较，有两点不同：一是以广义坐标 $q_j(t)$ 作为未知量而不是 $x(t)$；二是方程式右端多了个 j 振型的振型参与系数 γ_j。对方程式（2-31）进行坐标变换，并经过上述化简处理，就把方程式（2-31）化为一组由 n 个广义坐标 $q_j(t)$ 为未知量的独立方程，其中每一个方程都对应体系的一个振型，大大地简化了多自由度弹性体系运动微分方程的求解。

参照方程式（2-7）的解，可以很容易写出方程式（2-59）的解：

$$q_j(t) = -\frac{\gamma_j}{\omega_j}\int_0^t \ddot{x}_{\mathrm{g}}(\tau)e^{-\zeta_j\omega_j(t-\tau)}\sin\omega_j(t-\tau)\mathrm{d}\tau = \gamma_j\Delta_j(t)$$

$$(j=1,2,\cdots,n) \tag{2-61}$$

$$\Delta_j(t) = -\frac{1}{\omega_j}\int_0^t \ddot{x}_{\mathrm{g}}(\tau)e^{-\zeta_j\omega_j(t-\tau)}\sin\omega_j(t-\tau)\mathrm{d}\tau \tag{2-62}$$

式中 $\Delta_j(t)$——阻尼比和自振频率分别为 ζ_j 和 ω_j 的单自由度弹性体系的位移。

将式（2-61）代入式（2-50）和式（2-52c），可得多自由度弹性体系自由度 i 相对于地面的位移和加速度：

$$x_i(t) = \sum_{j=1}^{n}\gamma_j\Delta_j(t)X_{ji} \tag{2-63a}$$

$$\ddot{x}_i(t) = \sum_{j=1}^{n}\gamma_j\ddot{\Delta}_j(t)X_{ji} \tag{2-63b}$$

本章小结

（1）单自由度（SDOF）体系和多自由度（MDOF）体系的运动方程均可以根据d'Alembert原理建立。

（2）SDOF 体系运动方程的解包含特解和其对应的齐次方程的通解两部分，其中，任意动荷载下，特解采用杜哈曼积分法得到。

（3）MDOF 体系运动方程的求解采用振型叠加法，即将总反应表述为各振型单独反应的和，而每个振型的反应计算都由一个典型的单自由度分析方法确定。

思考与练习题

2-1 假设如图 2-1 所示结构的质量和刚度为：$m=2.0\mathrm{kg}$，$k=40.0\mathrm{N/m}$，无阻尼体

系。如果体系在初始条件 $v(0)=0.7\text{m}$、$\dot{v}(0)=5.6\text{m/s}$ 时产生自由振动，求 $t=1.0\text{s}$ 时的位移与速度。

2-2　设有一高低跨单层钢筋混凝土厂房排架（图 2-8）。已知：集中于低跨、高跨屋盖处的质量分别为 $m_1=41.4\text{t}$，$m_2=56.6\text{t}$，排架的柔度系数分别为 $\delta_{11}=1.65\times10^{-4}\text{m/kN}$，$\delta_{12}=\delta_{21}=2.15\times10^{-4}\text{m/kN}$，$\delta_{22}=4.45\times10^{-4}\text{m/kN}$，试计算该体系第一、第二振型的自振频率、周期及其振型值，将所得振型曲线绘于图上，并验算所得两个振型的正交性。

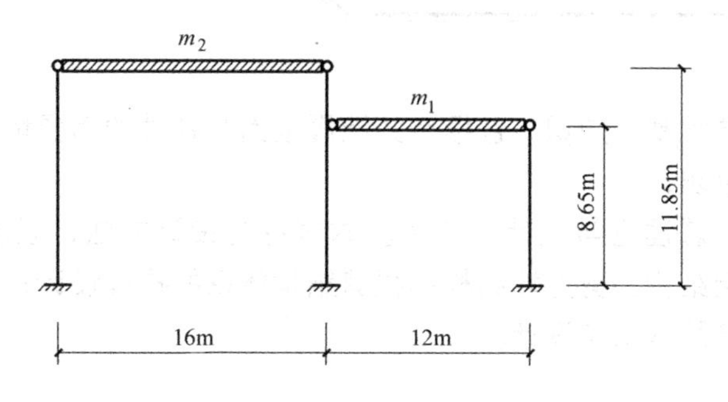

图 2-8　高低跨单层钢筋混凝土厂房排架

2-3　写出采用振型叠加法求解地震作用下多自由度体系位移响应的求解步骤，列出必要的计算公式。

第3章 工程结构抗震理论与设计

本章要点及学习目标

本章要点：

(1) 工程结构抗震基础知识，包括有关地震成因和特性的简要地震学背景知识，以及工程结构的抗震设防；

(2) 建筑结构抗震理论与设计，包括基本理论与设计方法，以及多高层建筑钢结构、砌体结构、框架结构、剪力墙结构和框剪结构体系的抗震设计；

(3) 桥梁结构抗震理论与设计。

学习目标：

详见各节学习目标。

3.1 工程结构抗震基础知识

本节要点及学习目标

本节要点：

(1) 地震与地震动的基础知识；

(2) 世界及我国的地震活动；

(3) 现行规范抗震设防目标与设计方法。

学习目标：

(1) 了解地震的主要类型及其成因；

(2) 掌握震级、地震烈度、基本烈度等术语；

(3) 了解地震动的特性与规律；

(4) 掌握工程结构抗震设防分类、抗震设防目标和两阶段抗震设计方法；

(5) 了解抗震设防烈度的确定方法；

(6) 了解基于性能的抗震设计思想；

(7) 掌握建筑场地类别划分方法；

(8) 了解桥梁结构场地类别划分方法。

3.1.1 地震和地震地质

3.1.1.1 地球圈层构造

地球是一个平均半径约6371km、扁率很小的旋转椭球体，真实形状略呈梨形。从地表以上到地球大气的边界部位统称地球外部圈层，可分为大气圈、水圈和生物圈。地表以下圈层称为地球内部圈层。限于科学技术水平，人类可以直接观察到的地下深度十分有限。目前世界上最深的矿井约 4～5km，最深的钻井不过 12.5km，即使是火山喷溢出来的岩浆，最深也只能带出地下 200km 左右的物质。目前对地球内部的了解，主要借助于地震波研究成果。这是由于地震波传播速度的大小与介质的密度和弹性性质有关，地震波传播路线的连续缓慢弯曲表示物质密度和弹性性质是逐渐变化的，传播速度的跳跃及传播路线的折射与反射表示物质密度和弹性性质发生了显著变化。自 1932 年起，全球建立了一大批强震观测台阵，根据强震记录，人们可以推断地震波的传播路径、速度变化以及介质的特点，通过对多个台阵记录进行综合分析研究，可以了解地球的内部构造。

现今，人们将地球内部圈层以莫霍面和古登堡面划分为 3 层：最表面的一层是很薄的地壳，平均厚度约 30km；中间很厚的一层是地幔，厚度约 2900km；最里面的一层为地核，半径约 3500km。

地壳是地球固体地表构造的最外圈层，是莫霍面以上的地球表层，厚度变化在 5～70km 之间，其中，大陆地区厚度较大，平均约为 33km；大洋地区厚度较小，平均约 7km。地壳由固态岩石所组成，包括沉积岩、岩浆岩和变质岩三大岩类。世界上绝大部分地震都发生在地壳内。

地幔是地球的莫霍面以下、古登堡面（深 2885km）以上的中间圈层，主要由致密的造岩物质构成。地幔占地球总体积的 82.3%，总质量的 67.8%，是地球的主体部分。根据地震波的次级不连续面，以 650km 深处为界，可将地幔分为上地幔和下地幔两个次级圈层。上地幔上部存在一个软流圈，约从 70km 延伸到 250km 左右，其特征是出现地震波低速带，推测是由于放射性元素量集中，蜕变放热，使岩石高温软化，并局部熔融造成的，很可能是岩浆的发源地。下地幔温度、压力和密度均增大，物质呈可塑性固态。地球内部的温度分布是不均匀的，从地下 20km 到地下 700km，温度由大约 600℃上升到 2000℃；地球内部的压力也是不均衡的，在地幔上部约为 900MPa，地幔中间则达到 370000MPa。在这样的热状态和不均衡压力作用下，地幔内部物质缓慢运动，被称为地幔对流，可能是地壳运动的主要驱动机制。到目前为止，所观测到的最深地震发生在地下 700km 左右处。

地核是地球的核心部分，可分为外核（厚 2100km）和内核，其主要构成物质是镍和铁。据推测，外核可能为液态，内核可能是固态。

3.1.1.2 地震的类型与成因

地震根据其成因主要分为构造地震、火山地震、塌陷地震、诱发地震和人工地震。此外，某些特殊情况下也会产生地震，如陨石冲击地震等。

由于地壳运动，推挤地壳岩层使其薄弱部位发生断裂错动而引起的地震称为构造地震；由于火山爆发而引起的地震称为火山地震；由于地表或地下岩层突然大规模陷落和崩塌而造成的地震称为塌陷地震；由于水库蓄水、油田注水等活动而引发的地震称为诱发地震；由地下核爆炸、炸药爆破等人为引起的地面振动称为人工地震。上述地震类型中，构造地震占全球地震中的绝大多数，且破坏作用大，应予以重点考虑。断层学说是目前学术界公认的一种地震成因理论。它是在 1906 年金山大地震后由 Henry Fielding Reid 根据观测圣安德列斯断层产生水平移动而提出的一种假说。断层说认为断层是引起地震的重要原因。图 3-1（a）作用着地壳运动产生的一对力偶，两侧的地壳发生图 3-1（b）所示的相对运动。变形使界线附近的地壳中积累着大量的应变能。当变形引起的应力大于岩石的破坏应力时，地壳破裂产生断层、两侧的地壳发生弹性回跳，即图 3-1（c）状态。在回跳过程中，积累的应变能快速得到释放，以波动的形式向四面八方传播。当地震波到达地面时，引起强烈的地面运动，就形成了地震。简言之，地震波是由于断层面两侧岩石发生整体的弹性回跳而产生的，来源于断层面。构造地震往往发生在应力比较集中、构造比较脆弱的部位，即原有断层的端点或转折处、不同断层的交会处。断层说能够较好的解释浅源地震的成因，但对于中、深源地震并未合理解释。因为在地下深部，岩石已具有塑性，不可能发生弹性回跳现象。

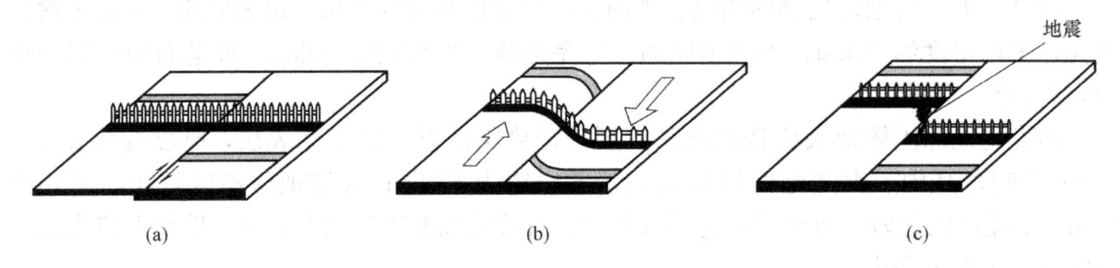

图 3-1　断层及弹性回跳示意

（a）未变形岩石；（b）受力至弹性极限；（c）应力弹性回跳

另一种公认的地震成因学说是板块构造说，是 20 世纪 60 年代兴起的当代地球科学中最有影响的全球构造学说。它认为地球的岩石圈分裂成为若干巨大的板块，即亚欧板块、美洲板块、非洲板块、太平洋板块、印度洋板块和南极洲板块。岩石圈板块沿着地幔软流圈之上发生大规模水平运动；板块与板块之间或相互分离，或相互汇聚，或相互平移。当板块之间产生的地应力，由于变形过大致使板块边缘附近的岩石层发生脆性破裂，由此便产生了地震。板块构造观点把地震现象看作是各大岩石圈活动板块相互作用结果，大地震发生的频度和震级上限可能与相对运动的岩石圈板块的接触面积有关。板块构造说囊括了大陆漂移、海底扩张、转换断层、大陆碰撞等概念，为解释全球地质作用提供了颇有成效的构架。

3.1.1.3　地震带及我国地震活动

全世界每年大约发生 500 万次大大小小的地震，其中 5 级以上的，平均每年约 900 多次。但是，破坏性地震并非均匀分布在整体地球上，而是沿一定深度、有规律地分布在某些特定的大地构造部位，总体呈带状分布，被称为地震带。全球范围内存在四条大规模的地震带：环太平洋地震带、欧亚大陆地震带、大洋海岭地震带以及大陆裂谷系地震带。其中，环太平洋地震带和欧亚地震带（也称喜马拉雅一地中海地震带），是全球六大板块的接触带，其他的地震带与扩张的洋脊、转换断层、大陆裂谷或大断裂带有关。在环太平洋地震带和欧亚地震带内发生约占全球 85%的浅源地震，几乎全部的中源和深源地震，地震震源机制主要是板块俯冲引起的逆断层型。其他地震带只有少量浅源地震，且地震频度和强度较弱。

我国东临环太平洋地震带，南接欧亚地震带，是世界上多地震国家之一。2008 年我国四川汶川发生 8.0 级大地震，造成直接经济损失 8451 亿元人民币，69227 人遇难。对汶川地震的发震机制研究表明，印度洋板块向北侧欧亚大陆板块的挤压引起龙门山断层的破裂是诱发地震的主要原因。印度次大陆脱离了位于南半球的古大陆后，向北漂移。在距今5000万～5500万年前，撞上了欧亚大陆。碰撞引起挤压隆起，形成了青藏高原。同时，挤压应力沿东北方向一直传递至古老四川盆地下坚硬的岩石圈。在岩石圈的边缘，龙门山系被挤压隆起，形成了断裂构造带。当前，印度板块仍以每年50mm的速度朝东北方向移动，而欧亚板块以每年20mm的速度朝北移动。两大板块越挤越紧，变形能持续累积，于北京时间2008年5月12日14点28分，在汶川地区爆发大地震。

我国大于6级的强震分布相当广泛且极不均匀，大致以东经105°为界。西部地震分布广泛，东部地震相对稀少且均未达到8级。总体主要呈现两条地震带：一是南北地震带，它北起贺兰山，向南经六盘山，穿越秦岭沿川西至云南省东北，纵贯南北；二是东西地震带，主要的东西构造带有两条，北面的一条沿陕西、山西、河北北部向东延伸，直至辽宁北部的千山一带；南面的一条，自帕米尔高原起经昆仑山、秦岭，直到大别山区。根据中国科学院地质研究所的划分，除了属于环太平洋地震带和欧亚地震带的台湾和西藏南部地区以外，我国被分割成五大地震地质区，即东部的东北地震地质区、华北地震地质区和华南地震地质区，西部的西北地震地质区和西南地震地质区。五个地震地质区各具有自己的地质发展特征和地震活动特征。

3.1.2 地震动基础知识

3.1.2.1 震源和震中

在地震学中，震源是地震发生的起始位置，即地下岩层开始破裂并引起振动的地方，震源向上投影到地表的位置即为震中。震中附近的地面振动最为剧烈，也是破坏最严重的地区，称为震中区或极震区。地表某处至震中的水平距离称作震中距。将地面上破坏程度相同或相近的点连成曲线叫作等震线。从震源到地表的垂直距离称为震源深度，见图3-2。震源不会移动，每次地震包括主震和余震都会有不同位置的震源，这些不同时间的震源位置叠加在一起构成震源分布图。按震源的深浅，地震又可分为3类：震源深度在70km以内的浅源地震，震源深度在70～300km以内的中源地震以及震源深度超过300km的深源地震。浅源地震的发震频率高，占地震总数的72.5%，所释放的地震能占总释放能量的85%（中源、深源地震能分别占总释放能量的12%与3%）。由于地震一般都在地壳中发生，所以大陆的浅源地震多数震源深度在30km以内，对人类影响最大。一次地震释放能量的断层面积很大，沿走向的长度可以是几公里到几百公里，沿倾向的宽度为几公里到几十公里。据了解，至今世界上震源深度最深的地震是1934年6月9日发生在印度苏拉西岛东的6.9级地震，震源深度达720km；最浅的震源深度往往不足5km。

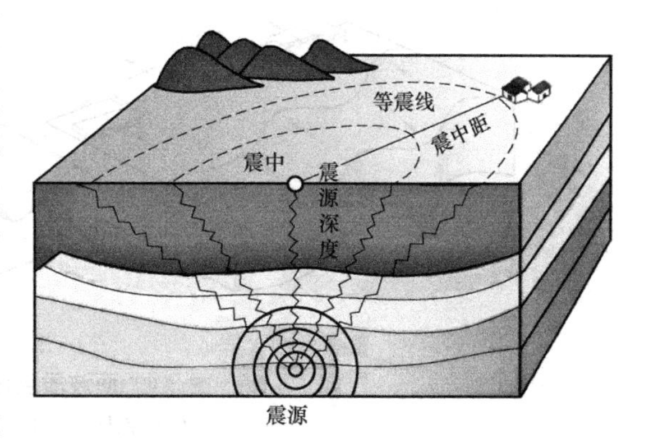

图3-2 地震波传播示意

3.1.2.2 地震波

地震波是一种弹性波，地震引起的振动以波的形式从震源向各个方向传播并释放能量。地震波的成分相当复杂，主要由体波和面波组成。在弹性体内传播的波称为体波，分为纵波和横波两类。

纵波，也被称为压缩波或疏密波或P波（primary wave），在弹性体内介质质点的振动方向与波的前进方向一致，当波传播时，介质发生膨胀与收缩。纵波传播类似于蠕虫前行，具有周期较短、振幅较少等特点。液体和固体均能传播纵波，地壳中纵波的传播速度一般为5～7km/s，且其传播速度随在地球深度的增加而增大。横波，也被称为剪切波或S波（secondary wave），在其传播过程中，介质质点的振动方向与波的前进方向垂直，介质发生剪切变形。横波具有周期较长、振幅较大等特点，传播类似于蚕虫前行，见图3-3。地壳中横波的传播速度一般为3.2～4km/s，液体不能传播横波。

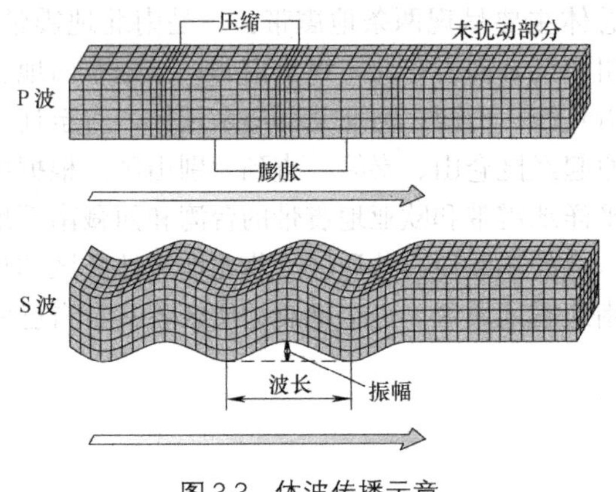

图3-3 体波传播示意

当体波在各向同性、均质的无限介质中传播时，不会产生面波。但是在层状介质中传播的过程中，当满足一定条件时，在界面上或自由表面上会产生面波。面波是体波经多次反射产生的一种次生波，沿地表面或在离地表面一定深度的范围内传播。面波的基本周期一般在数秒至十几秒，且传播距离很远，在特定的地质条件下可能对远场的高层建筑造成严重损坏。面波的质点振动幅度随深度的增加而呈指数衰减，水波就是一种面波。地震面波具有两种类型，即瑞利波（R波）和洛夫波（L波）。质点在水平面内振动，振动方向与波的前进方向垂直的面波称为洛夫波。质点的运动为与波传播方向相反的椭圆运动的面波称为瑞利波，见图3-4。

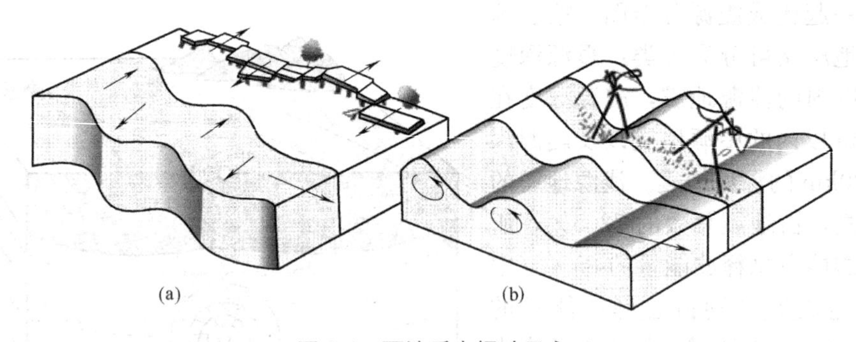

图3-4 面波质点振动示意

（a）洛夫波；（b）瑞利波

图3-5为某次地震所记录的地震波示意图。由弹性理论可知，纵波（P波）首先到达，而后是横波（S波），面波最晚到达。由图3-5可见，横波或面波到达时，地震波振幅大，地面振动最猛烈，造成的危害性也最大。利用纵波和横波到达的时间差可以推算观测点到震源的距离。基于此原理，国内外学者发展了地震速报技术。

3.1.2.3 传播途径及场地地质条件

地震波在传播过程中，就像把石子投入水中，水波会向四周一圈一圈地扩散一样。由于传播途径中介质的阻尼和滤波作用，地震波能量逐渐逸散、振幅变小，频谱特性亦发生变化，这种现象称作地震波衰减。对传播途径的讨论主要是研究在不同介质内或表面传播过程中，不同的衰减规律对地震动的影响程度。衰减的定性规律可简单表述为地震波中的短周期成分衰减要快于长周期成分；软而厚的土层对短周期成分的滤波作用要比硬土或岩石明显，使地震波的长周期成分突出。衰减的定量规律极大地依赖于地域地质。在地震动记录丰富的区域，根据强震观测资料，用统计回归方法，可建立地震动衰减经验公式。

场地地质条件对地震波具有不同的放大作用。从震源传来的地震波是由许多频率不同的分量组成的，当地震动卓越周期与该地点土层的固有周期一致时，产生共振现象，使地表面的振幅大大增加。另一方面，场地土对从基岩传来的入射波中与场地土层固有周期不同的谐波分量又具有滤波作用，因此土质条件对于改变地震波的频率特性（或称周期特性）具有重要作用。当由基岩入射来的大小和周期不同的波群进入表土层时，土层会使一些具有与土层固有周期相一致的某些频率波群放大并通过，而将与土层固有周期不一致的另一些频率波群缩小或滤除。由于表层土的滤波作用，使坚硬场地土地震动以短周期为主，而软弱场地土则以长周期为主。又由于表土层的放大作用，使坚硬场地土地震动加速度幅值在短周期内局部增大，长周期范围内急剧降低；软弱场地的加速度反应谱曲线则呈现长周期范围内微凸的缓丘型特征，见图 3-6。

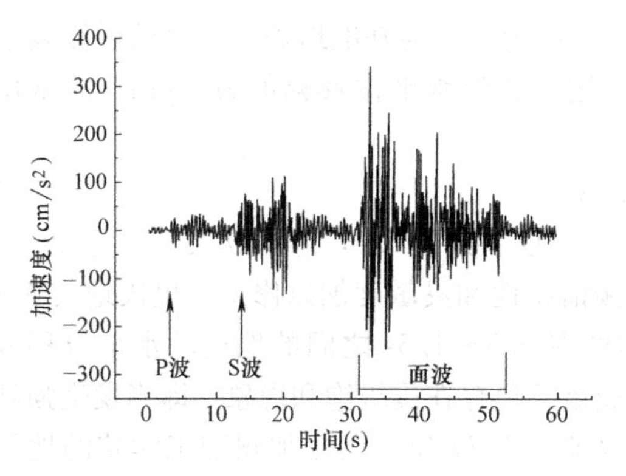

图 3-5 某地震波实测记录

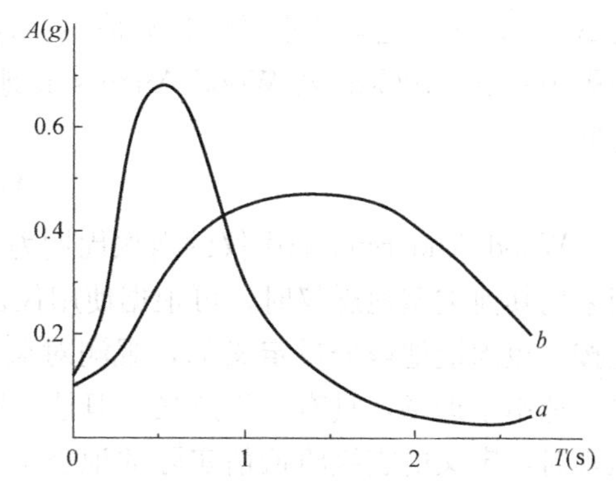

图 3-6 硬软场地的加速度反应谱

a—坚硬场地；*b*—软弱场地

地震破坏对场地地质条件选择性。总体而言，在软弱地基上，柔性结构最容易遭到破坏，刚性结构表现较好，建筑物的破坏一般由于结构破坏或地基破坏所产生；在坚硬地基上，柔性结构表现较好，而刚性结构表现不一，建筑物的破坏通常是因结构破坏所产生。就地面建筑物的破坏现象而言，软土地基上的建筑物震害一般重于硬土地基情况。此外，震后调查表明，某些地域的烈度大幅度异常是场地土和地形共同作用的结果，场区地基土-沉积物是强非线性物质，这种物质在大循环应变下迅速失去其刚度，并可能引起表面波传播的不稳定性。

传播途径和场地地质条件影响地震波及其震害的一个突出案例是由太平洋板块向北美板块逆向俯冲引起的 1985 年 9 月 19 日墨西哥 8.1 级地震，震源深度 33km。距震中较近的 Guerrero 和 Michocan 州的震害并不严重，而远离震中 400km 的墨西哥城中 10～15 层的建筑物遭到了严重的破坏。震中附近的强震观测记录到的最大加速度峰值是 160gal。在传播过程中，地震波中的短周期成分得到了充分的衰减。到达墨西哥城以后，地震波受到湖相沉积盆地的多次反射，将波中的长周期成分高倍放大。地震波的卓越周期为1.5～2.0s，加速度峰值放大至180gal，持续时间达180s。松软的地基土覆盖层自振周期约1.5～2.0s，与10～15层的建筑物发生共振，造成了严重震害。另一个震害突出震例发生在1920年中国宁夏海原8.5级大地震，位于海原县西安州以南5公里处被南华山环抱的一个名为袁家窝窝的小村庄，坐落在位于极震区内一个较狭窄的谷盆地之中。这里几乎临近地震构造形变带，小村庄周围的烈度高达11～12度，各种建筑物震后均已荡然无存，而袁家窝窝的房屋却毁坏不大，当地的烈度仅有8度。这种地震烈度与地震加速度的实际分布不一致的原因是其周围的地质环境是老第三纪砂贝岩，而小村庄的地基土是黄土，场地条件有利于地震波的衰减并造成那里的地震烈度骤降。

3.1.2.4 震级

震级是地震观测台网通报中的常规参数，属于宏观的震源参数，反映震源释放出来总能量的大小。由于地震动加速度容易受传播途径和场地地质条件的影响，地震工作者习惯用地震仪记录到的地震动位移幅值作为衡量地震规模的物理量。一般情况下，地震动位移幅值随着观测点震中距的增大而减小。若是确定了基准地震的地震动幅值水平分量，即可确定地震的相对规模。据此原理，C. F. Richter于1935年定义了里氏震级M_L。规定震中距$\Delta=100$km，地震动水平位移幅值$A=1\mu$m的震级为0作为基准地震，将里氏震级表示为震中距$\Delta=100$km处Wood-Anderson地震仪记录到的水平位移幅值A（μm）的常用对数：

$$M_L=\lg A \tag{3-1}$$

Wood-Anderson地震仪的自振周期为0.8s，阻尼系数为0.8，静态放大倍数为2800。当采用其他类型地震仪时，可根据使用仪器的频谱特性和灵敏度加以修正。里氏地震M_L是按照短周期地震分量定义的，观测对象为周期在0.5～1.5s之间的地震动水平位移分量，适用于近场，具有工程意义。但是，里氏震级不免存在震级饱和现象，即当发生强烈地震时，定义的震级将低估实际的地震强度。为此，1977年由美国加州理工学院的地震学家金森博雄教授提出了用地震矩定义的矩震级：

$$M_w=\frac{1}{1.5}\lg M_0-10.7 \tag{3-2}$$

$$M_0=GDA \tag{3-3}$$

式中 M_w——矩震级，是使用断层上的力矩直接定义，没有震级饱和现象；

M——地震矩；

G——断层周围的材料剪切刚度；

D——滑移量（位错）；

A——滑移面积。

在地震记录中，不可避免会受到传播途径和观测点地质构造等因素影响，因此，同一次地震虽然只有一个震级，但在不同地点确定的震级常常不同。例如：汶川地震发生后，国家地震局首次公布的震级为里氏7.6级，最后修订为8级，美国地震勘探局最初公布的震级是7.8级，不久修订为7.9级。

震级也是表示地震规模的指标，反映了一次地震释放能量的多少。震级每差一级，地震释放的能量将差32倍。一般认为，小于2级的地震，人们感觉不到，只有仪器才能记录下来，称为微震；2～4级地震，人可以感觉到，称为有感地震；5级以上地震能引起不同程度的破坏，称为破坏性地震；7级以上的地震，称为强烈地震或大震；8级以上的地震，称为特大地震。20世纪以来，由仪器记录到的最大震级是9.0级，为2011年3月11日发生在日本东北地区太平洋近海地震。

3.1.2.5 地震烈度

地震烈度表示地震时一定地点地面振动强弱程度的尺度。它是一个宏观和综合的指标，包含了人对地震的反应程度、地面和建筑物的破坏程度。对于一次地震，表示地震大小的震级只有一个，但它对不同地点的影响是不一样的。一般而言，距震中愈远，地震影响愈小，烈度就愈低；反之，距震中愈近，烈度一般愈高。相近位置区域，场地可能引起不同的震害现象，例如砂土液化，亦会影响地震烈度的评定。此外，地震烈度还与地震大小、震源深度、建筑物动力特性等许多因素有关。

为了便于评定地震烈度，需要建立一个统一标准，即地震烈度表。它一方面以建筑物的损坏程度、地貌变化特征、地震时人的感觉、家具反应等方面进行区分，另一方面以地面加速度峰值和速度峰值为烈度的参考物理指标，作为地区性直观烈度标志的共同校正标准。除日本及欧洲少数国家以外，绝大多数国家包括我国都把地震烈度表分为12个等级（1～12度）。以地震烈度表为宏观尺度，可根据震害调查的结果绘制等烈度线。从等烈度线的形状和分布，特别是震中烈度区的等级、形状，烈度的衰减规律及烈度异常区的分布等，可推测出地震震级的大小，断层的长度及大致走向等震源参数和场地地质条件。

地震烈度和震级的关系是宏观震害与宏观震源参数、地震动参数与震源特性参数之间的桥梁。我国历史地震资料丰富，但强震记录相对偏少，建立烈度和震级之间的经验关系，对确定潜在震源区具有重要意义。式（3-4）为根据我国1900年以来152次地震资料的震级与震中烈度关系，经回归分析得到的震源深度在15～45km范围内浅源地震震级与震中烈度的关系式（标准差为0.33）：

$$M=0.66I_0+0.98 \tag{3-4}$$

式中 I_0——震中烈度；

M——地震震级。

3.1.2.6 强震观测记录

强震观测是地震工程学的重要组成部分。强震观测记录可用于实时快速计算反应谱，研究震源机制、地震动衰减规律、土层反应，进行地震危险性分析等。从抗震设计角度，可作为抗震分析的输入，研究结构的动力特性及地震反应等。强震观测始于1932年，至今已取得长足的发展。

强震观测记录实际上是一组离散的脉冲序列。美国加州理工学院公布的第一卷地震波记录是按不等时间间隔取样的样本，尽管其具有真实峰顶和峰谷的优点，但是数学处理很不方便。于是，其公布的第二卷地震波记录以0.02s等间隔取样。受其影响，目前世界各国公布的地震记录时间间隔均取0.02s，即目前抗震分析中所使用的强震记录中，50Hz以上的高频成分已经得到了过滤。由于建筑结构的周期一般不会短于0.1s，因此上述处理能够满足抗震设计的精度要求。

记录地震波的强震仪有模拟和数字两大类。美国加州理工学院整理、公开发表的1971年以前的地震记录，均是使用模拟强震仪获取的。模拟地震仪记录到的地震波往往会产生丢头、基线偏移，特别会造成长周期成分的不确定性，需要进行调整和校准。20世纪70年代起，数字强震仪得到了迅速发展，基本上克服了上述不足之处。

3.1.3 地震动工程特性

地震动具有强随机性，同一地点发生的每一次地震都各不相同。作为工程设计人员，在进行抗震设计时更为关注的是作为输入地震波的强震地面运动时程曲线。一般而言，使用幅值、频谱特性及持续时间三个参数才能比较完整地描述强震时程，而结构的地震反应则是对这三个地震动特性参数不同组合的一种综合反应。

3.1.3.1 地震动幅值特性

地震动幅值可以是地面运动的加速度、速度或位移幅值。由于地面运动加速度幅值与震害密切相关，可用以描述地面震动的强弱程度，并作为地震烈度的参考物理指标，因此，国内外目前采用最多的地震动幅值是地面运动加速度幅值，可为最大值或某种意义下的有效值。例如，1940年EL-Centro地震加速度记录最大值为341.7cm/s^2。此外，各国抗震设计普遍采用有效加速度幅值的概念，例如《中国地震动参数区划图》GB 18306中的《中国地震动峰值加速度区划图》给出了50年基准期超越概率10%，与地震动加速度反应谱最大值相应的地面运动水平加速度，其实质亦为有效加速度幅值。

地震动幅值的大小受震级、震源机制、传播途径、震中距、局部场地条件等因素的影响。通常情况下，近场内基岩上的加速度峰值大于软弱场地上的加速度峰值，而在远场相反。

3.1.3.2 地震动频谱特性

频谱一般指按频率高低为次序的排列。频谱分析是研究线性系统振动最有效的分析方法之一。震害调查也表明组成地震动的频率成分对结构的地震反应有重大影响。所谓地震动频谱特性是指地震动对具有不同自振周期结构的反应特性，通常用傅立叶谱、功率谱和反应谱表示。傅立叶谱和功率谱是连续时间函数频谱分析的通用数学手段，具有一定的工程实用价值，常用于分析地震动的频谱特性。反应谱则在表示地震波频谱特性的同时，还能体现结构的反应，更具工程意义，现已成为工程结构抗震设计的基础。

震级、震中距和场地条件对地震动的频谱特性有重要影响。震级越大、震中距越远，地震动记录的长周期分量就越显著；卓越周期长的地震波对软土地基上的高层建筑可能会造成严重的破坏，而卓越周期短的地震波对硬土地基上的低层建筑影响较大。此外，已有研究表明震源机制对频谱特性亦存在重要影响。

3.1.3.3 地震动持时特性

震害调查表明，超过一定强度的地震动持时是造成结构严重破坏的一项重要原因。到20世纪70年代，地震工程学开始把持续时间作为一个独立参数，与地震动的幅值、频谱共同描述地震动特性。从结构地震破坏机理上分析，结构从轻微破坏（如裂缝的扩展），到出现塑形变形，直至完全倒塌，是一个损伤累积破坏过程。结构塑性变形的不可恢复性需要耗散能量，损伤累积破坏则需要足够的持续时间。在该破坏过程中，结构的最大变形反应即使没有达到静力试验条件下的极限变形，结构也可能由于储存能量能力的耗损达到某一限值而发生倒塌破坏。

持时长短的定义显然与地震动幅值相联系，地震动的主震段或强震段的持续时间才对结构反应起决定作用。此外，震源机制、震中距、传播途径和场地条件等众多因素对地震动的持时存在影响。震源机制复杂，断层尺寸大，断层面多次重复破裂等，会加长地震动的持续时间。对某一已知震级的地震作用，持时随震中距的增大而变短。传播途径中介质的性质影响不同频段地震波的衰减也会影响波形的持续时间。场地松软的程度会影响地震波反射折射的次数，从而进一步影响波形持时的长短。

尽管地震持时的宏观作用和机理显而易见，但是，目前国内外所有的地震烈度评定、区划编制中均尚未考虑地震持时影响。同时，各国抗震规范所采用的设计反应谱，只能反映强震记录中最强烈的一段，亦未能计入地震持时影响。这是由于地震持时对结构振动反应的影响主要体现在结构的非线性阶段。持时的重要意义存在于非线性体系的最大反应和能量的耗散累积。因此，我国抗震规范仅对建筑结构在罕遇地震作用下的弹塑性时程分析规定了明确的持时要求。

3.1.4 工程结构抗震设防

3.1.4.1 基本术语

抗震设防烈度：按国家规定的权限批准作为一个地区抗震设防依据的地震烈度。一般情况下，取 50 年超越概率 10%的地震烈度。

多遇地震烈度：建筑所在地区在设计基准期（50 年）内超越概率 63.2%的烈度，也称为众值烈度、小震烈度，用 I_m表示，重现期为 50 年。

基本地震烈度：建筑所在地区在设计基准期（50 年）内超越概率 10%的烈度，用 I_0表示，重现期 475 年。

罕遇地震烈度：建筑所在地区在设计基准期（50 年）内超越概率 2%～3%的烈度，也称为大震烈度，用 I_s表示，重现期 1975 年。

大量数据分析表明，我国地震烈度的概率分布符合极值Ⅲ型，由此我国《建筑抗震设计规范》GB 50011 以地震基本烈度为基础，在平均意义上，将多遇地震烈度取基本烈度减 1.55 度，将罕遇地震烈度取基本烈度加 1 度。

抗震设防标准：衡量抗震设防要求高低的尺度，由抗震设防烈度或设计地震动参数及建筑抗震设防类别确定。

地震作用：由地震动引起的结构动态作用，包括水平地震作用和竖向地震作用。

设计地震动参数：抗震设计用的加速度（速度、位移）时程曲线、加速度反应谱和峰值加速度。

设计基本加速度：50 年设计基准期超越概率 10%的地震加速度设计取值。

设计特征周期：抗震设计用的地震影响系数曲线中，反映地震震级、震中距和场地类别等因素的下降段起始点对应的周期值，简称特征周期。

场地：工程群体所在地，具有相似的反应谱特征。其范围相当于厂区、居民小区和自然村或不小于 1.0km^{2}的平面区域。

抗震措施：除地震作用计算和抗力计算以外的抗震设计内容，包括抗震构造措施。

抗震构造措施：根据抗震概念设计原则，一般不需计算而对结构和非结构部分必须采取的各种细部要求。

3.1.4.2 地震影响和抗震设防烈度

抗震设防烈度是一个地区作为抗震设防依据的地震烈度，一般情况下，可采用中国地震动区划图的地震基本烈度。抗震设防烈度与设计基本地震加速度取值的对应关系应符合表 3-1 的规定。

抗震设防烈度和设计基本地震加速度值的对应关系 表 3-1

抗震设防烈度	6 度	7 度	8 度	9 度
设计基本加速度值	0.05g	0.10(0.15)g	0.20(0.30)g	0.40g

注：g 为重力加速度。

《建筑抗震设计规范》GB 50011—2010 规定，抗震设防烈度为 6 度及以上地区的建筑，必须进行抗震设计。建筑所在地区遭受的地震影响，应采取相应于抗震设防烈度的设计基本地震加速度和设计特征周期或规定的设计地震动参数来表征。建筑的设计特征周期应根据其所在地的设计地震分组和场地类别来确定。震害调查表明，虽然不同地区的宏观地震烈度相同，但处在大震级远震中距的柔性建筑物，其震害要比小震级近震中距的情况重得多。《建筑抗震设计规范》GB 50011—2010 用设计地震分组来体现震级和震中距的影响，将建筑工程的设计地震分为三组。在相同的抗震设防烈度和设计基本地震加速度值的地区可有三个设计地震分组，第一组表示近震中距，而第二、三组表示较远震中距的影响。

我国主要城镇（县级及县级以上城镇）中心地区的抗震设防烈度、设计基本地震加速度和所属的设计地震分组可参见《建筑抗震设计规范》GB 50011—2010。

针对不同抗震设防类别的桥梁，采用特定安全水准的地震作用强度，常以一定概率水平下的地震烈度或地震动参数来表达，目前已逐渐采用地震动参数表达。如：现行《城市桥梁抗震设计规范》CJJ 166—2011（以下简称《城规》）和《公路桥梁抗震设计细则》JTGT B02-01—2008（以下简称《细则》）中均采用两级设防地震：E1 地震作用和 E2 地震作用。其中 E1 地震作用是指工程场地重现期较短的地震作用，对应于第一级设防水准；E2 地震作用是指工程场地重现期较长的地震作用，对应于第二级设防水准。不同设防类别的桥梁，其 E1、E2 地震作用的重现期不同，具体可参考各类桥梁的抗震设计规范。

3.1.4.3 工程结构抗震设防分类

根据建筑物使用功能的重要性，按其地震破坏产生的后果，《建筑工程抗震设防分类标准》GB 50223—2008 将建筑工程分为四个抗震设防类别：

1）特殊设防类：指使用上有特殊设施，涉及国家公共安全的重大建筑工程和地震时可能发生严重次生灾害等特别重大灾害后果，需要进行特殊设防的建筑，简称甲类。

2）重点设防类：指地震时使用功能不能中断或需尽快恢复的生命线相关建筑，以及地震时可能导致大量人员伤亡等重大灾害后果，需要提高设防标准的建筑，简称乙类。

3）标准设防类：指除（1）、（2）、（4）条款以外按标准要求进行设防的建筑，简称丙类。

4）适度设防类：指使用上人员稀少且震损不致产生次生灾害，允许在一定条件下适度降低要求的建筑，简称丁类。

《建筑工程抗震设防分类标准》GB 50223—2008 规定，各抗震设防类别建筑的抗震设防标准应符合下列要求：

1）特殊设防类（甲类建筑）

地震作用应高于本地区抗震设防烈度的要求，其值应按批准的地震安全性评价结果确定；抗震措施，当抗震设防烈度为6～8度时，应符合本地区抗震设防烈度提高1度的要求，当为9度时，应符合比9度抗震设防更高的要求。

2）重点设防（乙类建筑）

地震作用应符合本地区抗震设防烈度的要求；抗震措施，一般情况下，当抗震设防烈度为6～8度时，应符合本地区抗震设防烈度提高1度的要求，当为9度时应符合比9度抗震设防更高的要求；地基基础的抗震措施应符合有关规定。

对较小的乙类建筑，当改用抗震性能较好的材料且符合抗震设计规范对结构体系的要求时，应允许仍按本地区抗震设防烈度的要求采取抗震措施。

3）标准设防类（丙类建筑）

地震作用和抗震措施均应符合本地区抗震设防烈度的要求。

4）适度设防类（丁类建筑）

一般情况下，地震作用仍应符合本地区抗震设防烈度的要求；抗震措施应允许比本地区抗震设防烈度的要求适当降低，但抗震设防烈度为6度时不应降低。

抗震设防烈度为6度时，除规范有具体规定外，对乙、丙、丁类建筑可不进行地震作用计算。

桥梁结构则根据遭遇地震破坏后可能产生的经济损失和社会影响程度，以及在抗震救灾中的作用，即根据其抗震重要性进行类别划分。一般分为四类，也有的行业工程分为二类或三类。如《城规》和《细则》对桥梁抗震设防类别均划分为了四类：城市桥梁划分为了甲、乙、丙、丁四类，公路桥梁划分为了A、B、C、D四类（表3-2）。

公路桥梁抗震设防类别 **表3-2**

桥梁抗震设防类别	适用范围
A类	单跨跨径超过150m的特大桥
B类	单跨跨径不超过150m的高速公路、一级公路上的桥梁，单跨跨径不超过150m的二级公路上的特大桥、大桥
C类	二级公路上的中桥、小桥，单跨跨径不超过150m的三、四级公路上特大桥、大桥
D类	三、四级公路上的中桥、小桥

3.1.4.4 工程结构场地类别

一般情况下，除抗震极不利和严重危险性的场地以外，一般不能排除其他场地作为建筑用地。因此，有必要将建筑场地按其对建筑物地震作用的强弱和特征进行分类，以便根据不同的建筑场地类别采用相应的设计参数，进行抗震设计。现行《建筑抗震设计规范》GB 50011—2010采用等效剪切波速v_{se}和覆盖层厚度作为评定指标，制定了场地类别的两参数分类方法。建筑场地类别共分为4类（其中Ⅰ类又分为I_0和I_1两个亚类），并按表3-3确定。《建筑抗震设计规范》GB 50011—2010还规定，当有可靠的剪切波速和覆盖层厚度且其值处于表中所列场地类别的分界线附近时，为解决场地类别突变而带来的计算误差，应允许按插值方法确定地震作用计算所用的设计特征周期。

各类建筑场地的覆盖层厚度 表 3-3

岩石的剪切波速或土的等效剪切波速($m \cdot s^{-1}$)	场地类别				
	I_0	I_1	Ⅱ	Ⅲ	Ⅳ
$v_s>800$	0				
$800 \geqslant v_s>500$		0			
$500 \geqslant v_{se}>250$		<5	≥5		
$250 \geqslant v_{se}>150$		<3	3～50	>50	
$v_{se} \leqslant 150$		<3	3～15	15～80	>80

注：表中 v_s 系岩石的剪切波速。

计算深度范围内土层的等效剪切波速 v_{se} 应按下列公式计算：

$$v_{se}=d_0/t \tag{3-5}$$

$$t=\sum_{i=1}^{n}(d_i/v_{si}) \tag{3-6}$$

式中 v_{se}——土层的等效剪切波速（m/s）；

d_0——计算深度（m），取覆盖层厚度和 20m 两者的较小值；

t——剪切波在地面至计算深度之间的传播时间；

d_i——计算深度范围内第 i 土层的厚度（m）；

v_{si}——计算深度范围内第 i 土层的剪切波速（m/s）；

n——计算深度范围内土层的分层数。

式（3-6）中的土层剪切波速，应根据现行《建筑抗震设计规范》GB 50011—2010 的要求进行实地测量。但对于丁类建筑及层数不超过 10 层且高度不超过 24m 的丙类建筑，当无实测剪切波速时，可根据岩土名称和性状，按表 3-4 划分土的类型，再利用经验在表 3-4 的剪切波速范围内估算各土层的剪切波速。

土的类型划分和剪切波速范围 表 3-4

土的类型	岩土名称和性状	土层剪切波速范围($m \cdot s^{-1}$)
岩石	坚硬、较硬且完整的岩石	$v_s>800$
坚硬土或软质岩石	破碎和较破碎的岩石或软和较软的岩石，密实的碎石土	$800 \geqslant v_s>500$
中硬土	中密、稍密的碎石土，密实、中密的砾、粗、中砂，$f_{ak}>150$ 的黏性土和粉土，坚硬黄土	$500 \geqslant v_s>250$
中软土	稍密的砾、粗、中砂，除松散外的细、粉砂，$f_{ak} \leqslant 150$ 的黏性土和粉土，$f_{ak}>130$ 的填土，可塑新黄土	$250 \geqslant v_s>150$
软弱土	淤泥和淤泥质土，松散的砂，新近沉积的黏性土和粉土，$f_{ak} \leqslant 130$ 的填土，流塑黄土	$v_s \leqslant 150$

注：f_{ak} 为由荷载试验等方法得到的地基承载力特征值（kPa）；v_s 为岩土剪切波速。

《建筑抗震设计规范》GB 50011—2010 规定，建筑场地覆盖层厚度的确定，应符合下列要求：

（1）一般情况下，应按地面至剪切波速大于 500m/s 且其下卧各层岩土的剪切波速均不小于 500m/s 的土层顶面的距离确定；

（2）当地面 5m 以下存在剪切波速大于其上部各土层剪切波速 2.5 倍的土层，且该层及其下卧岩土的剪切波速均不小于 400m/s 时，可按地面至该土层顶面的距离确定；

(3) 剪切波速大于 500m/s 的孤石、透镜体，应视同周围土层；

(4) 土层中的火山岩硬夹层，应视为刚体，其厚度应从覆盖土层中扣除。

此外，当场地土中含有处于地下水位以下的饱和砂土和粉土时，在地震作用下容易发生液化现象。对于土质液化判别及抗液化措施可参见《建筑抗震设计规范》GB 50011—2010。

现行《公路工程抗震规范》JTG 1302—2013（以下简称《公规》）将构造物所在地的土层分为四类场地土。

Ⅰ类场地土：岩石，紧密的碎石土。

Ⅱ类场地土：中密、松散的碎石土，密实、中密的砾、粗、中砂，地基土容许承载力 $[\sigma_0]>250$kPa 的黏性土。

Ⅲ类场地土：松散的砾、粗、中砂，密实、中密的细、粉砂，地基土容许承载力 $[\sigma_0]\leqslant 250$kPa 的黏性土和 $[\sigma_0]\geqslant 130$kPa 的填土。

Ⅳ类场地土：淤泥质土，松散的细、粉砂，新近沉积的黏性土，地基土容许承载力 $[\sigma_0]<130$kPa 的填土。

对于多层土，当构造物位于Ⅰ类土上时，即属于Ⅰ类场地；位于Ⅱ、Ⅲ、Ⅳ类土上时，则按构造物所在地表以下 20m 范围内的土层综合评定为Ⅱ类、Ⅲ类或Ⅳ类场地。对于桩基础，可根据上部土层影响较大、下部土层影响较小、厚度大的土层影响较大、厚度小的土层影响较小的原则进行评定。对于其他基础，可着重考虑基础下的土层并按上述原则进行评定。对于深基础，则考虑的深度应适当加深。

3.1.4.5 建筑抗震设防目标与设计方法

抗震设防是指对建筑物进行抗震设计和采取抗震构造措施，以达到抗震的效果。抗震设防的依据是抗震设防烈度。

《建筑抗震设计规范》GB 50011—2010 规定建筑物基本的抗震设防目标如下：

1) 当遭受低于本地区抗震设防烈度（基本烈度）的多遇地震影响时，建筑物一般不受损坏或不需修理仍可继续使用。

2) 当遭受本地区抗震设防烈度的地震影响时，建筑物可能损坏，经一般修理或不需修理仍可继续使用。

3) 当遭受高于本地区抗震设防烈度预估的罕遇地震影响时，建筑物不致倒塌或发生危及生命的严重破坏。

为达到上述三点抗震设防目标，采用三个地震烈度来考虑，即多遇烈度、基本烈度和罕遇烈度。遵照现行规范设计的建筑物，在遭遇多遇烈度地震（即小震）时，基本处于弹性阶段，一般不会损坏；在罕遇地震作用下，建筑物将产生严重破坏，但不至于倒塌。即建筑物抗震设防的目标要做到“小震不坏，中震可修，大震不倒”。

为实现上述三水准抗震设防目标，《建筑抗震设计规范》GB 50011—2010 规定了两阶段抗震设计方法。第一阶段设计是在方案布置符合抗震原则的前提下，按与基本烈度相对应的多遇烈度（相当于小震）的地震动参数，用弹性反应谱法求得结构在弹性状态下的地震作用标准值和相应的地震作用效应，然后与其他荷载效应按一定的组合系数进行组合，对结构构件截面进行承载力验算，对较高的建筑物还要进行变形验算，以控制侧向变形水平。如此，即满足了第一水准下具有必要的承载力可靠度，又满足了第二水准损坏可修的设防要求，再通过概念设计和构造措施满足第三水准的设计要求。对大多数结构，可只进行第一阶段设计。对《建筑抗震设计规范》GB 50011—2010 所规定的部分结构，如有特殊要求的建筑和地震时易倒塌的结构以及有明显薄弱层的不规则结构，除进行第一阶段设计外，还要进行第二阶段设计，即在罕遇地震烈度作用下，验算结构薄弱层的弹塑性层间变形，并采取相应的构造措施，以满足第三水准大震不倒的设防要求。

按现行的以保障生命安全为基本目标的抗震设计规范所设计和建造的建筑物，在地震中虽然可以避免倒塌，但是它可能导致中小地震下结构正常使用功能的丧失而引起巨大的经济损失；另一方面，高新技术的发展和人类生活质量的不断提高，使业主和使用者对建筑结构有了越来越多的性能要求。为了强化结构抗震的安全目标，提高结构抗震的功能要求，国内外学者提出了基于性能的抗震设计理论，其主要思想是：设计人员可根据业主的要求，通过费用—效益的工程决策分析确定最优的设防标准和设计方案，以满足不同业主、不同建筑物的不同抗震要求，并以此开展有针对性的建筑结构及其构件的抗震性能化设计。基于性能的抗震设计将是今后较长时期结构抗震的研究和发展方向。

3.1.4.6 桥梁抗震设防目标与设计方法

对于桥梁工程，抗震设防标准的科学决策非常困难，因为桥梁工程的地震损失，特别是由于桥梁工程遭到地震破坏而引起的经济损失和人员伤亡在目前条件下很难分析清楚。因此，现行的桥梁工程抗震设防标准在很大程度上是依据人们主观经验和判断决定的，一般从以下三个方面进行考虑：桥梁的重要程度及抢修和修复的难易程度；地震破坏后，桥梁结构功能丧失可能引起的损失；建设单位所能承担的抗震防灾的最大经济能力。

桥梁结构通过抗震设计所达到的宏观抗震目标，可分为不同层次的设防。比如，《细则》中采用二级设防（表 3-5），《铁路工程抗震设计规范》（以下简称《铁规》）中采用三级设防。

公路桥梁抗震设防目标　　表 3-5

桥梁抗震设防类别	设防目标	
	E1 地震作用	E2 地震作用
A类	一般不受损坏或不需修复可继续使用	可发生局部轻微损伤，不需修复或经简单修复可继续使用
B类	一般不受损坏或不需修复可继续使用	应保证不致倒塌或产生严重结构损伤，经临时加固后可维持应急交通使用
C类	一般不受损坏或不需修复可继续使用	应保证不致倒塌或产生严重结构损伤，经临时加固后可维持应急交通使用
D类	一般不受损坏或不需修复可继续使用	

为实现上述多水准抗震设防的目标，至少应基于两级地震水平（E1 和 E2）分别对结构进行两阶段抗震设计。理由如下：

1）E1 地震在结构正常使用年限内一般发生一到两次，因此，为保证结构的安全，要求结构的反应处于弹性范围。

2）E2 地震虽然发生的概率很低，但由于地震是一种随机事件，为最大限度地降低地震造成的损失，不能不进行抗震设防；另一方面，E2 地震对于结构来讲，是一种一次性的特殊作用，如果要求普通结构以弹性反应的形式来抵抗这种罕遇事件，既不经济，也不现实。因此，可以允许结构在罕遇地震作用下遭受严重损坏，但考虑到生命安全，结构或结构的任何部分都不应倒塌。

3）在 E1 和 E2 地震作用下，不论是结构的反应还是结构的性能，都是完全不同的，需要分别进行设计。

两阶段设计流程如下（图 3-7）：

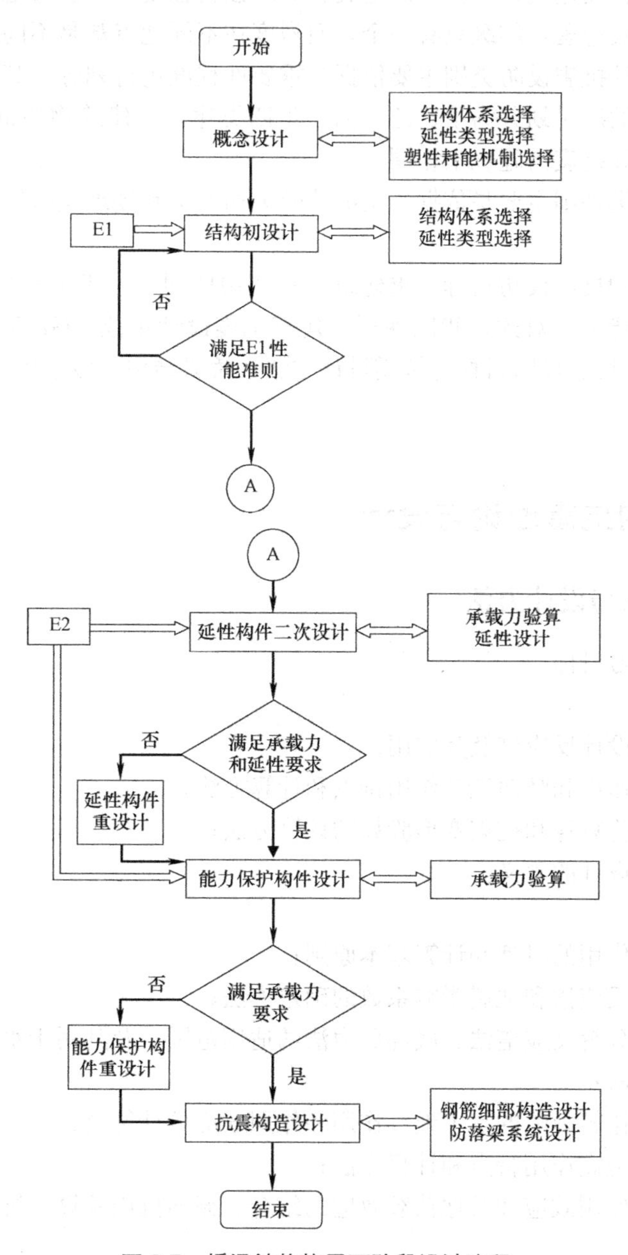

图 3-7 桥梁结构抗震两阶段设计流程

本节小结

（1）地震按其成因可划分为构造地震、火山地震、陷落地震和诱发地震，其中构造地震分布最广、危害最大是本研究的重点。关于构造地震的成因主要有断层说和板块构造说。

（2）地震波是一种弹性波，地震引起的振动以波的形式从震源向各个方向传播并释放能量。地震波的成分相当复杂，主要由体波和面波组成。

（3）震级是反映一次地震本身强弱程度和大小的尺度，是一种定量指标。地震烈度是指某一地区地面和各类建筑物遭受一次地震影响的强弱程度，是衡量地震后引起后果的一种标度。对应于一次地震，震级只有一个，而烈度在不同地点却是不同的。

（4）工程结构的抗震设防类别主要依据其重要性程度进行划分。其中，建筑结构按其受地震破坏是产生的后果划分为甲、乙、丙、丁四类建筑。建筑物的抗震设防类别不同，其地震作用的取值和抗震措施也不相同。

（5）建筑场地类别则主要是依据土层的等效剪切波速和场地覆盖层厚度即两参数方法进行划分。

（6）工程结构的抗震设防目标要求建筑物在使用期间，对于不同频率和强度的地震，应具有不同的抵御能力。对此，我国现行《建筑抗震设计规范》GB 50011—2010 制定了“三水准两阶段”的抗震设防目标与抗震设计方法；桥梁结构一般采用“两水准、两阶段”抗震设计方法。

3.2 建筑结构抗震理论与设计

3.2.1 基本理论与设计方法

本节要点及学习目标

本节要点：

（1）抗震规范设计反应谱及其应用；

（2）水平地震作用和竖向地震作用特点和计算方法；

（3）截面抗震验算算和抗震变形验算的计算方法；

（4）抗震概念设计的含义。

学习目标：

（1）了解地震作用的机理和计算基本原则；

（2）掌握设计反应谱和地震影响系数的确定方法；

（3）掌握振型分解反应谱法、底部剪力法的适用范围，及其用于水平地震作用和地震作用效应的计算方法；

（4）了解考虑扭转影响的水平地震作用和作用效应的计算公式；

（5）了解竖向地震作用特点和计算方法；

（6）掌握地震作用效应和其他荷载效应的组合、截面抗震验算、抗震变形验算的方法和计算公式；

（7）了解结构抗震设计所存在的不确定因素；

（8）理解结构抗震概念设计的要点。

3.2.1.1 结构抗震计算原则

结构抗震计算可分为地震作用计算和结构抗震验算两部分。在进行结构抗震设计的过程中，结构方案确定后，首先要计算的是地震作用，然后计算结构和构件的地震作用效应（包括弯矩、剪力、轴向力和位移），再将地震作用效应与其他荷载效应进行组合，验算结构和构件的承载力与变形，以满足“小震不坏、中震可修、大震不倒”的设计要求。

《建筑抗震设计规范》GB 50011—2010 给出了低于本地区设防烈度的多遇地震（即“小震”）和高于本地区设防烈度的预估的罕遇地震（即“大震”）两种地震影响系数，分别用于截面承载力验算和变形验算。地震作用的计算以弹性反应谱理论为基础；结构的内力分析以线弹性理论为主；结构构件的截面抗震验算仍需采用各种静力设计规范的方法和基本指标。小震作用下的变形验算是为避免建筑物的非结构构件发生破坏并导致人员伤亡，保证建筑的正常使用功能，使结构最大层间弹性位移小于规定的限值；大震作用下的变形验算是为了保证建筑物“大震不倒”，即进行结构薄弱层（部位）的弹塑性变形验算，使之不超过允许的变形限值以防止倒塌。

1. 各类建筑结构的地震作用

各类建筑结构的地震作用，应按下列原则考虑：

1）一般情况下，应允许在建筑结构的两个主轴方向分别计算水平地震作用并进行抗震验算，各方向的水平地震作用应由该方向抗侧力构件承担，如该构件带有翼缘，尚应包括翼缘作用。

2）有斜交抗侧力构件的结构，当相交角度大于 15°时，应分别计算各抗侧力构件方向的水平地震作用。

3）质量和刚度分布明显不对称的结构，应计入双向水平地震作用下的扭转影响；其他情况，应允许采用调整地震作用效应的方法计入扭转影响。

4）8 度和 9 度时的大跨度结构（如跨度大于 24m 的屋架等）、长悬臂结构（如 1.5m 以上的悬挑阳台等）及 9 度时的高层建筑，应计算竖向地震作用。

2. 各类建筑结构的抗震计算方法

底部剪力法和振型分解反应谱法是结构抗震计算的基本方法，而时程分析法作为补充计算方法，仅对特别不规则、特别重要和较高的高层建筑才要求采用。

根据建筑类别、设防烈度以及结构的规则程度和复杂性，《建筑抗震设计规范》GB 50011—2010 为各类建筑结构的抗震计算规定以下三种方法：

1）高度不超过 40m 的、以剪切变形为主且质量和刚度沿高度分布比较均匀的结构，以及近似于单自由度体系的结构，宜采用底部剪力法等简化方法。

2）除 1）款外的建筑结构，宜采用振型分解反应谱法。

3）特别不规则的建筑（表 3-6、表 3-7）、甲类建筑和表 3-8 所列高度范围的高层建筑，应采用时程分析法进行多遇地震下的补充计算。当取三组加速度时程曲线输入时，计算结果宜取时程法的包络值和振型分解反应谱法的较大值；当取七组或七组以上的时程曲线时，计算结果可取时程法的平均值与振型分解反应谱法的较大值。

平面不规则的类型 **表 3-6**

不规则类型	定　义
A. 扭转不规则	在具有偶然偏心的规定水平力作用下，楼层两端抗侧力构件弹性水平位移（或层间位移）的最大值与平均值的比值大于 1.2

续表

不规则类型	定 义
B. 凹凸不规则	结构平面凹进的一侧尺寸，大于相应投影方向总尺寸的 30%
C. 楼板局部不连续	楼板的尺寸和平面刚度急剧变化，例如，有效楼板宽度小于该层楼板典型宽度的 50%，或开洞面积大于该层楼面面积的 30%，或较大的楼层错层

竖向不规则的类型 **表 3-7**

不规则类型	定 义
A. 侧向刚度不规则	该层侧向刚度小于相邻上一层的 70%，或小于其上相邻三个楼层侧向刚度平均值的 80%；除顶层或出屋面小建筑外，局部收进的水平向尺寸大于相邻下一层的 25%
B. 竖向抗侧力构件不连续	竖向抗侧力构件（柱、抗震墙、抗震支撑）的内力由水平转换构件（梁、桁架等）向下传递
C. 楼层承载力突变	抗侧力结构的层间受剪承载力小于相邻上一楼层的 80%

采用时程分析法的房屋高度范围 **表 3-8**

烈度、场地类别	房屋高度范围（m）
8 度Ⅰ、Ⅱ类场地和 7 度	>100
8 度Ⅲ、Ⅳ类场地	>80
9 度	>60

采用时程分析法时，应按建筑场地类别和设计地震分组分别选用实际强震记录和人工模拟的加速度时程曲线，其中实际强震记录的数量不应少于总数的 2/3，多组时程曲线的平均地震影响系数曲线应与振型分解反应谱法所采用的地震影响系数曲线在统计意义上相符，其加速度时程的最大值可按表 3-9 采用。弹性时程分析时，每条时程曲线计算所得结构底部剪力不应小于振型分解反应谱法计算结果的 65%，多条时程曲线计算所得结构底部剪力的平均值不应小于振型分解反应谱法计算结果的 80%。

时程分析所用地震加速度时程的最大值（cm/s²） **表 3-9**

地震影响	烈 度			
	6	7	8	9
多遇地震	18	35(55)	70(110)	140
罕遇地震	125	220(310)	400(510)	620

注：括号内数值分别用于设计基本地震加速度 7 度时取 $0.15g$、8 度时取 $0.30g$ 的地区。

4）计算罕遇地震下结构的变形，应按本章 3.2.1.6 节规定，采用简化的弹塑性分析方法或弹塑性时程分析法计算。

5）平面投影尺寸很大的空间结构，应根据结构形式和支承条件，分别按单点一致、多点、多向单点或多向多点输入进行抗震计算。按多点输入计算时，应考虑地震行波效应和局部场地效应。6 度和 7 度Ⅰ、Ⅱ类场地的支承结构、上部结构和基础的抗震验算可采用简化方法，根据结构跨度、长度不同，其短边构件可以乘以附加地震作用效应系数 1.15～1.30；7 度Ⅲ、Ⅳ类场地和 8、9 度时，应采用时程分析方法进行抗震验算。

6）采用隔震和消能减震设计的建筑结构，应采用第 4 章的方法进行计算。

3. 地基与结构相互作用的影响

由于地基与结构动力相互作用的影响，按刚性地基分析的建筑结构水平地震作用在一定范围内有明显的折减。考虑到我国的地震作用取值与国外相比较小，故仅在必要时才利用这一折减。因此，《建筑抗震设计规范》GB 50011—2010 规定，结构抗震计算，一般情况下可不考虑地基与结构相互作用的影响，8 度和 9 度时建造于Ⅲ、Ⅳ类场地，采用箱基、刚性较大的筏基和桩箱联合基础的钢筋混凝土高层建筑，当结构基本自振周期处于特征周期的 1.2 倍至 5 倍范围时，若计入地基与结构动力相互作用的影响，对按刚性地基假定计算的水平地震剪力可按下列规定折减，其层间变形按折减后的楼层剪力计算。

1）高宽比小于 3 的结构，各楼层地震剪力的折减系数，可按下式计算：

$$\Psi=\left(\frac{T_1}{T_1+\Delta T}\right)^{0.9} \tag{3-7}$$

式中 Ψ——计入地基与结构动力相互作用后地震剪力折减系数；

T_1——按刚性地基假定确定的结构基本自振周期（s）；

ΔT——计入地基与结构动力相互作用的附加周期（s），可按表 3-10 采用。

附加周期（s） **表 3-10**

烈度	场地类别	
	Ⅲ类	Ⅳ类
8 度	0.08	0.20
9 度	0.10	0.25

2）高宽比不小于 3 的结构，底部的地震剪力按（1）款规定折减，顶部不折减，中间各层按线性插入值折减；

3）折减后各楼层的水平地震剪力，应符合公式（3-26）。

4. 结构楼层水平地震剪力的分配

结构的楼层水平地震剪力，应按下列原则分配：

1）现浇和装配整体式钢筋混凝土楼、屋盖等刚性楼盖建筑，宜按抗侧力构件等效刚度的比例分配。

2）木楼盖、木屋盖等柔性楼盖建筑，宜按抗侧力构件从属面积上重力荷载代表值的比例分配。

3）普通的预制装配式钢筋混凝土等半刚性楼、屋盖的建筑，可取上述两种分配法结果的平均值。

4）考虑空间作用、楼盖变形、墙体弹塑性变形和扭转的影响时，可按有关规定对上述分配结果作适当调整。

5. 结构抗震验算的基本原则

结构抗震验算，应符合下列规定：

1）6 度时的建筑（不规则建筑和建造于Ⅳ类场地上较高的高层建筑除外），以及生土房屋和木结构房屋等，应允许不进行截面抗震验算，但应符合有关的抗震措施要求。

2）6 度时不规则建筑，建造于Ⅳ类场地上较高的高层建筑（诸如高于 40m 的钢筋混凝土框架、高于 60m 的其他钢筋混凝土民用房屋和类似的工业厂房，以及高层钢结构房屋等），7 度及以上的建筑结构（生土房屋和木结构房屋等除外），应进行多遇地震作用下的截面抗震验算。

3）对于钢筋混凝土框架、框架-抗震墙、板柱-抗震墙、框架-核芯筒、抗震墙、筒中筒、框支层结构和多、高层钢结构，除按规定进行多遇地震作用下的截面抗震验算外，尚应进行罕遇地震作用下的变形验算。

4）结构在罕遇地震作用下薄弱层的弹塑性变形验算，应符合下列要求：

（1）下列结构应进行弹塑性变形验算：

① 8 度Ⅲ、Ⅳ类场地和 9 度时，高大的单层钢筋混凝土柱厂房的横向排架；

② 7～9 度时楼层屈服强度系数小于 0.5 的钢筋混凝土框架结构和框排架结构；

③ 高度大于 150m 的钢结构；

④ 甲类建筑和 9 度时乙类建筑中的钢筋混凝土结构和钢结构；

⑤ 采用隔震和消能减震设计的结构。

（2）下列结构宜进行弹塑性变形验算：

① 表 3-8 所列高度范围且属于表 3-7 所列竖向不规则类型的高层建筑结构；

② 7 度Ⅲ、Ⅳ类场地和 8 度时乙类建筑中的钢筋混凝土结构和钢结构；

③ 板柱-抗震墙结构和底部框架砌体房屋；

④ 高度不大于 150m 的高层钢结构；

⑤ 不规则的地下建筑结构及地下空间综合体。

（3）弹塑性变形计算可采用下列方法：

① 不超过 12 层且层刚度无突变的钢筋混凝土框架结构、单层钢筋混凝土柱厂房可采用本章 3.2.1.6 节的简化计算方法；

② 除①款以外的建筑结构，可采用静力弹塑性方法或弹塑性时程分析法等；

③ 规则结构可采用弯剪层模型或平面杆系模型，属于表 3-6、表 3-7 规定的不规则结构应采用空间结构模型。

3.2.1.2 设计反应谱

地震作用与一般荷载不同，它不仅取决于地震烈度大小和建筑场地类别，而且与建筑结构的动力特性（如结构自振周期、阻尼等）密切相关。而一般荷载与结构的动力特性无关，可以独立确定。作为地震作用的惯性力是由结构变位所引起，而结构变位本身又受这些惯性力的影响。为描述这种因果之间的封闭循环关系，不得不借助于结构体系的运动微分方程，将惯性力表示为结构变位的时间导数。因此，确定地震作用比确定一般荷载复杂得多。

目前，在我国和其他许多国家的抗震设计规范中，广泛采用反应谱理论确定地震作用，其中以加速度反应谱应用为最多。所谓加速度反应谱，就是单自由度弹性体系在给定的地震作用下，最大加速度反应与体系自振周期的关系曲线。如果已知体系的自振周期，利用反应谱曲线或相应计算公式，就可很方便地确定体系的加速度反应，进而求出地震作用。

1. 单自由度弹性体系水平地震作用

所谓单自由度弹性体系，是指可以将结构参与振动的全部质量集中于一点，且仅考虑该质点水平方向的自由度，用无重量的弹性直杆支承于地面上的体系。例如，单层多跨等高厂房、水塔等（图 3-8），由于它们的质量都集中于屋盖或储水柜处，所以，通常将这些结构都简化为单自由度体系。

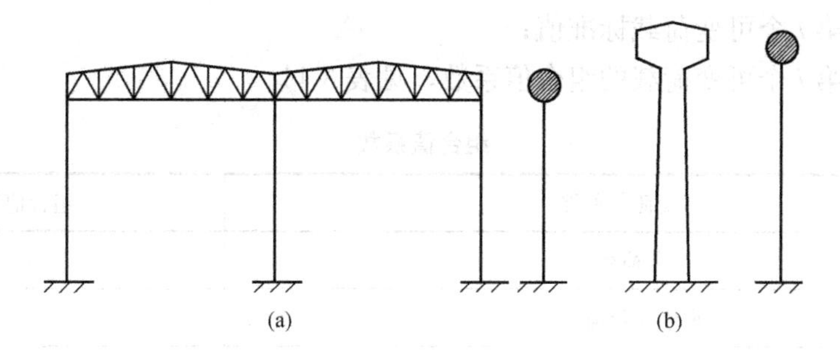

图 3-8 单自由度体系

(a) 单层多跨等高厂房；(b) 水塔

对于单自由度弹性体系，通常把惯性力看作一种反映地震对结构体系影响的等效力，即水平地震作用：

$$F(t)=-m[\ddot{x}(t)+\ddot{x}_{\mathrm{g}}(t)] \tag{3-8}$$

由上式可见，水平地震作用是时间 t 的函数，它的大小和方向随时间 t 而变化。在结构抗震设计中，对结构进行抗震验算，并不需要求出每一时刻的地震作用数值，而只求出水平地震作用的最大绝对值。所以，结构在地震持续过程中经受的最大地震作用为：

$$\begin{aligned} F &= |F(t)|_{\max}=m\,|\ddot{x}(t)+\ddot{x}_{\mathrm{g}}(t)|_{\max}=mS_{\mathrm{a}} \\ &=mg\frac{S_{\mathrm{a}}}{|\ddot{x}_{\mathrm{g}}(t)|_{\max}}\frac{|\ddot{x}_{\mathrm{g}}(t)|_{\max}}{g}=G\beta k=\alpha G \end{aligned} \tag{3-9}$$

$$\beta=\frac{S_{\mathrm{a}}}{|\ddot{x}_{\mathrm{g}}(t)|_{\max}} \tag{3-10}$$

$$k=\frac{|\ddot{x}_{\mathrm{g}}(t)|_{\max}}{g} \tag{3-11}$$

$$\alpha=\beta k \tag{3-12}$$

式中 F——水平地震作用标准值；

g——重力加速度，$g=9.8\mathrm{m/s^2}$；

β——动力系数，它是单自由度弹性体系的最大绝对加速度反应（式（2-22））与地面运动最大加速度的比值；

k——地震系数，它是地面运动最大加速度与重力加速度的比值；

α——水平地震影响系数，它是动力系数与地震系数的乘积；

G——集中于质点处的重力荷载代表值，见式（3-13）。

在计算结构的水平地震作用标准值和竖向地震作用标准值时，都要用到集中在质点处的重力荷载代表值 G。《建筑抗震设计规范》GB 50011—2010 规定，结构的重力荷载代表值应取结构和构配件自重标准值G_{k} 加上各可变荷载组合值 $\sum_{i=1}^{n}\Psi_{\mathrm{Q}i}Q_{i\mathrm{k}}$，即：

$$G=G_{\mathrm{k}}+\sum_{i=1}^{n}\Psi_{\mathrm{Q}i}Q_{i\mathrm{k}} \tag{3-13}$$

式中 G_k——结构和构配件自重即永久荷载标准值；

Q_{ik}——第 i 个可变荷载标准值；

Ψ_{Qi}——第 i 个可变荷载的组合值系数，见表 3-11。

组合值系数 **表 3-11**

可变荷载种类		组合值系数
雪荷载		0.5
屋面积灰荷载		0.5
屋面活荷载		不计入
按实际情况计算的楼面活荷载		1.0
按等效均布荷载计算的楼面活荷载	藏书库、档案馆	0.8
	其他民用建筑	0.5
吊车悬吊物重力	硬钩吊车	0.3
	软钩吊车	不计入

注：硬钩吊车的吊重较大时，组合值系数应按实际情况采用。

按《建筑结构可靠度设计统一标准》GB 50068 原则规定，地震发生时与恒荷载和其他重力荷载可能的遇合结果总称为“抗震设计的重力荷载代表值”，即永久荷载标准值与有关可变荷载组合值之和。可变荷载组合值系数列于表 3-11 中。由于民用建筑楼面活荷载按等效均布荷载考虑时变化很大，考虑其地震时遇合的概率，取组合值系数为 0.5。考虑到藏书馆等活荷载在地震时遇合的概率较大，故按等效楼面均布荷载计算活荷载时，其组合值系数取为 0.8。如果楼面活荷载按实际情况考虑，应按最不利情况取值，此时组合值系数取 1.0。

2. 设计反应谱

1）反应谱

在地震作用下，单自由度弹性体系的最大位移反应、最大速度反应和最大绝对加速度反应分别见式（2-20）、式（2-21）和式（2-22）。

可以看出：当地面运动加速度时程曲线 $\ddot{x}_g(t)$ 已经选定和阻尼比 ζ 值给定时，S_d、S_v 和 S_a 仅仅是体系的圆频率 ω 即自振周期 T 的函数。以最大绝对加速度反应 S_a 为例，对应每一个单自由度弹性体系的自振周期 T 都可以用式（2-22）求得一个对应该体系的最大加速度反应值 $S_a(T)$。以体系自振周期 T 为横坐标，最大绝对加速度反应 S_a 为纵坐标，可以绘出如图 3-9（c）所示的谱曲线，称之为拟加速度反应谱。用同样的方法可以绘制拟速度反应谱和位移反应谱。在速度反应谱和加速度反应谱前有时冠以“拟”字（Pseudo-），表示这两种反应谱都是经过近似处理后得到的。

所谓的“反应谱”就是单自由度弹性体系在给定的地震作用下，某个最大反应量（如 S_a、S_v、S_d 等）与体系自振周期 T 的关系曲线。

图 3-9 给出了根据 El-Centro 地震 N-S 方向加速度记录所计算出的不同阻尼比的位移、速度、加速度反应谱。该加速度时程曲线的持续时间为 53.7s，最大加速度峰值为

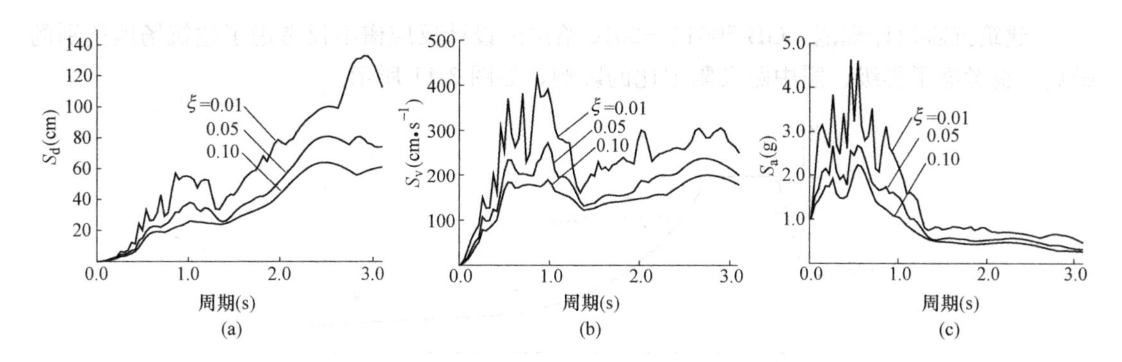

图 3-9 El-Centro 1940 (N-S) 的反应谱

(a) 位移反应谱；(b) 拟速度反应谱；(c) 拟加速度反应谱

341.7gal。图 3-10 给出了不同场地条件下的平均加速度反应谱。

从这些图上可以看到地震反应谱的一些特点：

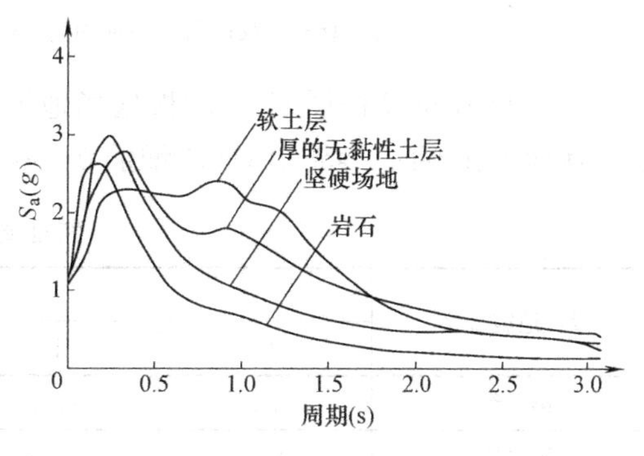

图 3-10 不同场地条件的平均加速度反应谱 (ζ=0.05)

(1) 阻尼比 ζ 值对反应谱的影响很大，它不仅能降低结构反应的幅值，而且可以削平不少峰点，使反应谱曲线变得平缓。

(2) 对于加速度反应谱，当结构周期小于某个值时（这个值大体上与场地的自振周期接近），幅值随周期 T 急剧增大；当 T 大于这个值时，振幅随 T 快速下降；当 $T\geqslant$ 3.0s，加速度反应谱值下降缓慢。

(3) 在结构周期达到某个值之前，速度反应谱值也随 T 增加而增大，随后则逐渐趋于常值。

(4) 位移反应谱幅值则随结构周期增大而增大。

(5) 从图 3-12 可以看出，土质条件对反应谱的形状有很大的影响，土质越松软，加速度反应谱峰值对应的结构周期也越长。

总之，结构的阻尼比和场地条件对反应谱有很大影响。结构的最大地震反应，对于高频结构主要取决于地面运动最大加速度；对于中频结构主要取决于地面运动最大速度；对于低频结构主要取决于地面运动最大位移。

2) 设计反应谱

地震是随机的，即使在同一地点、相同的地震烈度，前后两次地震记录到的地面运动加速度时程曲线 $\ddot{x}_g(t)$ 也可能差别很大。在进行工程结构设计时，也无法预知该建筑物将会遭遇怎样的地震。因此，仅用某一次地震加速度时程曲线 $\ddot{x}_g(t)$ 所得到的反应谱曲线$S_a(T)$ 或 $\alpha(T)$ 作为设计标准计算地震作用是不恰当的，而且，依据单个地震所绘制的反应谱曲线（图 3-9）波动起伏、变化频繁，也很难在实际抗震设计中应用。为此，必须根据同一场地上所得到的强震时地面运动加速度记录 $\ddot{x}_g(t)$ 分别计算出它们的反应谱曲线，然后将这些谱曲线进行统计分析，求出其中最有代表性的平均反应谱曲线作为设计依据，通常称这样的谱曲线为抗震设计反应谱。

《建筑抗震设计规范》GB 50011—2010 给出的设计反应谱不仅考虑了建筑场地类别的影响，也考虑了震级、震中距及阻尼比的影响，如图 3-11 所示。

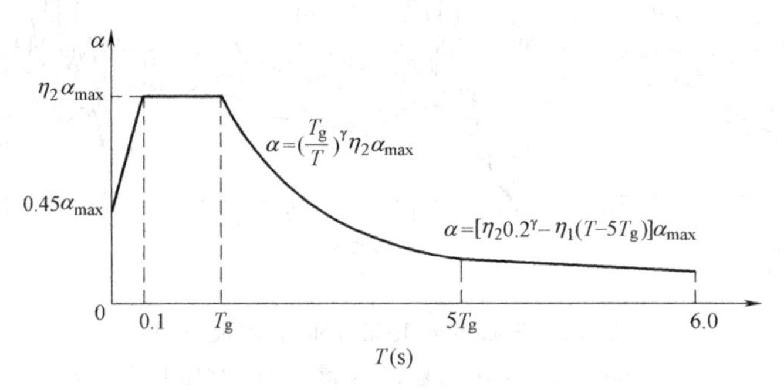

图 3-11 地震影响系数曲线

α—地震影响系数；α_{max}—地震影响系数最大值；η_1—直线下降段的下降斜率调整系数；

γ—衰减指数；T_g—特征周期；η_2—阻尼调整系数；T—结构自振周期

图 3-11 中的特征周期 T_g 应根据场地类别和设计地震分组按表 3-12 采用，计算 8、9 度罕遇地震作用时，特征周期应增加 0.05s。

特征周期值（s） **表 3-12**

设计地震分组	场地类别				
	I_0	I_1	Ⅱ	Ⅲ	Ⅳ
第一组	0.20	0.25	0.35	0.45	0.65
第二组	0.25	0.30	0.40	0.55	0.75
第三组	0.30	0.35	0.45	0.65	0.90

建筑结构地震影响系数曲线（图 3-11）的阻尼调整和形状参数应符合下列要求：

（1）除有专门规定外，建筑结构的阻尼比应取 0.05，地震影响系数曲线的阻尼调整系数 η_2 应按 1.0 采用，形状参数应符合下列规定：

① 直线上升段，周期小于 0.1s 的区段；

② 水平段，周期自 0.1s 至特征周期 T_g 的区段，地震影响系数应取最大值（α_{max}）；

③ 曲线下降断，自特征周期至 5 倍特征周期区段，衰减指数 γ 应取 0.9；

④ 直线下降段，自 5 倍特征周期至 6s 区段，下降斜率调整系数 η_1 应取 0.02。

（2）当建筑结构的阻尼比按有关规定不等于 0.05 时，地震影响系数曲线的阻尼调整系数和形状参数应符合下列规定：

① 曲线下降段的衰减指数应按下式确定：

$$\gamma=0.9+\frac{0.05-\zeta}{0.5+5\zeta} \tag{3-14}$$

式中 γ——曲线下降断的衰减指数；

ζ——阻尼比。

② 直线下降断的下降斜率调整系数应按下式确定：

$$\eta_1=0.02+\frac{0.05-\zeta}{8} \tag{3-15}$$

式中 η_1——直线下降段的下降斜率调整系数，小于0时取0。

③ 阻尼调整系数应按下式确定：

$$\eta_2=1+\frac{0.05-\zeta}{0.06+1.7\zeta} \tag{3-16}$$

式中 η_2——阻尼调整系数，当小于0.55时，应取0.55。

3）水平地震影响系数最大值α_{max}的确定

水平地震影响系数α是地震系数k与动力系数β的乘积，见式（3-12）。地震系数是地面运动最大加速度$|\ddot{x}_g|$与重力加速度g的比值，它反映该地区基本烈度的大小。基本烈度愈高，地震系数k值愈大，而与结构性能无关。地震系数k与基本烈度的关系如表3-13所示。当基本烈度确定后，地震系数k为常数，α仅随β值而变化。我国《建筑抗震设计规范》GB 50011—2010中将最大动力系数β_{max}取为2.25，所以，水平地震影响系数最大值$\alpha_{max}=k\beta_{max}=2.25k$，由此可以得到水平影响系数最大值$\alpha_{max}$与基本烈度的关系（表3-13）。

地震系数k、α_{max}与基本烈度的关系 **表3-13**

基本烈度	6	7	8	9
地震系数k	0.05	0.10	0.20	0.40
α_{max}	0.11	0.23	0.45	0.90

表3-13中的α_{max}值是对应于基本烈度的，是属于三个水准设防要求中的第二个水准。为了把三个水准设防和两阶段设计的设计原则具体化、规范化，除规定反应谱曲线的形状外，还需确定低于本地区设防烈度的多遇地震和高于本地区设防烈度的罕遇地震的α_{max}值。多遇地震烈度和罕遇地震烈度分别对应于50年设计基准期内超越概率为63%和2%～3%的地震烈度，也就是通常所说的小震烈度和大震烈度。

根据统计资料，多遇地震烈度即众值烈度比基本烈度低1.55度，相当于地震作用值乘以0.35。把众值烈度作为第一阶段设计中截面抗震验算的设计指标，这不仅具有明确的地震发生概率的定义，而且，这时结构的实际反应还处于弹性范围内，可以用多系数截面抗震验算公式把多遇地震的地震效应和其他荷载效应（包括重力荷载和风荷载的效应）组合后进行验算。对地震作用乘以0.35，也就是对表3-13中的α_{max}值乘以0.35。所以，用于第一阶段设计中的截面抗震验算的水平地震影响系数最大值可按表3-14采用。

水平地震影响系数最大值α_{max} **表3-14**

地震影响	6度	7度	8度	9度
多遇地震	0.04	0.08(0.12)	0.16(0.24)	0.32
罕遇地震	—	0.50(0.72)	0.90(1.20)	1.40

注：括号中数值分别用于设计基本地震加速度为0.15g和0.30g的地区。

由于地震的随机性，发生高于本地区基本烈度地震的可能性是存在的，因此，定量地进行罕遇地震作用下倒塌的抗震验算完全必要。如何预估罕遇地震的作用是必须解决的问题。地震统计资料表明：罕遇地震烈度比基本烈度高出的数值在不同的基本烈度地区是不同的，基本烈度为7度、8度、9度地区的罕遇地震与多遇地震的地面最大加速度的平均比值分别为 6.8、4.5、3.6，也就是说第二阶段与第一阶段设计的地震作用的比例大体上取 4～6 倍，这个比值随基本烈度的提高而有所降低。为此，《建筑抗震设计规范》GB 50011—2010 规定计算罕遇地震作用的标准值时，水平地震影响系数最大值可按表 3-14采用。

【例题 3-1】 一单层单跨框架如图 3-12 所示。假设屋盖平面内刚度为无穷大，集中于屋盖处的重力荷载代表值 $G=1200\text{kN}$，框架柱线刚度 $i_c=\dfrac{EI_c}{h}=3.0\times10^4\text{kN}\cdot\text{m}$，框架高度 $h=5.0\text{m}$，跨度 $l=9.0\text{m}$。已知设防烈度为 8 度，设计地震分组为第二组，Ⅱ类场地，结构阻尼比为 0.05。试求该结构在多遇地震和罕遇地震的水平地震作用。

【解】 由于结构的质量集中于屋盖处，水平振动时可以简化为单自由度体系。

（1）求结构体系的自振周期

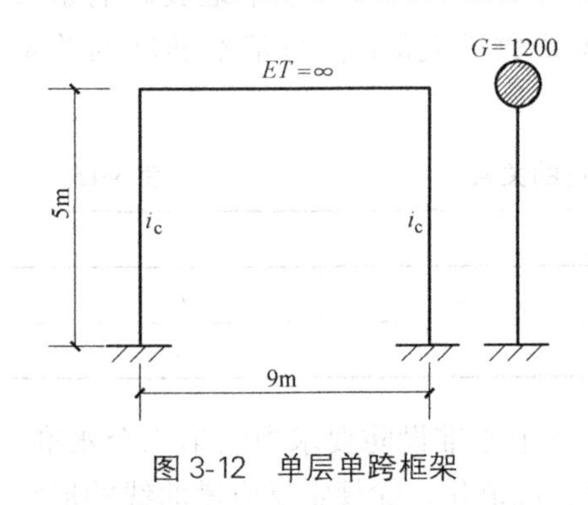

图 3-12 单层单跨框架

由于屋盖在平面内刚度为无穷大，框架的侧移刚度 k_f 为：

$$k_f=2\times\frac{12\,i_c}{h^2}=2\times\frac{12\times3.0\times10^4}{5^2}=28800\text{kN/m}$$

$$m=\frac{G}{g}=\frac{1200}{9.8}=122.45\text{t}$$

将 k_f 和 m 代入式（2-8）得：

$$T=2\pi\sqrt{\frac{m}{k_f}}=2\pi\sqrt{\frac{122.45}{28800}}=0.409\text{s}$$

（2）多遇地震时的水平地震作用

当设防烈度为 8 度且为多遇地震时，查表 3-14 得 $\alpha_{\max}=0.16$；当Ⅱ类场地、设计地震分组为二组时，查表 3-12 得特征周期 $T_g=0.4\text{s}$。由于 $\zeta=0.05$，则 $\gamma=0.9$，$\eta_1=0.02$，$\eta_2=1.0$。因 $T_g<T<5\,T_g$，由图 3-13 得：

$$\alpha=\left(\frac{T_g}{T}\right)^{\gamma}\eta_2\,\alpha_{\max}=\left(\frac{0.4}{0.409}\right)^{0.9}\times1.0\times0.16=0.157$$

由式（3-9）得多遇地震时的水平地震作用为：

$$F=\alpha G=0.157\times1200=188.4\text{kN}$$

（3）罕遇地震时的水平地震作用

当设防烈度为 8 度且为罕遇地震时，查表 3-14 得 $\alpha_{\max}=0.90$；当Ⅱ场地、地震分组为二组时，查表 3-12 得 $T_g=0.4\text{s}+0.05\text{s}=0.45\text{s}$。由于 $\zeta=0.05$，则有 $\gamma=0.9$，$\eta_1=0.02$，$\eta_2=1.0$。因 $T<T_g$，由图 3-13 得：

$$\alpha=\eta_2\alpha_{\max}=1.0\times0.9=0.9$$

由式（3-9）得罕遇地震时的水平地震作用为：

$$F=\alpha G=0.9\times1200=1080.0\text{kN}$$

3.2.1.3 振型分解反应谱法

式（2-63）为多自由度弹性体系自由度 i 相对于地面的位移和加速度，即：

$$x_i(t)=\sum_{j=1}^{n}\gamma_j\Delta_j(t)X_{ji} \tag{3-17a}$$

$$\ddot{x}_i(t)=\sum_{j=1}^{n}\gamma_j\ddot{\Delta}_j(t)X_{ji} \tag{3-17b}$$

由结构动力学得：

$$\sum_{j=1}^{n}\gamma_jX_{ji}=1 \tag{3-18}$$

第 i 自由度 t 时刻的水平地震作用 $F_i(t)$ 就等于作用在 i 自由度上的惯性力：

$$\begin{aligned}F_i(t)&=m_i[\ddot{x}_i(t)+\ddot{x}_g(t)]\\&=m_i\sum_{j=1}^{n}[\gamma_j\ddot{\Delta}_j(t)X_{ji}+\gamma_jX_{ji}\ddot{x}_g(t)]\end{aligned} \tag{3-19}$$

体系 t 时刻 j 振型 i 自由度的水平地震作用 $F_{ji}(t)$ 为：

$$F_{ji}(t)=m_i[\gamma_jX_{ji}\ddot{\Delta}_j(t)+\gamma_jX_{ji}\ddot{x}(t)] \tag{3-20}$$

取 $F_{ji}(t)$ 的绝对最大值，得体系 j 振型 i 自由度的水平地震作用标准值 F_{ji} 为：

$$F_{ji}=|F_{ji}(t)|_{\max}=m_i\gamma_jX_{ji}[\ddot{x}_g(t)+\ddot{\Delta}_j(t)]_{\max} \tag{3-21}$$

式中 $[\ddot{x}_g(t)+\ddot{\Delta}_j(t)]_{\max}$——阻尼比、自振频率分别为 ξ_j、ω_j 的单自由度弹性体系的最大绝对加速度反应 $S_a(\xi_j，\omega_j)$。

将 $\alpha_j=S_a(\xi_j，\omega_j)/g$ 和 $G_i=m_ig$ 代入式（3-9），得到《建筑抗震设计规范》GB 50011—2010 给出的振型分解反应谱法计算 j 振型 i 自由度的水平地震作用标准值的公式：

$$F_{ji}=\alpha_j\gamma_jX_{ji}G_i \quad (i=1,2,\cdots,n;j=1,2,\cdots,n) \tag{3-22}$$

式（3-22）是考虑了结构体系全部 n 阶振型时的 j 振型 i 自由度的水平地震作用标准值。如果仅考虑结构的前 m 阶振型，则 j 振型 i 自由度的水平地震作用标准值：

$$F_{ji}\approx\alpha_j\gamma_jX_{ji}G_i \quad (i=1,2,\cdots,n;j=1,2,\cdots,m) \tag{3-23}$$

式中 α_j——相应于 j 振型自振周期的地震影响系数，按图 3-11 计算，其中 T_g、$\alpha_{\max}$ 按表 3-12、表 3-14 采用；

X_{ji}——j 振型 i 自由度的水平相对位移；

γ_j——j 振型的振型参与系数，按式（2-60）计算；

G_i——自由度 i 的重力荷载代表值，按式（3-13）计算。

求得多自由度弹性体系 j 振型 i 自由度的水平地震作用标准值之后，接下来需要求解其产生的作用效应，包括弯矩、剪力、轴向力和变形等。对于层间剪切型结构，每层视为一个质点，且每个质点只有一个水平方向的自由度（图 3-13）。j 振型地震作用下各楼层水平地震层间剪力标准值按下式计算：

$$V_{ji}=\sum_{k=i}^{n}F_{jk} \quad (i=1,2,\cdots n) \tag{3-24}$$

由前述可知，根据振型反应谱法确定的相应于各振型的地震作用 F_{ji} 均为最大值，所以，按 F_{ji} 所求得的地震作用效应 S_j 也是最大值。但是，相应于各振型的最大地震作用效应 S_j 不会同时发生，这样就出现了如何将 S_j 进行组合，以确定合理的地震作用效应问题。

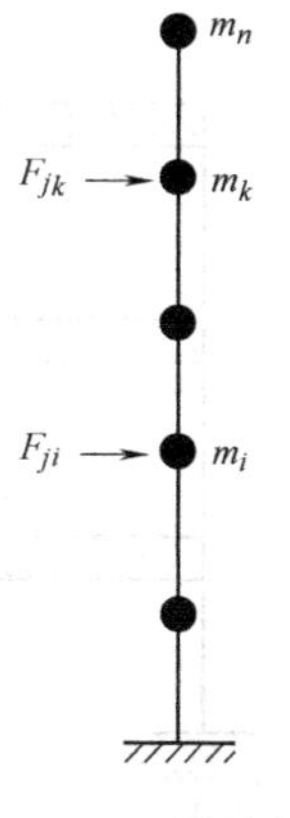

图 3-13 j 振型水平地震作用

《建筑抗震设计规范》GB 50011—2010 依据概率论理论，给出了多自由度弹性体系地震作用效应的平方和开方法（SRSS 法）。该方法是基于输入地震为平稳随机过程假定、各振型反应之间相互独立而推导得来的，主要用于振型为离散型的结构体系，例如规则的高层建筑。因此，在采用振型分解反应谱法时，需要将求出的各振型的作用效应用平方和开方法进行组合，以求出水平地震产生的水平地震作用效应 S_{Ek}：

$$S_{Ek}=\sqrt{\sum S_j^2} \tag{3-25}$$

式中 S_{Ek}——水平地震作用标准值的效应；

S_j——j 振型水平地震作用标准值的效应，可取 2～3 个振型；当基本自振周期大于 1.5s 或房屋高宽比大于 5 时，振型个数应适当增加。

对于长周期结构，由于地震影响系数在长周期段下降较快（图 3-11），按抗震设计反应谱计算的水平地震作用明显减小，由此计算所得的结构效应可能过小。研究表明，地震动态作用中的地面运动速度和位移可能对长周期结构的破坏具有更大影响，而《建筑抗震设计规范》GB 50011—2010 对此并未作出规定。出于结构安全的考虑，《建筑抗震设计规范》GB 50011—2010 提出了对各楼层水平地震剪力最小值 $V_{i,\min}$ 的要求，亦即抗震验算时，结构任一楼层的水平地震剪力应符合：

$$V_{Eki}>\lambda\sum_{j=i}^{n}G_j \tag{3-26}$$

式中 V_{Eki}——第 i 层对应于水平地震作用标准值的楼层剪力标准值；

G_j——第 j 层的重力荷载代表值，按式（3-13）计算；

λ——剪力系数，不应小于表 3-15 规定的楼层最小地震剪力系数值，对于竖向不规则结构的薄弱层，尚应乘以 1.15 的增大系数。

楼层最小地震剪力系数值 **表 3-15**

类别	6 度	7 度	8 度	9 度
扭转效应明显或基本周期小于 3.5s 的结构	0.008	0.016(0.024)	0.032(0.048)	0.064
基本周期大于 5.0s 的结构	0.006	0.012(0.018)	0.024(0.036)	0.048

注：1. 基本周期介于 3.5s 与 5.0s 之间的结构，按插入法取值；
2. 括号内数值分别用于设计基本地震加速度为 0.15g 和 0.30g 的地区。

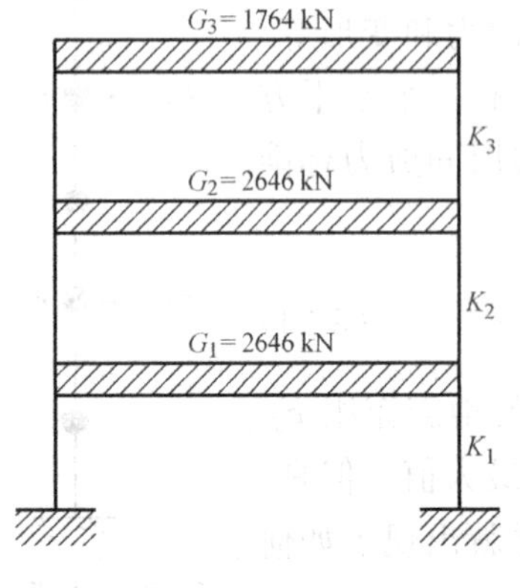

图 3-14 三层框架示意

【例题 3-2】 试用振型分解反应谱法计算图 3-14 所示的三层框架在多遇地震时的层间地震剪力。已知抗震设防烈度为 8 度，设计地震分组为第二组，Ⅱ类场地，阻尼比 ζ 取 0.05。

【解】（1）求解结构体系的周期和振型

由矩阵迭代法（或雅可比法）可计算出结构体系的三个自振周期和振型分别为：

第一振型 $\{X\}_1^T=[0.334 \quad 0.667 \quad 1.000]$

$T_1=0.467$s

第二振型 $\{X\}_2^T=[-0.667 \quad -0.666 \quad 1.000]$

$T_2=0.208$s

第三振型 $\{X\}_3^{\mathrm{T}}=[4.019 \quad -3.035 \quad 1.000]$

$T_3=0.134\mathrm{s}$

(2) 计算各振型的地震影响系数 α_j

由表 3-14 查得多遇地震时设防烈度为 8 度的 $\alpha_{\max}=0.16$；

由表 3-12 查得Ⅱ类场地、设计地震分组为第二组的 $T_g=0.40\mathrm{s}$；

由图 3-11，当阻尼比 $\xi=0.05$ 时，$\eta_2=1.0$，$\gamma=0.9$。

第一振型，因 $T_g<T_1<5T_g$，所以：

$$\alpha_1=\left(\frac{T_g}{T}\right)^{\gamma}\eta_2\alpha_{\max}=\left(\frac{0.40}{0.467}\right)^{0.9}\times1.0\times0.16=0.139$$

第二振型，因 $0.1\mathrm{s}<T_2<T_g$，所以 $\alpha_2=\alpha_{\max}=0.16$

第三振型，因 $0.1\mathrm{s}<T_3<T_g$，所以 $\alpha_3=\alpha_{\max}=0.16$

(3) 计算各振型的参与系数 γ_j

由式 (2-60) 计算各振型的振型参与系数 γ_j：

第一振型

$$\gamma_1=\frac{\sum_{i=1}^{3}X_{1i}G_i}{\sum_{i=1}^{3}X_{1i}^2G_i}=\frac{0.334\times2646+0.667\times2646+1.000\times1764}{0.334^2\times2646+0.667^2\times2646+1.000^2\times1764}=1.363$$

第二振型

$$\gamma_2=\frac{\sum_{i=1}^{3}X_{2i}G_i}{\sum_{i=1}^{3}X_{2i}^2G_i}=\frac{-0.667\times2646+(-0.666)\times2646+1.000\times1764}{(-0.667)^2\times2646+(-0.666)^2\times2646+1.000^2\times1764}=-0.428$$

第三振型

$$\gamma_3=\frac{\sum_{i=1}^{3}X_{3i}G_i}{\sum_{i=1}^{3}X_{3i}^2G_i}=\frac{4.019\times2646+(-3.035)\times2646+1.000\times1764}{4.019^2\times2646+(-3.035)^2\times2646+1.000^2\times1764}=-0.063$$

(4) 计算各振型各楼层的水平地震作用

各振型各楼层的水平地震作用 F_{ji} 由式 (3-22) 计算：

第一振型 $F_{1i}=\alpha_1\gamma_1X_{1i}G_i$

$F_{11}=0.139\times1.363\times0.334\times2646=167.4\mathrm{kN}$

$F_{12}=0.139\times1.363\times0.667\times2646=334.4\mathrm{kN}$

$F_{13}=0.139\times1.363\times1.000\times1764=334.2\mathrm{kN}$

第二振型 $F_{2i}=\alpha_2\gamma_2X_{2i}G_i$

$F_{21}=0.16\times(-0.428)\times(-0.667)\times2646=120.9\mathrm{kN}$

$F_{22}=0.16\times(-0.428)\times(-0.666)\times2646=120.7\mathrm{kN}$

$F_{23}=0.16\times(-0.428)\times1.000\times1764=-120.8\mathrm{kN}$

第三振型 $F_{3i}=\alpha_3\gamma_3X_{3i}G_i$

$F_{31}=0.16\times0.063\times4.019\times2646=107.2\text{kN}$

$F_{32}=0.16\times0.063\times(-3.035)\times2646=-80.9\text{kN}$

$F_{33}=0.16\times0.063\times1.000\times1764=17.8\text{kN}$

(5) 计算各振型的层间剪力

各振型的层间剪力 V_{ji} 由式（3-24）计算，结果如图 3-15 所示。

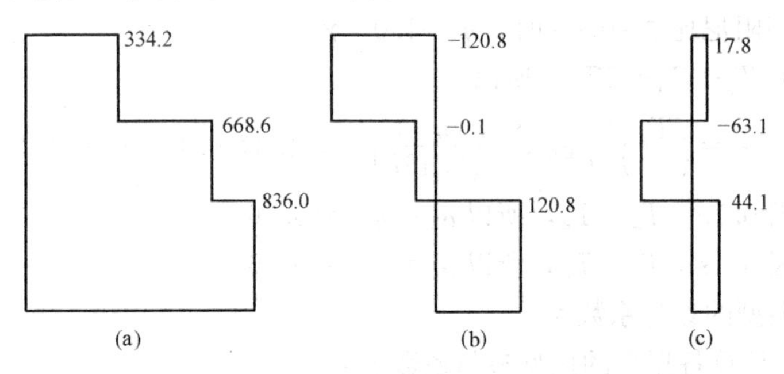

图 3-15　各振型的地震剪力（kN）

(a) 第一振型地震剪力；(b) 第二振型地震剪力；(c) 第三振型地震剪力

第一振型　$V_{1i}=\sum_{k=i}^{n}F_{1k}$

$V_{11}=167.4+334.4+334.2=836.0\text{kN}$

$V_{12}=334.4+334.2=668.6\text{kN}$

$V_{13}=334.2\text{kN}$

第二振型　$V_{2i}=\sum_{k=i}^{n}F_{2k}$

$V_{21}=120.9+120.7-120.8=120.8\text{kN}$

$V_{22}=120.7-120.8=-0.1\text{kN}$

$V_{23}=-120.8\text{kN}$

第三振型　$V_{3i}=\sum_{k=i}^{n}F_{3k}$

$V_{31}=107.2-80.9+17.8=44.1\text{kN}$

$V_{32}=-80.9+17.8=-63.1\text{kN}$

$V_{33}=17.8\text{kN}$

(6) 计算水平地震作用效应——各层层间剪力

由式（3-25）计算各层层间剪力 V_i，结果如图 3-16 所示。

$$V_1=\sqrt{V_{11}^2+V_{21}^2+V_{31}^2}=\sqrt{836.0^2+120.8^2+44.1^2}=845.8\text{kN}$$

$$V_2=\sqrt{V_{12}^2+V_{22}^2+V_{32}^2}=\sqrt{668.6^2+(-0.1)^2+(-63.1)^2}=671.6\text{kN}$$

$$V_3=\sqrt{V_{13}^2+V_{23}^2+V_{33}^2}=\sqrt{334.2^2+(-120.8)^2+17.8^2}=355.8\text{kN}$$

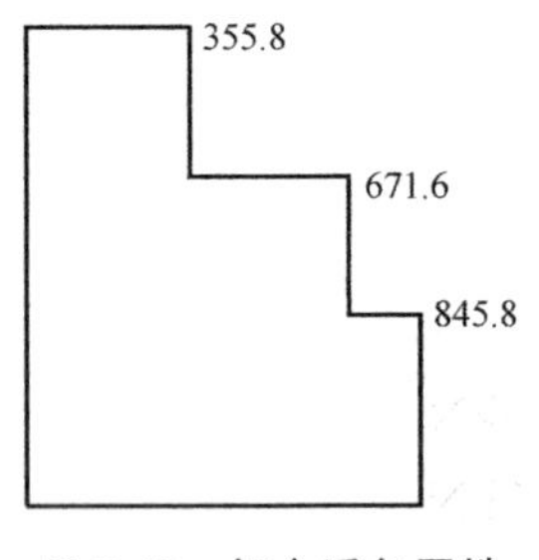

图 3-16　组合后各层地震剪力（kN）

(7) 验算各层水平地震剪力

由表 3-15 查得 $\lambda=0.032$，由式（3-26）得各层水平地震剪力最小值为：

$$V_{1,\min}=0.032\times(2646+2646+1764)=225.8\text{kN}$$

$$V_{2,\min}=0.032\times(2646+1764)=141.1\text{kN}$$

$$V_{3,\min}=0.032\times1764=56.4\text{kN}$$

可见各层层间剪力 V_i 均大于相应层剪力最小值。

国内外多次地震中，平面和竖向不规则的高层建筑，因扭转振动而发生严重破坏的事例时有发生。从抗震要求角度，要求建筑的平面简单、规则和对称，竖向体型力求规则均匀，避免有过大的外挑和内收，尽量减少由结构的刚度和质量的不均匀、不对称而造成的偏心。即使规则的建筑结构，也存在由于施工、使用等原因所产生的偶然偏心引起的地震扭转效应。因此《建筑抗震设计规范》GB 50011—2010 规定，规则结构不进行扭转耦联计算时，平行于地震作用方向的两个边榀，其地震作用效应应乘以增大系数。一般情况下，短边可按 1.15 采用，长边可按 1.05 采用；当扭转刚度较小时，宜按不小于 1.3 采用。

为了更好地满足建筑外观形体多样化和功能上的要求，近年来，平立面复杂、不规则，质量和刚度明显不均匀、不对称的多高层建筑大量出现。因此，《建筑抗震设计规范》GB 50011—2010 规定：对这类建筑结构应考虑水平地震作用下的扭转影响，其地震作用和作用效应按振型分解反应谱法进行计算。

用振型分解反应谱法计算时，首先经过与单向平移振动相类似的推导，可以得到考虑扭转地震效应时 j 振型 i 层（层间剪切模型）的水平地震作用标准值：

$$\left.\begin{aligned}F_{xji}&\approx\alpha_j\gamma_{tj}X_{ji}G_i\\F_{yji}&\approx\alpha_j\gamma_{tj}Y_{ji}G_i\\F_{tji}&\approx\alpha_j\gamma_{tj}r_i^2\varphi_{ji}G_i\end{aligned}\right\}\quad(i=1,2,\cdots n;j=1,2,\cdots m)\tag{3-27}$$

当仅取 x 方向地震作用时：

$$\gamma_{tj}=\sum_{i=1}^{n}X_{ji}G_i\Big/\sum_{i=1}^{n}(X^{2}{}_{ji}+Y^{2}{}_{ji}+\varphi_{ji}^2r_i^2)G_i\tag{3-28a}$$

当仅取 y 方向地震作用时：

$$\gamma_{tj}=\sum_{i=1}^{n}Y_{ji}G_i\Big/\sum_{i=1}^{n}(X_{ji}^2+Y_{ji}^2+\varphi_{ji}^2r_i^2)G_i\tag{3-28b}$$

当取与 x 方向斜交的地震作用时：

$$\gamma_{tj}=\gamma_{xj}\cos\theta+\gamma_{yj}\sin\theta\tag{3-28c}$$

式中 F_{xji}、F_{yji}、F_{tji}——j 振型 i 层的 x 方向、y 方向和转角方向的地震作用标准值；

X_{ji}、Y_{ji}——j 振型 i 层质心在 x、y 方向的水平相对位移；

φ_{ji}——j 振型 i 层的相对扭转角；

r_i——i 层转动半径，可取 i 层绕质心的转动惯量除以该层质量的商的正二次方根；

γ_{tj}——计入扭转的 j 振型的参与系数；

γ_{xj}、γ_{yj}——分别为由式（3-28a）和式（3-28b）求得的参与系数；

θ——地震作用方向与 x 方向的夹角。

其次再计算每一振型水平地震作用产生的作用效应，最后将各振型的地震作用效应按一定的规则进行组合，以获得总的地震效应。对于不考虑扭转影响的平移振动多自由度弹性体系，往往采用SRSS方法进行组合，并且注意到各振型的贡献随着频率的增高而递减这一事实，一般可只考虑前三阶振型进行组合。然而，考虑扭转影响时，体系振动有以下特点：体系自由度数目大大增加（为 $3n$，n 为建筑层数），各振型的频率间隔大为缩短，相邻较高振型的频率可能非常接近，所以振型组合时，应考虑不同振型间的相关性；扭转分量的影响并不一定随着频率增高而递减，有时较高振型的影响可能大于低振型的影响，而且，当前三阶振型分别代表以 x 向、y 向和扭转为主的振动时，取前三阶振型组合只相当于不考虑扭转影响时取一个振型的情况，这显然不够。因此，进行各振型作用效应组合时，应考虑相近频率振型间的相关性，并增加参加作用效应组合的振型数。同时，还要考虑双向水平地震作用的扭转效应。

《建筑抗震设计规范》GB 50011—2010 规定考虑扭转的地震作用效应，应按下列公式确定：

（1）单向水平地震作用的扭转耦联效应

$$S_{\mathrm{Ek}} = \sqrt{\sum_{j=1}^{m}\sum_{k=1}^{m}\rho_{jk}S_jS_{\mathrm{k}}} \tag{3-29}$$

$$\rho_{j\mathrm{k}} = \frac{8\zeta_j\zeta_{\mathrm{k}}(1+\lambda_{\mathrm{T}})\lambda_{\mathrm{T}}^{1.5}}{(1-\lambda_{\mathrm{T}}^2)^2 + 4\zeta_j\zeta_{\mathrm{k}}(1+\lambda_{\mathrm{T}})^2\lambda_{\mathrm{T}}} \tag{3-30}$$

式中 S_{Ek}——地震作用标准值的扭转耦联效应；

S_j、S_{k}——j、k 振型地震作用标准值的效应，可取前 9～15 个振型；

ζ_i、ζ_{k}——j、k 振型的阻尼比；

$\rho_{j\mathrm{k}}$——j 振型与 k 振型的耦联系数；

λ_{T}——k 振型与 j 振型的自振周期比。

（2）双向水平地震作用的扭转耦联效应，可按下列公式中的较大值确定：

$$S_{\mathrm{Ek}} = \sqrt{S_{\mathrm{x}}^2 + (0.85S_{\mathrm{y}})^2} \tag{3-31a}$$

或

$$S_{\mathrm{Ek}} = \sqrt{S_{\mathrm{y}}^2 + (0.85S_{\mathrm{x}})^2} \tag{3-31b}$$

式中 S_{x}、S_{y}——分别为 x 向、y 向单向水平地震作用按式（3-29）计算的扭转耦联效应。

3.2.1.4 底部剪力法

用振型分解反应谱法计算建筑结构的水平地震作用还是比较复杂的，特别是当建筑物的层数较多时不能用手算，必须使用电子计算机。理论分析研究表明：当建筑物高度不超过40m，以剪切变形为主且质量和刚度沿高度分布比较均匀时，结构振动位移反应往往以第一振型为主，而且第一振型接近于直线。故满足上述条件时，《建筑抗震设计规范》GB 50011—2010 建议可采用底部剪力法。这时，水平地震作用的计算可以大大简化。

1. 底部剪力的计算

由振型分解反应谱法的式（3-22）、式（3-24）可以写出，j 振型结构总水平地震作用标准值，即 j 振型的底部剪力为：

$$V_{j0} = \sum_{i=1}^{n}F_{ji} = \sum_{i=1}^{n}\alpha_j\gamma_jX_{ji}G_i = \alpha_1G\sum_{i=1}^{n}\frac{\alpha_j}{\alpha_1}\gamma_jX_{ji}\frac{G_i}{G} \tag{3-32}$$

式中 G——结构的总重力荷载代表值，$G=\sum_{i=1}^{n}G_i$。

结构总的水平地震作用（结构的底部剪力）F_{Ek}为：

$$F_{\mathrm{Ek}}=\sqrt{\sum_{j=1}^{n}V_{j0}^{2}}=\alpha_1 G\sqrt{\sum_{j=1}^{n}\left(\sum_{i=1}^{n}\frac{\alpha_j}{\alpha_1}\gamma_j X_{ji}\frac{G_i}{G}\right)^2}=\alpha_1 Gq \tag{3-33}$$

式中 $q=\sqrt{\sum_{j=1}^{n}\left(\sum_{i=1}^{n}\frac{\alpha_j}{\alpha_1}\gamma_j X_{ji}\frac{G_i}{G}\right)^2}$——高振型影响系数；经过大量计算资料的统计分析表明，当结构体系各自由度对应的质点重量相等，并在高度方向均匀分布时，$q=1.5\frac{n+1}{2n+1}$，n为自由度数；如为单自由度体系（即单层建筑）$q=1$；如为无穷多自由度体系，$q=0.75$；《建筑抗震设计规范》GB 50011—2010 取中间值为 0.85。

所以，将式（3-33）改写为：

$$F_{\mathrm{Ek}}=\alpha_1 G_{\mathrm{eq}} \tag{3-34}$$

式中 F_{Ek}——结构总水平地震作用标准值，即结构底部剪力的标准值；

α_1——相应于结构基本自振周期的水平地震影响系数，按图 3-13 计算，其中 T_{g}、$\alpha_{\max}$按表 3-12、表 3-14 采用；

G_{eq}——结构等效总重力荷载，单自由度取总重力荷载代表值，多自由度可取总重力荷载代表值的 85%。

2. 各质点的水平地震作用标准值的计算

对于层间剪切型结构，每一楼层视为一个质点，每一质点具有一水平方向自由度。由于结构振动以基本振型为主，而且，基本振型接近于直线（图 3-17b），则作用于各质点的水平地震作用 F_i 近似地等于 F_{1i}。

$$F_i\approx F_{1i}=\alpha_1\gamma_1 X_{1i}G_i=\alpha_1\gamma_1\eta H_i G_i \tag{3-35}$$

式中 η——质点水平相对位移与质点计算高度的比例系数；

H_i——质点 i 的计算高度。

则结构总水平地震作用可表示为：

$$F_{\mathrm{Ek}}=\sum_{k=1}^{n}F_{1\mathrm{k}}=\sum_{k=1}^{n}\alpha_1\gamma_1\eta H_{\mathrm{k}}G_{\mathrm{k}}=\alpha_1\gamma_1\eta\sum_{k=1}^{n}H_{\mathrm{k}}G_{\mathrm{k}} \tag{3-36}$$

$$\alpha_1\gamma_1\eta=\frac{F_{\mathrm{Ek}}}{\sum_{k=1}^{n}H_{\mathrm{k}}G_{\mathrm{k}}} \tag{3-37}$$

将式（3-37）代入式（3-35）得：

$$F_i=\frac{G_i H_i}{\sum_{k=1}^{n}G_{\mathrm{k}}H_{\mathrm{k}}}F_{\mathrm{Ek}} \tag{3-38}$$

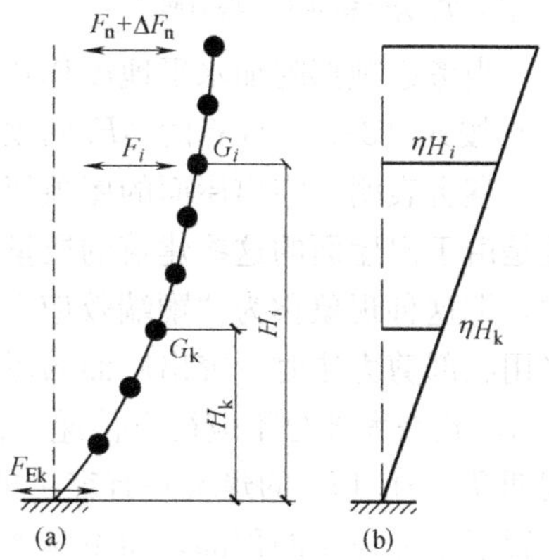

图 3-17 水平地震作用下结构计算
（a）水平地震作用下结构计算简图；
（b）简化的第一振型

则地震作用下各楼层水平地震层间剪力 V_i 为：

$$V_i=\sum_{k=i}^{n}F_{\mathrm{k}}\qquad(i=1,2,\cdots,n) \tag{3-39}$$

3. 顶部附加地震作用的计算

通过大量的计算分析发现，当结构层数较多时，用公式（3-38）计算得到的结构上部质点的水平地震作用往往小于振型分解反应谱法的计算结果，特别是基本周期较长的多、高层建筑相差较大。因为高振型对结构反应的影响主要表现在结构上部，而且震害经验也表明某些基本周期较长的建筑上部震害较为严重，所以，《建筑抗震设计规范》GB 50011—2010 规定：对结构的基本自振周期大于 $1.4T_g$ 的建筑，取附加水平地震作用 ΔF_n 作为集中的水平力加在结构的顶部加以修正。

$$\Delta F_n = \delta_n F_{Ek} \tag{3-40}$$

则式（3-38）相应改写成：

$$F_i = \frac{G_i H_i}{\sum_{k=1}^{n} G_k H_k} F_{Ek}(1-\delta_n) \tag{3-41}$$

式中　ΔF_n——顶部附加水平地震作用；

G_i、G_k——集中于质点 i、k 的重力荷载代表值，应按式（3-13）确定；

H_i、H_k——质点 i、k 的计算高度（图 3-17a）；

δ_n——顶部附加地震作用系数；多层钢筋混凝土和钢结构房屋可按表 3-16 采用，多层内框架砖房可采用 0.2，其他房屋可采用 0.0。

顶部附加地震作用系数　**表 3-16**

T_g/s	$T_1 > 1.4T_g$	$T_1 \leqslant 1.4T_g$
$T_g \leqslant 0.35$	$0.08T_1 + 0.07$	0.0
$0.35 < T_g \leqslant 0.55$	$0.08T_1 + 0.01$	
$T_g > 0.55$	$0.08T_1 - 0.02$	

注：T_1 为结构基本自振周期。

当考虑顶部附加水平地震作用时，结构顶部的水平地震作用为按式（3-41）计算的 F_n 与按式（3-40）计算的 ΔF_n 两项之和。

震害表明，突出屋面的屋顶间、女儿墙、烟囱等，它们的震害比下面主体结构严重，这是由于出屋面的这些建筑的质量和刚度突然变小，导致地震反应随之增大。在地震工程中，把这种现象称为“鞭端效应”。因此，《建筑抗震设计规范》GB 50011—2010 规定，采用底部剪力法时，突出屋面的屋顶间、女儿墙、烟囱等的地震作用效应，宜乘以增大系数 3，此增大部分不应往下传递，但与该突出部分相连的构件应予以计入。对于结构基本周期 $T_1 > 1.4T_g$ 的建筑并有突出的小屋时，按式（3-40）计算的顶部附加水平地震作用应置于主体房屋的顶部，而不应置于局部突出小屋的屋顶处。但对于顶层带有空旷大房间或轻钢结构的房屋，不宜视为突出屋面的小屋并采用底部剪力法乘以增大系数的办法计算地震作用效应，而应视为结构体系一部分，用振型分解反应谱法计算。

【例题 3-3】 试用底部剪力法求【例题 3-2】中三层框架的层间地震剪力。已知结构基本自振周期 $T_1 = 0.467$s，其他结构参数、地震参数和场地类别与【例题 3-2】相同。

【解】（1）计算结构等效总重力荷载代表值 G_{eq}

$$G_{eq} = 0.85 \sum_{i=1}^{n} G_i = 0.85 \times (2646 + 2646 + 1764) = 5997.6\text{kN}$$

(2) 计算水平地震影响系数 α_1

由【例题 3-2】得，$T_g=0.4s$，$\alpha_{max}=0.16$。

因 $T_g<T_1<5T_g$，由图 3-11，$\zeta=0.05$ 时，$\eta_2=1.0$，$\gamma=0.9$，则有：

$$\alpha_1=\left(\frac{T_g}{T_1}\right)^{\gamma}\eta_2\alpha_{max}=\left(\frac{0.400}{0.467}\right)^{0.9}\times1.0\times0.16=0.139$$

(3) 用式 (3-34) 计算结构总的水平地震作用标准值 F_{Ek}

$$F_{Ek}=\alpha_1G_{eq}=0.139\times5997.6=833.7\text{kN}$$

(4) 计算各层的水平地震作用标准值（图 3-18a）

因 $T_1=0.467s<1.4T_g=1.4\times0.4=0.56s$，则 $\delta_n=0$，由式 (3-38) 得：

$$F_1=\frac{G_1H_1}{\sum_{k=1}^{3}G_kH_k}F_{Ek}=\frac{2646\times3.5}{2646\times3.5+2646\times7.0+1764\times10.5}\times833.7=166.7\text{kN}$$

$$F_2=\frac{G_2H_2}{\sum_{k=1}^{3}G_kH_k}F_{Ek}=\frac{2646\times7.0}{2646\times3.5+2646\times7.0+1764\times10.5}\times833.7=333.5\text{kN}$$

$$F_3=\frac{G_3H_3}{\sum_{k=1}^{3}G_kH_k}F_{Ek}=\frac{1764\times10.5}{2646\times3.5+2646\times7.0+1764\times10.5}\times833.7=333.5\text{kN}$$

(5) 用式 (3-39) 计算各层层间剪力 V_i（图 3-18b）

$$V_1=F_1+F_2+F_3=833.7\text{kN}$$

$$V_2=F_2+F_3=667.0\text{kN}$$

$$V_3=F_3=333.5\text{kN}$$

上述计算结果与【例题 3-2】用振型分解反应谱法的结果非常接近。可见，只要建筑物高度小于 40m，以剪切变形为主且质量和刚度沿高度分布比较均匀，采用底部剪力法可以得到满意的结果。各层层间剪力 V_i 均大于相应层剪力最小值，层间最小剪力验算见【例题 3-2】。

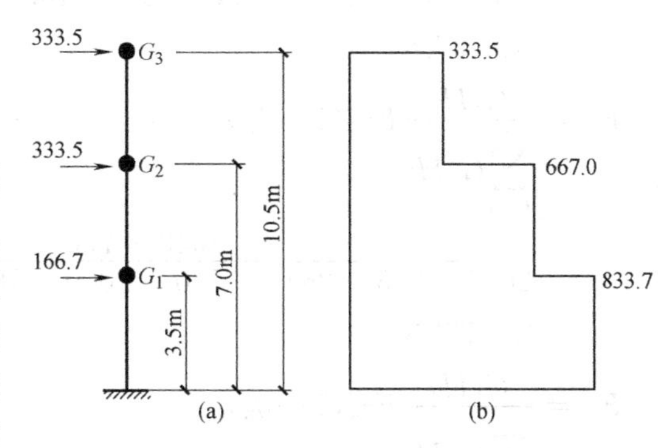

图 3-18 楼层水平地震剪力计算图

(a) 楼层水平地震作用；

(b) 楼层地震剪力

【例题 3-4】 试用底部剪力法计算图 3-19 所示带屋顶间的框架结构在多遇地震下的层间地震剪力。已知抗震设防烈度为 8 度，设计地震分组为第二组，Ⅱ类场地，阻尼比 ζ 取 0.05，结构基本自振周期 $T_1=0.562s$。

【解】 (1) 计算结构等效总重力荷载代表值 G_{eq}

$$G_{eq}=0.85\sum_{i=1}^{n}G_i$$
$$=0.85\times(2646+2646+2000+200)$$
$$=6368.29\text{kN}$$

(2) 计算水平地震影响系数 α_1

由【例题 3-2】、【例题 3-3】得，$T_g=0.4s$，$\alpha_{max}=0.16$。

因 $T_g<T_1<5T_g$，由图 3-11，$\zeta=0.05$ 时，$\eta_2=1.0$，$\gamma=0.9$，则有：

$$\alpha_1=\left(\frac{T_g}{T_1}\right)^{\gamma}\eta_2\alpha_{max}=\left(\frac{0.400}{0.562}\right)^{0.9}\times1.0\times0.16=0.118$$

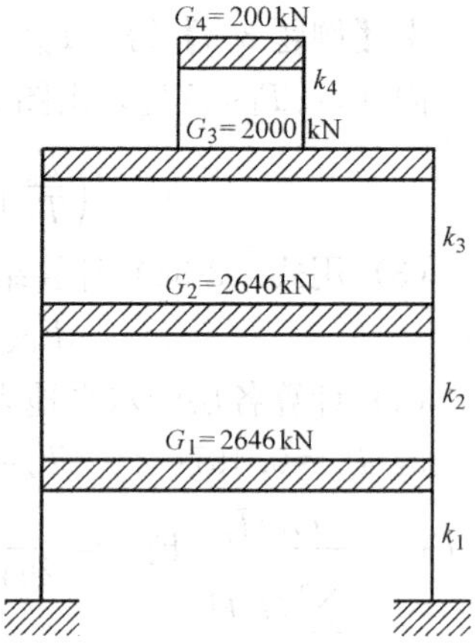

（3）用式（3-34）计算结构总的水平地震作用标准值 F_{Ek}

$$F_{Ek}=\alpha_1G_{eq}=0.118\times6368.29=751.45kN$$

（4）计算顶部附加地震作用

因为 $T_1>1.4T_g$，故需要考虑顶部附加地震作用。由表 3-16，得到顶部附加地震作用系数为：

$$\delta_n=0.08T_1+0.01=0.08\times0.562+0.01=0.055$$

$G_4=200kN$
k_4
$G_3=2000kN$
k_3
$G_2=2646kN$
k_2
$G_1=2646kN$
k_1

图 3-19　带屋顶间的框架结构示意

（5）计算各层的水平地震作用标准值（图 3-20a）

由式（3-41）得：

$$F_1=\frac{G_1H_1}{\sum_{k=1}^{4}G_kH_k}F_{Ek}(1-\delta_n)$$

$$=\frac{2646\times3.5}{2646\times3.5+2646\times7.0+2000\times10.5+200\times12.2}\times751.45\times(1-0.055)$$

$$=128.36kN$$

$$F_2=\frac{G_2H_2}{\sum_{k=1}^{4}G_kH_k}F_{Ek}(1-\delta_n)$$

$$=\frac{2646\times7.0}{2646\times3.5+2646\times7.0+2000\times10.5+200\times12.2}\times751.45\times(1-0.055)$$

$$=256.72kN$$

$$F_4=\frac{G_4H_4}{\sum_{k=1}^{4}G_kH_k}F_{Ek}(1-\delta_n)$$

$$=\frac{200\times12.2}{2646\times3.5+2646\times7.0+2000\times10.5+200\times12.2}\times751.45\times(1-0.055)$$

$$=33.83kN$$

由式（3-40）、式（3-41）得：

$$F_3=\frac{G_3H_3}{\sum_{k=1}^{4}G_kH_k}F_{Ek}(1-\delta_n)+F_{Ek}\delta_n$$

$$=\frac{2000\times10.5}{2646\times3.5+2646\times7.0+2000\times10.5+200\times12.2}\times751.45\times(1-0.055)+751.45\times0.055$$

$$=332.46kN$$

（6）计算各层层间剪力 V_i（图 3-20b）

$$V_1=F_1+F_2+F_3+F_4=751.4\text{kN}$$
$$V_2=F_2+F_3+F_4=623.0\text{kN}$$
$$V_3=F_3+F_4=366.3\text{kN}$$
$$V_4=3F_4=101.5\text{kN}$$

(7) 验算各层水平地震剪力

由表 3-15 查得 $\lambda=0.032$，由式(3-26) 得各层水平地震剪力最小值为：

$$V_{4,\min}=0.032\times200=6.4\text{kN}$$
$$V_{3,\min}=0.032\times(2000+200)=70.4\text{kN}$$
$$V_{2,\min}=0.032\times(2646+2000+200)=155.1\text{kN}$$
$$V_{1,\min}=0.032\times(2646+2646+2000+200)=239.7\text{kN}$$

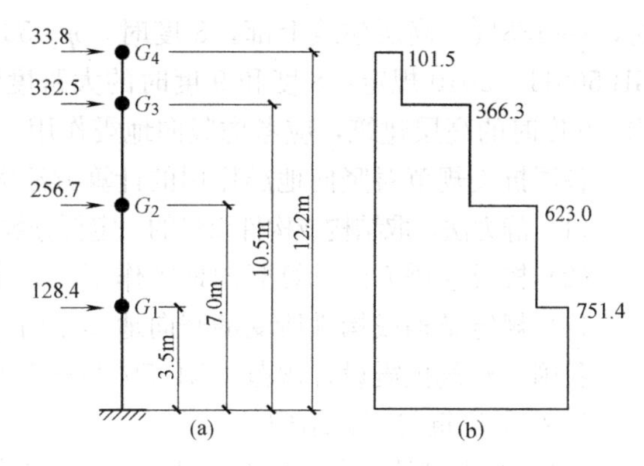

图 3-20 楼层水平地震剪力计算图
(a) 楼层水平地震作用；
(b) 楼层地震剪力

可见各层层间剪力 V_i 均大于相应层剪力最小值。

3.2.1.5 结构竖向地震作用

地震震害现象表明，在高烈度地震区，地震动竖向加速度分量对建筑物破坏状态和破坏程度的影响是明显的。中国唐山地震，一些砖砌烟囱的上半段产生 8 道、10 道甚至更多道间距为 1m 左右的环形水平通缝。有一座砖烟囱，上部的中间一段倒塌坠地，而顶端一小段却落入烟囱残留下半段的上口。地震时，设备上跳移位的现象也时有发生。唐山地震时，9 度区内的一座重约为 100t 的变压器，跳出轨外 0.4m，依旧站立；陡河电厂重 150t 的主变压器也跳出轨外未倒；附近还有一节车厢跳起后，站立于轨道之外。此外，据反映，强烈地震时人们的感觉是，先上下颠簸，后左右摇晃。

地震时地面的运动是多分量的。近几十年来，国内外已经取得了大量的强震记录，每次地震记录包括地震动的 3 个平动分量即两个水平分量和一个竖向分量。大量地震记录的统计结果表明，若取地震动两个水平加速度分量中的较大者为基数，则竖向峰值加速度 a_v 与水平峰值加速度 a_h 的比值为 1/3～1/2。近些年来，还获得了竖向峰值加速度达到甚至超过水平峰值加速度的地震记录。如 1979 年美国帝国山谷 (Imperial Valley) 地震所获得的 30 个记录，a_v/a_h 的平均值为 0.77，靠近断层（距离约为 10km）的 11 个记录，a_v/a_h 的平均值则达到了 1.12，其中最大的一个记录，竖向峰值加速度 a_v 高达 $1.75g$，竖向和水平加速度的比值高达 2.4。1976 年苏联格兹里地震，记录到的最大竖向加速度为 $1.39g$，竖向和水平峰值加速度的比值为 1.63。我国对 1976 年唐山地震的余震所取得的加速度记录，也曾测到竖向峰值加速度达到水平峰值加速度。

正因为地震动的竖向加速度分量达到了如此大的数值，国内外学者对结构竖向地震反应的研究日益重视，不少国家的抗震设计规范都对此做出了具体规定。自 1964 年以来，我国建筑抗震设计规范对结构竖向地震作用的计算也做出了具体规定。

对不同高度的砖砌烟囱、钢筋混凝土烟囱、高层建筑的竖向地震反应分析结果还表明，结构竖向地震内力 N_E 与重力荷载产生的结构构件内力 N_G 的比值 $\eta=N_E/N_G$ 沿结构高度由下往上逐渐增大；在烟囱上部，设防烈度为 8 度时，$\eta=50\%\sim90\%$，在 9 度时 η 可达到或超过 1，即在烟囱上部可产生拉应力。335m 高的电视塔上部，设防烈度为 8 度时，η=138%。高层建筑上部，8 度时，η=50%～110%。为此，《建筑抗震设计规范》GB 50011—2010 规定：8 度和 9 度时的大跨度结构、长悬臂结构、烟囱和类似的高耸结构，9 度时的高层建筑，应考虑竖向地震作用。

各国抗震规范对竖向地震作用的计算方法大致可以分为以下三种：

（1）静力法，取结构或构件重量的一定百分数作为竖向地震作用，并考虑上、下两个方向。

（2）按反应谱方法计算竖向地震作用。

（3）规定结构或构件所受的竖向地震作用为水平地震作用的某一个百分数。

我国《建筑抗震设计规范》GB 50011—2010 按以下结构类型规定了不同的计算方法。

1. 高层建筑与高耸结构

《建筑抗震设计规范》GB 50011—2010 对这类结构的竖向地震作用计算采用了反应谱法，并作了进一步的简化。

1）竖向地震影响系数的取值

大量地震地面运动记录资料的分析研究表明：

（1）竖向最大地面加速度与水平最大地面加速度的比值大多在 1/3～1/2 的范围内；

（2）用上述地面运动加速度记录计算所得的竖向地震和水平地震的平均反应谱的形状相差不大。

因此，《建筑抗震设计规范》GB 50011—2010 规定，竖向地震影响系数与周期的关系曲线可以沿用水平地震影响系数曲线；其竖向地震影响系数最大值 α_{vmax} 为水平地震影响系数最大值 α_{max} 的 65%。

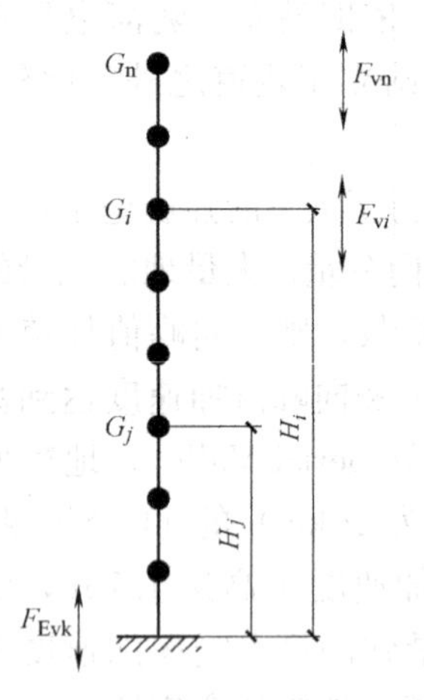

图 3-21 结构竖向地震作用计算简图

2）竖向地震作用标准值的计算

根据大量用振型分解反应谱法和时程分析法分析的计算实例发现，在这类结构的地震反应中，第一振型起主要作用，而且第一振型接近于直线。一般的高层建筑和高耸结构竖向振动的基本自振周期均在 0.1～0.2s 范围内，即处于地震影响系数最大值的范围内。为此，结构总竖向地震作用标准值 F_{Evk} 和质点 i 的竖向地震作用标准值 F_{vi}（图 3-21）分别为：

$$F_{Evk}=\alpha_{vmax}G_{eq} \tag{3-42}$$

$$F_{vi}=\frac{G_iH_i}{\sum_{j=1}^{n}G_jH_j}F_{Evk} \tag{3-43}$$

式中 F_{Evk}——结构总竖向地震作用标准值；

F_{vi}——质点 i 的竖向地震作用标准值；

α_{vmax}——竖向地震影响系数的最大值，可取水平地震影响系数最大值的 65%；

G_{eq}——结构等效总重力荷载，可取其总重力荷载代表值的 75%。

3）楼层的竖向地震作用效应

由竖向地震作用产生的第 i 楼层的轴向力 N_{vi} 为：

$$N_{vi}=\sum_{k=i}^{n}F_{vk} \tag{3-44}$$

楼层的竖向地震作用效应 N_{vi}，可按各构件承受的重力荷载代表值的比例分配。

根据我国台湾 9.21 大地震的经验，《建筑抗震设计规范》GB 50011—2010 要求，高层建筑楼层的竖向地震作用效应，宜乘以增大系数 1.5，使结构总竖向地震作用标准值，8 度、9 度时分别略大于重力荷载代表值的 10%和 20%。

综上所述，竖向地震作用的计算步骤为：

(1) 用式 (3-42) 计算结构总的竖向地震作用标准值 F_{Evk}，也就是计算竖向地震所产生的结构底部轴向力；

(2) 用式 (3-43) 计算各楼层的竖向地震作用标准值 F_{vi}，也就是将结构总的竖向地震作用标准值 F_{Evk}按倒三角形分布分配到各楼层；

(3) 用式 (3-44) 计算各楼层由竖向地震作用产生的轴向力 N_{vi}；

(4) 将 N_{vi}按该层各竖向构件（柱、墙等）所承受的重力荷载代表值的比例分配到各竖向构件，并乘以增大系数 1.5。

2. 平板网架屋盖和大跨度屋架结构

用反应谱法和时程分析法对不同类型的平板型网架屋盖和跨度大于 24m 的屋架进行计算分析，若令：

$$\mu_i = F_{iEv}/F_{iG} \tag{3-45}$$

式中 F_{iEv}——第 i 杆件的竖向地震作用的内力；

F_{iG}——第 i 杆件重力荷载作用下的内力。

从大量计算实例中可以总结出以下规律：

(1) 各杆件的 μ 值相差不大，可取其最大值 μ_{max}作为设计依据；

(2) 比值 μ_{max}与设防烈度和场地类型有关；

(3) 当结构竖向自振周期的 T_v 大于特征周期 T_g 时，μ 值随跨度增大而减小，但在常用跨度范围内，μ 值减小不大，可以忽略跨度的影响。

为此，《建筑抗震设计规范》GB 50011—2010 规定：平板型网架屋盖和跨度大于 24m 屋架的竖向地震作用标准值 F_{vi}宜取其重力荷载代表值 G_i 和竖向地震作用系数 λ_v的乘积，即 $F_{vi}=\lambda_v G_i$；竖向地震作用系数 λ 可按表 3-17 采用。

竖向地震作用系数 **表 3-17**

结构类型	烈度	场地类别		
		Ⅰ	Ⅱ	Ⅲ、Ⅳ
平板型屋架、钢屋架	8	可不计算(0.10)	0.08(0.12)	0.10(0.15)
	9	0.15	0.15	0.20
钢筋混凝土屋架	8	0.10(0.15)	0.13(0.19)	0.13(0.19)
	9	0.20	0.25	0.25

注：括号中数值分别用于设计基本地震加速度为 0.15g 和 0.30g 的地区。

3. 长悬臂和其他大跨结构

长悬臂和不属于上述平板网架屋盖和大跨度屋架结构的大跨结构的竖向地震作用标准值，8 度和 9 度时可分别取该结构、构件重力荷载代表值的 10%和 20%，即 $F_{vi}=0.1$ (或 0.2) G_i。设计基本地震加速度为 0.30g 时，可取该结构、构件重力荷载代表值的 15%。

4. 大跨空间结构

大跨空间结构的竖向地震作用，尚可按竖向振型分解反应谱方法计算。其竖向地震影响系数可采用《建筑抗震设计规范》GB 50011—2010 规定的水平地震影响系数的 65%，但特征周期可均按第一组采用。因为研究表明，竖向反应谱的特征周期与水平反应谱相比，尤其在远震中距时，明显小于水平反应谱。对于发震断裂 10km 以内的场地，竖向反应谱的最大值可能接近于水平谱，但特征周期小于水平谱。

3.2.1.6 结构抗震验算

如前所述，在进行建筑结构抗震设计时，《建筑抗震设计规范》GB 50011—2010 采用了二阶段设计法，即：第一阶段设计，按多遇地震作用效应和其他荷载效应的基本组合进行构件截面抗震承载力验算，以及在多遇地震作用下结构的弹性变形验算；第二阶段设计，在罕遇地震作用下验算结构的弹塑性变形。因此，结构抗震验算分为截面抗震验算和结构抗震变形验算两部分。

1. 截面抗震验算

1）地震作用效应和其他荷载效应的基本组合

结构构件的地震作用效应和其他荷载效应的基本组合，应按下式计算：

$$S=\gamma_G S_{GE}+\gamma_{Eh} S_{Ehk}+\gamma_{Ev} S_{Evk}+\psi_w \gamma_w S_{wk} \tag{3-46}$$

式中 S——结构构件内力组合的设计值，包括组合的弯矩、轴向力和剪力设计值；

γ_G——重力荷载分项系数，一般情况应采用 1.2，当重力荷载效应对构件承载能力有利时，不应大于 1.0；

γ_{Eh}、γ_{Ev}——水平、竖向地震作用分项系数，应按表 3-18 采用；

γ_w——风荷载分项系数，应采用 1.4；

S_{GE}——重力荷载代表值的效应，有吊车时，尚应包括悬吊物重力标准值的效应；

S_{Ehk}——水平地震作用标准值的效应，尚应乘以相应的增大系数或调整系数；

S_{Evk}——竖向地震作用标准值的效应，尚应乘以相应的增大系数或调整系数；

S_{wk}——风荷载标准值的效应；

ψ_w——风荷载组合值系数，一般结构取 0.0，风荷载起控制作用的高层建筑应采用 0.2。

地震作用分项系数 **表 3-18**

地震作用	γ_{Eh}	γ_{Ev}
仅计算水平地震作用	1.3	0.0
仅计算竖向地震作用	0.0	1.3
同时计算水平与竖向地震作用	1.3	0.5

2）截面抗震验算

结构构件的截面抗震验算，应采用下列设计表达式：

$$S \leqslant R/\gamma_{RE} \tag{3-47}$$

式中 R——结构构件承载力设计值；

γ_{RE}——承载力抗震调整系数，除另有规定外，应按表 3-19 采用。

承载力抗震调整系数 **表 3-19**

材料	结构构件	受力状态	γ_{RE}
钢	柱，梁，支撑，节点板件，螺栓，焊缝	强度	0.75
	柱，支撑	稳定	0.80
砌体	两端均有构造柱、芯柱的抗震墙	受剪	0.9
	其他抗震墙	受剪	1.0
混凝土	梁	受弯	0.75
	轴压比小于 0.15 的柱	偏压	0.75
	轴压比不小于 0.15 的柱	偏压	0.80
	抗震墙	偏压	0.85
	各类构件	受剪、偏拉	0.85

3）有关系数的确定

（1）地震作用分项系数

在众值烈度下的地震作用，应视为可变作用而不是偶然作用，这样，根据《建筑结构可靠度设计统一标准》GB 50068 中确定直接作用（荷载）分项系数的方法，通过综合比较，规范对水平地震作用，确定 $\gamma_{Eh}=1.3$，至于竖向地震作用分项系数，则参照水平地震作用，也取 $\gamma_{Eh}=1.3$。当竖向与水平地震作用同时考虑时，根据加速度峰值记录和反应谱的分析，两者组合比为 1∶0.4，故此时 $\gamma_{Eh}=1.3$，$\gamma_{Ev}=0.4\times1.3\approx0.5$。地震作用分项系数见表 3-18。

（2）抗震验算中作用组合值系数

《建筑抗震设计规范》GB 50011—2010 在计算地震作用时，已经考虑了地震作用与各种重力荷载（恒荷载与活荷载、雪荷载等）的组合问题，在表 3-11 中规定了一组组合值系数，形成了抗震设计的重力荷载代表值（式 3-13）。《建筑抗震设计规范》GB 50011—2010 规定，在验算和计算地震作用时（除吊车悬吊重力外），对重力荷载均采用相同的组合值系数，可简化计算，并避免有两种不同的组合值系数。因此，式（3-46）中仅出现风荷载的组合值系数，并按照《建筑结构可靠度设计统一标准》GB 50068 的方法，对于一般结构取 0.0，风荷载起控制作用的高层建筑取 0.2。这里，所谓风荷载起控制作用，系指风荷载和地震作用产生的总剪力和倾覆力矩相当的情况。

（3）重要性系数

有关规范的结构构件截面承载力验算公式为 $\gamma_0 S\leqslant R$，其中 γ_0 为结构构件的重要性系数，而截面抗震验算公式（3-47）中却没有结构构件重要性系数 γ_0。这是因为，根据地震作用的特点、抗震设计的现状，以及抗震重要性分类与《建筑结构可靠度设计统一标准》GB 50068 中安全等级的差异，重要性系数对抗震设计的实际意义不大，《建筑抗震设计规范》GB 50011—2010 对建筑重要性的处理仍采用抗震措施的改变来实现，因此，截面抗震验算中不考虑此项系数。

（4）承载力抗震调整系数

现阶段大部分结构构件截面抗震验算时，采用了各有关规范的承载力设计值 R，因此，抗震设计的抗力分项系数就相应的变为非抗震设计的构件承载力设计值的抗震调整系数 γ_{RE}，即 $\gamma_{RE}=R/R_E$ 或 $R_E=R/\gamma_{RE}$，R_E为抗震承载力设计值。

结构构件承载力抗震调整系数 γ_{RE} 列于表 3-19。可以看出，抗震承载力调整系数 γ_{RE} 的取值范围为 0.75～1.0，一般都小于 1.0，其实质含义是提高了构件的承载力设计值 R。当仅计算竖向地震作用时，各类结构构件的承载力抗震调整系数均宜采用 1.0。

2. 抗震变形验算

结构在地震作用下的变形验算是结构抗震设计的重要组成部分。结构的抗震变形验算包括多遇地震作用下的弹性变形验算和罕遇地震作用下的弹塑性变形验算两个部分。

1）多遇地震作用下结构的抗震变形验算

为避免建筑物的非结构构件（包括围护墙、隔墙、幕墙、内外装修等）在多遇地震作用下发生破坏并导致人员伤亡，保证建筑的正常使用功能，须对表 3-20 所列各类结构在低于本地区设防烈度的多遇地震作用下的变形加以验算，使其最大层间弹性位移小于规定的限值。《建筑抗震设计规范》GB 50011—2010 规定，结构楼层内最大的弹性层间位移应符合下式要求：

$$\Delta u_e \leqslant [\theta_e]h \tag{3-48}$$

式中 Δu_e——多遇地震作用标准值产生的楼层内最大的弹性层间位移。计算时，除弯曲变形为主的高层建筑外，可不扣除结构整体弯曲变形；应计入扭转变形；各作用分项系数均采用 1.0；钢筋混凝土结构构件的截面刚度可采用弹性刚度；

$[\theta_e]$——弹性层间位移角限值，宜按表 3-20 采用；

h——计算楼层层高。

弹性层间位移角限值 **表 3-20**

结构类型	$[\theta_e]$
钢筋混凝土框架	1/550
钢筋混凝土框架-抗震墙、板柱-抗震墙、框架-核心筒	1/800
钢筋混凝土抗震墙、筒中筒	1/1000
钢筋混凝土框支层	1/1000
多、高层钢结构	1/300

表 3-20 给出的不同结构类型弹性层间位移角限值范围，主要依据国内外大量的试验研究和有限元分析结果，以钢筋混凝土构件（框架柱、抗震墙等）开裂时层间位移角作为多遇地震作用下结构弹性层间位移角限值。钢结构在弹性阶段的层间位移角限值系参照国外有关规范的规定而确定的。

满足式（3-48），结构构件必然处于弹性阶段，楼层也处于远离明显屈服的状态。式（3-48）的验算实质上是控制建筑物非结构部件的破坏程度，以减少震后的修复费用。

2）罕遇地震作用下结构的抗震变形验算

为防止结构在罕遇地震作用下由于薄弱楼层（部位）弹塑性变形过大而倒塌，必须对延性要求较高的结构进行弹塑性变形验算。《建筑抗震设计规范》GB 50011—2010 规定，结构在罕遇地震作用下薄弱层（部位）弹塑性变形验算，对于不超过 12 层且刚度无突变的钢筋混凝土框架结构、单层钢筋混凝土柱厂房可采用简化计算方法；其他建筑结构可采用静力弹塑性分析方法或弹塑性时程分析法。这里，将讨论《建筑抗震设计规范》GB

50011—2010 提供的结构弹塑性变形简化计算方法。

（1）钢筋混凝土层间剪切型结构弹塑性变形的一般规律

所谓剪切型结构是指在侧向力作用下的水平位移曲线呈剪切型的结构。采用时程分析法对大量 1～15 层的层间剪切型结构（包括不同的基本周期、恢复力模型以及不同的层间侧移刚度、楼层受剪承载力沿高度分布等）进行了弹塑性地震反应分析，经统计分析得出以下规律：

① 在一定条件下，结构层间弹塑性变形与层间弹性变形之间存在着比较稳定的关系，即结构层间弹塑性变形可以由层间弹性变形乘以某个增大系数 η_p 而得到；

② 由于地震作用方向交替变化，各层弹性反应不可能同时达到最大值，以致各楼层不会同时进入塑性，因此结构层间弹塑性变形有明显的不均匀性，即存在着“塑性变形集中”的薄弱楼层；

③ 对于楼层刚度和楼层屈服强度系数 ξ_y 沿高度分布均匀的结构，其薄弱层可取底层，而且弹塑性位移增大系数的值比较稳定，仅与建筑物总层数和底层的 ξ_y 有关；

④ 对于楼层屈服强度系数 ξ_y 沿高度分布不均匀的结构，其薄弱楼层取在 ξ_y 最小的那一层（对层数较多的不均匀结构，与相邻层相比 ξ_y 相对较小的层也为薄弱层）；薄弱层弹塑性位移增大系数不仅与建筑物总层数和该薄弱楼层的 ξ_y 有关，并随该层的屈服强度系数 ξ_{yi} 与相邻层 $\xi_{y,i-1}$、$\xi_{y,i+1}$ 的平均值之比，即 $\xi_{yi}/\frac{1}{2}(\xi_{y,i-1}+\xi_{y,i+1})$ 的减小而增大。

（2）楼层屈服强度系数

由上述可知，在罕遇地震作用下，结构的薄弱楼层及其弹塑性层间位移增大系数均与楼层屈服强度系数 ξ_y 有关。所谓楼层屈服强度系数系指按构件实际配筋和材料强度标准值计算的楼层受剪承载力与按罕遇地震作用标准值计算的楼层弹性地震剪力的比值，即：

$$\xi_y = \frac{V_y}{V_e} \tag{3-49}$$

式中　V_y——按构件实际配筋和材料强度标准值计算的楼层受剪承载力；

V_e——罕遇地震作用下楼层弹性地震剪力。

对于排架柱，屈服强度系数 ξ_y 指按实际配筋面积、材料强度标准值和轴向力计算的正截面受弯承载力与按罕遇地震作用标准值计算的弹性地震弯矩的比值。

当各楼层的屈服强度系数 ξ_y 均大于 0.5，该结构就不存在塑性变形明显集中的薄弱楼层。只要多遇地震作用下的抗震变形验算能够满足要求，同样也能满足罕遇地震作用下抗震变形验算的要求，而无须再进行验算。

（3）罕遇地震下薄弱楼层弹塑性变形验算的简化方法

① 结构薄弱楼层（部位）位置的确定

Ⅰ楼层屈服强度系数沿高度分布均匀的结构，可取底层；

Ⅱ楼层屈服强度系数沿高度分布不均匀的结构，可取该系数最小的楼层（部位）和相对较小的楼层，一般不超过 2～3 处；

Ⅲ单层厂房，可取上柱。

② 薄弱楼层的弹塑性层间位移可按下列公式计算

$$\Delta u_p = \eta_p \Delta u_e \tag{3-50}$$

或 $$\Delta u_{\mathrm{p}}=\mu\Delta u_{\mathrm{y}}=\frac{\eta_{\mathrm{p}}}{\xi_{\mathrm{y}}}\Delta u_{\mathrm{y}} \tag{3-51}$$

式中 Δu_{p}——弹塑性层间位移；

Δu_{y}——层间屈服位移；

μ——楼层延性系数；

Δu_{e}——罕遇地震作用下按弹性分析的层间位移；

η_{p}——弹塑性层间位移增大系数；当薄弱层（部位）的屈服强度系数不小于相邻层（部位）该系数平均值的0.8时，可按表3-21采用；当不大于该平均值的0.5时，可按表内相应数值的1.5倍采用；其他情况可采用内插法取值；

ξ_{y}——楼层屈服强度系数，可按式（3-49）计算。

弹塑性层间位移增大系数 **表3-21**

结构类型	总层数 n 或部位	ξ_{y}		
		0.5	0.4	0.3
多层均匀框架结构	2～4	1.30	1.40	1.60
	5～7	1.50	1.65	1.80
	8～12	1.80	2.00	2.20
单层厂房	上柱	1.30	1.60	2.00

③ 结构薄弱层（部位）弹塑性层间位移应符合下式要求

$$\Delta u_{\mathrm{p}}\leqslant[\theta_{\mathrm{p}}]h \tag{3-52}$$

式中 $[\theta_{\mathrm{p}}]$——弹塑性层间位移角限值，可按表3-22采用；对钢筋混凝土框架结构，当轴压比小于0.40时，可提高10%；当柱子全高的箍筋构造比《建筑抗震设计规范》GB 50011—2010中规定的最小配箍特征值大30%时，可提高20%，但累计不超过25%；

h——薄弱层楼层高度或单层厂房上柱高度。

弹塑性层间位移角限值 **表3-22**

结构类型	$[\theta_{\mathrm{p}}]$
单层钢筋混凝土柱排架	1/30
钢筋混凝土框架	1/50
底部框架砖房中的框架-抗震墙	1/100
钢筋混凝土框架-抗震墙、板柱-抗震墙、框架-核心筒	1/100
钢筋混凝土抗震墙、筒中筒	1/120
多、高层钢结构	1/50

在罕遇地震作用下，结构要进入弹塑性变形状态。根据震害经验、试验研究和计算分析结果，《建筑抗震设计规范》GB 50011—2010提出以构件（梁、柱、墙）和节点达到极限变形时的层间极限位移角作为罕遇地震作用下结构弹塑性层间位移角限值（表3-22）的依据。

3.2.1.7 抗震概念设计

建筑抗震概念设计是指根据地震灾害和工程经验等所形成的基本设计原则和设计思

想，进行建筑和结构的总体布置并确定细部构造的过程。

强调抗震概念设计是由于地震作用的不确定性和结构计算假定与实际情况的差异。这使得其计算结果不能全面真实地反映结构的受力和变形情况，因而不能确保结构安全可靠。故要使建筑物具有尽可能好的抗震性能，首先应从大的方面入手，做好抗震概念设计。如果整体设计没有做好，计算工作再细致，也难免在地震时建筑物不发生严重的破坏，乃至倒塌。近几十年以来，世界上一些大城市先后发生了大地震，通过对震害的分析和研究，可总结和归纳出建筑结构抗震概念设计的以下要点。

1. 工程地址的合理选择

由工程地址原因引起的建筑物的破坏单靠工程措施是很难达到预防目的的，或者所花代价昂贵。因此，在建筑工程选址规划和方案设计阶段就应考虑到地震危险性，包括场址和场地条件等因素在内对建筑物抗震的不利影响，以使结构方案控制在可接受的造价之内，满足抗震设计的基本要求。

因此在选择建筑场地时，应根据工程需要和地震活动情况、工程地质和地震地质的有关资料，对抗震有利、一般、不利和危险地段做出综合评价。对不利地段，应提出避开要求；当无法避开时，应采取有效的措施。对危险地段，严禁建造甲、乙类建筑，不应建造丙类建筑。

1）避开抗震危险地段

建筑抗震危险地段主要是指，地震时可能发生滑坡、崩塌、地陷、地裂、泥石流等以及发震断裂带上可能发生地表错位的部位。

发震断层可能引发的地表错动直接威胁错动所在的建筑安全，例如 2008 年汶川地震，位于断层上的映秀镇几乎被夷为平地。但是，采取抗御地表错动的抗震措施是很困难的，在这种情况下，适当避让地震断裂是抗震建筑选址的一种必然选择。

2）抗震不利地段

抗震不利地段，一般是指软弱土、液化土、条状突出的山嘴、高耸孤立的山丘、陡坡、陡坎、河岸和边坡的边缘，平面分布上成因、岩性、状态不明显不均匀的土层（含古河道、疏松的断层破碎带、暗埋的塘滨沟谷和半埋半挖地基），高含水量的可塑黄土，地表存在结构性裂缝等。国内多次大地震的调查资料表明，局部地形条件是影响建筑物破坏程度的一个重要因素。不同的地形条件和岩土构成的影响也是不同的。图 3-22 表示我国通海地震烈度为 10 度区内房屋震害指数与局部地形的关系。图中实线 A 表示地基土为第三系风化基岩，虚线 B 表示地基土为较坚硬的黏土。同时，在我国海城地震时，从位于大石桥盘龙山高差 58m 的两个测点上所测得的强余震加速度峰值记录表明，位于孤突地形上的与坡脚平地上的加速度峰值相比平均达 1.84 倍，这说明在孤立山顶地震波将被放大。图 3-23 表示了这种地理位置的放大作用。

因此在山区进行建设需要注意以下 3 点：

（1）当需要在条状突出的山嘴、高耸孤立的山丘、非岩石和强风化岩石的陡坡、河岸和边坡边缘等不利地段的建造丙类及丙类以上建筑时，除保证其在地震作用下的稳定性外，尚应估计不利地段对设计地震动参数可能产生的放大作用，其水平地震影响系数最大值应乘以增大系数。其值应根据不利地段的具体情况确定，在 1.1～1.6 范围内采用。

（2）山区建筑场地应根据其地质、地形条件和使用要求，因地制宜设置符合抗震设防要求的边坡工程；边坡应避免深挖高填，坡高大且稳定性差的边坡应采用后仰放坡或分阶放坡。

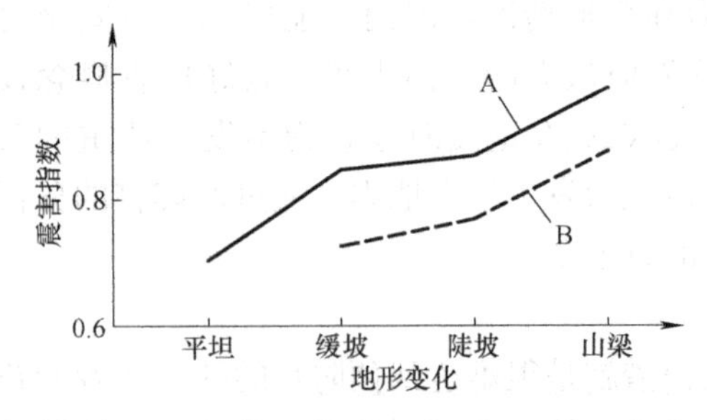

图 3-22 房屋震害指数与局部地形的关系曲线

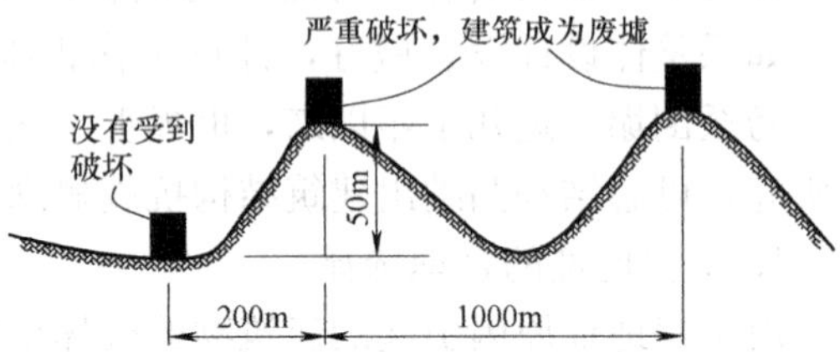

图 3-23 地理位置的放大作用

（3）边坡附近的建筑基础应进行抗震稳定性设计。建筑基础与土质、强风化岩质边坡的边缘应留有足够的距离，其值应根据设防烈度的高低确定，并采取措施避免地震时地基基础破坏。

3）选择抗震有利地段

抗震有利地段，一般是指稳定基岩、坚硬土以及开阔、平坦、密实、均匀的中硬土等。为减少地面运动通过建筑场地和地基传给上部结构的地震能量，应采取下列方法：

（1）选择薄的场地覆盖层。国内外多次大地震表明，对于柔性建筑，厚土层上的震害重，薄土层上的震害轻，直接坐落在基岩上的震害更轻。

1923 年日本关东大地震，东京都木结构房屋的破坏率，明显地随冲击层厚度的增加而上升。1967 年委内瑞拉加拉加斯 6.4 级地震时，同一地区不同覆盖层厚度土层上的震害有明显差异。当土层厚度超过 160m 时，10 层以上房屋的破坏率显著提高，10～14 层房屋的破坏率，约为薄土层上的 3 倍，而 14 层以上的破坏率则上升到 8 倍。

（2）选择坚实的场地土。震害表明，场地土刚度大，则房屋震害指数小，破坏轻；刚度小，则震害指数大，破坏重，故应选择具有较大平均剪切波速的坚硬场地土。

1985 年墨西哥 8.1 级地震时所记录到的不同场地土的地震动参数表明，不同类别场地土的地震动强度有较大的差别。古湖床软土上的地震动参数，与硬土上的相比较，加速度峰值约增加 4 倍，速度峰值增加 5 倍，位移峰值增加 1.3 倍，而反应谱最大反应加速度则增加了 9 倍多。

（3）将建筑物的自振周期与地震动的卓越周期错开，避免共振。震害表明，如果建筑物的自振周期与地震动的卓越周期相等或相近，建筑物的破坏程度就会因共振而加重。1977 年罗马尼亚弗兰恰地震，地震动卓越周期，东西向为 1.0s，南北向为 1.4s，布加勒斯市自振周期为 0.8 至 1.2s 的高层建筑因共振而破坏严重，其中有不少建筑倒塌；而该市自振周期为 2.0s 的 25 层洲际大旅馆却几乎无震害。因此，在进行建筑设计时，首先估计建筑所在场地的地震动卓越周期；然后，通过改变房屋类型和结构层数，使建筑物的自振周期与地震动的卓越周期相分离。

（4）采取基础隔震或消能减震措施。利用基础隔震或消能减震技术改变结构的动力特性，减少输入给上部结构的地震能量，从而达到减小主体结构地震反应的目的。

此外，地基和基础设计应符合下列要求：

(1) 同一结构单元的基础不宜设置在性质截然不同的地基上；

(2) 同一结构单元不宜部分采用天然地基部分采用桩基；当采用不同基础类型或基础埋深显著不同时，应根据地震时两部分地基基础的差异沉降，在基础、上部结构的相关部位采取相应措施；

(3) 地基为软弱黏性土、液化土、新近填土或严重不均匀土时，应估计地震时地基不均匀沉降和其他不利影响，并采取相应的措施。

2. 有利的建筑体型

建筑结构的规则性对抗震能力的重要影响的认识始自于现代建筑在强震中的表现。历次地震的震害经验表明，在同一次地震中，体型复杂的房屋比体型规则的房屋容易破坏，甚至倒塌。因此，建筑方案的规则性对建筑的抗震安全性十分重要。

这里的“规则”包含了对建筑的平、立面外形尺寸，抗侧力构件布置、质量分布，直至承载力分布等诸多因素的综合要求。规则的建筑方案体现在平面、立面形状简单，抗侧力体系的刚度上下变化连续、均匀，平面布置基本对称。表 3-6 和表 3-7 分别列举了几种主要的平面不规则和竖向不规则类型。应当注意，引起建筑不规则的因素还有很多，特别是复杂的建筑体型，很难一一用若干简化的定量指标来划分不规则程度并规定限制范围。“规则”的具体界限随结构类型的不同而异，需要建筑师和结构工程师互相配合，才能设计出抗震性能良好的建筑。从有利于建筑抗震的角度出发，地震区的房屋建筑平面形状应以方形、矩形、圆形为好，正六边形、正八边形、椭圆形、扇形次之，L 形、T 形、十字形、U 形、H 形、Y 形平面较差；地震区建筑的竖向体型变化要均匀，宜优先采用矩形、梯形、三角形等均匀变化的几何形状，尽量避免过大的外挑和内收。

若结构方案中，形体复杂导致多项指标均表 3-6 和表 3-7 规定的指标较多或某项大大超过了规定指标，具有现有技术和经济条件不能克服的严重的抗震薄弱环节，可能导致地震破坏的严重后果，则此结构属严重不规则结构。应避免采用严重不规则的结构设计方案。若结构方案中，多项指标均超过表 3-6 和表 3-7 规定的指标不多，或某项超过规定指标较多，具有明显的抗震薄弱部位，将会引起不良后果，则此结构属特别不规则结构。对此类建筑，应经专门研究，采取更有效的加强措施或对薄弱部位采用相应的抗震性能化设计方法。

对一般不规则结构方案，应按下列要求进行地震作用计算和内力调整，并应对薄弱部位采取有效的抗震构造措施，具体详见《建筑抗震设计规范》GB 50011—2010 3.4.4 条款。体型复杂、平立面不规则的建筑，应根据不规则程度、地基基础条件和技术经济等因素的比较分析，确定是否设置防震缝，具体详见《建筑抗震设计规范》GB 50011—2010 3.4.5 条款。

3. 合理的抗震结构布置

在进行结构方案平面布置时，应使结构抗侧力体系对称布置，以避免扭转。对称结构在单向水平地震动下，仅发生平移振动，各层构件的侧移量相等，水平地震力则按刚度分配，受力比较均匀。非对称结构由于质量中心与刚度中心不重合，即使在单向水平地震动下也会激起扭转振动，产生平移-扭转耦联振动。由于扭转振动的影响，远离刚度中心的构件侧移量明显增大，从而所产生的水平地震剪力随之增大，较易引起破坏，甚至严重破坏。为了把扭转效应降低到最低程度，应尽可能减小结构质量中心与刚度中心的距离。

1972年尼加拉瓜的马那瓜地震，位于市中心15层的中央银行（图3-24），有一层地下室，采用框架体系，设置的两个钢筋混凝土电梯井和两个楼梯间都集中布置在主楼的一端，造成质量中心与刚度中心明显不重合。塔楼的上部（四层楼面以上），北、东、西三面布置了密集的小柱子，共46根，支承在四层楼板水平处的过渡大梁上，大梁又支承在下面的10根1.0m×1.55m的柱子上，形成上下两部分十分不均匀、连续的结构系统。地震时，该幢大厦遭到严重破坏，五层周围柱子严重开裂，钢筋压屈，电梯井墙开裂，混凝土剥落；围护墙等非结构构件破坏严重，有的倒塌。

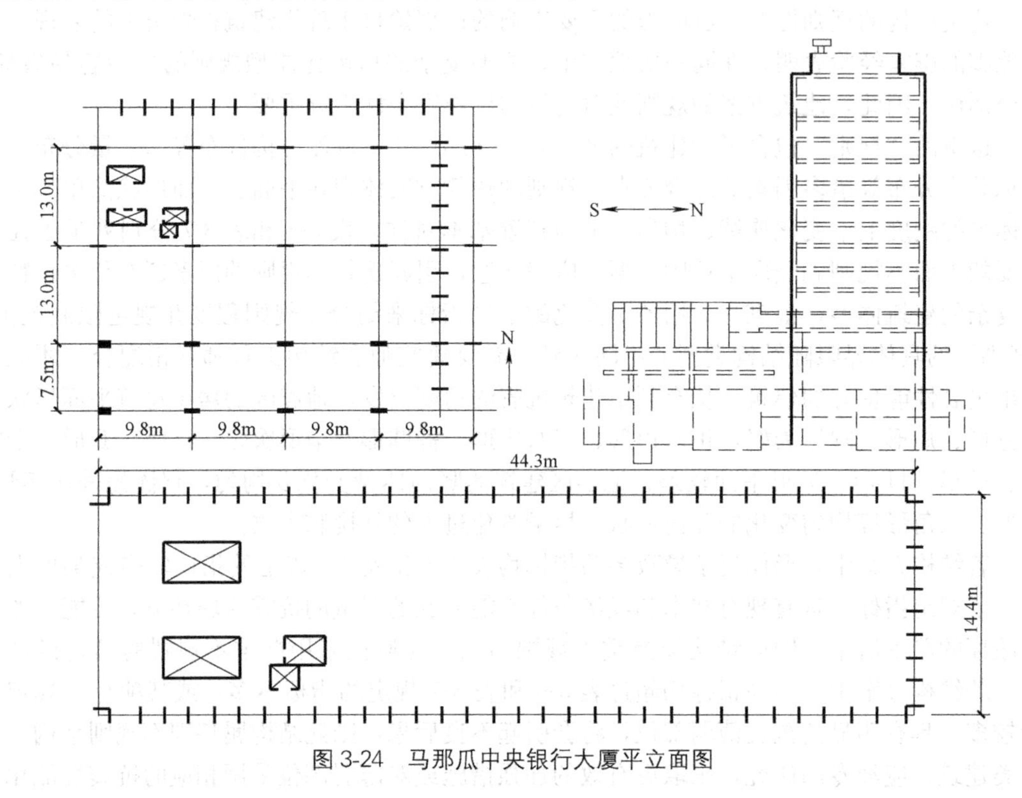

图3-24 马那瓜中央银行大厦平立面图

因此，结构布置时，应特别注意具有很大抗推刚度的钢筋混凝土墙体和钢筋混凝土芯筒位置，力求在平面上要居中和对称。此外，抗震墙宜沿房屋周边布置，以使结构具有较大的抗扭刚度和较大的抗倾覆能力。除结构平面布置要合理外，结构沿竖向的布置应等强。结构抗震性能的好坏，除取决于总的承载能力、变形和耗能能力外，避免局部的抗震薄弱部位是十分重要的。

4. 合理的结构材料

抗震结构的材料应满足下列要求：①延性系数（表示极限变形与相应屈服变形之比）高；②“强度/重力”比值大；③匀质性好；④正交各向同性；⑤构件的连接具有整体性、连续性和较好的延性，并能充分发挥材料的强度。据此，可提出对常用结构材料的质量要求。

1）钢筋

钢筋混凝土构件的延性和承载力，在很大程度上取决于钢筋的材性，所使用的钢筋应符合下列要求：

(1) 普通钢筋宜优先采用延性、韧性和焊接性较好的钢筋；普通钢筋的强度等级，纵向受力钢筋宜选用符合抗震性能指标的不低于 HRB400 级的热轧钢筋，也可采用符合抗震性能指标的 HRB335 级热轧钢筋；箍筋宜选用符合抗震性能指标的不低于 HRB335 级的热轧钢筋，也可选用 HPB300 级热轧钢筋。

(2) 抗震等级为一、二、三级的框架和斜撑构件（含梯段），其纵向受力钢筋采用普通钢筋时，钢筋的抗拉强度实测值与屈服强度实测值的比值不应小于 1.25；钢筋的屈服强度实测值与屈服强度标准值的比值不应大于 1.3，且钢筋在最大拉力下的总伸长率实测值不应小于 9%。

(3) 不能使用冷加工钢筋。

(4) 应检测钢筋的应变老化脆裂（重复弯曲试验）、可焊性（检查化学成分）、低温抗脆裂（采用 V 形槽口的韧性试验）。

2) 混凝土

混凝土强度等级不能太低，否则锚固不好。对于框支梁、框支柱及抗震等级为一级框架梁、柱、节点核芯区，不应低于 C30；构造柱、芯柱、圈梁及其各类构件不应低于 C20。混凝土结构的混凝土强度等级，抗震墙不宜超过 C60，其他构件，9 度时不宜超过 C60，8 度时不宜超过 C70。

3) 型钢

为了保证钢结构的延性，要求型钢的材质符合下列要求：

(1) 足够的延性。要求钢材的抗拉强度实测值与屈服强度实测值之比值不应小于 1.2，且钢材应有明显的屈服台阶，且伸长率应大于 20%。一般结构钢均能满足这项要求。

(2) 力学性能的一致性。为了保证"强柱弱梁"设计原则的实现，钢材强度的标准差应尽可能小，即用于各构件的最大和最小强度应接近相等。

(3) 好的切口延性。此项指标是钢材对脆性破坏的抵抗能力的量度。

(4) 无分层现象。此项要求可以在构件加工之前利用超声波探查。

(5) 对片状撕裂的抵抗能力。通常的检查方法是在对板的横截面进行拉伸试验中量测其延性进行衡量。

(6) 良好的可焊性和合格的冲击韧性。一般而言，钢材的抗拉强度越高，其可焊性越低。

钢结构的钢材宜采用 Q235 等级 B、C、D 的碳素结构钢及 Q345 等级 B、C、D、E 的低合金高强度结构钢。

4) 砌体结构材料

(1) 普通砖和多孔砖的强度等级不应低于 MU10，其砌筑砂浆强度等级不应低于 M5。

(2) 混凝土小型空心砌块的强度等级不应低于 MU7.5，其砌筑砂浆强度等级不应低于 Mb7.5。

5. 提高结构抗震性能的措施

1) 设置多道抗震防线

(1) 多道抗震防线的概念

所谓多道抗震防线是指：一个抗震结构体系，应有若干个延性较好的分体系组成，并由延性较好的结构构件连接起来协同工作；抗震结构体系应有最大可能数量的内部、外部赘余度。

单一结构体系只有一道防线，一旦破坏就会造成建筑物倒塌，特别是当建筑物的自振周期与地震动卓越周期相近时，建筑物由此而发生的共振，更加速其倒塌进程。如果建筑物采用的是多重抗侧力体系，第一道防线的抗侧力构件在强烈地震作用下遭到破坏后，后备的第二道乃至第三道防线的抗侧力构件立即接替，抵挡住后续的地震动的冲击，可保证建筑物最低限度的安全，免于倒塌。在遇到建筑物基本周期与地震动卓越周期相同或接近的情况时，多道防线就更显示出其优越性。当第一道抗侧力防线因共振而破坏，第二道防线接替工作，建筑物自振周期将出现较大幅度的变动，与地震动卓越周期错开，使建筑物的共振现象得以缓解，避免再度严重破坏。因此，设置合理的多道抗震防线，是提高建筑抗震能力、减轻地震破坏的必要手段。

（2）多道抗震防线的设置原则

① 第一道防线的构件选择

第一道防线一般应优先选择不负担或少负担重力荷载的竖向支撑或填充墙，或选择轴压比值较小的抗震墙、实墙筒体之类的构件作为第一道防线的抗侧力构件。不宜选择轴压比很大的框架柱作为第一道防线。在纯框架结构中，宜采用"强柱弱梁"的延性框架。

② 结构体系的多道设防

框架-抗震墙结构体系的主要抗侧力构件是剪力墙，它是第一道防线。在弹性地震反应阶段，大部分侧向地震力由抗震墙承担，但是一旦抗震墙开裂或屈服，此时框架承担地震力的份额将增加，框架部分起到第二道防线的作用，并且在地震动过程中支撑主要的竖向荷载。

单层厂房纵向体系中，柱间支撑是第一道防线，柱是第二道防线。通过柱间支撑的屈服吸收和消耗地震能量，从而保证整个结构的安全。

设置了构造柱和圈梁的砌体结构，地震时首先墙体出现裂缝，随着层间变形的增大，圈梁与构造柱一起对墙体在竖向平内进行约束，限制墙体斜裂缝的开展，且不延伸超出两道圈梁之间的墙体，并减小裂缝与水平的夹角，保证墙体的整体性与变形能力，从而消耗大量地震能量。因此可以认为砌体结构中砌体墙是第一道防线，而构造柱和圈梁是第二道防线。

③ 结构构件的多道防线

联肢抗震墙中，连系梁先屈服，然后墙肢弯曲破坏丧失承载力。当连系梁钢筋屈服并具有延性时，它既可以吸收大量地震能量，又能继续传递弯矩和剪力，对墙肢有一定的约束作用，使抗震墙保持足够的刚度和承载力，延性较好。如果连系梁出现剪切破坏，按照抗震结构多道设防的原则，只要保证墙肢安全，整个结构就不至于发生严重破坏或倒塌。

"强柱弱梁"型的延性框架，在地震作用下，梁处于第一道防线，用梁的变形去消耗输入的地震能量，其屈服先于柱的屈服，使柱处于第二道防线。

在超静定结构构件中，赘余构件为第一道防线，由于主体结构已是静定或超静定结构，这些赘余构件的先期破坏并不影响整个结构的稳定。

④ 应有意识地建立一系列分布的屈服区。有意识地在一些构件中采取特殊的构造措施，使塑性变形集中在一些潜在的屈服区，使结构具有更有利的塑性重分布的能力。这

样，这些分布的构件就可能率先屈服，在随后的持续地震中耗散大量的地震能量，保护其他重要构件不致损坏。

（3）工程实例：尼加拉瓜的马那瓜市美洲银行大厦

尼加拉瓜的马拉瓜市美洲银行大厦，地面以上 18 层，高 61m，如图 3-25 所示。该大楼采用 11.6m×11.6m 的钢筋混凝土芯筒作为主要的抗震和抗风构件，且该芯筒设计成由四个 L 形小筒组成，每个 L 形小筒的外边尺寸为 4.6m×4.6m。在每层楼板处，采用较大截面的钢筋混凝土连系梁，将四个小筒连成一个具有较强整体性的大筒。该大厦在进行抗震设计时，既考虑四个小筒作为大筒的组成部分发挥整体作用时的受力情况，又考虑连系梁损坏后四个小筒各自作为独立构件的受力状态，且小筒间的连系梁完全破坏时整体结构仍具有良好的抗震性能。1972 年 12 月马拉瓜发生地震时，该大厦经受了考验。在大震作用下，小筒之间的连梁破坏后，动力特性和地震反应显著改变，基本周期 T_1 加长 1.5 倍，结构底部水平地震剪力减小一半，地震倾覆力矩减少 60%。

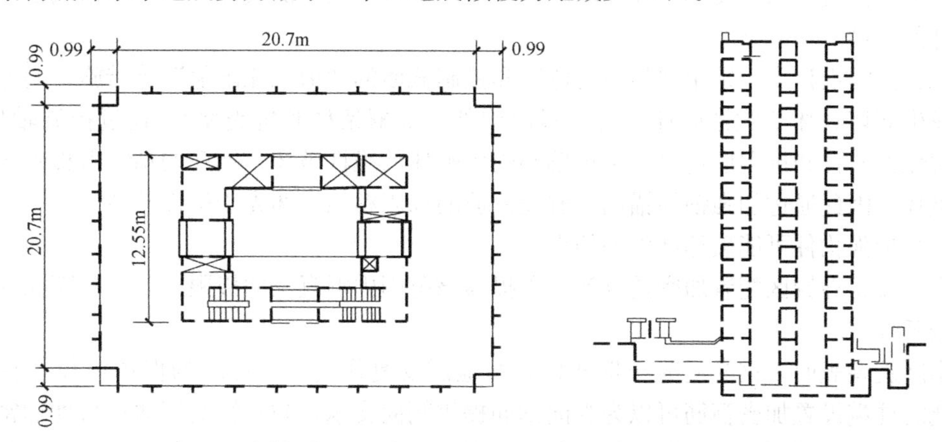

图 3-25 马那瓜美洲银行大厦平立面图

2）提高结构的延性

提高结构延性，就是要求结构不仅具有必要的抗震承载力，而且要求结构同时具有良好的变形和消耗地震能量的能力，以增强结构的抗倒塌能力。

“结构延性”这个术语有四层含义：①结构总体延性，一般用结构的“顶点侧移比”或结构的“平均层间侧移比”来表达；②结构楼层延性，以一个楼层的层间侧移比来表达；③构件延性，是指整个结构中某一构件（一榀框架或一片墙体）的延性；④杆件延性，是指一个构件中某一杆件（框架中的梁、柱，墙片中的连梁、墙肢）的延性。

一般而言，在结构抗震设计中，对结构中重要构件的延性要求，高于对结构总体的延性要求；对构件中关键杆件或部位的延性要求，又高于对整个构件的延性要求。因此，要求提高重要构件及某些构件中关键杆件或关键部位的延性，其原则是：

（1）在结构的竖向，应重点提高楼房中可能出现塑性变形集中的相对柔性楼层的构件延性。例如，对于刚度沿高度均布的简单体型高层，应着重提高底层构件的延性；对于带大底盘的高层，应着重提高主楼与裙房顶面相衔接的楼层中构件的延性；对于底框上部砖房结构体系，应着重提高底部框架的延性。

（2）在平面上，应着重提高房屋周边转角处，平面突变处以及复杂平面各翼相接处的构件延性。对于偏心结构，应加大房屋周边特别是刚度较弱一端构件的延性。

(3) 对于具有多道抗震防线的抗侧力体系，应着重提高第一道防线中构件的延性。如框-墙体系，重点提高抗震墙的延性；筒中筒体系，重点提高内筒的延性。

(4) 在同一构件中，应着重提高关键杆件的延性。对于框架、框架筒体应优先提高柱的延性；对于多肢墙，应重点提高连梁的延性；对于壁式框架，应着重提高窗间墙的延性。

(5) 在同一杆件中，重点提高延性的部位应是预期该构件地震时首先屈服的部位，如梁的两端、柱上下端、抗震墙肢的根部等。

一般可采取下列措施来提高构件的延性：

(1) 控制构件的破坏形态

构件的破坏机理和破坏形态很大程度上决定了其变形能力和耗能能力。发生延性破坏的构件的延性远远高于发生脆性破坏的构件，因此控制构件的破坏形态，可以从根本上控制构件的延性。

比如抗震设计中，采用“强剪弱弯”和控制截面的“剪压比限值”等措施，避免构件过早发生剪切破坏的脆性破坏；对于竖向构件（如框架柱和抗震墙），通过控制轴压比，可以避免框架柱和抗震墙过早发生小偏心受压破坏的脆性破坏；钢筋的粘结滑移破坏也是脆性破坏，因此通过加强钢筋锚固，避免钢筋的锚固粘结破坏先于构件破坏。

(2) 加强构件可能破坏部位的约束

在梁端塑性铰区配置加密的箍筋可以提高该范围内混凝土的极限应变，从而保证梁有较大的延性。

实际震害表明，钢筋混凝土框架柱，在地震反复作用下，柱端的保护层往往首先剥落。此时柱端设置加密箍筋可以为纵向钢筋提供侧向支承，防止纵筋压曲；另外加密的箍筋还可以对柱端混凝土有较强的约束作用，可以显著提高混凝土的极限压应变，从而提高柱的延性。

对于钢筋混凝土剪力墙，在墙两端部设置边缘构件，将墙体竖向钢筋的大部分集中于墙两端边缘构件内，即使在腹板混凝土酥裂后，端柱仍可抗弯和抗剪，可以提高剪力墙的受弯承载力。而在边缘构件内配置足够数量的横向箍筋，不仅可以约束混凝土，提高混凝土极限应变，还可以使剪力墙具有较强的边框，阻止剪切裂缝迅速贯通全墙，因此可以提高墙的延性。

3) 采用减震方法

(1) 提高结构阻尼

结构的地震反应随结构阻尼比的增大而减小。提高结构阻尼能有效地削减地震反应的峰值。建筑结构设计时可以根据具体情况采用具有较大阻尼的结构体系。

(2) 采用高延性构件

弹性地震反应分析的着眼点是承载力，用加大承载力来提高结构的抗震能力；弹塑性地震反应分析的着眼点是变形能力，利用结构的塑性变形发展来抵御地震，吸收地震能量。因此提高结构的屈服抗力只能推迟结构进入塑性阶段，而增加结构的延性，不仅能削弱地震反应，而且提高了结构抗御强烈地震的能力。分析表明，增大结构延性可以显著减小结构所需承担的地震作用。

(3) 采用隔震和消能减震技术

6. 控制结构变形

国内外的震害经验表明，一般规则的建筑结构尤其是高层建筑结构，抗侧刚度大的结构，不仅主体结构破坏轻，而且由于地震时变形小，非结构构件破坏较轻；而抗侧刚度小的结构，由于地震时产生较大的层间位移，不但主体结构破坏严重，非结构构件也会遭受大量破坏。正是基于上述原因，目前世界各国的抗震设计规范都对结构的抗侧刚度提出了明确要求，具体的做法是，依据不同结构体系和设计地震水准，给出相应结构变形限值要求。

结构变形可用层间位移和顶点位移两种方式表达。各层间位移之和即为结构顶点位移。层间位移主要影响到非结构构件的破坏，梁柱节点钢筋的滑移，抗震墙的开裂，塑性铰的发展以及屈服机制的形成。顶点位移主要影响防震缝宽度、结构的总体稳定以及小震时人的感觉。顶点位移不但与结构变形有关，而且应包括地基变形引起基础转动产生的顶点位移。一般情况下，若忽略基础转动的影响，结构变形可只考虑层间位移。

7. 确保结构整体性

为确保结构在地震作用下的整体性，要求从结构类型的选择和施工两方面保证结构应具有连续性。同时，应保证抗震结构构件之间的连接可靠和具有较好的延性，使之能满足传递地震力时的承载力要求和适应地震时大变形的延性要求。此外，应采取措施，如设置地下室，采用箱形基础以及沿房屋纵、横向设置较高截面的基础梁，使建筑物具有较大的竖向整体刚度，以抵抗地震时可能出现的地基不均匀沉陷。

8. 减轻房屋自重

震害表明，自重大的建筑比自重小的建筑更容易遭到破坏。这是因为，一方面，水平地震力的大小与建筑的质量近似成正比，质量大，地震作用就大；质量小，地震作用就小；另一方面，是因为重力效应在房屋倒塌过程中起着关键性作用，自重愈大，$P\text{-}\Delta$ 效应愈严重，就更容易促成建筑物的整体失稳而倒塌。因此应采取以下措施尽量减轻房屋自重。

1) 减小楼板厚度

通常楼盖重量占上部建筑总重的 40%左右，因此，减小楼板厚度是减轻房屋总重的最佳途径。为此，除可采用轻混凝土外，工程中可采用密肋楼板、无粘结预应力平板、预制多孔板和现浇多孔楼板来达到减小楼盖自重的目的。

2) 尽量减薄墙体

采用抗震墙体系、框架-抗震墙体系和筒中筒体系的高层建筑中，钢筋混凝土墙体的自重占有较大的比重，而且从结构刚度、地震反应、构件延性等角度，钢筋混凝土墙体的厚度都应该适当，不可太厚。此外，采用高强混凝土和轻质材料，均可有效地减轻房屋的自重。

9. 妥善处理非结构部件

所谓非结构部件，一般是指在结构分析中不考虑承受重力荷载以及风、地震等侧向力的部件，例如框架填充墙、内隔墙、建筑外围墙板、装饰贴面、玻璃幕墙、吊顶等。这些非结构部件在抗震设计时若处理不当，在地震中易发生严重破坏或闪落，甚至造成主体结构破坏。

围护墙、内隔墙和框架填充墙等非承重墙体的存在对结构的抗震性能有着较大影响，它使结构的抗侧刚度增大，自振周期减短，从而使作用于整个建筑上的水平地震剪力增大。由于非承重墙体参与抗震，分担了很大一部分地震剪力，从而减小了框架部分所承担的楼层地震剪力。设置填充墙时须采取措施防止填充墙平面外的倒塌，并防止填充墙发生剪切破坏；当填充墙处理不当使框架柱形成短柱时，将会造成短柱的剪切弯曲破坏。为此，应考虑上述非承重墙体对结构抗震的不利或有利影响，以避免不合理的设置而导致主体结构的破坏。

对于附属构件，如女儿墙、雨棚等，应采取措施加强其本身的整体性，并与主体结构加强连接和锚固，避免地震时倒塌伤人。对于装饰物，如建筑贴面、玻璃幕墙、吊顶等，应增强其与主体结构的可靠性连接，必要时采用柔性连接，即使主体结构变形也不会导致贴面和装饰的损坏。

本节小结

(1) 结构抗震计算可分为地震作用计算和结构抗震验算两部分。讲解了结构抗震计算的基本原理、基本概念和基本方法。

(2) 讲解了抗震规范设计反应谱及地震影响系数的确定方法。

(3) 结合算例讲解了振型分解反应谱法、底部剪力法的适用范围，及其用于水平地震作用和地震作用效应的计算方法。

(4) 在一定烈度下，对于一些类型的建筑结构，需要考虑其竖向地震作用，进而讲解了竖向地震作用特点和计算方法。

(5) 结构抗震验算包括截面抗震验算和结构抗震变形验算两部分。讲解了地震作用效应和其他荷载效应的组合、截面抗震验算、抗震变形验算的方法和计算公式。

(6) 建筑抗震概念设计在总体上的基本原则为：注意场地选择，避开不利地段；把握建筑体型，限制不规则结构；利用结构延性，消耗地震能量；设置多道防线，提高结构安全度；重视非结构因素，减少地震损失。

3.2.2　多高层建筑钢结构

本节要点及学习目标

本节要点：

(1) 多高层钢结构房屋常见震害及震害原因分析；

(2) 高层建筑钢结构体系的分析及受力特点；

(3) 建立钢结构抗震的基本概念和设计方法；

(4) 钢梁、钢柱、钢支撑的工作机理和抗震设计计算的要点。

学习目标：

(1) 了解多高层钢结构产生的震害；

(2) 了解多高层钢结构体系及其各自特点；

(3) 了解多高层钢结构的抗震概念设计要点；

(4) 掌握钢梁、钢柱、钢支撑等构件及其连接的工作性能和抗震设计要点。

3.2.2.1　震害现象及分析

钢材具有高强度的特性，当承受的荷载和条件相同时，钢结构要比其他结构轻，地震对结构的影响与结构质量成正比，因而可减轻结构所受的地震作用；钢材具有较好的延性，使结构具有很大的变形能力，钢结构的安全可靠得到了保证；钢材内部组织比较均匀，非常接近匀质和各向同性体，在一定的应力幅度内几乎是完全弹性的，这些性能和力学计算中假定比较符合，所以钢结构的计算结果较符合实际的受力情况，从而结构的可靠性大。总体来说，在同等场地、烈度条件下，钢结构房屋的震害较钢筋混凝土结构房屋的震害要小。

震害调查表明，钢结构主要震害表现为节点连接破坏、构件破坏和结构倒塌。

1. 节点连接破坏

由于节点传力集中、构造复杂、施工难度大，容易造成应力集中、强度不均衡现象，再加上可能出现的焊缝缺陷、构造缺陷，使得节点破坏是地震中发生最多的一种破坏。节点连接破坏主要包括支撑连接破坏（图 3-26）和梁柱连接破坏（图 3-27）两种节点连接破坏。

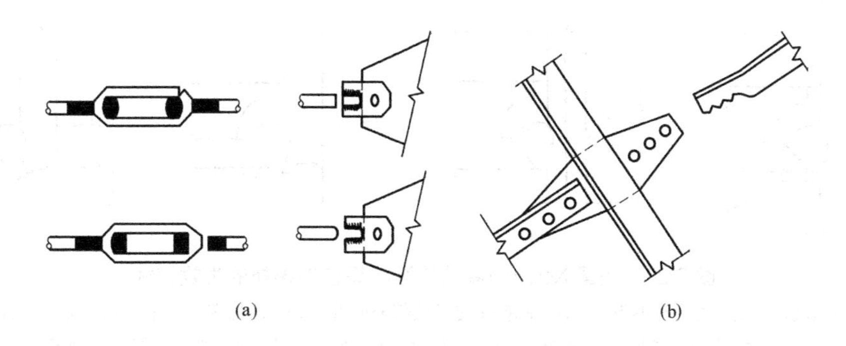

图 3-26 支撑连接破坏

(a) 圆钢支撑破坏；(b) 角钢支撑破坏

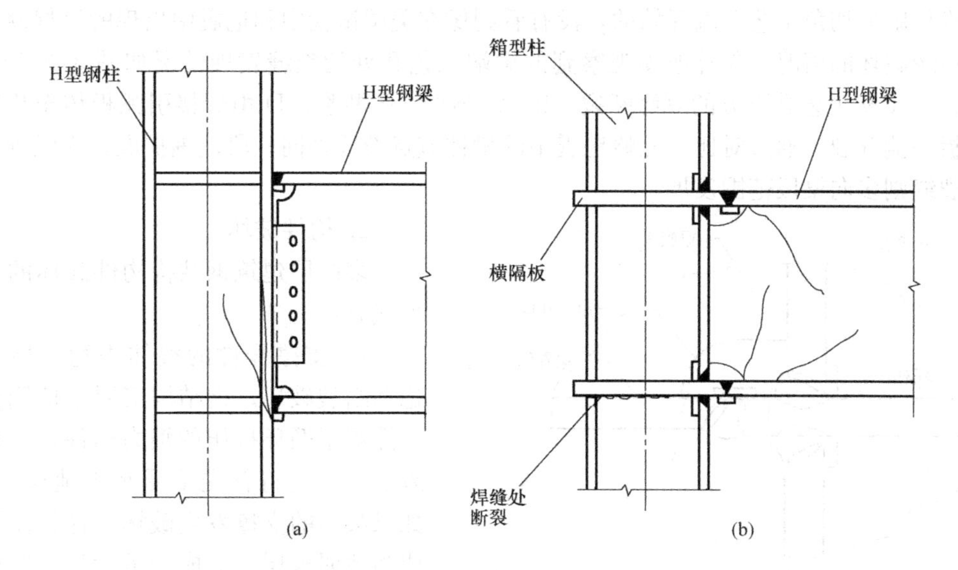

图 3-27 梁柱刚性连接的典型震害现象

(a) 美国 Northridge 地震；(b) 日本阪神地震

美国北岭地震中焊接钢框架节点的破坏，主要发生在梁的下翼缘，而且一般是由焊缝根部萌生的脆性破坏裂纹所引起。裂纹扩展的途径是多样的，由焊根进入母材或热影响区，一旦翼缘破坏，由螺栓或焊缝连接的剪力连接板往往被拉开，沿连接线由下向上扩展。最具潜在危险的是由焊缝根部通过柱翼缘和腹板扩展的断裂裂缝。美国北岭地震中主要的连接破坏形式如图 3-28 所示。

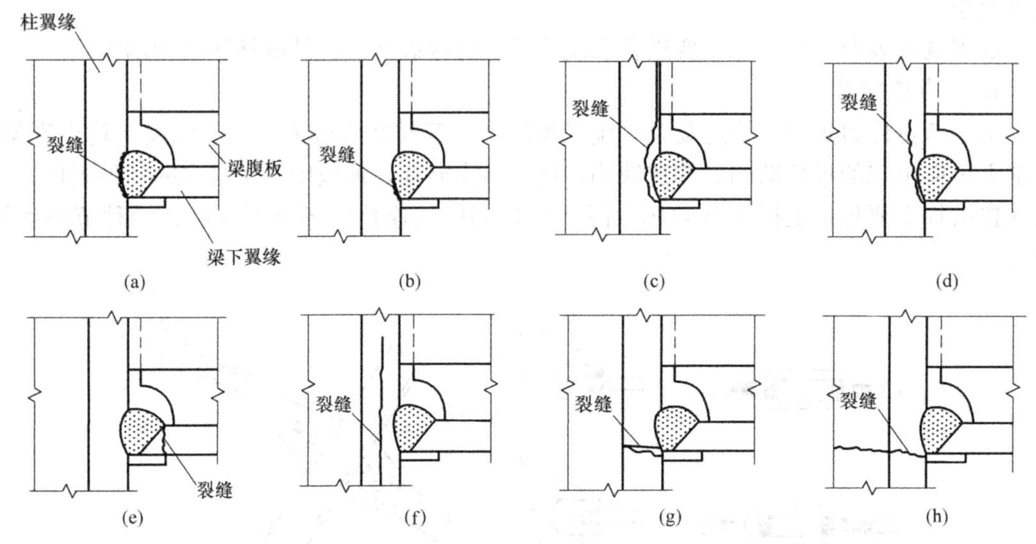

图 3-28 美国 Northridge 地震梁柱焊接连接处的失效模式

(a) 焊缝-柱交界处完全断开；(b) 焊缝-柱交界处部分断开；(c) 沿柱翼缘向上扩展，完全断开；(d) 沿柱翼缘向上扩展，部分断开；(e) 焊趾处梁翼裂通；(f) 柱翼缘层状撕裂完全断开；(g) 柱翼缘裂通（水平或倾斜方向）；(h) 裂缝穿过柱翼缘和部分腹板

在日本阪神地震中，研究人员的展害调查表明，梁端翼缘焊缝处的破坏几乎都是在梁下翼缘从扇形切角工艺孔端开始的，没有看到像在美国试验中和地震中出现的沿焊缝金属及其边缘破坏的情况。阪神地震观察到的梁端工艺孔处的裂缝发展情况如图 3-29 所示 4 种方式：A 从工艺孔下方的翼缘断裂；B、C 热影响区断裂；D 由焊接引弧板传至热影响区隔板一侧开裂。通过对比，北岭地震中的梁柱节点裂缝多向柱段范围扩展，而阪神地震中的裂缝则多向梁段范围发展。

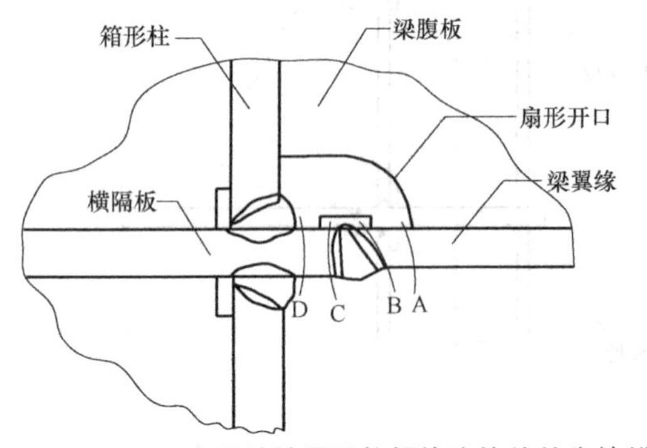

图 3-29 日本阪神地震梁柱焊接连接处的失效模式

2. 构件破坏

多高层建筑钢结构构件破坏的主要形式有：

1）支撑杆件的整体失稳、局部失稳和断裂破坏。钢结构房屋中抗侧力的支撑属于循环拉压的轴力构件，一旦地震发生，它将首先承受水平地震作用，如果某层的支撑发生破坏，这将使该层成为薄弱楼层，造成严重后果。在框架一支撑结构中，支撑杆件的整体失稳、局部失稳和断裂破坏是普遍现象。支撑杆件可近似看成两端简支轴心受力构件，在风荷载和多遇地震作用下，保持弹性工作状态，只要设计得当，一般不会失去整体稳定。在罕遇

地震作用下，中心支撑构件会受到巨大的往复拉压作用，一般都会发生整体失稳现象，并进入塑性屈服状态，耗散能量。但随着拉压循环次数的增多，承载力会发生退化现象（图 3-30）。

2）框架柱破坏。框架柱的破坏主要有翼缘的屈曲、拼接处的裂缝、节点焊缝处裂缝引起的脆性断裂（图 3-31）。

3）框架梁的破坏。框架梁的破坏主要有翼缘屈曲、腹板屈曲和裂缝、截面扭转屈曲等破坏形式（图 3-32）。

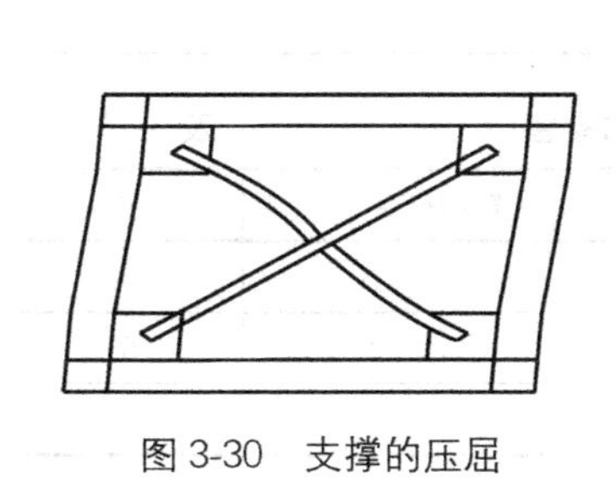

图 3-30 支撑的压屈

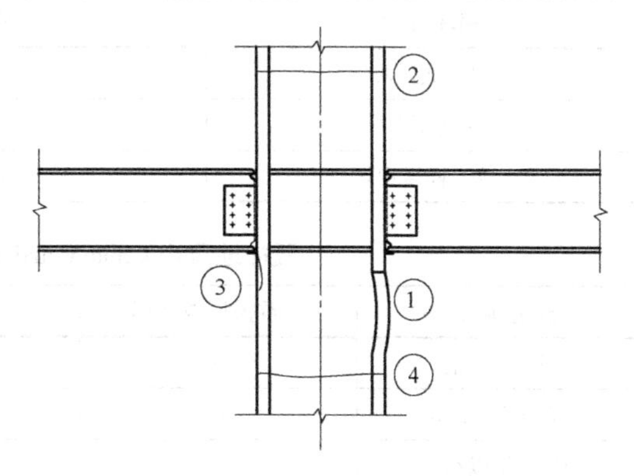

图 3-31 框架柱的主要破坏形式
①翼缘屈曲；②拼接处的裂缝；
③柱翼缘的层状撕裂；④柱的脆性断裂

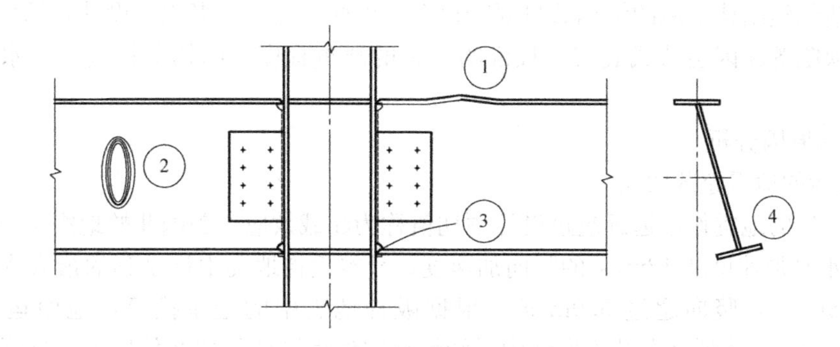

图 3-32 框架梁的主要破坏模式
①翼缘屈曲；②腹板屈曲；③腹板裂缝；④截面扭转屈曲

3. 结构倒塌

结构倒塌是地震中破坏最严重的形式，造成结构倒塌的主要原因是出现薄弱层。薄弱层的形成与楼层屈服强度系数沿高度分布不均匀、P-Δ 效应较大、竖向压力较大等因素有关。钢结构建筑虽然具有良好的抗震性能，但震害调查表明在地震中依然存在钢结构房屋倒塌事例发生。在 1985 年墨西哥大地震中，有 10 栋钢结构房屋倒塌，对墨西哥地震中钢结构房屋的震害统计见表 3-23。

在 1995 年阪神地震中，也有钢结构房屋倒塌。日本建筑学会对 1305 栋钢结构房屋进行调查统计，结果见表 3-24；对阪神地震中 Chou Ward 地震钢结构房屋的震害统计见表 3-25。

墨西哥大地震中钢结构房屋的震害 表 3-23

建造年份	倒塌	严重破坏
1971年以前	7	1
1971～1982年	3	1
1982年以后	0	0

阪神地震中钢结构房屋统计 表 3-24

损坏程度	栋数	所占比例(%)
倒塌或破坏	286	21.9
中等破坏	262	20.1
完好、轻微损坏	757	58

阪神地震中 Chou Ward 地震钢结构房屋的震害 表 3-25

建造年份	严重损坏或倒塌	中等破坏	轻微破坏	完好
1971年以前	5	0	2	0
1971～1982年	0	0	3	5
1982年以后	0	0	1	6

由上述震害情况统计表可知，倒塌的房屋大多是1971年以前建造的，由于当时还是按老规范设计，所以大多都未作好抗震设防和未进行过抗震加固。在同一地震中，按新规范设计建造的钢结构房屋的倒塌数量要少得多。由此可见，按老规范设计，结构布置或构造上存在缺陷等原因会造成震害，且说明震害的严重程度与结构的抗震设计水平有很大关系。

4. 破坏原因分析

1）实际的地震超载效应

实际发生的地震作用远远超过设计预期值称为超载效应。美国北岭地震中曾经记录到18m/s^{2}的水平加速度和12m/s^{2}的竖向加速度；日本阪神地震中记录到的最大水平向加速度超过8.8m/s^2，竖向超过5.0m/s^2。根据阪神地震中的记录换算，地面运动速度为0.80～1.00m/s，达到日本结构设计中弹塑性地震作用设计值的2倍以上。这样罕见的强烈地震作用，是造成建筑结构破坏尤其是钢结构房屋破坏的主要原因。

2）节点本身的根本性缺陷

美日两国学者在北岭地震后通过试验分析，提出对钢结构房屋中节点的破坏原因应从节点本身存在的根本性缺陷方面去找。框架在侧向荷载和竖向荷载作用下，在节点处弯矩出现极值，即使节点与梁等强，也是节点先进入塑性。另外，在常用的工字型截面梁中，可能会因为较差的高空施焊条件、焊缝缺陷或残余应力等不利因素的影响，使其连接的抗弯承载力只占框架抗弯承载力的70%～75%，这样在较大地震作用下，就必然使框架还没进入塑性之前，节点先发生脆性破坏。这正是造成美国北岭大地震中大量钢框架结构房屋端焊缝开裂的主要原因。在阪神地震中，凡是梁端与柱采用带悬臂梁段的全焊接连接的多高层钢结构房屋，虽然在连接处也发生了焊缝的开裂现象，但却在紧挨焊缝处的框架梁上出现了明显的塑性变形。这是由于梁端翼缘和腹板全部是焊接，其连接的抗弯能力基本上等于或略低于梁的全截面抗弯能力结果。

决定和影响节点性能而导致节点脆性破坏有以下几方面因素，如焊缝金属冲击韧性低，存在的缺陷，坡口焊缝处的衬板和引弧板造成的人工缝，梁翼缘坡口焊缝出现的超应力以及其他因素。

3）设计或施工不良

除了前面所提到的墨西哥地震中和阪神地震中那些倒塌的建筑外，在1999年台湾的九·二一地震中也有很多建筑因设计不当或不符合抗震设计要求而出现严重破坏，甚至倒塌。如建筑平面布置不规则，特别是剪力墙布置不对称造成扭转；建筑立面布置不规则，柱断面突变，钢筋混凝土结构、型钢混凝土组合结构及钢结构变化的中间层，竖向刚度突变；抗震措施和抗震构造措施不当，梁柱连接的核心区配筋不足；个别结构设计过于大胆，缺乏抗震概念设计；建筑规划和选址不当等等。

另外，施工不确定（不按设计要求施工）。设计与实际施工不同，偷工减料，未按抗震设计要求施工，施焊技术的不到位等施工不良现象，也会导致建筑的震害破坏，尤其是钢结构房屋。

4）其他原因

有很多其他原因也被认为对钢结构房屋破坏产生潜在影响，如设防烈度偏低；在产生较大位移的情况下受上层轴力的作用，在柱上产生 P-Δ 效应而加剧了柱的破坏；钢柱直接暴露于室外，没有考虑钢材温度低于零度时其性能的变化；竖向地震作用激烈，加剧了柱的轴力，对抗弯和抗剪均有影响等等。

3.2.2.2 抗震概念设计

1. 结构体系

随着建筑物高度的增加，控制结构设计的主要因素也由竖向荷载转变为水平荷载，因而建筑中抗侧力体系成为整个结构中最主要的组成部分，它决定着整个结构体系的选型。目前，高层建筑钢结构的主要结构体系有钢框架、钢框架-抗剪结构、带水平加强层的钢框架-支撑桁架结构、巨型结构、筒体结构等结构体系。

1）钢框架结构体系

框架结构体系是指，沿房屋的纵向和横向均采用作为承重和抵抗侧向力的主要构件所构成的结构体系。由于框架结构体系能够提供较大的内部使用空间，因而建筑布置灵活，并可以根据楼面使用性质的改变，重新布置。此外，框架的杆件类型少，构造简单，施工周期短。所以，对层数不太多的高层结构来说，框架体系是一种应用比较广泛的结构体系。

这种结构形式的抗侧移刚度主要取决于组成框架的柱和梁的抗弯刚度，侧向刚度较小，主要适用于30层以下的建筑。在水平力作用下，当楼层较少时，结构的侧向变形主要是剪切变形，即由框架柱的弯曲变形和节点的转角所引起的；当层数较多时，结构的侧向变形则除了由框架柱的弯曲变形和节点转角构成外，柱的轴向变形所造成的结构整体弯曲而引起的侧移随着结构层数的增多而增大。由此可看出，纯框架结构的抗侧移能力主要决定于柱和梁的抗弯能力，当楼层数较多时要提高结构的抗侧移刚度只有加大梁和柱的截面。截面过大，就会使框架失去其经济合理性。

在钢框架结构设计中，一般均假定梁柱节点为刚性。然而试验结果表明，钢框架在水平荷载作用下，由于腹板较薄，节点域容易产生剪切变形，从而对框架侧移产生影响。

2）钢框架-抗剪结构体系

由于纯框架结构是依靠梁柱的抗侧弯刚度抵抗水平力，在建筑物超过30层或纯框架结构在风荷载或地震作用下的侧移不符合要求时，往往在纯框架结构中再加上抗侧移构件，即形成了钢框架-抗剪结构体系。根据抗侧移构件的不同，这种体系又可分为框架-剪力墙结构体系和框架-支撑桁架结构体系。

（1）框架-剪力墙结构体系

这里的剪力墙从材料角度可划分为混凝土剪力墙和钢板剪力墙，从是否带缝可划分为带缝剪力墙和不带缝剪力墙。这种结构体系综合了钢框架和剪力墙的优势，剪力墙在水平力作用下犹如竖直的悬臂梁，发生弯曲时顶部挠度最大；而框架结构主要发生剪切变形，同时框架又限制了剪力墙顶部的变形。

在钢框架-剪力墙结构体系中，剪力墙刚度较大，在大震作用下易发生应力集中现象，导致出现大的斜向裂缝而引起脆性破坏。为避免这种现象发生，在20世纪60年代日本研究了一种带缝剪力墙，并成功地应用到日本第一栋高层钢结构建筑霞关大厦。这种剪力墙通过在剪力墙上开设竖缝以改善其受力性能，通过合理设计，当遭遇小震及风载作用时，带缝剪力墙具有相当刚度而不至于产生过大变形；当遭遇强烈地震时，通过钢板的缝间壁形成的塑性铰变形吸收、耗散地震能量，同时由于缝间壁端部的屈服，使其刚度迅速降低，从而保护了整个框架，达到减震作用。我国在北京京广中心大厦结构体系中采用了钢框架-带竖缝剪力墙结构。近年来，在钢框架-抗剪结构中新发展了钢板剪力墙，由于其具有自重小、延展性好、节省空间和施工速度快等优点而得到较为广泛的应用。我国上海锦江饭店在第1～23层核心部位，就采用了这种钢板剪力墙。

（2）框架-支撑桁架结构体系

框架-支撑桁架结构通过在框架的一跨或几跨沿竖向布置支撑而构成，其中支撑桁架部分起着类似框架-剪力墙结构中剪力墙的作用。在水平荷载作用下，支撑桁架部分中的支撑主要承受拉、压轴向力，这种结构形式无论是从承载力或变形的角度看，都是十分有效的。与纯框架结构相比，这种结构形式大大提高了结构的抗侧力刚度。就钢支撑的布置而言，可分为中心支撑（CBF）和偏心支撑（EBF）两大类，分别如图3-33、图3-34所示。

支撑在水平荷载作用下所产生的侧移，主要是由杆件的轴向拉伸或压缩变形引起。与杆件的剪切变形和弯曲变形相比较，杆件的轴向变形要大得多。也就是说，支撑的抗侧力刚度相对于框架的抗侧力刚度要大得多。

框架-支撑体系中的中心支撑是指支撑的两端都直接连接在梁柱节点上，而偏心支撑则是支撑至少有一端偏离了梁柱节点，而直接连在梁上，因而支撑与柱之间的一段梁即为耗能连梁，图3-34中c即为消能梁段。中心支撑框架体系在大震作用下支撑易屈曲失稳，但抗侧移刚度很大，构造相对简单，实际工程应用较多。偏心支撑框架较好地结合了纯框架和中心支撑框架两者的长处，与纯框架相比，它每层加有支撑，具有更大的抗侧移刚度及极限承载力；与中心支撑框架相比，它在支撑的一端有耗能连梁，在大震作用下，耗能连梁在巨大剪力作用下，先发生剪切屈服，从而保证支撑的稳定，滞回环稳定，具有良好的变形和耗能能力。

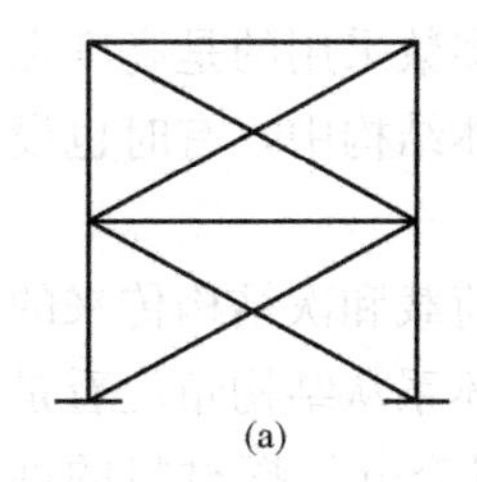
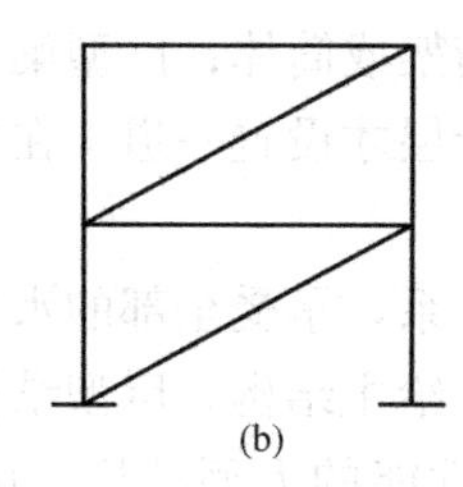
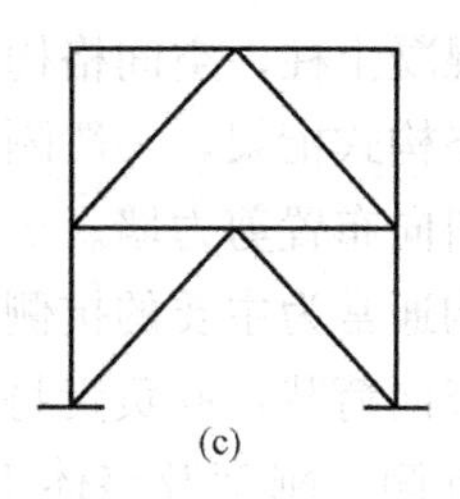
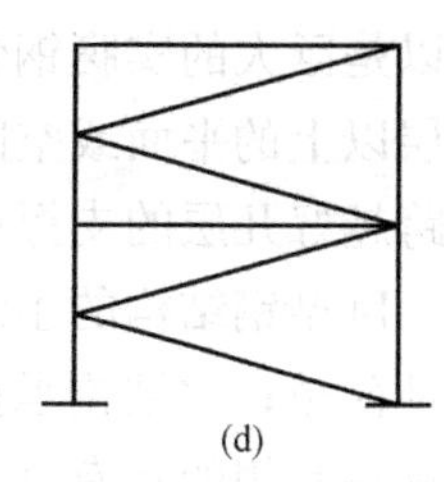

图 3-33 中心支撑类型

(a) 交叉支撑；(b) 单斜杆支撑；(c) 人字支撑；(d) K 形支撑

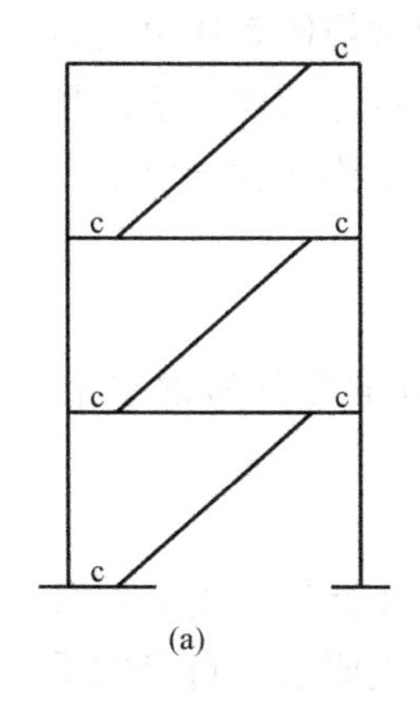
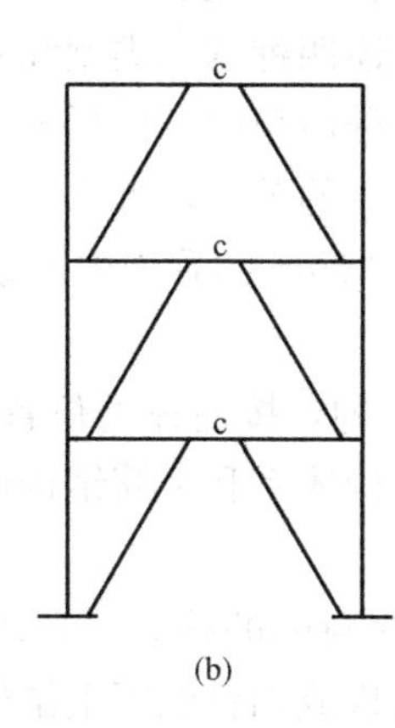
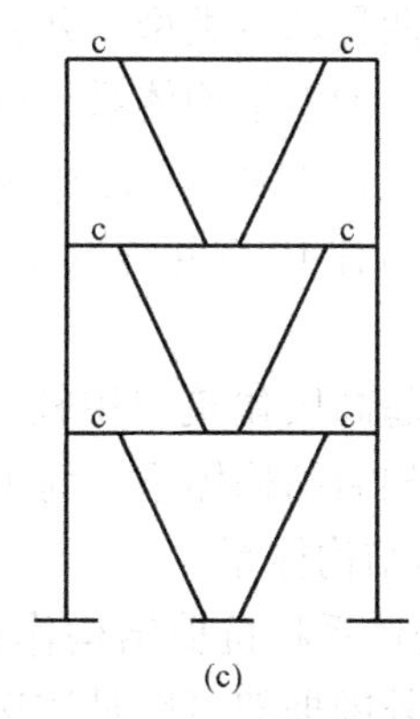
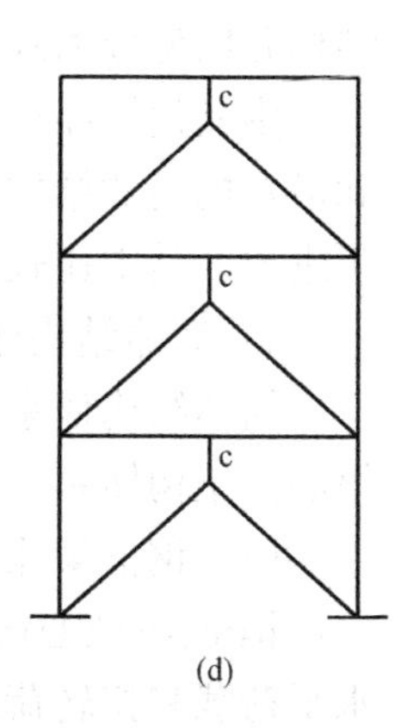

图 3-34 偏心支撑类型

(a) D 形偏心支撑；(b) K 形偏心支撑；(c) V 形偏心支撑；(d) 人字形偏心支撑

（3）带水平加强层的钢框架-支撑结构体系

带水平加强层的钢框架-支撑桁架结构体系是通过在技术层（设备层、避难层）设置刚度较大的加强层，进一步加强内芯与周边框架柱的联系，充分利用周边框架柱轴向刚度而形成的反弯矩来减少筒体的倾覆力矩，从而达到减少结构在水平荷载作用下的侧移。由于外围框架梁的竖向刚度有限，不足以让未与水平加强层直接相连的其他周边柱参与结构的整体抗弯，一般在与水平加强层的楼层沿结构周边外圈还要设置周边环形桁架，如图 3-35 所示。

设置水平加强层后，抗侧移效果明显，顶点侧移可减少 20%左右。目前，这种结构体系在工程中应用较多。

3）巨型结构体系

巨型结构体系是一种新型的超高层建筑结构体系，是由梁式转换楼层结构发展而形成的巨型结构，又称为超级结构体系，是由不同于梁柱概念的大型构件——巨型梁、巨型柱组成的简单而巨型的主结构和由常规结构构件组成的次结构共同工作的一种结构体系。主结构中巨型构件的截面尺寸通常很大，其中巨型柱的尺寸常超过一个普通框架柱的柱间距，形式上

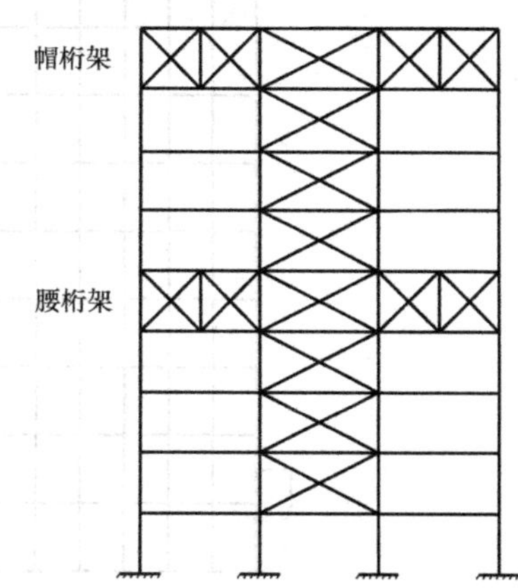

图 3-35 带水平加强层的钢框架-支撑结构体系

可以是巨大的实腹钢骨混凝土柱、空间格构式桁架或筒体；巨型梁大多数采用的是高度在一层以上的平面或空间格构式桁架，一般隔若干层才设置一道。在主体结构中，有时也设置跨越好几层的支撑或斜向布置剪力墙。

巨型钢结构的主结构通常为主要的抗侧移体系，承受全部的水平荷载和次结构传来的各种荷载；次结构承担竖向荷载，并负责将力传给主结构。巨型结构体系从结构角度看是一种超常规的具有巨大抗侧力刚度及整体工作性能的大型结构，可以充分发挥材料的性能，是一种非常合理的超高层结构形式。

巨型钢结构按其主要受力体系可分为：巨型桁架（包括筒体）、巨型框架、巨型悬挂结构和巨型分离式筒体四种基本类型，并且由上述四种基本类型和其他常规体系还可组合出许多其他性能优越的巨型钢结构体系。由于这种新型的结构形式具有良好的建筑适应性和潜在的高效结构性能，正越来越引起国际建筑业的关注，近年来巨型结构在我国已取得了进展，其中比较典型的有1990年成的70层高369m的香港中国银行。

4）筒体结构体系

筒体结构体系是在超高层建筑应用较多的一种，按筒体的位置、数量等分为钢框架-核心筒结构体系、外框架筒结构体系、筒中筒结构体系和束筒结构体系。

（1）钢框架-核心筒结构体系

钢框架-核心筒结构体系将抗剪结构作成四周封闭的核心筒，用以承受全部或大部分水平荷载和扭转荷载；外围框架可以是铰接钢结构或钢骨混凝土结构，主要承受自身的重力荷载，也可设计成抗弯框架，承担一部分水平荷载，如图3-36所示。核心筒的布置随建筑的面积和用途不同而有很大的变化，它可以是设于建筑物核心的单筒，也可以是几个独立的筒位于不同的位置。它的材料可以是钢、钢筋混凝土或两者组合的。若采用钢筋混凝土核心筒时，筒与钢框架可以交替施工，有利于加快施工速度。

这种结构形式在国外采用的不多，而在我国近年来被大量的高层建筑钢结构工程采用，如上海希尔顿酒店、金茂大厦等。

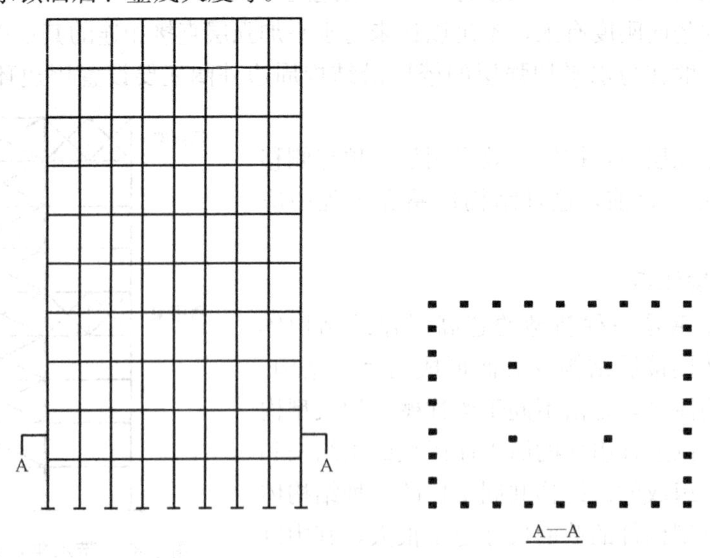

图3-36 框筒结构体系

（2）外框架筒结构体系

外框架筒结构体系是将具有很大刚度的外围框架做成自地面伸出的、封闭的空心箱形悬臂梁，用以抵抗水平力；内部则取消了剪力墙或支撑桁架等抗侧力结构，其少量的中间柱只承受重力荷载；劲性楼面则作为隔板起到将水平力分布到周边结构上的作用。这种结构的外框筒，通常由围绕房屋周边并与窗间梁连接在一起的密排柱子组成，它看上去与多孔墙体一样，由此形成很大的空间结构，大大提高了体系的抗侧移刚度和抗扭性能。在水平力作用下，结构基本上仅发生整体弯曲，即各框架柱仅发生轴向变形。然而外框筒不是实体，易形成正应力两侧大、中间小的剪力滞后现象，导致角柱要比中间柱承受更大的轴力。纽约 110 层、413m 高的世界贸易中心就是采用这种结构形式。

（3）筒中筒结构体系

筒中筒结构体系就是集外围框筒和核心筒为一体的结构形式，其外围多为密柱深梁的钢框筒，核心为钢结构或钢筋混凝土构成的筒体。内、外筒通过楼板连接成一个整体，大大提高了结构的总体刚度，可以有效地抵抗水平外力。与外框筒结构体系相比，由于核心筒参与抵抗水平外力，不仅提高了结构抗侧移刚度，还可使得框筒结构的剪力滞后现象得到改善。这种结构体系在工程中应用较多，我国 1989 年 39 层、高 155m 的北京国贸中心大厦就采用了全钢筒筒中筒结构体系。

（4）束筒结构体系

束筒结构是将多个框架筒体相连在一起而组成的组合筒体，是一种抗侧刚度很大的结构形式。这些单元筒体本身就有很高的承载力，可以在平面和立面上组合成各种形状，并且各个筒体可终止于不同高度，可使建筑物形成丰富的立面效果，而又不增加其结构的复杂性。曾经是世界最高的建筑——位于芝加哥的 110 层、高 442m 的西尔斯大厦所采用的就是这种结构形式。

2. 结构布置及一般规定

1）一般规定

（1）钢结构房屋适用的最大高度

根据高层钢结构的各类结构体系的受力特点和抗震能力以及我国近些年建造的实践和经验，给出了高层钢结构房屋不同结构体系的最大适用高度，见表 3-26。

钢结构房屋适用的最大高度（m）　　表 3-26

结构体系	设防烈度				
	6、7 度	7 度	8 度		9 度
	(0.10g)	(0.15g)	(0.20g)	(0.30g)	(0.40g)
框架	110	90	90	70	50
框架-中心支撑	220	200	180	150	120
框架-偏心支撑（延性墙板）	240	220	200	180	150
筒体（框筒、筒中筒、桁架筒、束筒）和巨型桁架	300	280	260	240	180

注：1. 房屋高度是指室外地面到主要屋面板板顶的高度（不包括局部突出屋顶部分）；
2. 超过表内高度的房屋，应进行专门研究和论证，采取有效的加强措施；
3. 表内的筒体不包括混凝土筒。

(2) 钢结构房屋高宽比限值

房屋的高宽比，特别是高层建筑的高宽比，可反映结构抗侧力刚度、抗弯刚度和整体抗倾覆等情况以及结构剪切、弯曲变形和 $P\text{-}\Delta$ 效应的影响。对于高层钢结构房屋的高宽比还与满足风荷载作用下建筑物内人员舒适度问题有关。因此各种钢结构体系建筑的高宽比限值不宜大于表3-27规定。

钢结构民用房屋使用的最大高宽比 **表3-27**

烈度	6、7	8	9
最大高宽比	6.5	6.0	5.5

注：塔形建筑底部有大底盘时，高宽比可按大底盘以上计算。

2) 结构布置

(1) 结构平面布置

多高层钢结构的平面布置应尽量满足下列要求：

① 建筑平面宜简单规则，并使结构各层的抗侧力刚度中心与水平作用合力中心接近重合，同时各层接近在同一竖直线上。建筑的开间、进深宜统一。

② 抗震设防的高层建筑钢结构，在平面布置上具有下列情况之一者，属于平面不规则结构：

a. 扭转不规则，在规定的水平力及偶然偏心作用下，楼层两端弹性水平位移（或层间位移）的最大值与其平均值的比值大于1.2；任一层的偏心率大于0.15（偏心率的计算公式见式3-53）。

b. 偏心布置，任一层的偏心率大于0.15或相邻质心相差大于相应边长的15%。

$$\varepsilon_x = \frac{e_y}{r_{ex}} \qquad \varepsilon_y = \frac{e_x}{r_{ey}} \tag{3-53}$$

其中

$$r_{ex} = \sqrt{\frac{K_T}{\sum K_x}} \qquad r_{ey} = \sqrt{\frac{K_T}{\sum K_y}} \tag{3-54}$$

式中 ε_x、ε_y——分别为所计算楼层在 x 和 y 方向的偏心率；

e_x、e_y——分别为 x 和 y 方向楼层质心到结构刚心的距离；

r_{ex}、r_{ey}——分别为结构 x 和 y 方向的弹性半径；

$\sum K_x$、$\sum K_y$——分别为所计算楼层各抗侧力构件在 x 和 y 方向的侧向刚度之和；

x、y——以刚心为原点的抗侧力构件坐标。

c. 凹凸不规则，结构平面凹进的尺寸，大于相应投影方向总尺寸的30%；楼面不连续或刚度突变，包括开洞面积超过该层总面积的50%。

d. 楼板局部不连续，楼板的平面尺寸和平面刚度急剧变化。例如，有效楼板宽度小于该层楼板典型宽度的50%，或开洞面积大于该层楼面面积的30%，或有较大的错层。

属于上述情况a、d项应计算结构扭转的影响，属于c项者应采用相应的计算模型，属于b项者应采用相应的构造措施。

③ 高层建筑钢结构不宜设置防震缝，薄弱部位应采取措施提高抗震能力。同时，高层建筑钢结构不宜设置伸缩缝，当必须设置时，抗震设防的结构伸缩缝应满足防震缝要求。

④ 高层建筑钢结构宜选用风压较小的平面形状，并考虑邻近高层建筑物对该建筑物

风压的影响，在形体上应避免在设计风速范围内出现横风向振动。

(2) 结构竖向布置

多高层钢结构的竖向布置应尽量满足下列要求：

① 抗震设防的高层建筑钢结构，宜采用竖向规则的结构，结构的侧向刚度宜自下而上逐渐减小，应避免抗侧力构件的侧向刚度和承载力突变。竖向布置上具有下列情况之一者，为竖向不规则结构：

a. 侧向刚度不规则，该层侧向刚度小于相邻上一层刚度的70%，或小于其上相邻三个楼侧向刚度平均值的80%；除顶层或出屋面小建筑外，局部收进的水平向尺寸大于相邻下一层的25%。

b. 竖向抗侧力构件不连续，竖向抗侧力构件（柱、支撑、剪力墙）的内力由水平转换构件（梁、桁架等）向下传递。

c. 楼层承载力突变，抗侧力结构的层间受剪承载力，小于其相邻上一楼层的80%。

对竖向不规则结构，应按相关规范进行计算设计。

② 抗震设防的框架-支撑结构中，支撑（剪力墙板）宜竖向连续布置。除底部楼层和外伸刚臂所在楼层外，支撑的形式和布置在竖向宜一致。

(3) 结构布置的其他要求

① 楼板宜采用压型钢板现浇混凝土结构，不宜采用预制钢筋混凝土楼板。当采用预应力薄板加混凝土现浇层或一般现浇钢筋混凝土楼板时，楼板与钢梁应有可靠连接。

② 对转换层或设备、管道孔口较多的楼层，应采用现浇混凝土或设水平刚性支撑。建筑物中有较大的中庭时，可在中庭的上端楼层用水平桁架将中庭开口连接，或采用其他增强结构抗扭刚度的有效措施。

3.2.2.3 抗震计算

多、高层钢结构房屋地震作用分析方法包括底部剪力法、振型分解法以及时程分析法等。在抗震计算时，应依据实际房屋的平、立面布置的规则性，结构楼层质量和刚度的变化情况，确定能较好地反映结构地震反应实际的分析方法。

1. 计算模型

结构抗震分析时，应按照楼、屋盖的平面形状和平面内变形情况确定为刚性、分块刚性、半刚性、局部弹性和柔性等的横隔板，再按抗侧力系统的布置确定抗侧力构件间的共同工作并进行各构件间的地震内力分析。

多、高层钢结构房屋的计算模型，当结构布置规则，质量和侧向刚度沿高度分布均匀且楼、屋盖可视为刚性横隔板的结构，可采用平面结构计算模型；当结构平面或立面不规则、体系复杂、无法划分平面抗侧力单元的结构，应采用空间结构计算模型。

框架-支撑（抗震墙板）结构计算模型中，部分构件单元模型可做适当简化。支撑斜杆构件的两端连接节点虽然按刚度设计，但在大量分析中发现，如果支撑构件两端承担的弯矩很小，则计算模型中支撑构件可按两端铰接计算；内藏钢支撑钢筋混凝土墙板构件只在支撑节点处与钢框架相连，可按支撑构件模拟；对于带竖缝混凝土抗震墙板，可考虑只承受水平荷载产生的剪力，不承受竖向荷载产生的压力。

在钢框架-中心支撑结构中，斜杆轴线偏离梁柱轴线交点不超过支撑杆件的宽度时，仍可按中心支撑框架分析，但应考虑支撑偏离对框架梁造成的附加弯矩。

多遇地震下的计算，对于房屋高度不大于 50m 时，钢结构抗震计算的阻尼比可取 0.04；对于房屋高度大于 50m 且小于 200m 时，可取 0.03；房屋高度不小于 200m 时，宜取 0.02。当偏心支撑框架结构部分承担的地震倾覆力矩大于结构总地震倾覆力矩的 50%时，阻尼比可比上述相应数值增加 0.05。在罕遇地震作用下，钢结构构件会出现塑性铰，甚至开裂。当钢结构构件钢材屈服和产生塑性铰后，其刚度退化较为明显，非结构构件的破坏和构件钢材屈服等使结构阻尼也发生变化，所以罕遇地震作用下的结构反应分析，其阻尼比可采用 0.05。

对所有的框架结构（不论有无支撑结构）当采用二阶分析时，为配合计算精度，均应考虑结构和构件的各种缺陷（如柱子的初倾斜、初偏心和残余应力等）对内力的影响，其影响程度可通过在框架每层柱的柱顶作用有附加的假想水平力来综合体现。当结构在地震作用下的重力附加弯矩大于初始弯矩的 10%时，应计入重力二阶效应的影响。重力附加弯矩是指任一结构楼层以上全部重力荷载与该楼层地震平均层间位移的乘积；初始弯矩指该楼层地震剪力与楼层层高的乘积。

2. 地震作用下的内力调整

为了体现钢结构抗震设计中多道设防、强柱弱梁原则以及保证结构在大震作用下按照理想的屈服形式屈服，可通过调整结构中不同部分的地震效应或不同构件的内力设计值来体现。

框架-支撑体系在大震作用下的理想的屈服形式是支撑框架的第一道防线。在强烈地震中支撑先屈服，框架在支撑失效后继续承担地震剪力，实现"双重体系"而不是按刚度分配的结构体系。实现这一理念的方法是通过将钢框架-支撑结构框架部分按刚度分配得到的地震层剪力乘以调整系数，达到不小于结构底部总地震剪力的 25%和框架部分最大层剪力 1.8 倍的较小值。

钢框架-偏心支撑结构的设计原则是强柱、强支撑和弱消能梁段。为实现弱消能梁段要求，可对偏心支撑框架中，与消能梁段相连构件的内力设计值进行调整：

（1）支撑斜杆的轴力值，应取与支撑斜杆相连接的消能梁段达到受剪承载力时支撑斜杆内力与增大系数的乘积；其增大系数，一级不应小于 1.4，二级不应小于 1.3，三级不应小于 1.2；

（2）位于消能梁段同一跨的框架梁内力设计值，应取消能梁段达到受剪承载力时框架梁内力与增大系数的乘积；其增大系数，一级不应小于 1.3，二级不应小于 1.2，三级不应小于 1.1；

（3）框架柱的内力设计值，应取消能梁段达到受剪承载力时柱内力与增大系数的乘积；其增大系数，一级不应小于 1.3，二级不应小于 1.2，三级不应小于 1.1。

对于钢框架转换结构下的钢框架柱，地震内力应乘以增大系数，其值可采用 1.5。

3. 抗震承载力和稳定验算

钢框架的承载能力和稳定性与梁柱构件、支撑构件、连接件、梁柱节点域都有直接关系。结构设计要体现强柱弱梁的原则，保证节点可靠性，实现合理的耗能机制。

1）框架柱的抗震验算

框架柱截面抗震验算包括强度验算以及平面内和平面外的整体稳定验算，分别按式（3-55）、式（3-56）和式（3-57）进行验算：

$$\frac{N}{A_n}+\frac{M_x}{\gamma_x W_{nx}}+\frac{M_y}{\gamma_y W_{ny}}\leqslant\frac{f}{\gamma_{RE}} \tag{3-55}$$

$$\frac{N}{\varphi_x A}+\frac{\beta_{mx}M_x}{r_x W_{lx}(1-0.8N/N'_{Ex})}\leqslant\frac{f}{\gamma_{RE}} \tag{3-56}$$

$$\frac{N}{\varphi_y A}+\frac{\beta_{tx}M_x}{\varphi_b W_{lx}}\leqslant\frac{f}{\gamma_{RE}} \tag{3-57}$$

式中 N、M_x、M_y——分别为构件的轴向力和绕 x 轴、y 轴的弯矩设计值；

A_n、A——分别为构件的净截面和毛截面面积；

γ_x、γ_y——构件截面塑性发展系数，按现行《钢结构设计规范》GB 50017 的规定取值；

W_{nx}、W_{ny}——分别为对 x 轴和 y 轴的净截面抵抗矩；

φ_x、φ_y——分别为弯矩作用平面内和平面外的轴心受压构件稳定系数；

W_{lx}——弯矩作用平面内较大受压纤维的毛截面抵抗矩，按《钢结构设计规范》GB 50017 的规定计算；

β_{mx}、β_{tx}——分别为平面内和平面外的等效弯矩系数，按现行《钢结构设计规范》GB 50017 的规定取值；

N'_{Ex}——参数，$N'_{Ex}=\pi^2EA/(1.1\lambda_x^2)$；

γ_{RE}——框架柱承载力抗震调整系数，取 0.75。

2）框架梁的抗震验算

框架梁的抗弯强度按式（3-58）、抗剪强度按式（3-59a）验算，同时，框架梁端部截面尚应满足式（3-59b）的要求，整体稳定性则按式（3-60）验算。

$$\frac{M_x}{\gamma_x W_{nx}}\leqslant\frac{f}{\gamma_{RE}} \tag{3-58}$$

$$\tau=\frac{VS}{It_w}\leqslant\frac{f}{\gamma_{RE}} \tag{3-59a}$$

$$\tau=\frac{V}{A_{wn}}\leqslant\frac{f}{\gamma_{RE}} \tag{3-59b}$$

$$\frac{M_x}{\varphi_b W_{nx}}\leqslant\frac{f}{\gamma_{RE}} \tag{3-60}$$

式中 M_x——梁绕强轴作用的最大弯矩；

W_{nx}、W_x——分别为梁对 x 轴的净截面抵抗矩和毛截面抵抗矩；

V——计算截面沿腹板平面作用的剪力设计值；

A_{wn}——梁腹板的净截面面积；

γ_x——截面塑性发展系数，按现行《钢结构设计规范》GB 50017 的规定取值；

I——截面的毛截面惯性矩；

t_w——腹板厚度；

φ_b——梁的整体稳定系数。

符合下列情况之一时，可不计算梁的整体稳定性：

（1）有铺板（各种钢筋混凝土板和钢板）密铺在梁的受压翼缘上并与其牢固相连、能阻止梁受压翼缘的侧向位移；

（2）H 型钢或等截面工字形简支梁受压翼缘的自由长度 l_1 与其宽度 b_1 之比不超过表 3-28 所规定的数值。

H 型钢或等截面工字形梁不需要计算整体稳定性的最大 l_1/b_1 值　　表 3-28

钢号	跨中无侧向支撑点的梁		跨中受压翼缘有侧向支撑点的梁，不论荷载作用于何处
	荷载作用在上翼缘	荷载作用在下翼缘	
Q235	13.0	20.0	16.0
Q345	10.5	16.5	13.0
Q390	10.0	15.5	12.5
Q420	9.5	15.0	12.0

注：1. 其他钢号的梁不需要计算整体稳定性的最大 l_1/b_1 值，应取 Q235 钢的数值乘以 $\sqrt{235/f_y}$；
2. 对于跨中无侧向支承点的梁，l_1 为其跨度；对跨中有侧向支承点的梁，l_1 为受压翼缘侧向支承点间的距离（梁的支座处视为有侧向支承）。

3）节点承载力与稳定性验算

（1）梁柱节点

为实现“强柱弱梁”抗震概念设计的基本要求，钢框架节点处的抗震承载力验算，应符合下列规定：

节点左右梁端和上下柱端的全塑性承载力，除下列情况之一外，应满足式（3-61）、式（3-62）的要求。

① 柱所在楼层的受剪承载力比相邻上一层的受剪承载力高于 25%；

② 柱轴压比不超过 0.4，或 $N_2 \leqslant \varphi A_c f$（$N_2$ 为 2 倍地震作用下的组合轴力设计值）；

③ 与支撑斜杆相连的节点。

等截面梁：

$$\sum W_{pc}(f_{yc}-N/A_c) \geqslant \eta \sum W_{pb} f_{yb} \tag{3-61}$$

不等截面梁：

$$\sum W_{pc}(f_{yc}-N/A_c) \geqslant \sum(\eta W_{pb1} f_{yb}+V_{pb} s) \tag{3-62}$$

式中 W_{pc}、W_{pb}——分别为交汇于节点的柱和梁的塑性截面模量；

W_{pb1}——梁塑性铰所在截面的梁塑性截面模量；

f_{yc}、f_{yb}——分别为柱和梁的钢材屈服强度；

N——地震组合的柱轴力；

A_c——框架柱的截面面积；

η——强柱系数，一级取 1.15，二级取 1.10，三级取 1.05；

V_{pb}——梁塑性铰剪力；

s——塑性铰至柱面的距离，塑性铰可取梁端部变截面翼缘的最小处。

（2）节点域

节点域是指结构中梁一柱连接处的柱腹板被柱翼缘以及柱中横向加劲肋（有时无该横向加劲肋）所围成的区域。钢框架梁柱节点域具有很好的滞回耗能性能，地震作用下让其屈服对结构抗震有利。研究表明，节点域既不能太厚，也不能太薄，太厚了使节点域不能发挥其耗能作用，太薄了将使框架侧向位移太大。节点域的验算包括屈服承载力验算（式 3-63）、抗剪承载力验算式（式 3-64）与稳定验算（式 3-65）。

$$\frac{\psi(M_{pb1}+M_{pb2})}{V_p} \leqslant \frac{4 f_{yv}}{3} \tag{3-63}$$

工字形截面： $$V_{\mathrm{p}}=h_{\mathrm{b1}}h_{\mathrm{c1}}t_{\mathrm{w}} \tag{3-63a}$$

箱形截面柱： $$V_{\mathrm{p}}=1.8h_{\mathrm{b1}}h_{\mathrm{c1}}t_{\mathrm{w}} \tag{3-63b}$$

圆管截面柱： $$V_{\mathrm{p}}=(\pi/2)h_{\mathrm{b1}}h_{\mathrm{c1}}t_{\mathrm{w}} \tag{3-63c}$$

$$\frac{(M_{\mathrm{b1}}+M_{\mathrm{b2}})}{V_{\mathrm{P}}}\leqslant\frac{4f_{\mathrm{v}}}{3\gamma_{\mathrm{RE}}} \tag{3-64}$$

$$t_{\mathrm{w}}\geqslant(h_{\mathrm{b}}+h_{\mathrm{c}})/90 \tag{3-65}$$

式中 M_{pb1}、M_{pb2}——分别为节点域两侧梁的全塑性受弯承载力；

V_{p}——节点域的体积；

f_{v}——钢材的抗剪强度设计值；

ψ——折减系数；

h_{b}、h_{c}——分别为梁腹板高度和柱腹板高度；

h_{b1}、h_{c1}——分别为梁翼缘厚度中点间的距离和柱翼缘（或钢管直径线上管壁）厚度中点间的距离；

t_{w}——柱在节点域的腹板厚度；

M_{b1}、M_{b2}——分别为节点域两侧梁的弯矩设计值；

γ_{RE}——节点域承载力抗震调整系数，取 0.85。

4）中心支撑框架构件的验算

中心支撑框架的支撑斜杆在地震作用下将受反复的轴力作用，支撑既可受拉，也可能受压。由于轴心受力钢构件的受压承载力要小于受拉承载力，因此支撑斜杆的抗震应按受压构件进行设计。支撑斜杆的受压承载力要考虑反复拉压加载下承载能力的降低，其抗震承载力应按下式验算：

$$\frac{N}{\varphi A_{\mathrm{br}}}\leqslant\frac{\psi f}{\gamma_{\mathrm{RE}}} \tag{3-66}$$

$$\psi=\frac{1}{1+0.35\lambda_{\mathrm{n}}} \tag{3-67}$$

$$\lambda_{\mathrm{n}}=\frac{\lambda}{\pi}\sqrt{\frac{f_{\mathrm{ay}}}{E}} \tag{3-68}$$

式中 N——支撑斜杆的轴力设计值；

A_{br}——支撑斜杆的截面面积；

φ——轴心受压构件的稳定系数；

ψ——受循环荷载时的强度降低系数；

f——支撑斜杆强度设计值；

λ_{n}——支撑斜杆的正则化长细比；

E——支撑斜杆材料的弹性模量；

f_{ay}——钢材屈服强度；

γ_{RE}——节点域承载力抗震调整系数。

中心支撑框架采用人字形支撑或 V 形支撑时，需考虑支撑斜杆受压屈服后产生的特殊问题。人字形支撑在受压斜杆屈曲时，楼板要下斜；V 形支撑在受压斜杆屈曲时，楼板要上隆。因此，在构造上，人字支撑和 V 形支撑连接处应保持连续，并按不计入支撑点作用的梁验算重力荷载和支撑屈曲时不平衡力作用下的承载力；不平衡力应按受拉支撑的最小屈曲承载力和受压支撑最大屈曲承载力的0.3倍计算。必要时，人字支撑和V形支撑可沿竖向交替布置或采用拉链杆。对顶层和塔屋的梁可不执行该规定。

5）偏心支撑框架构件验算

偏心支撑框架的设计原则是强柱、强支撑和弱消能梁段，即在大震时消能梁段屈服形成塑性铰，且具有稳定的滞回性能，支撑斜杆、柱和其他梁段仍保持弹性。设计良好的偏心支撑框架，除柱脚有可能出现塑性铰外，其他塑性铰均出现在梁段上。消能梁段的受剪承载力应按下列公式计算：

当 $N \leqslant 0.15Af$ 时：

$$V \leqslant \frac{\varphi V_l}{\gamma_{RE}} \tag{3-69}$$

其中，$V_l = 0.58A_w f_{ay}$ 或 $V_l = 2M_{lp}/a$，取两者中的较小值。其中，$A_w = (h - 2t_f)t_w$；$M_{lp} = fW_p$。

当 $N > 0.15Af$ 时：

$$V \leqslant \phi V_{lc}/\gamma_{RE} \tag{3-70}$$

其中，$V_{lc} = 0.58A_w f_{ay}\sqrt{1-[N/(Af)]^2}$ 或 $V_{lc} = 2.4M_{lp}[1-N/Af]/a$，两者取较小值。

式中 N、V——分别为消能梁段的轴力设计值和剪力设计值；

V_l、V_{lc}——分别为消能梁段受剪承载力和计入轴力影响的受剪承载力；

M_{lp}——消能梁段的全塑性受弯承载力；

A、A_w——分别为效能梁段的截面面积和腹板截面面积；

W_p——消能梁段的塑性截面模量；

a、h——分别为消能梁段的净长和截面高度；

t_w、t_f——分别为消能梁段的腹板厚度和翼缘厚度；

f、f_{ay}——消能梁段钢材的抗压强度设计值和屈服强度；

ϕ——系数，可取0.9；

γ_{RE}——消能梁段承载力抗震调整系数，取0.75。

6）构件及其连接的极限承载力计算

为保证结构在地震作用下的完整性，要求结构所有节点的极限承载力大于构件在相应节点处的极限承载力，以保证节点不先于构件破坏，防止构件不能充分发挥作用。为此，对于多高层钢结构的所有节点连接，除应按地震组合内力进行弹性设计验算外，还应进行“强节点弱构件”原则下的极限承载力计算。

（1）梁与柱刚性连接的极限承载力验算

梁与柱连接的极限受弯、受剪承载力，应符合下列要求：

$$M_u^j \geqslant \eta_j M_p \tag{3-71}$$

$$V_u^j \geqslant 1.2(2M_p/l_n) + V_{Gb} \tag{3-72}$$

式中 M_u^j——梁与柱连接的连接的极限受弯承载力（kN·m）；

M_p——梁的全塑性受弯承载力（kN·m）（加强型连接按未扩大的原截面计算）；

ΣM_p——梁两端截面的塑性受弯承载力之和（kN·m）；

V_u^j——梁与柱连接的极限受剪承载力（kN）；

V_{Gb}——梁在重力代表值（9度尚应包括竖向地震作用标准值）作用下，按简支梁分析的梁端截面剪力设计值（kN）；

l_n——梁的净跨（m）；

η_j——连接系数，按表 3-29 取值。

钢构件连接的连接系数 **表 3-29**

母材牌号	梁柱连接		支撑连接、构件拼接		柱脚	
	母材破坏	高强螺栓破坏	母材或连接板破坏	高强度螺栓破坏		
Q235	1.40	1.45	1.25	1.30	埋入式	1.2(1.0)
Q345	1.35	1.40	1.20	1.25	外包式	1.2(1.0)
Q345GJ	1.25	1.30	1.10	1.15	外露式	1.0

注：1. 屈服强度高于 Q345 的钢材，按 Q345 的规定采用；
2. 屈服强度 Q345GJ 的 GJ 钢材，按 Q345GJ 的规定采用；
3. 括号内的数字用于箱形柱和圆管柱；
4. 外露式柱脚是指刚接柱脚，只适用于房屋高度 50m 以下。

(2) 支撑与框架的连接及支撑拼接的极限承载力

支撑与框架的连接和支撑拼接的极限承载力，应符合下式要求：

$$N_{ubr}^{j} \geqslant \eta_j A_{br} f_y \tag{3-73}$$

式中：N_{ubr}^{j}——支撑连接的极限受拉承载力；

η_j——连接系数，按表 3-29 取值；

A_{br}——支撑斜杆的截面面积（mm^2）；

f_y——支撑斜杆钢材的屈服强度（N/mm^2）。

(3) 梁、柱构件拼接极限承载力验算

梁、柱拼接的受弯、受剪极限承载力应满足下列公式要求：

$$M_{ub,sp}^{j} \geqslant \eta_j M_p \tag{3-74}$$

$$M_{uc,sp}^{j} \geqslant \eta_j M_{pc} \tag{3-75}$$

$$V_{ub,sp}^{j} \geqslant \eta_j (2M_p/l_n) + V_{Gb} \tag{3-76}$$

式中 $M_{ub,sp}^{j}$、$M_{uc,sp}^{j}$——梁、柱拼接的极限受弯承载力（kN·m）；

$V_{ub,sp}^{j}$——梁拼接的极限受剪承载力（kN）；

M_p、M_{pc}——分别为梁的塑性受弯承载力和考虑轴力影响时柱的塑性受弯承载力。

构件考虑轴力影响时的塑性受弯承载力，可按下式计算：

H 形截面（绕强轴）和箱形截面：

当 $N/N_y \leqslant 0.13$ 时： $$M_{pc} = M_p \tag{3-77}$$

当 $N/N_y > 0.13$ 时： $$M_{pc} = 1.15(1 - N/N_y)M_p \tag{3-78}$$

H 形截面（绕弱轴）：

当 $N/N_y \leqslant A_w/A$ 时： $$M_{pc} = M_p \tag{3-79}$$

当 $N/N_y > A_w/A$ 时： $$M_{pc} = \left\{1 - \left(\frac{N - A_w f_y}{N_y - A_w f_y}\right)^2\right\} M_p \tag{3-80}$$

式中 N——构件轴力设计值（N）；

N_y——构件的轴向屈服承载力（N）；

A——H形截面或箱形截面构件的截面面积（mm^2）；

A_w——构件腹板截面面积（mm^2）；

f_y——构件腹板钢材的屈服强度（N/mm^2）。

对于框架梁的拼接，当全截面采用高强度螺栓时，其在弹性设计时计算截面的翼缘和腹板弯矩宜满足下列公式要求：

$$M=M_f+M_w \geqslant M_j \tag{3-81}$$

$$M_f \geqslant (1-\psi \cdot I_w/I_0)M_j \tag{3-82}$$

$$M_w \geqslant (\psi \cdot I_w/I_0)M_j \tag{3-83}$$

式中　M_f、M_w——分别为拼接处梁翼缘和梁腹板的弯矩设计值（kN·m）；

M_j——拼接处梁的弯矩设计值，原则上应等于 W_{bfy}，当拼接处弯矩较小时，不应小于 $0.5W_{bfy}$，W_b 为梁的截面塑性模量，f_y 为梁钢材的屈服强度（MPa）；

I_w——梁腹板的弯矩设计值（m^4）；

I_0——梁的截面惯性矩（m^4）；

ψ——弯矩传递系数，取0.4。

4. 变形验算

在多遇地震作用下（弹性阶段），过大的层间变形会造成非结构构件的破坏；而在罕遇地震作用下（弹塑性阶段），过大的变形会造成结构的破坏或倒塌，因此，应限制结构的变形，使其不超过一定的限值。

在多遇地震下，钢结构的层间变形不超过层高的1/250；在罕遇地震下，钢结构的层间变形不应超过层高的1/50。

3.2.2.4　抗震构造要求

1. 纯框架结构

1）框架柱的长细比

框架柱的长细比关系到钢结构的整体稳定。研究发现，由于几何非线性（P-Δ 效应）的影响，柱的弯曲变形能力与柱的长细比有关，柱的长细比越大，柱的弯曲变形能力越小，柱越容易失稳。因此，为保障钢框架柱在地震作用下的变形能力，需对框架柱的长细比进行限制。

框架柱的长细比，一级不应大于 $60\sqrt{235/f_{ay}}$，二级不应大于 $80\sqrt{235/f_{ay}}$，三级不应大于 $100\sqrt{235/f_{ay}}$，四级时不应大于 $120\sqrt{235/f_{ay}}$。

2）梁、柱板件宽厚比

框架梁、柱板件宽厚比的规定，是以结构符合强柱弱梁为前提，考虑柱仅在后期出现少量塑性不需要很高的转动能力而制定的。考虑到框架柱的转动变形能力要求比框架梁的转动变形能力要求低，因此框架柱的板件宽厚比限值比框架梁的板件宽厚比限值大，具体要求见表3-30。

框架梁、柱板件宽厚比限值 表 3-30

	板件名称	一级	二级	三级	四级
柱	工字形截面翼缘外伸部分	10	11	12	13
	工字形截面腹板	43	45	48	52
	箱形截面壁板	33	36	38	40
梁	工字形截面和箱形截面翼缘外伸部分	9	9	10	11
	箱形截面翼缘在两腹板间的部分	30	30	32	36
	工字形截面和箱形截面腹板	$72-120N_b/(A_f)\leqslant60$	$72-100N_b/(A_f)\leqslant65$	$80-110N_b/(A_f)\leqslant70$	$75-120N_b/(A_f)\leqslant75$

注：1. 表中数值适用于 Q235 钢，采用其他牌号钢材时，应乘以 $\sqrt{235/f_{ay}}$；

2. 表中 N_b/A_f为梁轴压比。

3）梁柱连接构造

梁柱的连接构造，应符合下列要求：

（1）梁与柱的连接宜采用柱贯通型。

（2）柱在两个互相垂直的方向都与梁刚接时，宜采用箱形截面，并在梁翼缘连接处设置隔板。当仅在一方向与梁刚接时，宜采用工字形截面，并将柱腹板置于刚接框架平面内。

（3）工字形柱（绕强轴）和箱形柱与梁刚接时，应符合下列要求（图 3-37）：

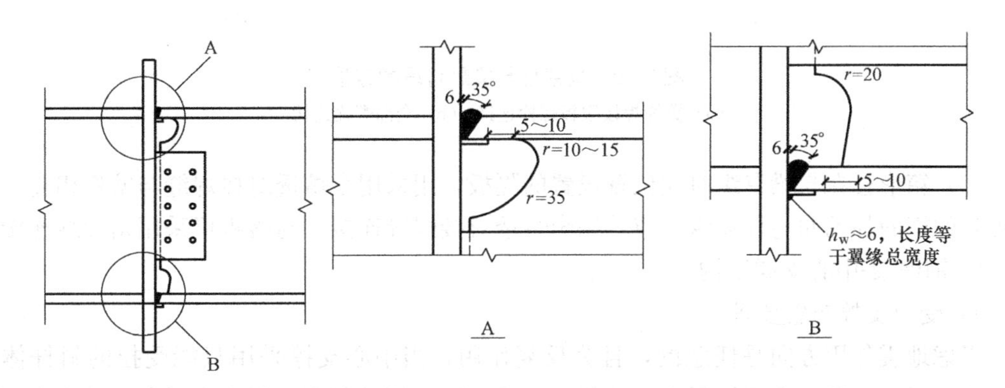

图 3-37 框架梁与柱的现场连接

① 梁翼缘与柱翼缘间应采用全熔透坡口焊缝；一、二级时，应检验焊缝的 V 形切口冲击韧性，其冲击韧性在－20℃时不低于 27J；

② 柱在梁翼缘对应位置应设置横向加劲肋（隔板），加劲肋（隔板）厚度不应小于梁翼缘厚度，强度与梁翼缘相同；

③ 梁腹板宜采用摩擦型高强度螺栓与柱连接板连接（经工艺试验合格能确保现场焊接质量时，可用气体保护焊进行焊接）；腹板角部应设置焊接孔，孔形应使其端部与梁翼缘和柱翼缘间的全熔透坡口焊缝完全隔开；

④ 腹板连接板与柱的焊接，当板厚不大于 16mm 时应采用双面角焊缝，焊缝有效厚度应满足等强度要求，且不小于 5mm；板厚大于 16mm 时采用 K 形坡口对接焊缝。该焊缝宜采用气体保护焊，且板端应绕焊；

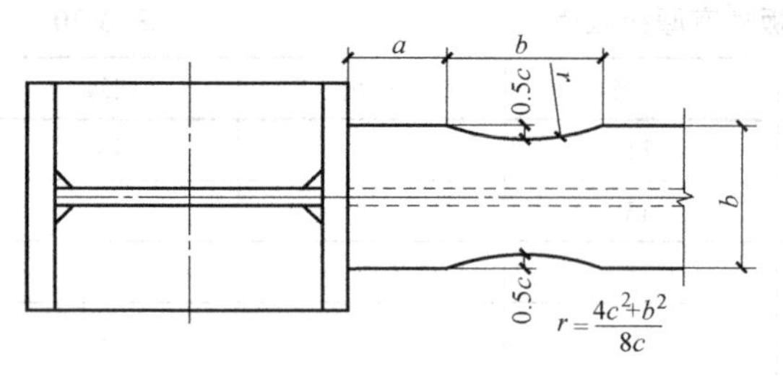

图 3-38 骨式节点

⑤ 一级和二级时，宜采用能将塑性铰自梁端外移的端部扩大形连接、梁端加盖板或骨形连接（图 3-38）。

（4）框架梁采用悬臂梁段与柱刚接时，悬臂梁段与柱应采用全焊接连接，此时上下翼缘焊接孔的形式宜相同；梁的现场拼接可采用翼缘焊接腹板螺栓连接（图 3-39a）或全部螺栓连接（图 3-39b）。

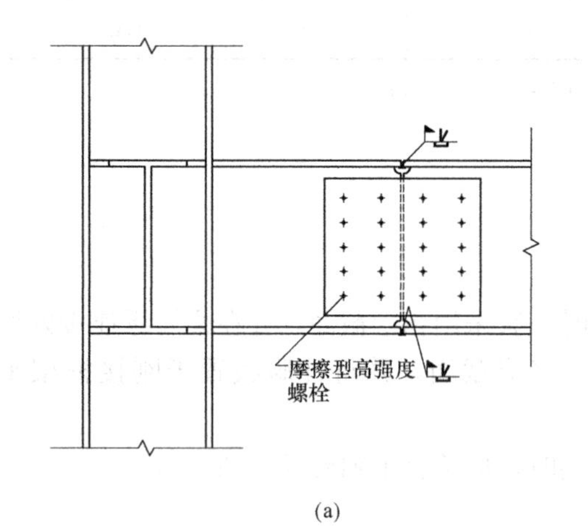

(a)

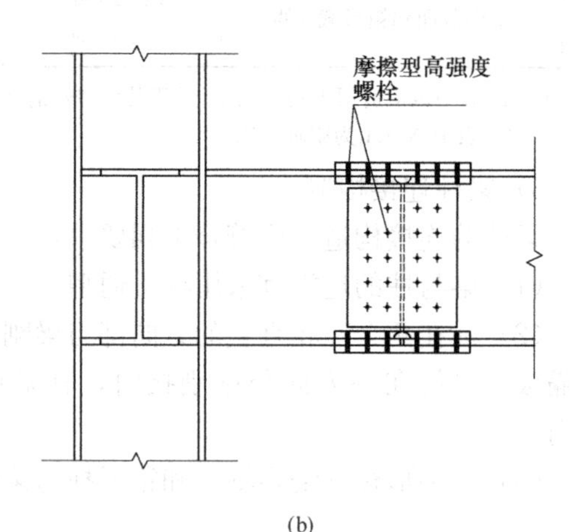

(b)

图 3-39 框架柱与梁悬臂段的连接

（a）翼缘焊接腹板螺栓连接；（b）全部螺栓连接

（5）箱形柱在与梁翼缘对应位置设置的隔板，用采用全熔透对接焊缝与壁板相连。工字形柱的横向加劲肋与柱翼缘，应采用全熔透对接焊缝连接，与腹板可采用角焊缝连接。

2. 钢框架-中心支撑结构

1）受拉支撑布置要求

考虑地震作用方向是任意的，且为反复作用，当中心支撑采用只能受拉的斜杆体系时，应同时设置两组不同倾斜方向的斜杆，且两组斜杆的截面面积在水平方向的投影面积之差不得大于 10%。

2）支撑杆件的要求

在地震作用下，支撑杆件可能会经历反复的压曲拉直作用，因此支撑杆件不宜采用焊接截面，应尽量采用轧制型钢。若采用焊接 H 型截面作支撑构件，在 8、9 度区，其翼缘与腹板的连接宜采用全焊透连接焊缝。

中心支撑斜杆的长细比，按压杆设计时，不应大于 $120\sqrt{235/f_{ay}}$，一、二、三级中心支撑斜杆不得采用拉杆设计，非抗震设计和四级采用拉杆设计时，其长细比不应大于 180。

为限制支撑压曲造成的支撑杆件的局部屈曲对支撑承载能力及耗能能力的影响，对支撑板件的宽厚比需限制更严，应不大于表 3-31 规定的限值。

钢结构中心支撑板件宽厚比限值 **表 3-31**

板件名称	一级	二级	三级	四级、非抗震设计
翼缘外伸部分	8	9	10	13
工字形截面腹板	25	26	27	33
箱形截面壁板	18	20	25	30
圆管外径与壁厚之比	38	40	40	42

注：表列数值适用于 Q235，采用其他牌号钢材应乘以 $\sqrt{235/f_{ay}}$。

3）中心支撑节点的构造要求

（1）一、二、三级，支撑采用 H 型钢制作，两端与框架可采用刚接构造，梁柱与支撑连接处应设置加劲肋；一级和二级采用焊接工字形截面的支撑时，其翼缘与腹板的连接宜采用全熔透连接焊缝。

（2）支撑与框架连接处，支撑杆端宜做成圆弧。

（3）梁在其与 V 形支撑或人字支撑相交处，应设置侧向支撑；该支撑点与梁端支撑点间的侧向长细比（y）以及支承力，应符合现行《钢结构设计规范》GB 50017 关于塑性设计的规定。

（4）若支撑和框架采用节点板连接，应满足节点板在连接杆件每侧不小于 30°夹角的规定；一、二级时，支撑端部至节点板最近嵌固点（节点板与框架构件连接焊缝的端部）在沿支撑杆件轴线方向的距离，不应小于节点板厚度的 2 倍。

4）框架部分要求

当房屋高度不高于 100m 且框架部分按计算分配的地震剪力不大于结构底部总地震剪力的 25%时，一、二、三级的抗震构造措施可按框架结构降低一级的相应要求采用。其抗震措施应与符合纯框架结构抗震构造措施的规定。

3. 钢框架-偏心支撑结构

1）消能梁段的构造要求

（1）消能梁段的材料及板件宽厚比要求

偏心支撑框架在大震作用下，通过消能梁段剪切屈服，使得框架梁和支撑也都处于弹性状态，同时也避免支撑失稳而造成结构承载力急剧下降。因此为保证消能梁段发挥作用，应使消能梁段具有良好的延性和消能能力。一般钢材的塑性变形能力与其屈服强度成反比，因此，偏心支撑框架消能梁段的钢材屈服强度不应大于 345MPa。

同时，为了不影响消能梁段的弹塑性变形能力，消能梁段的腹板不得贴焊补强板，也不得开洞，且消能梁段及消能梁段同一跨内的非消能梁段，其板件的宽厚比不应大于表 3-32 规定的限值。

偏心支撑框架梁的板件宽厚比限值 **表 3-32**

板件名称		宽厚比限值
翼缘延伸部分		8
腹板	当 $N/A_f \leq 0.14$ 时	$90(1-1.65N/A_f)$
	当 $N/A_f > 0.14$ 时	$33(2.3-N/A_f)$

注：1. 表列数值适用于 Q235 钢，当材料为其他钢号时应乘以 $\sqrt{235/f_{ay}}$；

2. N/A_f 为梁轴压比。

（2）消能梁段长度

消能梁段长度对其屈服形式和消能能力有着直接而且至关重要的影响，太长太短都不能充分发挥梁段优秀的消能性能。通过研究发现，剪切屈服型梁具有优良的弹塑性滞回特性，可充分发挥消能梁在偏心支撑设计中的重要作用，对偏心支撑框架抵抗大震作用非常有利。因此，抗震设计时，消能梁段宜设计成剪切屈服型。消能梁段净长 a 满足下列公式要求即为剪切屈服型消能梁段。

当 $N>0.16Af$ 时，消能梁段的长度应满足下列规定：

当 $\rho(A_w/A)<0.3$ 时： $a\leqslant 1.6M_{lp}/V_l$ （3-84）

当 $\rho(A_w/A)\geqslant 0.3$ 时： $a\leqslant[1.15-0.5(A_w/A)]1.6M_{lp}/V_l$ （3-85）

其中： $M_{lp}=W_p f_y, V_l=0.58f_{yh0}f_w$ （3-86）

式中 M_{lp}——消能梁段塑性受弯承载力；

V_l——消能梁段塑性受剪承载力；

h_0——消能梁腹段腹板高度；

t_w——消能梁段腹板厚度；

W_p——消能梁段截面塑性抵抗矩；

A——消能梁段截面面积；

A_w——消能梁段腹板截面面积；

ρ——消能梁段轴向力设计值与剪力值之比。

（3）消能梁段加劲肋的设置

为了传递梁段的剪力同时防止梁腹板发生局部屈曲，消能梁段与支撑连接处，应在其腹板两侧配置加劲肋，加劲肋的高度应为腹板的高度，一侧的加劲肋宽度不应小于 $b_f/2-t_w$，厚度不应小于 $0.75t_w$ 和 10mm 的较大值。

在消能梁段腹板上设置中部加劲肋，加劲肋间距由消能梁段长度 a 确定：

① 当 $a\leqslant 1.6M_{lp}/V_l$，加劲肋间距不大于 $30t_w-h/5$；

② 当 $2.6M_{lp}/V_l<a\leqslant 5M_{lp}/V_l$ 时，应在距消能梁段端部 $1.5b_f$ 处设置中间加劲肋，且中间加劲肋间距不应大于 $52t_w-h/2$；

③ 当 $1.6M_{lp}/V_l<a\leqslant 2.6M_{lp}/V_l$ 时，中间加劲肋的间距宜在上述两者之间线性插入。

中间加劲肋应与消能梁段的腹板等高，当消能梁段截面高度不大于 640mm 时，可设置单侧加劲肋；消能梁段截面高度大于 640mm 时，应在两侧配置加劲肋，一侧的加劲肋宽度不应小于 $b_f/2-t_w$，厚度不应小于 $5t_w$ 和 10mm 的较大值。

（4）消能梁段与柱的连接

为避免因为消能梁段与柱的连接破坏，从而导致消能梁段不能充分发挥塑性变形耗能作用，消能梁段与柱的连接应符合下列要求：

① 消能梁段与柱连接时，其长度不得大于 $1.6M_{lp}/V_l$，且应满足相关标准的规定；

② 消能梁段与柱翼缘之间采用坡口全熔透对接焊缝连接，消能梁段腹板与柱之间应采用角焊缝（气体保护焊）连接；角焊缝的承载能力不得小于消能梁段腹板的轴力、剪力和弯矩同时作用时的承载力；

③ 消能梁段与柱腹板连接时，消能梁段翼缘与横向加劲板间应采用坡口全熔透焊缝，

其腹板与柱连接板间应采用角焊缝（气体保护焊）连接；角焊缝的承载能力不得小于消能梁段腹板的轴力、剪力和弯矩同时作用时的承载力。

2）偏心支撑杆件的构造措施

偏心支撑框架的支撑杆件长细比不应大于 120 $\sqrt{235/f_{ay}}$，支撑杆件的板件宽厚比不应超过轴心受压构件在弹性设计时的宽厚比限值。

3）框架部分构造要求

框架-偏心支撑结构的框架部分，当房屋高度不高于 100m 且框架部分按计算分配的地震作用不大于结构底部总地震剪力的 25%时，一、二、三级的抗震构造措施可按框架结构降低一级的相应要求采用。其他抗震构造措施可与纯框架结构抗震构造要求一致。

本节小结

（1）多高层钢结构主要震害表现为节点连接破坏、构件破坏和结构倒塌。发生破坏的主要原因有：实际的地震超载效应、节点本身的根本性缺陷、设计或施工不良以及其他原因。

（2）多高层建筑钢结构结构体系根据抗侧力体系的不同，可以分为：钢框架、钢框架-抗剪结构、带水平加强层的钢框架-支撑桁架结构、巨型结构、筒体结构等结构体系，每种结构体系都有各自的特点及适用范围。多高层建筑钢结构平面及竖向布置应尽量规则，避免出现平面不规则和竖向不规则结构。

（3）多高层建筑钢结构抗震计算主要包括梁柱构件、支撑构件、连接件、梁柱节点域的承载力和稳定计算，同时应满足相应的抗震构造措施要求。

3.2.3 砌体结构

本节要点及学习目标

本节要点：

（1）多层砌体结构房屋的常见震害；

（2）砌体结构房屋抗震设计的一般原则；

（3）砌体结构抗震计算方法、步骤与构造措施。

学习目标：

（1）了解砌体结构房屋的主要震害及发生的原因；

（2）熟悉砌体结构房屋抗震设计的一般原则及主要构造措施；

（3）掌握砌体结构房屋水平地震作用计算以及地震剪力分配方法；

（4）掌握砌体结构房屋抗震承载力的验算方法与步骤。

砌体结构房屋是指用承重砌块和砂浆砌筑而成的房屋，在国内主要有多层砌体房屋和底部框架-抗震墙砌体房屋两种结构形式。总体而言，砌体结构房屋具有经济、施工简便、建造周期短、房屋保温性能好、舒适度高、耐久性好等优点，但由于砌体结构组成材料的脆性性质，导致其抗剪、抗拉和抗弯强度很低，未经合理设计的砌体结构房屋的抗震能力较差。

3.2.3.1 震害现象与分析

砌体结构房屋的震害主要由墙体和连接的破坏所引起。构造措施和施工质量对其抗震性能有很大影响。结合国内外历次地震可将砌体结构的主要破坏形式总结为以下 5 种：

1. 墙体开裂

作为砌体结构的主要承重及抗侧部件，墙体在地震作用时受力复杂，加之材料本身的脆性性质，易产生多种形式裂缝。当墙体在竖向荷载和水平地震作用引起的主拉应力超过砌体抗拉强度时，与地震作用方向平行的墙体将产生斜裂缝。由于地震的往复作用，斜裂缝易发展为交叉裂缝。后者在外纵墙的窗间墙上较为多见（图 3-40），这主要是由于墙体在洞口处存在削弱，加之横墙承重房屋，纵墙上的压应力较小，使得砌体抗拉强度较低的缘故。此外，当横墙间距过大，楼盖缺乏足够刚度，难以将水平地震作用传递给横墙，将使纵墙产生平面外弯曲，从而导致墙体产生水平裂缝（图 3-41）。

图 3-40 汶川地震某中学教学楼窗间墙交叉裂缝

图 3-41 汶川地震某教学楼纵墙水平裂缝

2. 墙角破坏

墙角通常是结构受力的敏感部位。由于刚度较大以及地震产生的扭转作用，导致房屋墙角的地震作用效应明显增大，易出现房屋墙角破坏，甚至引起转角墙局部倒塌（图 3-42）。

3. 楼梯间破坏

砌体房屋楼梯间墙体在水平地震作用下一般比其他部位墙体更易发生破坏（图 3-43）。这是由于楼梯间横墙间距较小，水平刚度相对较大，所受地震作用较其他部位偏大，且墙体沿高度方向缺乏有力的空间支撑，稳定性较差。此外，踏步板嵌入墙体，也在一定程度上对墙体截面产生了削弱。

4. 纵横墙连接破坏

纵横墙连接处是砌体房屋的薄弱部位，在垂直于纵墙的水平地震作用下，连接处由于较大的水平拉力易产生竖向裂缝，严重时可造成纵横墙拉脱，甚至整片纵墙向外甩出或倒塌（图 3-44）。这种破坏在未设圈梁的房屋中尤为突出。

5. 房屋附属构件破坏及其他破坏

对于砌体房屋的附属构件，例如突出屋面的房顶间、女儿墙等，由于受到“鞭端效应”影响或与房屋主体结构连接较差等原因，地震破坏现象亦时有发生（图 3-45）。砌体房屋的楼（屋）盖亦可能在地震作用时发生破坏，但这往往是由于墙体开裂、错位或倒塌引起的，而因楼（屋）盖本身强度或刚度不足的破坏极为少见。此外，底部框架多层砌体结构在地震中，往往由于刚度突变而产生“鸡腿效应”破坏，即底层框架产生过大侧移变形，甚至砌体结构底部产生叠合坍落。

图 3-42　汶川地震某房屋墙角破坏

图 3-43　汶川地震某住宅楼楼梯间破坏

图 3-44　唐山地震纵横墙连接破坏

图 3-45　汶川地震都江堰大酒店顶层楼梯间倒塌

震害调查表明，在 7 度、8 度，甚至 9 度烈度区，也有为数不少的砌体房屋震害较轻或基本完好。因此，通过合理的抗震设防、抗震设计以及构造措施，加以良好的施工质量保证，砌体房屋具备一定的抗震能力，即使在中、强地震区，也能够不同程度地抵御地震破坏。

3.2.3.2　抗震设计一般规定

1. 结构布置的一般要求

多层砌体房屋一般采用简化的抗震计算方法，对于体系复杂、抗侧力构件布置不均匀的砌体结构，其应力集中和扭转的影响难以估计，细部的构造也较难处理。因此，多层砌体房屋应特别注意保持结构体系规则性以及抗侧力构件的均匀布置。当建筑或使用要求必须将平面或立面设计成较复杂的体型时，可将房屋自下而上用抗震缝分开，即将房屋分成若干体型简单、刚度均匀的独立单元。多层砌体房屋结构布置一般要求如下：

1）应优先采用横墙承重或纵横墙共同承重的结构体系，不应采用砌体墙和混凝土墙混合承重的结构体系。

2）纵横向砌体抗震墙的布置应符合下列要求：

(1) 宜均匀对称，沿平面内宜对齐，沿竖向应上下连续；且纵横向墙体的数量不宜相差过大；

(2) 平面轮廓凹凸尺寸，不应超过典型尺寸的 50%；当超过典型尺寸的 25%时，房屋转角处应采取加强措施；

(3) 楼板局部大洞口的尺寸不宜超过楼板宽度的30%，且不应在墙体两侧同时开洞；

(4) 房屋错层的楼板高差超过500mm时，应按两层计算；错层部位的墙体应采取加强措施；

(5) 同一轴线上的窗间墙宽度宜均匀；墙面洞口的面积，6、7度时不宜大于墙面总面积的55%，8、9度时不宜大于50%；

(6) 在房屋宽度方向的中部应设置内纵墙，其累计长度不宜小于房屋总长度的60%（高宽比大于4的墙段不计入）。

3）房屋有下列情况之一时宜设置防震缝，缝两侧均应设置墙体，缝宽应根据烈度和房屋高度确定，可采用70～100mm：

(1) 房屋立面高差在6m以上；

(2) 房屋有错层，且楼板高差大于层高的1/4；

(3) 各部分结构刚度、质量截然不同。

4）楼梯间不宜设置在房屋的尽端或转角处。

5）不应在房屋转角处设置转角窗。

6）横墙较少、跨度较大的房屋，宜采用现浇钢筋混凝土楼、屋盖。

2. 房屋的高度及层数限制

震害调查表明，多层砌体房屋抗震能力与房屋的总高度及层数密切相关。砌体房屋的高度越大、层数越多，结构自重和地震作用都将相应增大，震害也将越严重，破坏和倒塌率也越高。因此，现行《建筑抗震设计规范》GB 50011—2010对多层砌体结构房屋的总高度及层数予以限制，应符合下列要求。

1）一般情况下，房屋的层数和总高度不应超过表3-33的规定。

房屋的层数和总高度限值 **表3-33**

房屋类别		最小墙厚(mm)	烈度和设计基本地震加速度											
			6		7				8				9	
			0.05g		0.10g		0.15g		0.20g		0.30g		0.40g	
			高度(m)	层数	高度(m)	层数	高度(m)	层数	高度(m)	层数	高度(m)	层数	高度(m)	层数
多层砌体	普通砖	240	21	7	21	7	21	7	18	6	15	5	12	4
	多孔砖	240	21	7	21	7	18	6	18	6	15	5	9	3
	多孔砖	190	21	7	18	6	15	5	15	5	12	4	—	—
	小砌块	190	21	7	21	7	18	6	18	6	15	5	9	3

注：1. 房屋的总高度指室外地面到主要屋面板板顶或檐口的高度；半地下室从地下室室内地面算起，全地下室和嵌固条件好的半地下室应允许从室外地面算起；对带阁楼的坡屋面应算到山尖墙的1/2高度处；

2. 室内外高差大于0.6m时，房屋总高度应允许比表中数据适当增加，但增加量应小于1.0m；

3. 乙类的多层砌体房屋仍应按本地区设防烈度查表，其层数应减少一层且总高度应降低3m；不应采用底部框架-抗震墙砌体房屋；

4. 本表小砌块房屋不包括配筋混凝土小型空心砌块砌体房屋。

2）对医院、教学楼等横墙较少的多层砌体房屋，总高度应比表3-4的规定降低3m，层数相应减少一层；各层横墙很少的多层砌体房屋，还应再减少一层。这里，横墙较少是指同一楼层内开间大于4.2m的房间占该层总面积的40%以上。其中，开间不大于4.2m的房间占该层总面积不到20%，且开间大于4.8m的房间占该层总面积50%以上为横墙很少。

3）6、7度时，横墙较少的丙类多层砌体房屋，当按规定采用加强措施并满足抗震承载力要求时，其高度和层数应允许仍按表3-33的规定采用。

4）采用蒸压灰砂砖和蒸压粉煤灰砖的砌体房屋，当砌体的抗剪强度仅达到普通黏土砖砌体的70%时，房屋的层数应比普通砖房屋减少一层，总高度应减少3m；当砌体的抗剪强度达到普通黏土砖砌体的取值时，房屋的层数和高度同普通砖房屋。

表3-33的总高度限值，主要是依据计算分析、部分震害调查和足尺模型试验，并参照多层砖房的规定确定的。《建筑抗震设计规范》GB 50011—2010还规定，普通砖、多孔砖和小砌块砌体房屋的层高，不应超过3.6m。当使用功能确有需要时，采用约束砌体等加强措施的普通砖房屋，层高不应超过3.9m。

3. 多层砌体房屋的高宽比限制

震害调查表明，多层砌体房屋的墙体主要发生剪切破坏，产生对角斜裂缝；但也有少部分高宽比较大的房屋发生整体弯曲破坏，具体表现为底层外墙产生水平裂缝，并向内延伸至横墙。《建筑抗震设计规范》GB 50011—2010通过限制房屋高宽比的规定来确保砌体房屋不发生整体弯曲破坏，见表3-34。

砌体房屋最大高宽比限值 **表3-34**

烈度	6	7	8	9
最大高宽比	2.5	2.5	2.0	1.5

注：1. 单面走廊房屋的总宽度不包括走廊宽度；
2. 建筑平面接近正方形时，其高宽比宜适当减少。

4. 抗震横墙的间距限制

横墙间距过大对砌体房屋的抗震极其不利。这会减弱横墙的整体抗震能力，导致纵墙的侧向支撑减少，房屋的整体性变差；还会造成楼盖在侧向力作用下支承点的间距变大，使楼盖发生过大的平面内变形，从而不能有效地将地震力均匀传递至各抗侧力构件，特别是纵墙有可能发生较大的平面外弯曲，导致破坏。因此，《建筑抗震设计规范》GB 50011—2010对抗震横墙间距予以限制，见表3-35。

房屋抗震横墙的最大间距（m） **表3-35**

房屋类别		烈度			
		6	7	8	9
多层砌体	现浇或装配整体式钢筋混凝土楼、屋盖	15	15	11	7
	装配式钢筋混凝土楼、屋盖	11	11	9	4
	木屋盖	9	9	4	—

注：1. 多层砌体房屋的顶层，除木屋盖外的最大横墙间距应允许适当放宽，但应采取相应加强措施；
2. 多孔砖抗震横墙厚度为190 mm时，最大横墙间距应比表中数值减少3m。

5. 房屋的局部尺寸限制

震害表明，窗间墙、墙端至门窗洞口边的尽端墙、无锚固的女儿墙等都是抗震薄弱部位，在地震作用下，这些部位可能会引起房屋局部破坏，甚至可能影响整体结构的安全。

因此，《建筑抗震设计规范》GB 50011—2010 对砌体房屋的局部尺寸予以限制，见表 3-36。

房屋的局部尺寸限制（m） **表 3-36**

部　位	烈度			
	6	7	8	9
承重窗间墙最小宽度	1.0	1.0	1.2	1.5
承重外墙尽端至门窗洞边的最小距离	1.0	1.0	1.2	1.5
非承重外墙尽端至门窗洞边的最小距离	1.0	1.0	1.0	1.0
内墙阳角至门窗洞边的最小距离	1.0	1.0	1.5	2.0
无锚固女儿墙(非出入口处)最大高度	0.5	0.5	0.5	0.0

注：1. 局部尺寸不足时，应采取局部加强措施弥补，且最小宽度不宜小于 1/4 层高和表中数据的 80%；
2. 出入口处的女儿墙应有锚固。

3.2.3.3 抗震计算

多层砌体房屋的抗震计算，一般只需考虑水平地震作用，沿两个主轴方向分别验算房屋在横向和纵向水平地震作用下，横墙和纵墙在其自身平面内的抗剪强度。当沿斜向布置有抗侧力墙片时，尚应考虑沿该斜向的水平地震作用。《建筑抗震设计规范》GB 50011—2010 规定，可只选择从属面积较大或竖向应力较小的不利墙段进行验算。

1. 水平地震作用计算

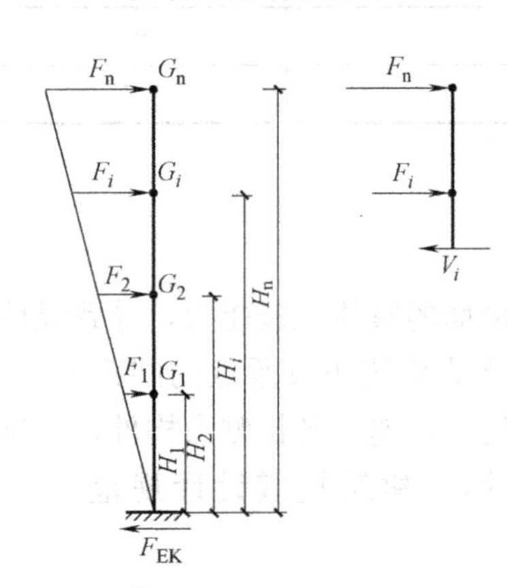

图 3-46 砌体结构水平地震作用计算简图

多层砌体房屋取防震缝所划分的独立单元为计算单元，各计算单元的刚度沿高度分布一般比较均匀，并以剪切变形为主，因此可采用底部剪力法计算水平地震作用。图 3-46 为多层砌体房屋的层间剪切模型计算简图，其中结构底部固定端标高的取法如下：

（1）基础埋深较浅时，取为基础顶面；基础埋置较深时，可取为室外地坪下 0.5m 处；

（2）有整体刚度很大的全地下室时，取地下室顶板顶部；

（3）地下室整体刚度较小或为半地下室时，取地下室室内地坪处。

考虑到多层砌体房屋的侧移刚度很大，结构的基本自振周期一般均不超过 0.25s。为简化计算，《建筑抗震设计规范》GB 50011—2010 规定，对于多层砌体房屋，水平地震影响系数取其最大值，即 $\alpha_1=\alpha_{max}$，且可不考虑顶层质点的附加地震作用，即 $\delta_n=0$。因此，多层砌体房屋的水平地震作用可按下述步骤进行计算：

（1）按规范规定计算各质点的重力荷载代表值 G_i 及其等效总重力荷载代表值 G_{eq}

$$G_{eq}=\begin{cases}G_1\,(n=1)\\ 0.85\sum_{i=1}^{n}G_i\,(n>1)\end{cases} \tag{3-87}$$

（2）计算总水平地震作用标准值及各质点水平地震作用标准值

$$F_{\mathrm{EK}}=\alpha_{\max}\cdot G_{\mathrm{eq}} \tag{3-88}$$

$$F_i=\frac{G_iH_i}{\sum_{j=1}^{n}G_jH_j}F_{\mathrm{EK}} \tag{3-89}$$

（3）计算各楼层地震剪力标准值

$$V_i=\sum_{j=i}^{n}F_j \tag{3-90}$$

《建筑抗震设计规范》GB 50011—2010 还规定，对于突出屋面的屋顶间、女儿墙、烟囱等小建筑的地震作用效应，宜乘以增大系数 3，以考虑鞭梢效应，此增大部分不向下层传递。因此，当砌体结构顶部质点为突出屋面的小建筑时，顶层的楼层地震剪力为：

$$V_{\mathrm{n}}=3F_{\mathrm{n}} \tag{3-91}$$

而其余各层仍按式（3-90）计算。

2. 墙体层间等效侧移刚度的计算

楼层地震剪力在同一层各墙体的分配主要取决于楼（屋）盖平面内刚度及各墙体的侧移刚度，为此，墙体层间等效侧移刚度的计算方法十分重要。

1）实心墙体的侧移刚度

在多层砌体房屋抗震分析中，如各层楼盖仅发生平移而不发生转动，则在确定墙体层间侧移刚度时，可视其为下端固定、上端嵌固的构件，因而其侧移柔度（即单位水平力地震作用下的总变形）一般应包括层间弯曲变形 δ_{b} 和剪切变形 δ_{s}（图 3-47）。

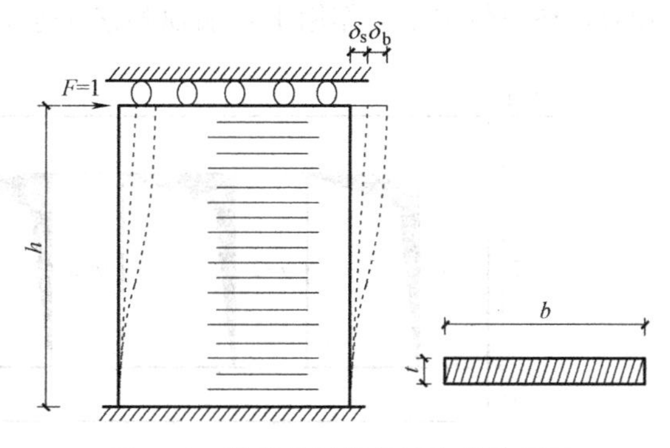

图 3-47 墙体的计算简图与墙体截面

$$\delta=\delta_{\mathrm{b}}+\delta_{\mathrm{s}}=\frac{h^3}{12EI}+\frac{\zeta h}{GA} \tag{3-92}$$

式中 A、I——分别为墙体的水平截面面积和水平截面惯性矩；

E、G——分别为砌体受压时的弹性模量和剪切模量，一般取 $G=0.4E$；

ζ——剪应变不均匀系数，对矩形截面取 $\zeta=1.2$。

将 A、I、G 的表达式和 ζ 值代入式（3-92），经整理后得：

$$\delta=\frac{1}{Et}\left[\left(\frac{h}{b}\right)^3+3\left(\frac{h}{b}\right)\right] \tag{3-93}$$

图 3-48 给出了墙体不同高宽比与其弯曲变形 δ_{b}、剪切变形 δ_{s} 以及总变形 δ 的关系曲线。可见，砌体墙体的层间总侧移变形中剪切变形与弯曲变形所占的比例与墙体高宽比密切相关。当 $h/b<1$ 时，弯曲变形仅占总变形的 10%以下；当 $h/b>4$ 时，剪切变形在总变形中所占比例很

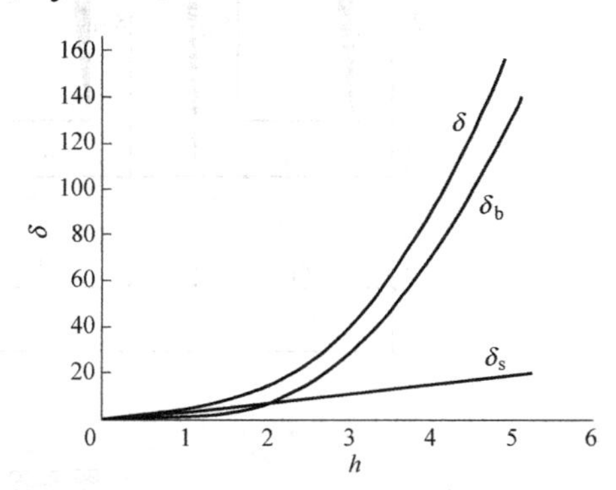

图 3-48 不同高宽比墙体与变形的关系

小；当 $1\leqslant h/b\leqslant 4$ 时，剪切变形和弯曲变形均不可忽略。为此，《建筑抗震设计规范》GB 50011—2010 规定：

当 $h/b<1$ 时，确定层间等效侧移刚度可只计算剪切变形，则：

$$K=\frac{1}{\delta}=\frac{Etb}{3h} \tag{3-94}$$

当 $1\leqslant h/b\leqslant 4$ 时，层间等效侧移刚度的计算应同时考虑弯曲和剪切变形，则：

$$K=\frac{Et}{\frac{h}{b}\left[\left(\frac{h}{b}\right)^{2}+3\right]} \tag{3-95}$$

当 $h/b>4$ 时，层间等效侧移刚度可取为 0，即不考虑该墙段承担地震剪力，而其他墙段所承担的地震剪力必然有所增加，因而是偏于安全的。

2）有洞口墙体的侧移刚度

一片有门、窗洞口的纵墙或横墙称为有洞口的墙体，其窗间墙或门间墙称为墙段。门、窗间墙段的高度 h 取门、窗洞口净高，其等效侧移刚度按式（3-94）、式（3-95）计算。

墙体开洞可区分为规则洞口和不规则洞口，前者一般指一片墙体上的洞口高度相同，且洞口上、下都在同一水平线上；否则为不规则洞口。当墙体上开有规则的多洞口时（图 3-49a），在单位水平力作用下，墙顶侧移 δ 等于沿墙高 h 各墙带侧移 δ_i 之和，即：

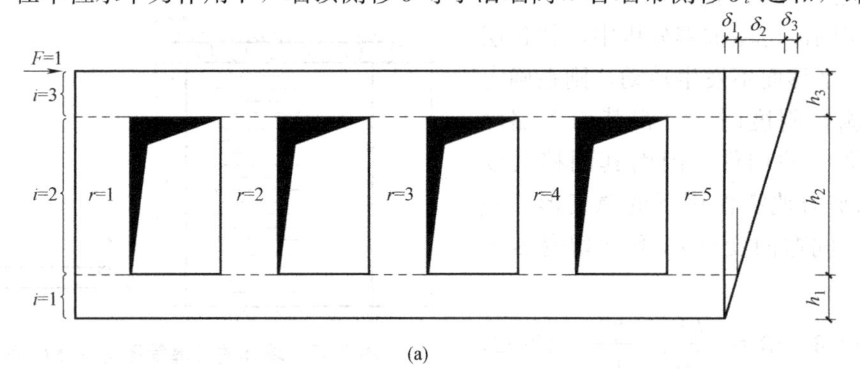

(a)

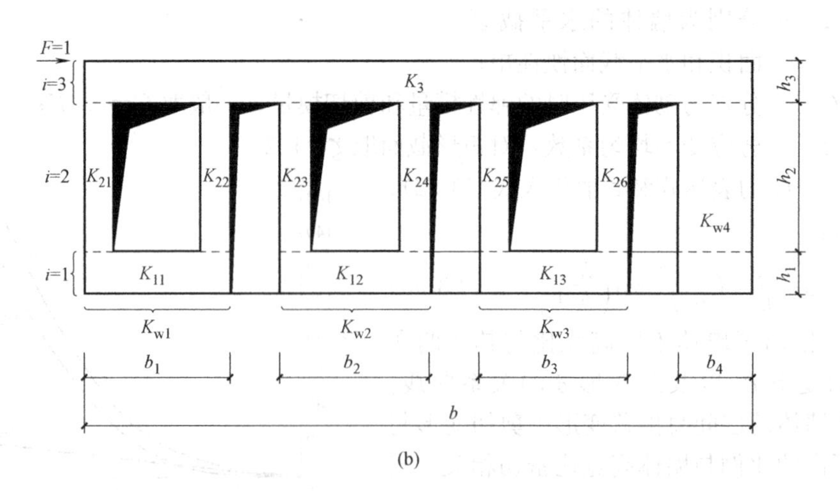

(b)

图 3-49　多洞口墙体示意

（a）开有规则洞口；（b）开有不规则洞口

$$\delta = \sum_{i=1}^{n} \delta_i \tag{3-96}$$

$$\delta_i = \frac{1}{K_i} \tag{3-97}$$

式中 n——规则多洞口墙体划分的墙带总数。

对于窗洞口上、下的水平实心墙带，因其高宽比 $h_i/b<1$，故其侧移刚度 K_i（图 3-49a中，$i=1$，3）按式（3-94）计算；窗间墙带的侧移刚度 K_i（图 3-49a 中，$i=2$）应等于各窗洞间墙段刚度 K_{ir}之和，即：

$$K_i = \sum_{r=1}^{s} K_{ir} \tag{3-98}$$

式中 s——窗间墙段的总数；

K_{ir}——应根据墙段的高宽比 h_i/b_r，由式（3-94）（当 $h_i/b_r<1$ 时）和式（3-95）（当 $1\leqslant h_i/b_r\leqslant 4$ 时）计算，b_r为第 r 墙段的宽度。

因此，带规则洞口墙体的抗侧移刚度为：

$$K = \frac{1}{\delta} = \frac{1}{\sum_{i=1}^{n} \delta_i} \tag{3-99}$$

当墙体上开有不规则的多洞口时，例如，图 3-49（b）所示的带洞墙，可将第一层和第二层的墙带划分为四个单元墙片，每个单元的侧移刚度分别为 K_{w1}、K_{w2}、K_{w3}和 K_{w4}，每个单元墙片的侧移刚度计算方法与上述带规则洞口墙相同，即：

$$K_{w1} = \frac{1}{\frac{1}{K_{11}} + \frac{1}{K_{21}+K_{22}}} \tag{3-100}$$

$$K_{w2} = \frac{1}{\frac{1}{K_{12}} + \frac{1}{K_{23}+K_{24}}} \tag{3-101}$$

$$K_{w3} = \frac{1}{\frac{1}{K_{13}} + \frac{1}{K_{25}+K_{26}}} \tag{3-102}$$

因此，图 3-49（b）开有不规则洞口的多洞口墙体的层间侧移刚度为：

$$K = \frac{1}{\frac{1}{K_3} + \frac{1}{K_{w1}+K_{w2}+K_{w3}+K_{w4}}} \tag{3-103}$$

此外，为了简化计算，对开洞率不大于 30%的小开口墙段可按毛面积计算抗侧移刚度，但按毛面积计算的抗侧移刚度应根据开洞率乘以表 3-37 的洞口影响系数。

墙段洞口影响系数 **表 3-37**

开洞率	0.10	0.20	0.30
影响系数	0.98	0.94	0.88

注：1. 开洞率为洞口水平截面积与墙段水平毛截面面积之比，相邻洞口之间净宽小于 500mm 的墙段视为洞口；

2. 洞口中线偏离墙段中线大于墙段长度的 1/4 时，表中影响系数值折减 0.9；门洞的洞顶高度大于层高的 80%时，表中数据不适用；窗洞高度大于层高 50%时，按门洞对待。

3. 楼层水平地震剪力在各抗震墙体间的分配

由于多层砌体房屋墙体平面内的侧移刚度很大，而平面外刚度很小，因此，在抗震设计中，当抗震横墙间距不超过规定的限值时，可假定横向楼层地震剪力全部由抗震横墙承担，而纵向楼层地震剪力由各纵向墙体来承担。

1）楼层横向水平地震剪力分配

楼层横向水平地震剪力在横向各抗侧力墙体间的分配，不仅取决于每片墙体的层间等效侧移刚度，还取决于楼盖的整体水平刚度，而楼盖的水平刚度则与楼盖的结构类型有关。按楼盖的整体水平刚度，将楼层横向水平地震剪力的分配分为以下三种情况。

（1）刚性楼盖

刚性楼盖指抗震横墙间距符合表 3-35 规定的现浇及装配整体式钢筋混凝土楼盖。在横向水平地震作用下，楼盖在其自身平面内刚度无限大，而横墙可视为其相应位置的弹性支座（图 3-50），并假定房屋的刚度中心与质量中心重合，即不发生扭转。于是，楼盖仅发生整体相对平移运动，且各横墙将产生相同的层间位移 Δ。因此，各横墙所承担的地震剪力按各墙侧移刚度比例进行分配。

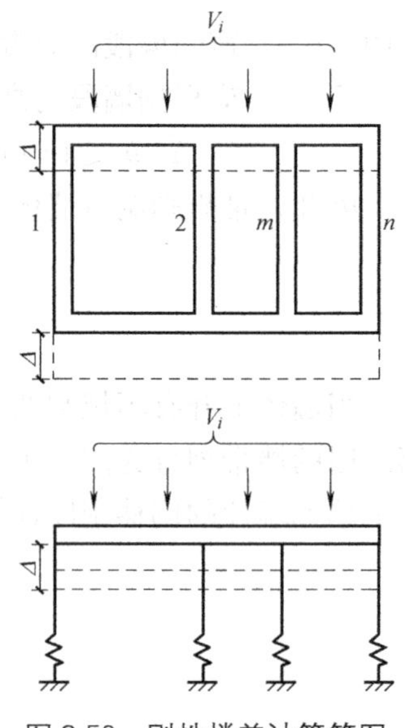

图 3-50 刚性楼盖计算简图

设第 i 层第 m 片横墙的层间等效侧移刚度为 K_{im}，第 i 层所有横墙的层间等效侧移刚度之和为 K_i，则在第 i 层层间地震剪力 V_i 作用下产生层间位移可按下式计算：

$$\Delta=\frac{V_i}{K_i}=\frac{V_i}{\sum_{m=1}^{n}K_{im}} \tag{3-104}$$

第 i 层第 m 片横墙所分配的水平地震剪力 V_{im} 按下式计算：

$$V_{im}=K_{im}\cdot\Delta=\frac{K_{im}}{\sum_{m=1}^{n}K_{im}}V_i \tag{3-105}$$

当同一层各墙高度、材料及截面形状均相同时，式（3-105）可进一步简化表示为：

$$V_{im}=\frac{A_{im}}{\sum_{m=1}^{n}A_{im}}V_i \tag{3-106}$$

式中 $\sum_{m=1}^{n}A_{im}$——第 i 层各抗震横墙净横截面面积之和。

式（3-106）表明：对于刚性楼盖，当各抗震横墙的高度和砌体材料相同，且以剪切变形为主时，其楼层水平地震剪力可按各抗震横墙的横截面面积进行分配。

（2）柔性楼盖

柔性楼盖是指自身平面内的水平刚度很小的楼盖，例如木结构楼盖。柔性楼盖无法约束各横墙发生相同的层间位移，因此，在横向水平地震作用下，可近似将整片楼盖视为分段简支于各片横墙的多跨简支梁（图 3-51），各片横墙可独立地变形。各横墙可近似认为承担由该墙两侧横墙之间各一半楼（屋）盖面积的重力荷载所产生的地震作用。因此，第

i 层第 m 片横墙所承担的地震剪力 V_{im}，可根据该墙从属面积上的重力荷载代表值的比例进行分配，即：

$$V_{im}=\frac{G_{im}}{G_i}V_i \tag{3-107}$$

式中 G_i——第 i 层楼（屋）盖所承担的总重力荷载代表值；

G_{im}——第 i 层楼（屋）盖上，第 m 道墙与左右两侧相邻横墙之间各一半楼（屋）盖面积上所承担的重力荷载代表值。

当楼（屋）盖上重力荷载均匀分布时，各横墙所承担的地震剪力可换算为按该墙与两侧横墙之间各一半楼（屋）盖面积的比例进行分配，即：

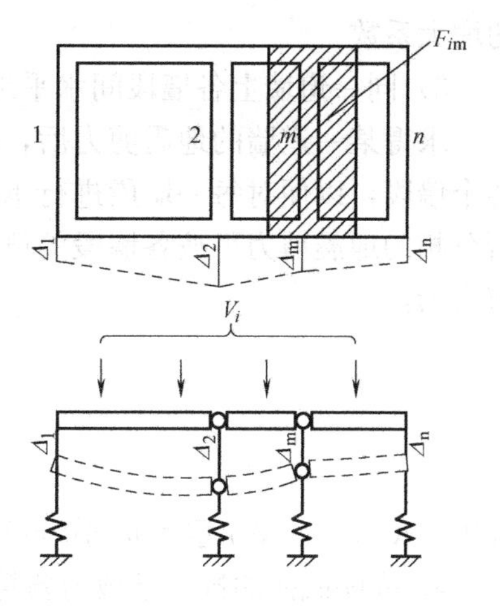

图 3-51 柔性楼盖计算简图

$$V_{im}=\frac{F_{im}}{F_i}V_i \tag{3-108}$$

式中 F_i——第 i 层楼（屋）盖总面积；

F_{im}——第 i 层楼（屋）盖第 m 道墙从属荷载面积，即该墙左右两侧相邻横墙之间各一半楼（屋）盖面积之和。

(3) 中等刚度楼盖

中等刚度楼盖指自身平面内刚度介于刚性与柔性楼盖之间的楼盖，例如装配式钢筋混凝土楼盖。在横向水平地震作用下，中等刚度楼盖的变形状态亦介于刚性楼盖和柔性楼盖之间。因此，各片横墙所承担的水平地震剪力不仅与横墙的层间等效侧移刚度有关，而且与楼盖自身的水平变形相关。此时，精确地计算各横墙所承担的水平地震剪力比较复杂。《建筑抗震设计规范》GB 50011—2010 规定，在一般多层砌体房屋的设计中，对于中等刚度楼盖的房屋，第 i 层第 m 片横墙所承担的地震剪力 V_{im}，可近似取刚性楼盖和柔性楼盖房屋两种计算结果的平均值，即：

$$V_{im}=\frac{1}{2}\left(\frac{K_{im}}{\sum\limits_{m=1}^{n}K_{im}}+\frac{G_{im}}{G_i}\right)V_i \tag{3-109}$$

对于一般房屋，当同一层墙高相同，材料相同，截面形状也相同，且楼（屋）盖上重力荷载均匀分布时，V_{im}可表示如下：

$$V_{im}=\frac{1}{2}\left(\frac{A_{im}}{\sum\limits_{m=1}^{n}A_{im}}+\frac{F_{im}}{F_i}\right)V_i \tag{3-110}$$

2）楼层纵向水平地震剪力分配

一般砌体房屋的纵向往往较横向的长度大几倍，且纵墙间距较小，因此无论何种类型楼盖，其纵向水平刚度均很大，可视为刚性楼盖。在纵向水平地震作用下，各道纵墙所承担的水平地震剪力按各墙侧移刚度比例进行分配。

为考虑水平地震作用扭转影响，对于规则结构不进行扭转耦联计算时，《建筑抗震设计规范》GB 50011—2010 规定，横向第 1、n 片横墙与纵向外墙应分别乘以 1.15 与 1.05

的增大系数。

3）同一道墙上各墙段间水平地震剪力分配

求得某一道墙的地震剪力后，对于由若干墙段组成的该道墙，尚应将地震剪力分配到各个墙段，以便对每一墙段进行承载力验算。同一道墙的各墙段具有相同侧移，则各墙段所分担的地震剪力可按各墙段的侧移刚度比进行，即第 i 层第 m 道墙第 r 墙段所受的地震剪力为：

$$V_{i\mathrm{mr}}=\frac{K_{i\mathrm{mr}}}{\sum_{j=1}^{n}K_{i\mathrm{m}j}}V_{i\mathrm{m}} \tag{3-111}$$

式中 $K_{i\mathrm{mr}}$——第 i 层第 m 道墙第 r 墙段的侧移刚度。

4. 墙体截面的抗震承载力验算

砌体房屋的抗震承载力验算，最终可归结为对一道墙或一片墙段，即纵、横向的不利墙段进行截面抗震承载力验算。不利墙段包括承担地震剪力较大的墙段、竖向压应力较小的墙段以及局部截面较少的墙段。

1）砌体沿阶梯形截面破坏的抗震抗剪强度设计值

砌体墙在承受水平地震剪力的同时，还承受重力荷载代表值所产生的压应力 σ_0 作用。σ_0 的存在使砌体的抗剪强度提高，《建筑抗震设计规范》GB 50011—2010 采用正应力影响系数 ζ_{N} 考虑这一因素。砌体的抗震抗剪强度设计值 f_{vE} 按下式确定：

$$f_{\mathrm{vE}}=\zeta_{\mathrm{N}}f_{\mathrm{v}} \tag{3-112}$$

式中 f_{vE}——砌体沿阶梯形截面破坏的抗震抗剪强度设计值；

f_{v}——非抗震设计的砌体抗剪强度设计值；

ζ_{N}——砌体抗震抗剪强度的正应力影响系数。

《建筑抗震设计规范》GB 50011—2010 对于普通砖、多孔砖砌体墙的正应力影响系数 ζ_{N} 按主拉应力强度理论确定，即由水平地震作用引起的剪应力 τ 和竖向重力荷载引起的正应力 σ_0 共同作用下，在阶梯形截面上产生的主拉应力应不大于砖砌体的主拉应力强度。在震害统计的基础上，经推导，砖砌体墙的正应力影响系数 ζ_{N} 按下式确定：

$$\zeta_{\mathrm{N}}=\frac{1}{1.2}\sqrt{1+0.45\frac{\sigma_0}{f_{\mathrm{v}}}} \tag{3-113}$$

对于小型砌块砌体，ζ_{N} 在试验统计的基础上由剪切摩擦强度理论公式（3-114）得到：

$$\zeta_{\mathrm{N}}=\begin{cases}1+0.25\dfrac{\sigma_0}{f_{\mathrm{v}}} & \dfrac{\sigma_0}{f_{\mathrm{v}}}\leqslant 5\\[2ex] 1+0.17\left(\dfrac{\sigma_0}{f_{\mathrm{v}}}-5\right) & \dfrac{\sigma_0}{f_{\mathrm{v}}}>5\end{cases} \tag{3-114}$$

式中 σ_0——对应重力荷载代表值引起的砌体验算截面的平均压应力，按验算墙段 1/2 高度处的净横截面面积计算，也可近似取 1/2 层高处的验算墙段平均压应力值。

按式（3-113）和式（3-114）计算的正应力影响系数 ζ_{N} 亦可由表 3-38 查得。

砌体抗震抗剪强度的正应力影响系数　　表 3-38

砌体类别	σ_0/f_v							
	0.0	1.0	3.0	5.0	7.0	10.0	12.0	≥16.0
普通砖、多孔砖	0.80	0.99	1.25	1.47	1.65	1.90	2.05	—
小砌块	—	1.23	1.69	2.15	2.57	3.02	3.32	3.92

注：σ_0 为对应于重力荷载代表值的砌体截面平均压应力。

2）砖砌体截面抗震受剪承载力验算

《建筑抗震设计规范》GB 50011—2010 规定，普通砖、多孔砖墙体的截面抗震受剪承载力，一般情况下，按下式验算：

$$V \leqslant f_{vE}A/\gamma_{RE} \tag{3-115}$$

式中　V——墙体地震剪力设计值，第 i 层第 m 片墙，$V=1.3V_{im}$；

A——墙体横截面面积，多孔砖取毛截面面积；

γ_{RE}——承载力抗震调整系数，对于两端均有构造柱、芯柱的承重墙，$\gamma_{RE}=0.9$，以考虑构造柱、芯柱对抗震承载力的影响；对于其他承重墙，$\gamma_{RE}=1.0$；对于自承重墙体，$\gamma_{RE}=0.75$，以适当降低抗震安全性的要求。

3）配筋砖砌体的截面抗震受剪承载力验算

为了提高砖砌体的抗剪强度，增强其变形能力，可在砌体的水平灰缝中设置横向钢筋。试验表明，配置水平钢筋的砌体，在配筋率为 0.03%～0.167%范围内时，极限承载力较无筋墙体可提高 5%～25%。若配筋墙体的两端设有构造柱，由于水平钢筋锚固于柱中，使钢筋的效应发挥更为充分，可较无构造柱同样配筋率的墙体再提高 13%左右。另一方面，配筋砌体受力后的裂缝分布均匀，变形能力大大增加，配筋墙体的极限变形为无筋墙体的 2～3 倍。同时，由于水平配筋和墙体两端构造柱的共同作用，使配筋墙体具有极好的抗倒塌能力。基于试验结果，经过统计分析，《建筑抗震设计规范》GB 50011—2010 建议采用下列公式验算水平配筋普通砖、多孔砖墙体的截面抗震受剪承载力。

$$V \leqslant \frac{1}{\gamma_{RE}}(f_{vE}A + \zeta_s f_{yh} A_{sh}) \tag{3-116}$$

式中　A——墙体横截面面积，多孔砖取毛截面面积；

f_{yh}——水平钢筋抗拉强度设计值；

A_{sh}——层间墙体竖向截面的钢筋总面积，其配筋率不小于 0.07%且不大于 0.17%；

ζ_s——钢筋参与工作系数，可按表 3-39 采用。

钢筋参与工作系数　　表 3-39

墙体高宽比	0.4	0.6	0.8	1.0	1.2
ζ_s	0.10	0.12	0.14	0.15	0.12

当按照式（3-115）、式（3-116）验算不满足要求时，可计入设置于墙段中部、截面不小于 240mm×240mm（墙厚为 190mm 时为 240mm × 190mm）且间距不大于 4m 的构造柱对受剪承载力的提高作用，按下列简化方法验算：

$$V \leqslant \frac{1}{\gamma_{RE}}[\eta_c f_{vE}(A-A_c) + \zeta_c f_t A_c + 0.08 f_{yc} A_{sc} + \zeta_s f_{yh} A_{sh}] \tag{3-117}$$

式中　A_c——中部构造柱的横截面总面积；对横墙和内纵墙，$A_c>0.15A$ 时，取 $0.15A$；

对外纵墙 $A_c>0.25A$ 时，取 $0.25A$；

f_t——中部构造柱的混凝土轴心抗拉强度设计值；

A_{sc}——中部构造柱的纵向钢筋总截面面积，配筋率不小于 0.6%，大于 1.4%时取 1.4%；

ζ_c——中部构造柱参与工作系数，居中设 1 根时取 0.5，多于 1 根时取 0.4；

η_c——墙体约束修正系数，一般情况取 1.0，构造柱间距不大于 3.0m 时取 1.1；

f_{yh}、f_{yc}——分别为墙体水平钢筋、构造柱钢筋抗拉强度设计值；

A_{sh}——层间墙体竖向截面的总水平钢筋面积，无水平钢筋时取 0.0。

4）小砌块墙体的截面抗震受剪承载力验算

《建筑抗震设计规范》GB 50011—2010 规定，小砌块墙体的截面抗震受剪承载力，应按式（3-118）验算。式（3-118）中的第一部分反映无筋混凝土小砌块砌体的抗剪强度；第二部分反映芯柱钢筋混凝土的抗剪强度。当同时设置芯柱和构造柱时，构造柱截面可作为芯柱截面，构造柱钢筋可作为芯柱钢筋。

$$V\leqslant\frac{1}{\gamma_{RE}}[f_{vE}A+(0.3f_tA_c+0.05f_yA_s)\zeta_c] \quad (3\text{-}118)$$

式中 A_c——芯柱截面总面积；

f_t——芯柱混凝土轴心抗拉强度设计值；

A_s——芯柱纵向钢筋截面总面积；

f_y——芯柱钢筋抗拉强度设计值；

ζ_c——芯柱参与工作系数，可按表 3-40 采用。

芯柱参与工作系数 **表 3-40**

填孔率 ρ	$\rho<0.15$	$0.15\leqslant\rho<0.25$	$0.25\leqslant\rho<0.5$	$\rho\geqslant0.5$
ζ_c	0.0	1.0	1.10	1.15

注：填孔率指芯柱根数（含构造柱和填实孔洞数量）与孔洞总数之比。

3.2.3.4 抗震构造措施

多层砌体房屋一般不需进行罕遇地震作用下的变形验算，而是通过构造措施提高房屋的变形能力，确保房屋大震不倒。此外，砌体房屋各连接部位的强度通常也难以验算，亦须通过构造措施来满足使用要求。因此，必须重视多层砌体房屋的抗震构造措施。

1. 钢筋混凝土圈梁的设置

多次震害调查表明，圈梁是多层砌体房屋的一种经济有效的抗震措施，对提高砌体结构房屋的抗震有重要作用。圈梁将房屋的纵横墙连接起来，增强了房屋的整体性，提高了房屋抵抗水平地震作用的能力。圈梁对屋盖、楼盖有一定的约束作用，增大了房盖、楼盖的水平刚度，提高了墙体在平面外的稳定性。此外，圈梁有利于限制墙体斜裂缝的开展和延伸，有利于抵抗地震或其他原因引起的地基不均匀沉降对房屋造成的不利影响。《建筑抗震设计规范》GB 50011—2010 和《砌体结构设计规范》GB 50003—2011 对多层砌体房屋圈梁设置给出了明确的规定：

1）装配式钢筋混凝土楼、屋盖或木楼、屋盖的砖房，横墙承重时按表 3-41 的要求设置圈梁。纵墙承重时，每层均应设置圈梁，且抗震墙上的圈梁间距应比表内的规定适当加密。现浇或装配整体式钢筋混凝土楼、屋盖与墙体可靠连接时，应允许不另设圈梁，但楼板沿墙体周边应加强配筋并应与相应的构造柱钢筋可靠连接。

多层砖砌体房屋现浇钢筋混凝土圈梁设置要求　　表 3-41

墙类别	烈度		
	6度、7度	8度	9度
外墙和内纵墙	屋盖处及每层楼盖处	屋盖处及每层楼盖处	屋盖处及每层楼盖处
内横墙	屋盖处及每层楼盖处 屋盖处间距不应大于4.5m 楼盖处间距不应大于7.2m 构造柱对应部位	屋盖处及每层楼盖处 各层所有横墙，且间距不应大于4.5m 构造柱对应部位	层高处及每层楼盖处 各层所有的横墙

当在表 3-41 要求的间距内没有横墙时，应利用梁或板缝中配筋代替圈梁。圈梁应闭合，遇有洞口圈梁应上下搭接。圈梁宜与预制板设在同一标高处或紧靠板底。钢筋混凝土圈梁的截面高度不应小于 120mm，配筋应符合表 3-42 要求。为了加强基础的整体性和刚性而增设的基础圈梁，其截面高度不应小于 180mm，纵筋不应小于 4Φ12。

圈梁配筋要求　　表 3-42

配　筋	烈度		
	6度、7度	8度	9度
最小纵筋	4Φ10	4Φ12	4Φ14
最大箍筋间距(mm)	250	200	150

2）多层砌块房屋的现浇钢筋混凝土梁的设置位置应按多层砖砌体房屋圈梁的要求执行，见表 3-41，圈梁宽度不小于 190mm，配筋不应小于 4Φ12，箍筋间距不应大于 200mm。

3）蒸压灰砂砖、蒸压粉煤灰砖砌体结构房屋在 6 度八层、7 度七层和 8 度六层时，应在所有楼（屋）盖处的纵横墙上设置钢筋混凝土圈梁，圈梁的截面尺寸不应小于 240mm× 180mm，圈梁纵筋不应小于 4Φ12，箍筋采用Φ6@200。其他情况下圈梁的设置和构造要求应符合上述 1）的规定。

2. 钢筋混凝土构造柱及芯柱的设置

1）钢筋混凝土构造柱

钢筋混凝土构造柱，是指设置在墙体两端、中部或纵横墙交接处，先砌墙后现浇的钢筋混凝土柱。根据震害经验和大量试验研究可知，构造柱的设置对砌体墙的初裂荷载并无明显提高；对砖砌体的抗剪承载力只能提高 10%～30%，且提高幅度与墙体高宽比、竖向压力和开洞情况有关。构造柱对于多层砌体房屋的主要作用在于明显提高房屋的变形能力。构造柱与圈梁连接在一起，形成强劲的骨架，约束和阻止了砌体墙的裂缝开展和延伸，增强了房屋的整体性，提高了房屋的地震抗倒塌能力。

（1）多层普通砖、多孔砖房屋应按下列要求设置现浇钢筋混凝土构造柱：

① 构造柱设置部位，一般情况下应符合表 3-43 的要求。

② 对外廊式和单面走廊式的多层房屋，应根据房屋增加一层后的层数，按表 3-43 的要求设置构造柱，且单面走廊两侧的纵墙均应按外墙处理。

③ 教学楼、医院等横墙较少的房屋，应根据房屋增加一层后的层数，按表 3-43 的要

求设置构造柱；当横墙较少的房屋为外廊式和单面走廊时，应按②的要求设置构造柱，但6度不超过四层、7度不超过三层和8度不超过二层时，应按增加二层后的层数对待。

④ 各层横墙很少的房屋，应按增加二层的层数设置构造柱。

⑤ 采用蒸压灰砂砖和蒸压粉煤灰砖的砌体房屋，当砌体的抗剪强度仅达到普通黏土砖砌体的70%时，应根据增加一层的层数按①～④的要求设置构造柱；但6度不超过四层、7度不超过三层和8度不超过二层时，应按增加二层的层数对待。

砖房构造柱设置要求 **表 3-43**

<table>
<tr><th colspan="4">房屋层数</th><th colspan="2" rowspan="2">设置部位</th></tr>
<tr><th>6度</th><th>7度</th><th>8度</th><th>9度</th></tr>
<tr><td>四、五</td><td>三、四</td><td>二、三</td><td></td><td rowspan="3">楼、电梯间四角，楼梯斜梯段上下端对应的墙体处；外墙四角和对应转角；错层部位横墙与外纵墙交接处；大房间内外墙交接处；较大洞口两侧</td><td>隔12m或单元横墙与外纵墙交接处；楼梯间对应的另一侧横墙与外纵墙交接处</td></tr>
<tr><td>六</td><td>五</td><td>四</td><td>二</td><td>隔开间横墙（轴线）与外纵墙交接处；山墙与内纵墙交接处</td></tr>
<tr><td>七</td><td>≥六</td><td>≥五</td><td>≥三</td><td>内墙（轴线）与外纵墙交接处；内墙的局部较小墙垛处；内纵墙与横墙（轴线）交接处</td></tr>
</table>

注：较大洞口，内墙指不小于2.1m的洞口；外墙在内外墙交接处已设置构造柱时应允许适当放宽，但洞侧墙体应加强。

（2）多层普通砖、多孔砖房屋的构造柱应符合下列构造要求：

① 构造柱最小截面可采用180mm×240mm（墙厚190mm时为180mm×190mm），纵向钢筋宜采用4Φ12，箍筋间距不宜大于250mm，且在柱上下端宜适当加密；7度时超过六层，8度时超过五层和9度时，构造柱纵向钢筋宜采用4Φ14，箍筋间距不应大于200mm，房屋四角的构造柱可适当加大截面及配筋。

② 设置构造柱处应先砌砖墙后浇筑，构造柱与墙连接处应砌成马牙槎，并应沿墙高每500mm设2Φ6水平钢筋和Φ4分布短筋平面内点焊组成的拉结网片或Φ4电焊钢筋网片，每片伸入墙内不宜小于1m，如图3-52所示，以加强构造柱与砖墙之间的整体性。6、7度时底部1/3楼层，8度时底部1/2楼层，9度时全部楼层，上述拉结钢筋网片应沿墙体水平通长设置。

③ 构造柱与圈梁连接处，构造柱的纵筋应在圈梁纵筋内侧穿过，保证构造柱纵筋上下贯通（图3-52）。

④ 构造柱可不单独设置基础，但应伸入室外地面下500mm，或与埋深小于500mm基础圈梁相连（图3-52）。

⑤ 房屋高度和层数接近表3-33的限值时，纵、横墙内构造柱间距尚应符合：横墙内的构造柱间距不宜大于层高的2倍；下部1/3楼层的构造柱间距适当减小；当外纵墙开间大于3.9m时，应另设加强措施。内纵墙的构造柱间距不宜大于4.2m。

2）钢筋混凝土芯柱

钢筋混凝土芯柱是指在混凝土小型砌块墙体中，在一定部位预留的上下贯通孔洞中，插入钢筋并浇筑混凝土而形成的主体。试验研究表明，在混凝土小型砌块房屋墙体中设置钢筋混凝土芯柱，可以提高墙体抗剪能力，约束砌块墙体中地震作用引起的裂缝的开展与延伸，提高房屋的变形能力，增加房屋的整体性。钢筋混凝土芯柱的设置及构造措施应符

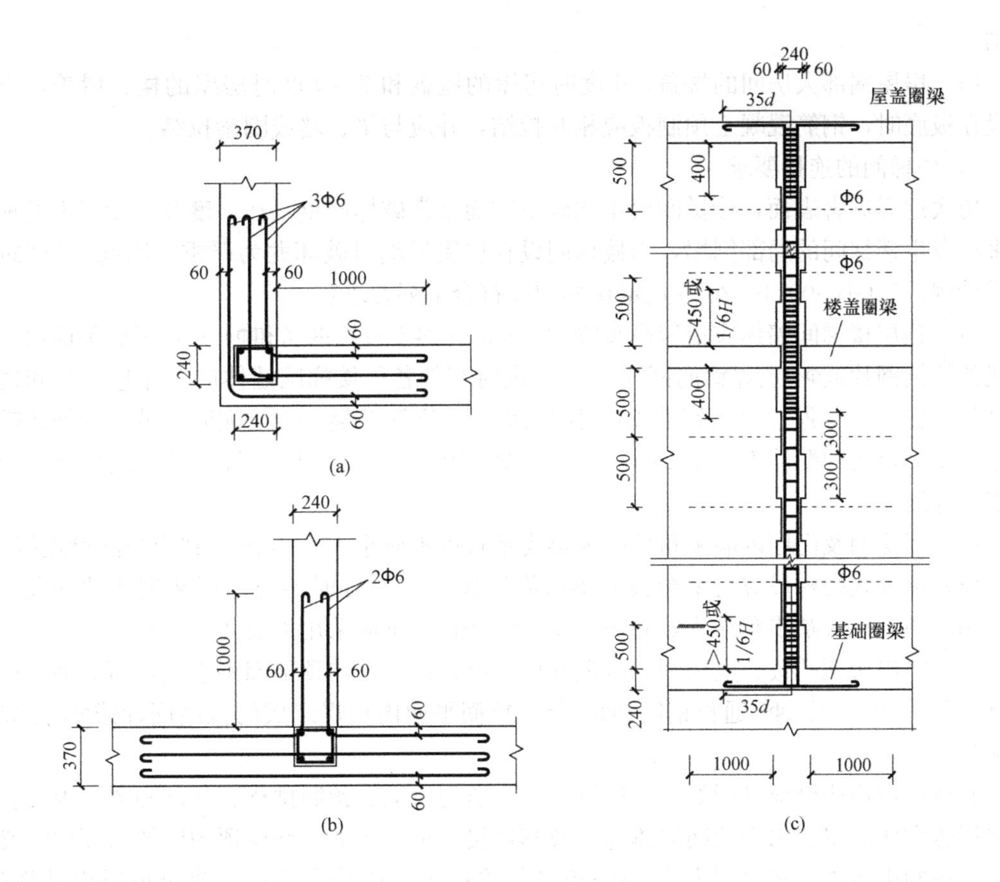

图 3-52 构造柱

(a) 丁字墙与构造柱的拉结连接；(b) 转角墙与构造柱的拉结连接；(c) 圈梁与构造柱的连接，H 为层高

合现行《建筑抗震设计规范》GB 50011—2010 相关规定。

3. 连接构造措施

1) 墙与墙之间的连接要求

(1) 对多层砖房纵横墙之间的连接，一方面应在施工过程中注意纵横墙的咬槎，另一方面在构造设计时也应注意，对 6、7 度时长度大于 7.2m 的大房间及 8、9 度时外墙转角及内外墙交接处，应沿墙高每隔 500mm 配置 2Φ6 通长钢筋和Φ4 分布短筋平面内点焊组成的拉结网片或Φ4 点焊网片，并每边伸入墙内不宜小于 1m。

(2) 后砌的非承重砌体隔墙，应沿墙高每隔 500mm 配置 2Φ6 钢筋与承重墙或柱拉结，并每边伸入墙内不宜小于 500mm；8 度和 9 度时，长度大于 5m 的后砌隔墙，墙顶尚应与楼板或梁拉结。

2) 墙体与楼、屋盖间的连接要求

(1) 现浇钢筋混凝土楼板或屋面板伸进纵、横墙内的长度，均不应小于 120mm。

(2) 装配式钢筋混凝土楼板或屋面板，当圈梁未设在板的同一标高时，板端伸进外墙的长度不应小于 120mm，伸进内墙的长度不应小于 100mm 或采用硬架支模连接，在梁上不应小于 80mm 或采用硬架支模连接。

(3) 当板的跨度大于 4.8m 并与外墙平行时，靠外墙的预制板侧边应与墙或圈梁拉结。

（4）房屋端部大房间的楼盖，6度时房屋的屋盖和7～9度时房屋的楼、屋盖，当圈梁设在板底时，钢筋混凝土预制板应相互拉结，并应与梁、墙或圈梁拉结。

3）楼梯间的连接要求

历次地震灾害表面，楼梯间由于比较空旷而常常破坏严重，在9度及9度以上的地区曾多次发生楼梯间的局部倒塌，当楼梯间设在房屋尽端时破坏尤为严重。因此，《建筑抗震设计规范》GB 50011—2010规定楼梯间应符合下列要求：

（1）顶层楼梯间墙体应沿墙高每隔500mm设2Φ6通长钢筋和Φ4分布短筋平面内点焊组成的拉结网片或Φ4点焊钢筋网片；7～9度时其他各层楼梯间墙体应在休息平台和楼层半高处设置60mm厚、纵向钢筋不应小于2Φ10的钢筋混凝土带或配筋砖带。配筋砖带不小于3皮，每皮的配筋不小于2Φ6，砂浆强度等级不应低于M7.5且不低于同层墙体的砂浆强度等级。

（2）楼梯间及门厅内墙阳角处的大梁支承长度不应小于500mm，并应与圈梁连接。

（3）装配式楼梯段应与平台板的梁可靠连接，8、9度时不应采用装配式楼梯段，不应采用墙中悬挑式踏步和踏步竖肋插入墙体的楼梯，不应采用无筋砖砌栏板。

（4）突出房顶的楼、电梯间，构造柱应伸到顶部，并与顶部圈梁连接，所有墙体应沿墙高每隔500mm设2Φ6通长钢筋和Φ4分布短筋平面内点焊组成的拉结网片或Φ4点焊钢筋网片。

其他部位构造措施（例如：门窗洞口、烟道与风道、预制挑檐、基础圈梁、丙类较高的多层砖砌体房屋、水平配筋墙体等）及其连接要求（例如：坡屋顶的屋架与顶层圈梁的连接、预制阳台与圈梁和楼板的现浇板带的连接等）应符合现行《建筑抗震设计规范》GB 50011—2010的相关规定。

本节小结

（1）多层砌体房屋抗震设计的一般规定是保证该类结构抗震性能的重要措施，包括砌体房屋总高度及层数限制、高宽比限制、抗震横墙的间距限制、房屋的局部尺寸限制等。

（2）多层砌体房屋的水平地震作用计算一般可采用底部剪力法。楼层的地震剪力由该方向的墙体承担，并根据楼盖的刚性条件按照不同的方式分配至各片墙体。

（3）砌体房屋的抗震承载力验算最后可归结为对一道墙或一个墙段进行验算，验算对象一般可选择承担地震作用较大的或竖向压应力较小的或局部截面较小的墙体。

（4）砌体房屋的抗震构造措施的目的在于加强结构的整体性，弥补抗震计算的不足，确保房屋大震不倒。砌体房屋的抗震承载力验算只是针对墙体本身的承载力，对于相邻墙体之间，楼（屋）盖与墙体之间及房屋局部等部位的连接，必须通过构造措施予以保证。

3.2.4 框架结构设计

本节要点及学习目标

本节要点：

（1）钢筋混凝土框架结构的震害特点；

（2）抗震等级；

（3）结构体系的选型和布置；

（4）结构的屈服机制；

（5）钢筋混凝土框架结构的内力分析；

（6）框架结构的抗震设计及其相应的抗震措施。

学习目标：

（1）了解钢筋混凝土框架结构常见的震害特点；

（2）掌握结构的抗震等级的确定；

（3）掌握常规钢筋混凝土结构的受力特点、结构布置原则、屈服机制等；

（4）掌握框架结构的内力和变形的计算和验算；

（5）掌握框架柱、梁和节点的抗震设计要点及相应的抗震措施。

3.2.4.1 震害现象与分析

框架结构构件破坏主要包括的震害有：（1）柱头、柱脚破坏；（2）短柱破坏；（3）角柱破坏；（4）梁柱节点破坏；（5）框架梁破坏。

1. 柱头、柱脚破坏

柱头破坏震害主要表现：对于多层框架结构，汶川地震中柱端弯剪破坏比较普遍，尤其当底层空旷、填充墙较少时破坏更加严重，主要表现有柱端混凝土压碎，钢筋裸露，纵筋压屈或者纵筋拉断，柱折断，如图 3-53 所示。

柱头破坏原因：主要由于节点处柱端的内力比较大，在弯矩、剪力和压力的联合作用下，柱顶周围出现水平裂缝、斜裂缝或交叉裂缝，严重时混凝土压碎或剥落，纵筋屈服成塑性铰破坏。这种破坏形式属于延性破坏，可能吸收较大的地震能量。当轴压比较大、箍筋约束不足、混凝土强度不足时，柱端混凝土会压碎而影响抗剪能力，柱顶会出现剪切性破坏。当竖向荷载过大而截面过小、混凝土强度不足时，纵筋压屈成灯笼状，柱内箍筋拉断或脱落，柱子失去承载力呈压屈破坏形式。另外，由于柱顶配箍不足或没有箍筋而发生脆性剪切破坏。

柱脚的震害主要表现：柱底混凝土保护层部分脱落，柱主筋及其箍筋部分外露，底层柱倾斜，水平裂缝和斜裂缝互相交叉，破坏区混凝土剥落，如图 3-54 所示。

柱脚的震害主要原因：结构中存在薄弱层，地震时由于薄弱层变形过大而在柱底形成塑性铰破坏。

图 3-53 柱头破坏

图 3-54 柱脚破坏

2. 短柱破坏

当柱的剪跨比较小时，或柱净高与柱截面高度之比不大于 4 时，形成短柱。短柱刚度大，分担的地震剪力也较大，容易产生短柱的脆性剪切破坏。填充墙布置不合理，会形成短柱剪切破坏，如图 3-55 所示。

图 3-55 充墙设置不合理，形成短柱，柱发生剪切破坏

3. 角柱破坏

角柱受力比较复杂，由于双向受弯、受剪，加上扭转作用，柱身错动，钢筋由柱内拨出，震害比内柱重，如图 3-56 所示。

4. 梁柱节点破坏

在地面运动反复作用下，框架节点的受力机理十分复杂，如图 3-57 所示。节点核心抗剪强度不足将引起剪切破坏，破坏时核心区产生斜向对角的贯通裂缝，节点区内箍筋屈服，外鼓甚至崩断。当节点区剪压比较大时，箍筋可能并未达到屈服，而是混凝土被剪压酥碎成块而发生破坏。节点核心区由于构造措施不当而引起的破坏主要表现为，梁柱节点箍筋

图 3-56 角柱破坏

图 3-57 梁柱节点破坏

过少而产生的脆性破坏，或由于核心区的钢筋过密而影响混凝土浇筑质量引起剪切破坏，产生对角方向的斜裂缝或交叉斜裂缝，混凝土剪碎剥落；箍筋很少或没箍筋时，柱纵向钢筋压曲外鼓。

5. 框架梁的震害

框架梁的震害大多发生在梁端，梁的剪切破坏重于弯曲破坏，抗弯承载力不足出现垂直裂缝的破坏较少，梁端出现斜裂缝破坏的情况较多。在强烈地震作用下，梁端会产生正负弯矩和剪力，其值一般都较大，当截面承载力不足时，将产生上下贯通的垂直裂缝和交叉裂缝，使梁端出现塑性铰，最终破坏，见图 3-58。

图 3-58 框架梁的破坏

3.2.4.2 抗震设计的一般要求

1. 最大高度

不同体系的房屋应有各自合适的高度。一般而言，房屋愈高，所受到的地震力和倾覆力矩就愈大，破坏的可能性就愈大。不同体系的最大建筑高度的规定，综合考虑了结构的抗震性能、地基条件、震害经验、抗震设计经验和经济性等因素。现浇钢筋混凝土房屋结构类型和最大高度应符合表 3-44 的要求。平面和竖向不规则的结构，适用的最大高度宜适当降低。

现浇钢筋混凝土房屋适用的最大高度（m） **表 3-44**

结构类型		烈度				
		6	7	8(0.2g)	8(0.3g)	9
框架		60	50	40	35	24
框架-抗震墙		130	120	100	80	50
抗震墙		140	120	100	80	60
部分框支抗震墙		120	100	80	50	不应采用
筒体	框架-核芯筒	150	130	100	90	70
	筒中筒	180	150	120	100	80
板柱-抗震墙		80	70	55	40	不应采用

注：1. 房屋高度指室外地面到主要屋面板板顶的高度（不包括局部突出屋顶部分）；
2. 框架-核心筒结构指周边稀柱框架与核心筒组成的结构；
3. 部分框支抗震墙结构指首层或底部两层为框支层的结构，不包括仅个别框支墙的情况；
4. 表中框架，不包括异形柱框架；
5. 板柱-抗震墙结构指板柱、框架和抗震墙组成抗侧力体系的结构；
6. 乙类建筑可按本地区抗震设防烈度确定其适用的最大高度；
7. 超过表内高度的房屋，应进行专门研究和论证，采取有效地加强措施。

2. 最大高宽比

房屋的高宽比应控制在合理的取值范围内。房屋的高宽比愈大，地震作用下结构的侧移和基底倾覆力矩就愈大。由于巨大的倾覆力矩在底层柱和基础中所产生的拉力和压力较难处理，为了有效地防止在地震作用下建筑的倾覆，保证有足够的抗震稳定性，应对建筑的高宽比加以限制。我国对房屋高宽比的要求是根据结构体系和地震烈度来确定的。表3-45给出了我国抗震设计规范中对钢筋混凝土结构的建筑高宽比限值。

钢筋混凝土房屋最大高宽比 **表 3-45**

<table>
<tr><th rowspan="2">结构类型</th><th rowspan="2">非抗震设计</th><th colspan="3">抗震设防烈度</th></tr>
<tr><th>6、7度</th><th>8度</th><th>9度</th></tr>
<tr><td>框架</td><td>5</td><td>4</td><td>3</td><td>—</td></tr>
<tr><td>板柱-剪力墙</td><td>6</td><td>5</td><td>4</td><td>—</td></tr>
<tr><td>框架-剪力墙、剪力墙</td><td>7</td><td>6</td><td>5</td><td>4</td></tr>
<tr><td>框架-核芯筒</td><td>8</td><td>7</td><td>6</td><td>4</td></tr>
<tr><td>筒中筒</td><td>8</td><td>8</td><td>7</td><td>5</td></tr>
</table>

注：1. 有大底盘时，计算高宽比的高度从大底盘顶部算起；
2. 超过表内高宽比和体型复杂的房屋，应进行专门研究。

3. 抗震等级

抗震等级是确定结构构件抗震计算（指内力调整）和抗震措施的标准，可根据设防类别、烈度、房屋高度、建筑类别、结构类型及构件在结构中的重要程度确定。抗震等级共分为四级，其中一级抗震要求最高。现行《建筑抗震设计规范》GB 50011—2010规定丙类建筑（建筑类别的划分详见本章3.1节）的抗震等级应按表3-46确定。

现浇钢筋混凝土高层建筑结构的抗震等级 **表 3-46**

<table>
<tr><th rowspan="2" colspan="3">结构类型</th><th colspan="12">设防烈度</th></tr>
<tr><th colspan="2">6</th><th colspan="4">7</th><th colspan="4">8</th><th colspan="2">9</th></tr>
<tr><td rowspan="3">框架结构</td><td colspan="2">高度(m)</td><td>≤24</td><td>>24</td><td colspan="2">≤24</td><td colspan="2">>24</td><td colspan="2">≤24</td><td colspan="2">>24</td><td colspan="2">≤24</td></tr>
<tr><td colspan="2">框架</td><td>四</td><td>三</td><td colspan="2">三</td><td colspan="2">二</td><td colspan="2">二</td><td colspan="2">一</td><td colspan="2">一</td></tr>
<tr><td colspan="2">大跨度框架</td><td colspan="2">三</td><td colspan="4">二</td><td colspan="4">一</td><td colspan="2">一</td></tr>
<tr><td rowspan="3">框架-抗震墙结构</td><td colspan="2">高度(m)</td><td>≤60</td><td>>60</td><td>≤24</td><td colspan="2">25～60</td><td>>60</td><td>≤24</td><td colspan="2">25～60</td><td>>60</td><td>≤24</td><td>25～50</td></tr>
<tr><td colspan="2">框架</td><td>四</td><td>三</td><td>四</td><td colspan="2">三</td><td>二</td><td>三</td><td colspan="2">二</td><td>一</td><td>二</td><td>一</td></tr>
<tr><td colspan="2">抗震墙</td><td colspan="2">三</td><td>三</td><td colspan="3">二</td><td>二</td><td colspan="3">一</td><td colspan="2">一</td></tr>
<tr><td rowspan="2">抗震墙结构</td><td colspan="2">高度(m)</td><td>≤80</td><td>>80</td><td>≤24</td><td colspan="2">25～80</td><td>>80</td><td>≤24</td><td colspan="2">25～80</td><td>>80</td><td>≤24</td><td>25～60</td></tr>
<tr><td colspan="2">抗震墙</td><td>四</td><td>三</td><td>四</td><td colspan="2">三</td><td>二</td><td>三</td><td colspan="2">二</td><td>一</td><td>二</td><td>一</td></tr>
<tr><td rowspan="4">部分框支抗震墙结构</td><td colspan="2">高度(m)</td><td>≤80</td><td>>80</td><td>≤24</td><td colspan="2">25～80</td><td>>80</td><td>≤24</td><td colspan="2">25～80</td><td rowspan="4" colspan="3"></td></tr>
<tr><td rowspan="2">抗震墙</td><td>一般部位</td><td>四</td><td>三</td><td>四</td><td colspan="2">三</td><td>二</td><td>三</td><td colspan="2">二</td></tr>
<tr><td>加强部位</td><td>三</td><td>二</td><td>三</td><td colspan="2">二</td><td>一</td><td>二</td><td colspan="2">一</td></tr>
<tr><td colspan="2">框支层框架</td><td colspan="2">二</td><td colspan="3">二</td><td>一</td><td colspan="3">一</td></tr>
<tr><td rowspan="2">框架-核心筒结构</td><td colspan="2">框架</td><td colspan="2">三</td><td colspan="4">二</td><td colspan="4">一</td><td colspan="2">一</td></tr>
<tr><td colspan="2">核心筒</td><td colspan="2">二</td><td colspan="4">二</td><td colspan="4">一</td><td colspan="2">一</td></tr>
<tr><td rowspan="2">筒中筒结构</td><td colspan="2">外筒</td><td colspan="2">三</td><td colspan="4">二</td><td colspan="4">一</td><td colspan="2">一</td></tr>
<tr><td colspan="2">内筒</td><td colspan="2">三</td><td colspan="4">二</td><td colspan="4">一</td><td colspan="2">一</td></tr>
<tr><td rowspan="3">板柱-抗震墙结构</td><td colspan="2">高度(m)</td><td>≤35</td><td>>35</td><td colspan="2">≤35</td><td colspan="2">>35</td><td colspan="2">≤35</td><td colspan="2">>35</td><td rowspan="3" colspan="2"></td></tr>
<tr><td colspan="2">框架、板柱的柱</td><td>三</td><td>二</td><td colspan="2">二</td><td colspan="2">二</td><td colspan="4">一</td></tr>
<tr><td colspan="2">抗震墙</td><td>二</td><td>二</td><td colspan="2">二</td><td colspan="2">一</td><td colspan="2">二</td><td colspan="2">一</td></tr>
</table>

注：1. 建筑场地为Ⅰ类时，除6度外可按表内降低1度所对应的抗震等级采取抗震构造措施，但相应的计算要求不应降低；
2. 接近或等于高度分界时，应允许结合房屋不规则程度及场地、地基条件确定抗震等级；
3. 大跨度框架指跨度不小于18m的框架；
4. 高度不超过60m的框架-核心筒结构按框架-抗震墙的要求设计时，应按表中框架-抗震墙结构的规定确定其抗震等级。

4. 结构选型和布置

1）合理地选择结构体系。多、高层钢筋混凝土结构房屋常用的结构体系有框架结构、抗震墙结构和框架-抗震墙结构，其常见的结构平面布置见图 3-59。框架结构由纵横向框架梁柱所组成，具有平面布置灵活，可获得较大的室内空间，容易满足生产和使用要求等优点，因此在工业与民用建筑中得到了广泛的应用。其缺点是抗侧刚度较小，属柔性结构，在强震下结构的顶点位移和层间位移较大，且层间位移自上而下逐层增大，能导致刚度较大的非结构构件的破坏，如框架结构中的砖填充墙常常在框架仅有轻微损坏时就发生严重破坏，但设计合理的框架仍具有较好的抗震性能。在地震区，纯框架结构可用于 12 层（40m 高）以下、体型较简单、刚度较均匀的房屋，而对高度较大、设防烈度较高、体系较复杂的房屋，及对建筑装饰要求较高的房屋和高层建筑，应优先采用框架-抗震墙结构或抗震墙结构。

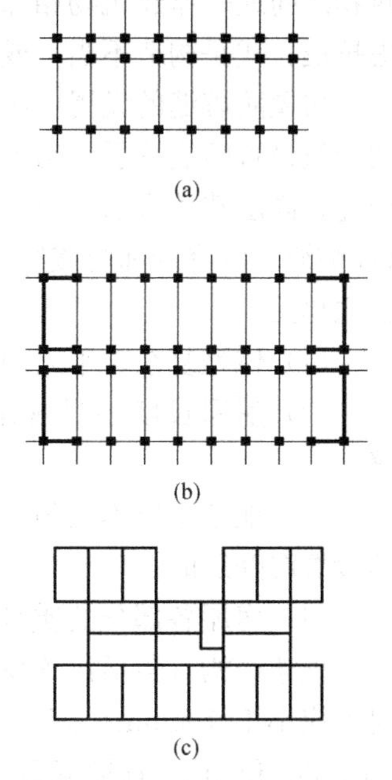

图 3-59　常见的结构平面布置
(a) 框架结构；(b) 框架-抗震墙结构；(c) 抗震墙结构

抗震墙结构是由钢筋混凝土墙体承受竖向荷载和水平荷载的结构体系，具有整体性能好、抗侧刚度大和抗震性能好等优点，且该类结构无突出墙面的梁、柱，可降低建筑层高，充分利用空间，特别适合于 20～30 层的多、高层居住建筑。缺点是具有大面积的墙体限制了建筑物内部平面布置的灵活性。

框架-抗震墙结构是由框架和抗震墙相结合而共同工作的结构体系，兼有框架和抗震墙两种结构体系的优点，既具有较大的空间，又具有较大的抗侧刚度。多用于 10～20 层的房屋。

其次，选择结构体系时，还应尽量使其基本周期错开地震动卓越周期，一般房屋的基本自振周期应比地震动卓越周期大 1.5～4.0 倍，以避免共振效应。自振周期过短，即刚度过大，会导致地震作用增大，增加结构自重及造价；若自振周期过长，即结构过柔，则结构会发生过大变形。一般地讲，高层房屋建筑基本周期的长短与其层数成正比，并与采用的结构体系密切相关。就结构体系而言，采用框架体系时周期最长，框架-抗震墙次之，抗震墙体系最短，设计时应采用合理的结构结构体系并选择适宜的结构刚度。

2）为抵抗不同方向的地震作用，框架结构、抗震墙结构和框架-抗震墙结构中，框架或抗震墙均宜双向设置，梁与柱或柱与抗震墙的中线宜重合，柱中线与抗震墙中线、梁中线与柱中线之间的偏心距不宜大于柱宽的 1/4，以避免偏心对节点核心区和柱产生扭转的不利影响。甲、乙类建筑以及高度大于 24m 的丙类建筑，不应采用单跨框架结构；高度不大于 24m 的丙类建筑不宜采用单跨框架结构。

3）框架结构中，砌体填充墙在平面和竖向的布置宜均匀对称，避免形成薄弱层或短柱。砌体填充墙宜与梁柱轴线位于同一平面内，考虑抗震设防时，应与柱有可靠的拉结。

4）加强楼盖的整体性。在高烈度（9 度）区，应采用现浇楼面结构。房屋高度超过

50m时，宜采用现浇楼面结构；框架-抗震墙结构应优先采用现浇楼面结构。房屋高度不超过50m时，也可采用装配整体式楼面。在采用装配整体式楼盖时，宜采用叠合梁，与楼面整浇层结合为一体。

5. 防震缝

在国内外历次地震中，曾一再发生相邻建筑物碰撞的事例。究其原因，主要是相邻建筑物之间或一座建筑物相邻单元之间的缝隙不符合防震缝的要求（宽度偏小）；或是未考虑抗震；或是构造不当，或是对地震时的实际位移估计不足。

房屋防震缝的设置，应根据建筑类型、结构体系和建筑体型等具体情况区别对待。高层建筑设置防震缝后，给建筑、结构和设备设计带来一定困难，基础防水也不容易处理。因此，高层建筑宜通过调整平面形状和尺寸，在构造上和施工上采取措施，尽可能不设缝（伸缩缝、沉降缝和防震缝）。但下列情况应设置防震缝，将整个建筑划分为若干个简单的独立单元：

（1）体型复杂、平立面特别不规则，又未在计算和构造上采取相应措施；

（2）房屋长度超过规定的伸缩缝最大间距，又无条件采取特殊措施而必需设伸缩缝时；

（3）地基土质不均匀，房屋各部分的预计沉降量（包括地震时的沉陷）相差过大，必须设置沉降缝时；

（4）房屋各部分的质量或结构的抗推刚度差距过大。

框架结构（包括设置少量抗震墙的框架结构）房屋的防震缝宽度，当高度不超过15m时不应小于100mm；高度超过15m时，6度、7度、8度和9度分别每增加高度5m、4m、3m和2m，宜加宽20mm。

防震缝两侧结构类型不同时，宜按需要较宽防震缝的结构类型和较低房屋高度确定缝宽。

8、9度框架结构房屋防震缝两侧结构层高相差较大时，防震缝两侧框架柱的箍筋应沿房屋全高加密，并根据需要在缝两侧沿房屋全高各设置不小于两道垂直于防震缝的抗撞墙。抗撞墙的布置宜避免加大扭转效应，其长度可不大于1/2层高，抗震等级可同框架结构；框架构件的内力应按设置和不设置抗撞墙两种计算模型的不利情况取值。

6. 屈服机制

多、高层钢筋混凝土房屋的屈服机制可分为总体机制（图3-60a）、楼层机制（图3-60b）及由这两种机制组合而成的混合机制。总体机制表现为所有横向构件屈服而竖向构件除根部外均处于弹性，结构整体围绕根部作刚体转动。楼层机制则表现为仅竖向构件屈服而横向构件处于弹性。房屋总体屈服机制优先于楼层机制，前者可在承载力基本保持稳定的条件下，持续地变形而不倒塌，最大限度地耗散地震能量。为形成理想的总体机制，应一方面防止塑性铰在某些构件上出现，另一方面迫使塑性铰发生在其他次要构件上，同时要尽量推迟塑性铰在某些关键部位（如框架根部、双肢或多肢抗震墙的根部等）的出现。

较合理的框架破坏机制，应该是节点基本不破坏，梁比柱的屈服尽可能早发生、多发生，同一层中各柱两端的屈服历程越长越好，底层柱底的塑性铰宜最晚形成。总之，设计时应体现“强柱弱梁”、“强剪弱弯”的原则。通过控制柱的轴压比和剪压比，增加结构的

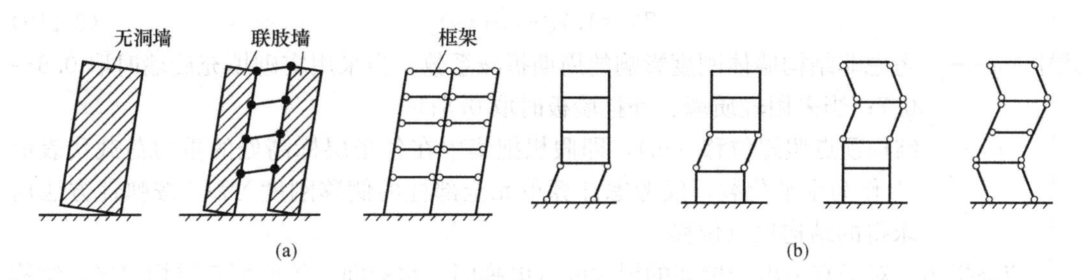

图 3-60 屈服机制
(a) 总体机制；(b) 楼层机制

延性。而框架-抗震墙结构和抗震墙结构中抗震墙塑性屈服宜产生在墙的底部，连梁宜在梁端塑性屈服。

在抗震设计中，增强承载力要和刚度、延性要求相适应。不适当地将某一部分结构增强，可能造成结构另一部分相对薄弱。因此，不合理地任意加强配筋以及在施工中以高强钢筋代替原设计中主要钢筋的做法，都要慎重考虑。

7. 基础结构

由于罕遇地震作用下大多数结构将进入非弹性状态，所以基础结构的抗震设计要求是，在保证上部结构抗震耗能机制的条件下，基础结构能将上部结构屈服机制形成后的最大作用（包括弯矩、剪力及轴力）传到基础，此时基础结构仍处于弹性。

单独柱基础适用于层数不多、地基土质较好的框架结构。交叉梁带形基础以及筏式基础适用于层数较多的框架。抗震规范规定，当框架结构有下列情况之一时，宜沿两主轴方向设置基础系梁：

(1) 一级框架和Ⅳ类场地的二级框架；

(2) 各柱基础底面在重力荷载代表值作用下的压应力差别较大；

(3) 基础埋置较深，或各基础埋置深度差别较大；

(4) 地基主要受力层范围内存在软弱黏性土层、液化土层或严重不均匀土层；

(5) 桩基承台之间。

沿两主轴方向设置基础系梁的目的是加强基础在地震作用下的整体工作，以减少基础间的相对位移、由于地震作用引起的柱端弯矩，以及基础的转动等。

3.2.4.3 抗震计算

1. 水平地震作用的计算

一般情况下，可在建筑结构的两个主轴方向分别考虑水平地震作用，各方向的水平地震作用应全部由该方向抗侧力框架结构来承担。

计算多层框架结构的水平地震作用时，一般应以防震缝所划分的结构单元作为计算单元，在计算单元各楼层重力荷载代表值的集中质点 G_i 设在楼屋盖标高处。对于高度不超过 40m、以剪切变形为主且质量和刚度沿高度分布比较均匀以及近似于单质点体系的框架结构，可采用底部剪力法分别求出计算单元的总水平地震作用标准值 F_{EK}、各层的水平地震作用标准值 F_i 和顶部附加水平地震作用标准值 ΔF_n。

如前所述，计算结构总水平地震作用标准值时，首先需要确定结构的基本周期。作为手算的方法，一般多采用顶点位移法计算结构基本周期：

$$T_1 = 1.7\psi_T\sqrt{u_T}(\mathrm{s}) \tag{3-119}$$

式中 ψ_T——考虑非结构墙体刚度影响的周期折减系数，当采用实砌填充砖墙时取 0.6～0.7；当采用轻质墙、外挂墙板时取 0.8；

u_T——结构顶点假想位移（m），即假想把集中在各楼层标高处的重力荷载代表值 G_i 作为水平荷载，仅考虑计算单元全部柱的侧移刚度 $\sum D$，按弹性方法所求得的结构顶点位移。

应该指出，对于有突出于屋面的屋顶间（电梯间、水箱间）等的框架结构房屋，结构顶点假想位移 u_T 指主体结构顶点的位移。因此，突出屋面的屋顶间的顶面不需设质点 G_{n+1}，而将其并入主体结构屋顶集中质点 G_n 内。

当已知第 j 层的水平地震作用标准值 F_j 和 ΔF_n，第 i 层的地震剪力 V_i 按下式计算：

$$V_i = \sum_{j=i}^{n} F_j + \Delta F_n \tag{3-120}$$

按式（3-120）求得第 i 层地震剪力 V_i 后，再按各柱的侧移刚度求其分担的水平地震剪力标准值。《建筑抗震设计规范》GB 50011—2010 规定，为考虑扭转效应的影响，对于规则结构，横、纵向边框架柱的上述分配水平地震剪力标准值应分别乘以增大系数 1.15、1.05。一般将砖填充墙仅作为非结构构件，不考虑其抗侧力作用。

2. 水平地震作用下框架内力的计算

目前，在工程计算中，常采用反弯点法和 D 值法（改进反弯点法）。反弯点法适用于层数较少、梁柱线刚度比大于 3 的情况，计算比较简单。D 值法近似地考虑了框架节点转动对侧移刚度和反弯点高度的影响，比较精确，得到广泛应用。

3. 竖向荷载作用下框架内力计算

竖向荷载下框架内力近似计算可采用分层法和弯矩二次分配法。

由于钢筋混凝土结构具有塑性内力重分布性质，在竖向荷载下可以考虑适当降低梁端弯矩，进行调幅，以减少负弯矩钢筋的拥挤现象。对于现浇框架，调幅系数 β 可取 0.8～0.9；装配整体式框架由于节点的附加变形，可取 β=0.7～0.8。将调幅后的梁端弯矩叠加简支梁的弯矩，则可得到梁的跨中弯矩。

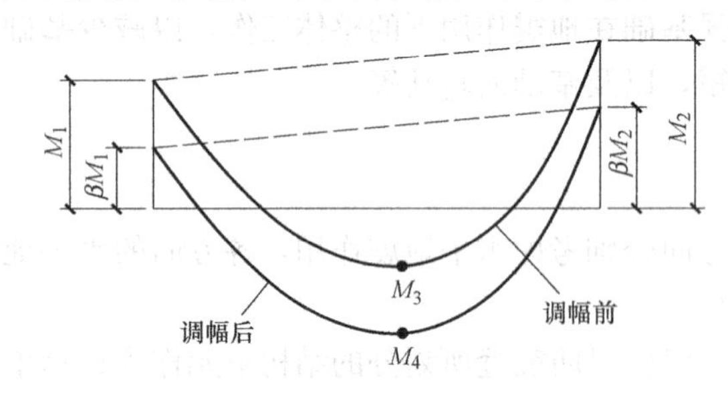

图 3-61 竖向荷载下梁端弯矩调幅

支座弯矩调幅降低后，梁跨中弯矩应相应增加，且调幅后的支座及跨中弯矩不应小于简支情况下跨中弯矩的 1/3。如图 3-61所示，跨中弯矩为：

$$M_4 = M_3 + \left[\frac{1}{2}(M_1 + M_2) - \frac{1}{2}(\beta M_1 + \beta M_2)\right] \tag{3-121}$$

只有竖向荷载作用下的梁端弯矩可以调幅，水平荷载作用下的梁端弯矩不能考虑调幅。因此，必须先将竖向荷载作用下的梁端弯矩调幅后，再与水平荷载产生的弯矩进行组合。

据统计，国内高层民用建筑重量约 12～15kN/m²，其中活载约为 2kN/m²，所占比例较小，其不利布置对结构内力的影响并不大。因此，当活载不很大时，可按全部满载布置。这样，可不考虑框架的侧移，以简化计算。当活载较大时，可将跨中弯矩乘以 1.1～1.2 系数加以修正，以考虑活载不利布置对跨中弯矩的影响。

4. 内力组合

通过框架内力分析，获得了在不同荷载作用下产生的构件内力标准值。进行结构设计时，应根据可能出现的最不利情况确定构件内力设计值，进行截面设计。在框架抗震设计时，一般应考虑以下两种基本组合：

1）地震作用效应与重力荷载代表值效应的组合

抗震设计第一阶段的任务，是在多遇地震作用下使结构有足够的承载力。对于框架结构，一般只考虑水平地震作用与重力荷载代表值时，其内力组合设计值 S 可写成：

$$S=1.2S_{GE}+1.3S_{Eh} \tag{3-122}$$

式中 S_{GE}——相应于水平地震作用下由重力荷载代表值效应的标准值；

S_{Eh}——水平地震作用效应的标准值。

2）竖向荷载效应，包括全部恒载与活载的组合

无地震作用时，结构受到全部恒载和活载的作用。考虑到全部竖向荷载一般比重力荷载代表值要大，且计算承载力时不引入承载力抗震调整系数。这样，就有可能出现在正常竖向荷载下所需的构件承载力要大于水平地震作用下所需要的构件承载力的情况。因此，应进行正常竖向荷载作用下的内力组合，这种组合有可能对某些截面设计起控制作用。对于这种组合，根据现行《建筑结构荷载规范》GB 50011—2010，其荷载效应组合的设计值 S 应从下列两种组合值中取最不利值：

由活荷载效应控制的组合：

$$S=1.2S_G+1.4S_Q \tag{3-123a}$$

由恒荷载效应控制的组合：

$$S=1.35S_G+1.4\psi_c S_Q \tag{3-123b}$$

式中 S_G——由恒载产生的内力标准值；

S_Q——由活载产生的内力标准值；

ψ_c——活荷载组合值系数，对楼屋盖均布活荷载一般取 0.7。

在上述两种荷载组合中，取最不利情况作为截面设计用的内力设计值。当需要考虑竖向地震作用或风荷载作用时，其内力组合设计值可参照有关规定。

5. 位移计算

1）多遇地震作用下层间弹性位移的计算

多遇地震作用下，框架结构的层间弹性位移应满足式（3-48）的要求。对于装配整体式框架，考虑节点刚度降低对侧移的影响，应将计算所得的 Δu_e 增加 20%。

计算层间位移的一般步骤是：

（1）计算梁、柱线刚度；

（2）计算柱侧移刚度 D_j 及 $\sum_{j=1}^{n} D_j$；

（3）确定结构的基本自振周期 T_1；

（4）由本章 3.2.1 节查得设计反应谱特征周期 T_g，确定 α_1；

（5）计算结构底部剪力 F_{EK}；

(6) 按式 (3-120) 计算楼层剪力 V_i；

(7) 求层间弹性位移：

$$\Delta u_{\mathrm{e}}=\frac{V_i}{\sum_{j=1}^{n}D_j} \tag{3-124}$$

(8) 验算是否满足式 (3-48)。

2) 罕遇地震作用下层间弹塑性位移计算

研究表明，结构进入弹塑性阶段后变形主要集中在薄弱层。因此，《建筑抗震设计规范》GB 50011—2010 规定，对于楼层屈服强度系数 ξ_{y} 小于 0.5 的框架结构，尚需进行罕遇地震作用下结构薄弱层的弹塑性变形计算。计算包括确定薄弱层位置、薄弱层层间弹塑性位移计算和验算是否满足弹塑性位移限制等，现分述如下：

(1) 结构薄弱层的确定

根据经验，多高层框架结构的薄弱层，对于均匀结构当自振周期小于 0.8～1.0s 时，一般在底层；对于不均匀结构往往在楼层屈服强度系数最小的楼层（部位）和相对较小的楼层，一般不超过 2～3 处。为了反映结构的均匀性，引入了楼层屈服强度系数 ξ_{y}，即式 (3-49)，注意此时要采用罕遇地震影响系数 $\alpha_{\max}$来求 α_1。

按式 (3-49)，可计算出各楼层的屈服承载力系数 ξ_{y}。如 $\xi_{\mathrm{y}}\geqslant 1$，则表示该层处于或基本处于弹性状态。如 $\xi_{\mathrm{y}}<1$，意味该楼层进入屈服愈深，破坏的可能性也愈大。而楼层屈服强度系数最小者 ξ_{ymin}即为结构薄弱层。

(2) 楼层屈服承载力的确定

为了计算 $\xi_{\mathrm{y}i}$，需要先确定楼层屈服承载力 $V_{\mathrm{y}i}$，而楼层屈服承载力的大小与楼层的破坏机制有关。具体方法如下：

① 计算梁、柱的极限抗弯承载力。计算时，应采用构件实际配筋和材料的强度标准值，不应用材料强度设计值，具体查阅参考文献 [12]。

② 计算柱端截面有效受弯承载力$\widetilde{M}_{\mathrm{c}}$。此时，可根据节点处梁、柱极限抗弯承载力的不同情况，判别该层柱的可能破坏机制（即强柱弱梁型或强梁弱柱型等），确定柱端的有效受弯承载力，具体查阅参考文献 [12]。

③ 计算第 i 层 j 根柱的受剪承载力 $V_{\mathrm{y}ij}$：

$$V_{\mathrm{y}ij}=\frac{\widetilde{M}_{\mathrm{c}ij}^{\mathrm{u}}+\widetilde{M}_{\mathrm{c}ij}^{l}}{H_{\mathrm{n}i}} \tag{3-125}$$

式中 $H_{\mathrm{n}i}$——第 i 层的净高，可由层高 H 减去该层上、下梁高的 1/2 求得。

④ 计算第 i 层的楼层屈服承载力 $V_{\mathrm{y}i}$，将第 i 层各柱的屈服承载力相加即得：

$$V_{\mathrm{y}i}=\sum_{j=1}^{n}V_{\mathrm{y}ij} \tag{3-126}$$

(3) 薄弱层的层间弹塑性位移计算

统计表明，薄弱层的弹塑性位移一般不超过该结构顶点的弹塑性位移，而结构顶点的弹塑性位移与弹性位移之间有较为稳定的关系。经过大量分析表明，对于不超过 12 层且楼层刚度无突变的框架结构和填充墙框架结构可采用简化计算方法，即薄弱层层间的弹塑性位移可用层间位移乘以弹塑性位移增大系数而得（即式 3-50）。

（4）层间弹塑性位移验算

在罕遇地震作用下，根据试验及震害经验，多层框架及填充墙框架的层间弹塑性位移应符合式（3-52）要求。

综上所述，按简化方法验算框架结构在罕遇地震作用下，层间弹塑性位移的一般步骤：

（1）按梁、柱实际配筋计算各构件极限抗弯承载力，并确定楼层屈服承载力 V_{yi}；

（2）按罕遇地震作用下的地震影响系数最大值 α_{max} 和图 3-11 确定 α_1，计算楼层的弹性地震剪力 V_e 和层间弹性位移 Δu_e；

（3）计算楼层屈服强度系数 ξ_{yi}（式 3-49），并找出薄弱层；

（4）计算薄弱层的层间弹塑性位移（式 3-50）；

（5）验算层间位移角，即满足 $\theta_p=\dfrac{\Delta u_p}{h}\leqslant[\theta_p]$。

3.2.4.4 框架柱抗震设计

柱是框架中最主要的承重构件，它是压、弯、剪构件，变形能力不如以弯曲作用为主的梁。要使框架结构具有较好的抗震性能，应该确保柱有足够的承载力和必要的延性。为此，应遵循以下设计原则：

（1）强柱弱梁，使柱尽量不出现塑性铰；

（2）在弯曲破坏之前不发生剪切破坏，使柱有足够的抗剪能力；

（3）控制柱的轴压比不要太大；

（4）加强约束，配置必要的约束箍筋。

1. 强柱弱梁与柱端弯矩设计值的确定

“强柱弱梁”指在强烈地震作用下，结构发生大的水平位移进入非弹性阶段时，为使框架仍有承受竖向荷载的能力而免于倒塌，要求实现梁铰机制，即塑性铰首先在梁上形成，而避免在破坏后危害更大的柱上出现塑性铰。

为此，要求同一节点上、下柱端截面极限受弯承载力之和应大于同一平面内节点左、右梁端截面的极限受弯承载力之和（图 3-62）。《建筑抗震设计规范》GB 50011—2010 规定，一、二、三、四级框架的梁柱节点处，除顶层柱和轴压比小于 0.15 的柱外，有地震作用组合的柱端弯矩应分别符合下列公式要求：

$$\sum M_c=\eta_c\sum M_b \tag{3-127a}$$

一级框架结构和 9 度的一级框架可不符合上式要求，但应符合以下要求：

$$\sum M_c=1.2\sum M_{bua} \tag{3-127b}$$

$$M_{bua}\approx\frac{1}{\gamma_{RE}}f_{yk}A_s^a(h_{b0}-a_s') \tag{3-128}$$

式中 η_c——柱端弯矩增大系数；对框架结构，一、二、三、四级可分别取 1.7、1.5、1.3、1.2；其他结构类型中的框架，一级取 1.40，二级取 1.2，三、四级可取 1.1；

$\sum M_c$——节点上、下柱端顺时针或反时针方向截面组合的弯矩设计值之和；上下柱端弯矩设计值，一般情况可按弹性分析所得弯矩之比分配到上、下柱端；

$\sum M_b$——节点左、右梁端反时针或顺时针方向截面组合的弯矩设计值之和，一级框架节点左右梁端均为负弯矩时，绝对值较小的弯矩应取零；

$\sum M_{bua}$——节点左、右梁端反时针或顺时针方向实配的正截面抗震受弯承载力所对应的弯矩值之和，根据相应的实际配筋面积（应计入梁受压筋和相关楼板钢筋）和材料强度标准值所确定的正截面受弯承载力之和除以梁受弯承载力抗震调整系数 γ_{RE}来求得。

当反弯点不在柱的层高范围内时，柱端截面组合的弯矩设计值可乘以上述柱端弯矩增大系数。

对于轴压比小于 0.15 的柱，包括顶层柱，因其具有与梁相近的变形能力，故可不必满足上述要求。

当柱的组合弯矩设计值$\sum M_c$ 不能满足式（3-127a）或式（3-127b）的要求时，则应按式（3-127a）或式（3-127b）取值进行柱正截面承载力计算。柱上、下端的弯矩值按原有组合弯矩设计值的比例进行分配。

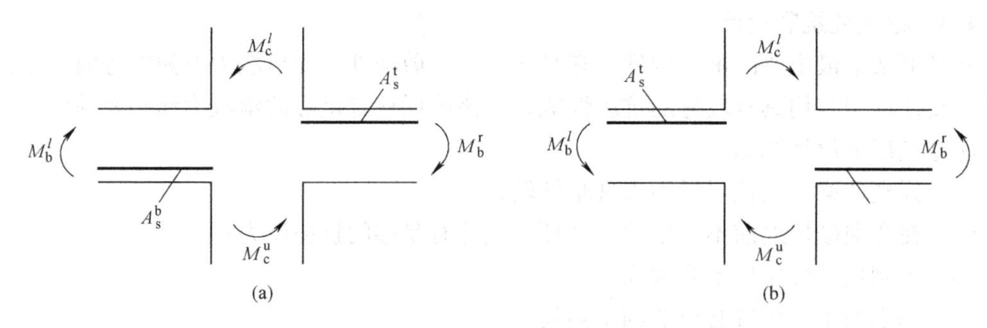

图 3-62　强柱弱梁示意

试验表明，即使满足上述强柱弱梁的计算要求，要完全避免柱中出现塑性铰是很困难的，对于某些柱端，特别是底层柱的底端将会出现塑性铰。因为地震时柱的实际反弯点会偏离柱的中部，使柱的某一端承受的弯矩很大，超过了极限抗弯能力。另外，地震作用可能来自任一方向，柱双向偏心受压会降低柱的承载力，而楼板钢筋参加工作又会提高梁的受弯承载力。凡此种种原因，都会使柱出现塑性铰难以完全避免。国内外研究表明，要真正达到强柱弱梁的目的，柱与梁的极限受弯承载力之比要求在 1.60 以上。而按《建筑抗震设计规范》GB 50011—2010 设计的框架结构这个比值在 1.25 左右。因此，按式(3-127）设计时只能取得在同一楼层中部分为梁铰、部分为柱铰以及不致在柱上、下两端同时出现铰的混合机制，故对框架柱的抗震设计还应采取其他措施，如限制轴压比和剪压比，加强柱端约束箍筋等。

试验研究还表明，框架底层柱根部对整体框架延性起控制作用，柱脚过早出现塑性铰将影响整个结构的变形及耗能能力。随着底层框架梁铰的出现，底层柱根部弯矩亦有增大趋势。为了延缓底层根部铰的发生，使整个结构的塑化过程得以充分发展，而且底层柱计算长度和反弯点有更大的不确定性，故应当适当加强底层柱的抗弯能力。为此，《建筑抗震设计规范》GB 50011—2010 要求一、二、三、四级框架的底层，柱下端截面组合的弯矩设计值，应分别乘以增大系数 1.7、1.5、1.3 和 1.2。底层柱纵向钢筋应按上下端最不利情况配置。

根据上述各项要求所确定的组合弯矩设计值，即可进行柱正截面承载力验算。此时，承载力设计值应按现行《混凝土结构设计规范》GB 50010—2010 计算，但应注意，其承载力设计值应除以承载力抗震调整系数。

2. 在弯曲破坏之前不发生剪切破坏

1）柱剪力设计值

为了防止框架柱出现剪切破坏，一、二、三、四级抗震设计时应将柱的剪力设计值适当放大，以充分估计到如柱端出铰达到极限受弯承载力时有可能产生的最大剪力，以此进行斜截面计算。

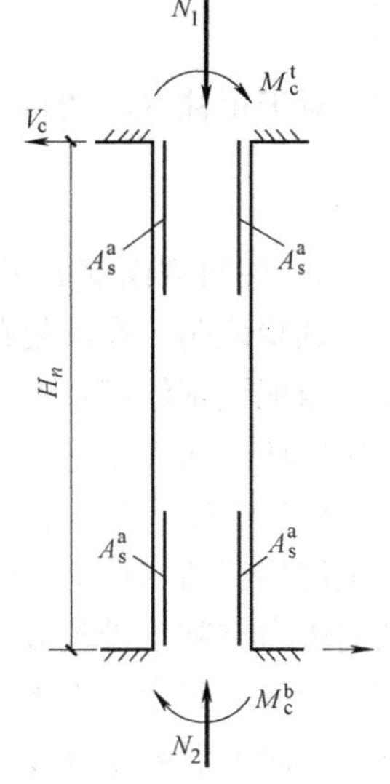

图 3-63 梁柱端部截面的受力

框架柱端部截面组合的剪力设计值 V_c，可按下式计算（图 3-63）：

$$V_c=\eta_{vc}(M_c^u+M_c^l)/H_n \tag{3-129a}$$

一级框架结构及 9 度的一级框架可不按上式调整，但应符合下式要求：

$$V_c=1.2(M_{cua}^u+M_{cua}^l)/H_n \tag{3-129b}$$

$$M_{cua}=\frac{1}{\gamma_{RE}}\left[0.5\gamma_{RE}\times Nh_c\left(1-\frac{\gamma_{RE}N}{\alpha_1 f_{ck}b_c h_c}\right)+f_{yk}A_s^a(h_{c0}-\alpha_s')\right] \tag{3-130}$$

式中 η_{vc}——柱剪力增大系数；对框架结构，一、二、三、四级可分别取 1.5、1.3、1.2、1.1；对其他类型的框架，一级可取 1.4，二级取 1.2，三、四级取 1.1；

H_n——柱的净高；

M_c^u、M_c^l——分别为柱的上、下端顺时针或反时针方向截面组合的弯矩设计值；

M_{cua}^u、M_{cua}^l——分别为偏心受压柱的上、下端顺时针或反时针方向实配的正截面抗震承载力所对应的弯矩值，可根据实际配筋面积、材料强度标准值和轴向力等，按式（3-130）确定或经综合分析比较后确定；

b_c、h_c——分别为柱截面宽度和高度；

h_{c0}——柱截面有效高度；

A_s^a——单边纵向钢筋实配截面面积；

N——有地震作用组合所得柱轴向压力设计值。

考虑到地震扭转效应的影响明显，《建筑抗震设计规范》GB 50011—2010 规定，一、二、三、四级框架的角柱，经上述调整后的柱端组合弯矩值、剪力设计值尚应乘以不小于 1.10 的增大系数。

2）剪压比限值

剪压比是截面上平均剪应力与混凝土轴心抗压强度设计值的比值，以 $V/f_c bh_0$ 表示，用以说明截面上承受名义剪应力的大小。

试验表明，在一定范围由增加箍筋可以提高构件的受剪承载力，但作用在构件上的剪力最终要通过混凝土来传递。如果剪压比过大，混凝土会过早地产生脆性破坏，而箍筋未能从分发挥作用。因此必须限制剪压比，实质上也就是构件最小截面尺寸的限制条件。

考虑地震作用组合的矩形截面的框架柱（$\lambda>2$，λ 为柱的剪跨比），其截面组合剪力设计值应符合下列要求：

$$V_c \leqslant \frac{1}{\gamma_{RE}}(0.2 f_c b_c h_{c0}) \tag{3-131}$$

对于短柱（$\lambda \leqslant 2$），应满足：

$$V_c \leqslant \frac{1}{\gamma_{RE}}(0.15 f_c b_c h_{c0}) \tag{3-132}$$

3）柱斜截面受剪承载力

试验证明，在反复荷载下，框架柱的斜截面破坏，有斜拉、斜压和剪压等几种破坏形态。当配箍率能满足一定要求时，可防止斜拉破坏；当截面尺寸满足一定要求时，可防止斜压破坏，而对于剪压破坏，应通过配筋计算来防止。

研究表明，影响框架柱受剪承载力的主要因素除混凝土强度外尚有，剪跨比、轴压比和配箍特征值（$\rho_{sv} f_y / f_c$）等。剪跨比越大，受剪承载力越低。轴压比小于 0.4 时，由于轴向压力有利于骨料咬合，可以提高受剪承载力；而轴压比过大时混凝土内部产生微裂缝，受剪承载力反而下降。在一定范围内，箍筋越多，受剪承载力也会越高。在反复荷载下，截面上混凝土反复开裂和剥落，混凝土咬合作用有所削弱，这将引起构件受剪承载力的降低。与单调加载相比，在反复荷载下的构件受剪承载力要降低 10%～30%，而箍筋项承载力降低不明显。为此，仍以截面总受剪承载力试验值的下包线作为公式的取值标准，其中将混凝土项取为非抗震情况下混凝土受剪承载力的 60%，而箍筋项则不考虑反复荷载作用的降低。因此，《混凝土结构设计规范》GB 50010—2010 规定，框架柱斜截面受剪承载力按下式计算：

$$V_c \leqslant 1/\gamma_{RE}[1.05 f_t b h_0/(\lambda+1) + f_{yv} A_{sh} h_{c0}/s + 0.056N] \tag{3-133}$$

式中 f_t——混凝土轴心抗拉强度设计值；

λ——框架柱的计算剪跨比，$\lambda = M/(V h_{c0})$；此外，M 宜取柱上、下端组合弯矩设计值的较大者，V 取与 M 对应的剪力设计值；当柱反弯点在层高范围内时，可取 $\lambda = H_n/2h_{c0}$，当 $\lambda<1$ 时，取 $\lambda=1$；当 $\lambda>3$ 时，取 $\lambda=3$；

N——考虑地震作用组合的柱轴向压力设计值；当 $N > 0.3 f_c b_c h_c$ 时，取 $N = 0.3 f_c b_c h_c$；

γ_{RE}——承载力抗震调整系数，取 0.85；

A_{sh}——同一截面内各肢水平箍筋的全部截面面积；

s——箍筋间距。

当考虑地震作用组合的框架柱出现拉力时，其截面抗震受剪承载力应符合下式规定：

$$V_c \leqslant 1/\gamma_{RE}[1.05 f_t b h_0/(\lambda+1) + f_{yv} A_{sh} h_{c0}/s - 0.2N] \tag{3-134}$$

式中 N——考虑地震作用组合的框架柱轴向拉力设计值。

当式（3-134）右边括号内的计算值小于 $f_{yv} A_{sb} h_0/s$ 时，取等于 $f_{yv} A_{sb} h_0/s$，且 $f_{yv} A_{sb} h_0/s$ 值不应小于 $0.36 f_t b h_0$。

3. 控制柱轴压比

轴压比 μ_N 是指有地震作用组合的柱组合轴压力设计值与柱的全截面面积和混凝土轴心抗压强度设计值乘积的比值，以$\frac{N}{b_c h_c f_c}$表示。轴压比是影响柱子破坏形态和延性的主要因素之一。试验表明，柱的位移延性随轴压比增大而急剧下降，尤其在高轴压比条件下，箍筋对柱的变形能力的影响越来越不明显。随轴压比的大小，柱将呈现两种破坏形态，即混凝土压碎而受拉钢筋并未屈服的小偏心受压破坏和受拉钢筋首先屈服具有较好延性的大偏心受压破坏。框架柱的抗震设计一般应控制在大偏心受压破坏范围，因此，必须控制轴压比。

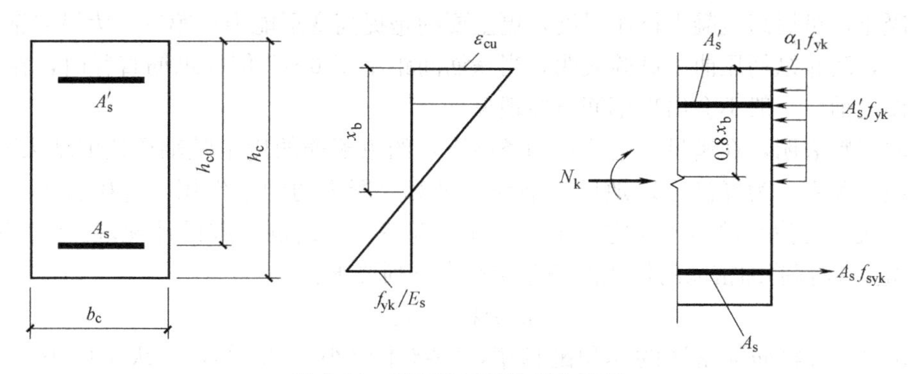

图 3-64 界限破坏时的受力情况

确定轴压比限制的依据是试验研究和界限破坏理论。由界限破坏可知（图 3-64），受拉钢筋屈服，同时混凝土也达到极限压应变（$\varepsilon_{cu}=0.0033$），则受压区相对高度系数 ξ_b 为：

$$\xi_b=\frac{x_b}{h_{c0}}=\frac{0.0033}{0.0033+\dfrac{f_{yk}}{E_s}} \tag{3-135}$$

对于 HPB300、HRB335 级钢筋，ξ_b 分别为 0.70 和 0.66。对称配筋，且承受轴压力标准值 N_k 的作用，利用平衡条件可得受压区高度：

$$x=\frac{N_k}{\alpha_1 f_{ck} b_c}=0.8\xi_b h_{c0} \tag{3-136}$$

对于式（3-136），改写为按轴压力设计值和混凝土轴心受压强度设计值计算，则：

$$\frac{N}{f_c b_c h_c}=0.8\xi_b\left(\frac{N}{N_k}\right)\left(\frac{f_{ck}}{f_{ck}}\right)\left(\frac{f_{ck}}{f_c}\right)\left(\frac{h_{c0}}{h_c}\right)=1.30\xi_b \tag{3-137}$$

对于 HPB300、HRB335 级钢筋，轴压比分别为 0.91 和 0.85，这是对称配筋柱大小偏心受压状态的轴压比分界值。

在此基础上，综合考虑不同抗震等级的延性要求。对于考虑地震作用组合的各种柱轴压比限值见表 3-47。

柱轴压比限值 **表 3-47**

类别	抗震等级			
	一	二	三	四
框架柱	0.65	0.75	0.85	0.90
短柱($\lambda\leqslant 2.0$)	0.60	0.70	0.80	0.85

《建筑抗震设计规范》GB 50011—2010 规定，建造于Ⅳ类场地且较高的高层建筑，柱轴压比限值应适当减小；表 3-47 的限制适用于剪跨比大于 2、混凝土强度等级不高于 C60 的柱；剪跨比 λ 小于 1.5 的柱，轴压比限值应专门研究并采取特殊构造措施。柱轴压比不

应大于1.05。

4. 加强柱端约束

根据震害调查，框架柱的破坏主要集中在柱端1.0～1.5倍柱截面高度范围内。1979年美国加州地震，一幢6层框架，底层柱地面上一段未加密柱箍，发生破坏，因此，应采用加密箍筋的措施约束柱端。加密箍筋可以有三方面作用：第一，承担柱子剪力；第二，约束混凝土，可提高混凝土抗压强度，更主要的是提高变形能力；第三，为纵向钢筋提供侧向支承，防止纵筋压曲。试验表明，当箍筋间距小于6～8倍柱纵筋直径时，在受压混凝土压溃之前，一般不会出现钢筋压曲现象。

试验资料表明，在满足一定位移的条件下，约束箍筋的用量随轴压比的增大而增大，大致呈线性关系。为经济合理地反映箍筋含量对混凝土的约束作用，直接引用配箍特征值。为了避免配箍率过小还规定了最小体积配箍率。《建筑抗震设计规范》GB 50011—2010规定，柱箍筋加密区的体积配箍率应符合下列要求：

$$\rho_v \geq \lambda_v f_c / f_{yv} \tag{3-138}$$

式中　ρ_v——柱箍筋加密区的体积配箍率，一级不应小于0.8%，二级不应小于0.6%，三、四级不应小于0.4%；计算复合螺旋箍的体积配箍率时，其非螺旋箍的箍筋配筋率应乘以折减系数0.8；

f_c——混凝土轴心抗压强度设计值；强度等级低于C35时，应按C35计算；

f_{yv}——箍筋或拉筋抗拉强度设计值；

λ_v——最小配箍特征值，宜按表3-48采用。

柱箍筋加密区的箍筋最小配箍特征值　表3-48

抗震等级	箍筋形式	轴压比								
		≤0.3	0.4	0.5	0.6	0.7	0.8	0.9	1.0	1.05
一	普通箍、复合箍	0.10	0.11	0.13	0.15	0.17	0.20	0.23	—	—
	螺旋箍、复合或连续复合矩形螺旋箍	0.08	0.09	0.11	0.13	0.15	0.18	0.21	—	—
二	普通箍、复合箍	0.08	0.09	0.11	0.13	0.15	0.17	0.19	0.22	0.24
	螺旋箍、复合或连续复合矩形螺旋箍	0.06	0.07	0.09	0.11	0.13	0.15	0.17	0.20	0.22
三、四	普通箍、复合箍	0.06	0.07	0.09	0.11	0.13	0.15	0.17	0.20	0.22
	螺旋箍、复合或连续复合矩形螺旋箍	0.05	0.06	0.07	0.09	0.11	0.13	0.15	0.18	0.20

注：1. 普通箍指单个矩形箍和单个圆形箍；复合箍指由矩形、多边形、圆形箍或拉筋组成的箍筋；复合螺旋箍指由螺旋箍与矩形、多边形、圆形箍或拉筋组成的箍筋；连续复合矩形螺旋箍指全部螺旋箍为同一钢筋加工而成的箍筋；

2. 剪跨比不大于2的柱宜采用复合螺旋箍或井字复合箍，其体积配箍率不小于1.2%，9度时不应小于1.5%。

柱端箍筋加密区的加密区长度、箍筋最大间距、箍筋最小直径等项构造要求，列于表3-49。

柱端加密区的构造要求　　**表 3-49**

抗震等级	加密区长度	箍筋最大间距（采用较小值）(mm)	箍筋最小直径(mm)
一	h_c、$\frac{H_n}{6}$、500 中的最大值	$6d$,100	10
二		$8d$,100	8
三		$8d$,150(柱根 100)	8
四		$8d$,150(柱根 100)	6(柱根 8)

注：d 为柱纵筋最小直径；柱根指底层柱下端箍筋加密区。

一级框架柱的箍筋直径大于 12mm 且箍筋肢距不大于 150mm 及二级框架柱的箍筋直径不小于 10mm 且箍筋肢距不大于 200mm 时，除底层柱下端外，最大间距应允许采用 150mm；三级框架柱的截面尺寸不大于 400mm 时，箍筋最小直径允许采用 6mm；四级框架柱剪跨比不大于 2 时，箍筋直径不应小于 8mm。

剪跨比不大于 2 的柱，箍筋间距不应大于 100mm。

柱的箍筋加密范围除表 3-49 规定柱端加密区长度外，底层柱根部取不小于柱净高的 1/3，当有刚性地面时，除柱端外取刚性地面上下各 500mm；短柱、一级框架的角柱和需要提高变形能力的柱，采用全高加密。

为了有效地约束混凝土以阻止其横向变形和防止纵筋压曲，柱加密区的箍筋肢距，一级不宜大于 200mm；二、三级不宜大于 250mm 和 20 倍箍筋直径的较大值；四级不宜大于 300mm。至少每隔一根纵向钢筋宜在两个方向有箍筋约束。采用拉筋复合箍时，拉筋宜紧靠纵向钢筋并钩住箍筋。

考虑到柱在其层高范围内剪力值不变及可能的扭转影响，为避免非加密区抗剪能力突然降低很多而造成柱中段剪切破坏，《建筑抗震设计规范》GB 50011—2010 规定，柱非加密区的箍筋量不宜小于加密区的 50%，且箍筋间距，一、二级不应大于 10 倍纵向钢筋直径；三、四级不应大于 15 倍纵向钢筋直径。

5. 纵向钢筋的配置

根据国内外 270 余根柱的试验资料，发现柱屈服位移角大小主要受拉钢筋配筋率支配，并且大致随配筋率线性增大。

为了避免地震作用下柱过早进入屈服，并获得较大的屈服变形，必须满足柱纵向钢筋的最小总配筋率（表 3-50）。总配筋率按柱截面中全部纵向钢筋的面积与截面面积之比计算，同时，每一侧配筋率不应小于 0.2%。对建造于Ⅳ类场地且较高的高层建筑，最小配筋率应增加 0.1%。

柱纵向钢筋最小总配筋率（%）　　**表 3-50**

抗震等级	一	二	三	四
中、边柱	0.9(1.0)	0.7(0.8)	0.6(0.7)	0.5(0.6)
角柱、框支柱	1.1	0.9	0.8	0.7

注：1. 表中括号内数值用于框架结构的柱；
2. 钢筋强度标准值小于 400MPa 时，表中数值应增加 0.1；钢筋强度标准值等于 400MPa 时，表中数值应增加 0.05；
3. 混凝土强度等级高于 C60 时，上述数值应相应增加 0.1。

框架柱纵向钢筋的最大总配筋率也应受到控制，过大的配筋率容易产生粘结破坏并降低柱的延性，因此，柱总配筋率不应大于 5%。按一级抗震等级设计且剪跨比不大于 2 时，柱的纵向受拉钢筋单边配筋率不宜大于 1.2%，并应沿柱全高采用复合箍筋，以防止粘结型剪切破坏。截面尺寸大于 400mm 的柱，纵向钢筋间距不宜大于 200mm。边柱、角柱在地震作用组合产生小偏心受拉时，柱内纵筋总截面面积应比计算值增加 25%。柱纵向钢筋的绑扎接头应避开柱端的箍筋加密区。柱纵筋宜对称配置。

当采用搭接接头时，纵向受拉钢筋的抗震搭接长度 l_{lE}应按下式确定：

$$l_{lE}=\zeta_l l_{aE} \tag{3-139}$$

式中 l_{aE}——纵向受拉钢筋的抗震锚固长度，按式（3-145）确定；

ζ_l——纵向受拉钢筋搭接长度修正系数；位于同一连接区段内受拉钢筋搭接接头面积百分率为 50%时取 1.4，为 100%时取 1.6，小于等于 25%时为 1.2。

【例题 3-5】 框架柱抗震设计。已知某框架中柱，抗震等级二级。轴向压力组合设计值 $N=2710\text{kN}$，柱端组合弯矩设计值分别为 $M_c^t=730\text{kN}\cdot\text{m}$ 和 $M_c^b=770\text{kN}\cdot\text{m}$，梁端组合弯矩设计值之和 $\sum M_b=900\text{kN}\cdot\text{m}$。选用柱截面 500mm×600mm，采用对称配筋，经配筋计算后每侧 5Φ25。梁截面 300mm×750mm，层高 4.2m。混凝土强度等级 C30，主筋 HPB335 级钢筋，箍筋 HPB300 级钢筋。

【解】 1）强柱弱梁验算

二级抗震，要求节点处梁柱端组合弯矩设计值应符合：

$$\sum M_c \geqslant 1.5\sum M_b$$

则：

$$\sum M_c=M_c^l+M_c^u=730+770=1500>1.5\times\sum M_b=1.5\times900=1350\text{kN}\cdot\text{m(可)}$$

2）斜截面受剪承载力

（1）剪力设计值

$$V_c=1.3\times\frac{M_c^l+M_c^u}{H_n}$$

$$=1.3\times\frac{730+770}{4.2-0.75}=1.3\times\frac{1500}{3.45}=565.22\text{kN}$$

（2）由于 $\lambda>2$，剪压比应满足 $V_c\leqslant\frac{1}{\gamma_{RE}}(0.2f_cb_ch_{c0})$

$$\frac{1}{\gamma_{RE}}(0.2f_cb_ch_{c0})=\frac{1}{0.85}\times(0.2\times14.3\times500\times560)=942.12\text{kN}>565.22\text{kN(可)}$$

（3）混凝土受剪承载力 V_c

$$V_c=\frac{1.05}{\lambda+1}f_tb_ch_{c0}+0.056$$

由于柱反弯点在层高范围内，取 $\lambda=\frac{H_n}{2h_{c0}}=\frac{3.45}{2\times0.565}=3.08>3.0$，取 $\lambda=3.0$，

$$N=2710000\text{N}>0.3f_cb_ch_{c0}=0.3\times14.3\times500\times560=1201200\text{N}$$

故取 $N=1201.20\text{kN}$。所以，$V_c=\frac{1.05}{3+1}\times14.3\times500\times560+0.056\times1201200=105105+67267.2=172372.2\text{N}$

（4）所需箍筋

$$V_c \leqslant \frac{1}{\gamma_{RE}}\left[\frac{1.05}{\lambda+1}f_t b h_0 + f_{yv}\frac{A_{sh}}{s}h_0 + 0.56\right]$$

$$565220 = \frac{1}{0.85}\left[172372.2 + 300\times\frac{A_{sh}}{s}\times 560\right]$$

$$\frac{A_{sh}}{s} = 1.83\text{mm}^2/\text{mm}$$

对柱端加密区尚应满足：

$$\left.\begin{array}{l} s<8d(8\times25=200\text{mm}) \\ <100\text{mm}\end{array}\right\}取较小者，s=100\text{mm}$$

则需 $A_{sh}=100\times1.83=183\text{mm}^2$。

选用Φ10，4 肢箍，得：

$$A_{sh}=4\times78.5=314\text{mm}^2>183\text{mm}^2(可)$$

对非加密区，仍选用上述箍筋，而 $s=150$mm，

$$A_{sh}=150\times1.83=275\text{mm}^2>50\%\times314\text{mm}^2=157\text{mm}^2(可)$$

且 $s<10d=10\times25=250$mm（可，图 3-65a）。

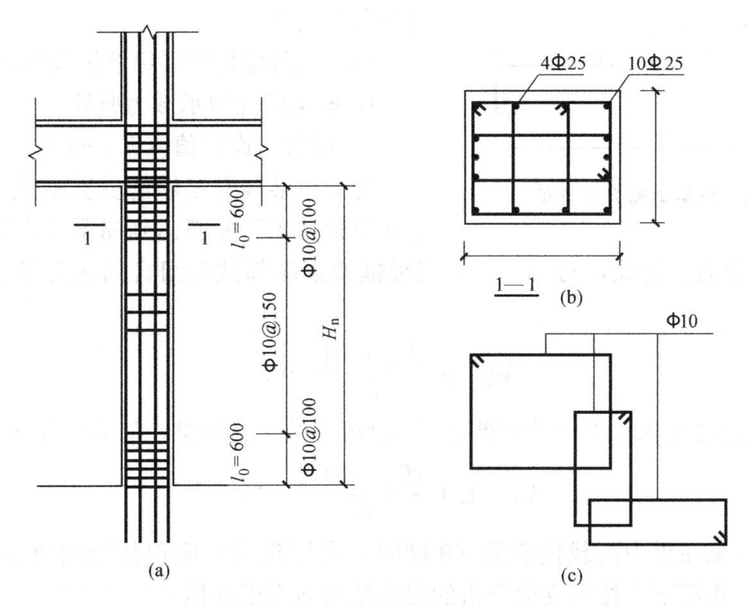

图 3-65 柱配筋图

(a) 立面图；(b) 1—1 剖面图；(c) 箍筋形式

3）轴压比验算

$$\mu_N=\frac{N}{f_c b_c h_c}=\frac{2710000}{14.3\times500\times600}=0.63<0.80(可)$$

4）体积配箍率

根据 $\mu_n=0.63$，由表 3-48 得 $\lambda_v=0.136$，采用井字复合配箍（图 3-65b），其配箍率：

$$\rho_{sv}=\frac{n_1A_{s1}l_1+n_2A_{s2}l_2}{A_{cor}\cdot s}$$

$$=\frac{4\times78.5\times450+4\times78.5\times550}{(450\times550)\times100}=1.27\%>\lambda_v\frac{f_c}{f_{yv}}=0.136\times\frac{14.3}{300}=0.65\%\text{（可）}$$

5）柱端加密区 l_0

$$\left.\begin{array}{c} l_0=h_c=600\text{mm} \\ H_n/6=3450/6=575\text{mm} \\ 500\text{mm} \end{array}\right\}\text{取大者}, l_0=600\text{mm}$$

6）其他

纵向钢筋的总配筋率、间距和箍筋肢距满足《建筑抗震设计规范》GB 50011—2010 的要求，验算从略。

3.2.4.5 框架梁抗震设计

如前所述，框架结构的合理屈服机制是在梁上出现塑性铰，但在梁端出现塑性铰后，随着反复荷载的循环作用，剪力的影响逐渐增加，剪切变形相应加大。因此，既允许塑性铰在梁上出现还要防止由于梁筋屈服渗入节点而影响节点核心的性能，这就是对梁端抗震设计的要求。具体来说，即：

（1）梁形成塑性铰后仍有足够的受剪承载力；

（2）梁纵筋屈服后，塑性铰区段应有较好的延性和耗能能力；

（3）妥善地解决梁纵筋锚固问题。

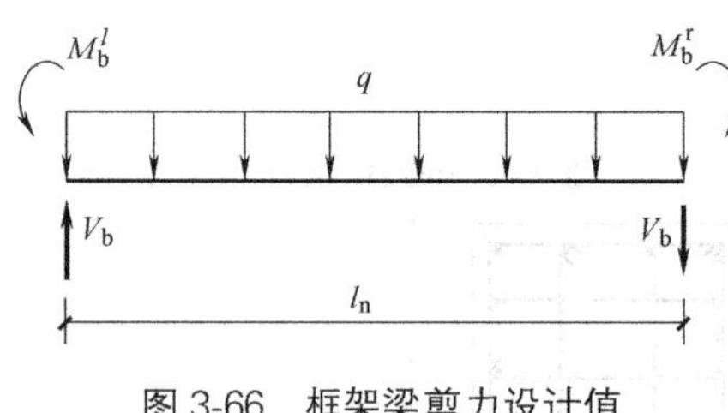

图 3-66 框架梁剪力设计值

1. 框架梁受剪承载力验算

1）梁剪力设计值（图 3-66）

为了使梁端有足够的受剪承载力，应充分估计框架梁端实际配筋达到屈服并产生超强时有可能产生的最大剪力。为此，对一、二、三级框架梁端部截面组合的剪力设计值应按下式调整：

$$V_b=\eta_{vb}\frac{M_b^l+M_b^r}{l_n}+V_{Gb} \tag{3-140}$$

一级框架结构及 9 度的一级框架梁、连梁可不按上式调整，但应符合下式要求：

$$V_b=1.1\frac{M_{bua}^l+M_{bua}^r}{l_n}+V_{Gb} \tag{3-141}$$

式中 V_{Gb}——梁在重力荷载代表值（9 度时，高层建筑还应包括竖向地震作用标准值）作用下，按简支梁分析的梁端截面剪力设计值；

η_{vb}——梁端剪力增大系数，一级取 1.3，二级取 1.2，三级取 1.1；

V_b——梁端截面组合剪力设计值；

M_b^l、M_b^r——分别为梁的左、右端顺时针或逆时针方向截面组合的弯矩值设计值（不考虑弯矩调幅）；对一级框架，两端 M_b 为负值时，绝对值较小者取 $M_b=0$；

l_n——梁的净跨；

M_{bua}^l、M_{bua}^r——分别为梁左、右端顺时针或逆时针方向实配的正截面抗震受弯承载力所对应的弯矩值，可根据实配筋面积（计入受压筋和相关楼板钢筋）和材料强度标准值并应考虑抗震调整系数影响来确定。

2）剪压比限值

梁塑性铰区截面剪应力的大小对梁的延性、耗能及保持梁的刚度和承载力有明显影响。根据反复荷载下配箍率较高的梁剪切试验资料，其极限剪压比平均值约0.24。当剪压比大于0.30时，即使增加配箍，也容易发生斜压破坏。因此，各抗震等级的框架梁端部截面组合的剪力设计值均应符合下列条件：

$$V_b \leqslant \frac{1}{\gamma_{RE}}(0.2\beta_c f_c b h_0) \tag{3-142a}$$

当梁的净跨 $l_n \leqslant 2.5h$ 时，应符合下式要求：

$$V_b \leqslant \frac{1}{\gamma_{RE}}(0.15\beta_c f_c b h_0) \tag{3-142b}$$

式中 γ_{RE}——承载力抗震调整系数，取0.85；

β_c——混凝土强度影响系数，当混凝土强度等级不超过C50时，β_c 取1.0；当混凝土强度等级为C80时，β_c 取0.8；其间按线性内插法确定。

3）斜截面受剪承载力

与非抗震设计类似，梁的受剪承载力可归结为由混凝土和抗剪钢筋两部组成。但是反复荷载作用下，混凝土的抗剪作用将有明显的削弱，其原因是梁的受压区混凝土不再完整，斜裂缝的反复张开和闭合，使骨料咬合作用下降，严重时混凝土将剥落。根据试验资料，反复荷载下梁的受剪承载力比静荷载下约低20%～40%。《混凝土结构设计规范》GB 50010—2010规定，对于矩形、T形和工字形截面的一般框架梁，斜截面受剪承载力应按下式验算：

$$V_b \leqslant \frac{1}{\gamma_{RE}}\left(0.6\alpha_{cv} f_t b h_0 + f_{yv}\frac{A_{sv}}{s}h_0\right) \tag{3-143}$$

式中 α_{cv}——斜截面混凝土受剪承载力系数，对于一般受弯构件取0.7；对集中荷载作用（包括作用有多种荷载，其中集中荷载对支座截面或节点边缘所产生的剪力值占总剪力的75%以上的情况）的独立梁，取 α_{cv} 为 $\frac{1.75}{\lambda+1}$，λ 为计算截面的剪跨比，可取 $\lambda = a/h_0$，当 $\lambda < 1.5$ 时，取1.5，当 $\lambda > 3$ 时，取3，a 取集中荷载作用点至支座截面或节点边缘的距离；

f_{yv}——箍筋抗拉强度设计值；

A_{sv}——同一截面箍筋各肢的全部截面面积；

γ_{RE}——承载力抗震调整系数，一般取0.85；对于一、二级框架短梁，建议可取1.0。

2. 提高梁延性的措施

承受地震作用的框架梁，除了保证必要的受弯和受剪承载力外，更重要的是要具有较好的延性，使梁端塑性铰得到充分开展，以增加变形能力，耗散地震能量。

试验和理论分析表明，影响梁截面延性的主要因素有梁的截面尺寸、纵向钢筋配筋率、剪压比、配箍率、钢筋和混凝土强度等级等。

在地震作用下，梁端塑性铰区混凝土保护层容易剥落。如果梁截面宽度过小则截面损失比例较大，故一般框架梁宽度不宜小于200mm。为了对节点核心区提供约束以提高节点受剪承载力，梁宽不宜小于柱宽的1/2。窄而高的梁不利混凝土约束，也会在梁刚度降低后引起侧向失稳，故梁的高宽比不宜大于4。另外，梁的塑性铰区发展范围与梁的跨高比有关，当跨高比小于4时，属于短梁，在反复弯剪作用下，斜裂缝将沿梁全长发展，从而使梁的延性及承载力急剧降低。所以,《建筑抗震设计规范》GB 50011—2010 规定,梁净跨与截面高度之比不宜小于 4。

《混凝土结构设计规范》50010—2010 规定,纵向受拉钢筋的配筋率不应小于表 3-51 的数值。

框架梁纵向受拉钢筋的最小配筋百分率(%)　　表 3-51

抗震等级	梁中位置	
	支座	跨中
一级	0.4 和 $80f_t/f_y$ 中的较大者	0.3 和 $65f_t/f_y$ 中的较大者
二级	0.3 和 $65f_t/f_y$ 中的较大者	0.25 和 $55f_t/f_y$ 中的较大者
三、四级	0.25 和 $55f_t/f_y$ 中的较大者	0.2 和 $45f_t/f_y$ 中的较大者

试验表明,当纵向受拉钢筋配筋率很高时,梁受压区的高度相应加大,截面上受到的压力也大。在弯矩达到峰值时,弯矩-曲率曲线很快出现下降;当低配筋率时,达到弯矩峰值后能保持相当长的水平段,这样大大提高了梁的延性和耗散能量的能力。因此,梁的变形能力随截面混凝土受压区的相对高度 $\xi(x/h_0)$ 的减小而增大。当 ξ=0.20~0.35 时,梁的位移延性可达 3~4。控制梁受压区高度,也就控制了梁的纵向钢筋配筋率。《建筑抗震设计规范》GB 50011—2010 规定,一级框架梁 ξ 不应大于 0.25,二、三级框架梁 ξ 不应大于 0.35,且梁端纵向受拉钢筋的配筋率均不应大于 2.5%。限制受拉配筋是为了避免剪跨比较大的梁在未达到延性要求之前,梁端下部受压区混凝土过早达到极限压应变而破坏。

另外,梁端截面上纵向受压钢筋与纵向受拉钢筋保持一定的比例,对梁的延性也有较大的影响。其一,一定的受压钢筋可以减小混凝土受压区高度;其二,在地震作用下,梁端可能会出现正弯矩,如果梁底面钢筋过少,梁下部破坏严重,也会影响梁的承载力和变形能力。所以《建筑抗震设计规范》GB 50011—2010 规定,在梁端箍筋加密区,受压钢筋面积和受拉钢筋面积的比值,一级不应小于 0.5,二、三级不应小于 0.3。在计算截面受压区高度时,由于受压筋在梁铰形成时呈现不同程度的压曲失效,一般可按受压筋面积的 60%且不大于同截面受拉筋的 30%考虑。

与框架柱类似,在梁端预期塑性铰区段加密箍筋以约束混凝土,也可提高梁的变形能力,增加延性。《建筑抗震设计规范》GB 50011—2010 对梁端加密区范围的构造要求所做的规定详见表 3-52。《建筑抗震设计规范》GB 50011—2010 还规定,当梁端纵向受拉钢筋配筋率大于 2%时,表 3-52 中箍筋最小直径数值应增大 2mm;加密区箍筋肢距,一级不宜大于 200mm 和 20 倍箍筋直径的较大者,二、三级不宜大于 250mm 和 20 倍箍筋直径的较大值,四级不宜大于 300mm。纵向钢筋每排多于 4 根时,每隔一根宜用箍筋或拉筋固定。

梁端箍筋加密区的构造要求　　表 3-52

抗震等级	加密区长度(取较大值)	箍筋最大间距(取三者中的较小值)	箍筋最小直径/mm	沿梁全长箍筋配筋率(%)
一	$2h_b$,500mm	$6d$,$h_b/4$,100mm	10	$0.3f_t/f_{yv}$
二	$1.5h_b$,500mm	$8d$,$h_b/4$,100mm	8	$0.28f_t/f_{yv}$
三	$1.5h_b$,500mm	$8d$,$h_b/4$,150mm	8	$0.26f_t/f_{yv}$
四	$1.5h_b$,500mm	$8d$,$h_b/4$,150mm	6	$0.26f_t/f_{yv}$

注:d 为纵向钢筋直径;h_b 为梁高。

考虑到地震弯矩的不确定性，梁顶面和底面应有通长钢筋。对于一、二级抗震等级，梁顶面、底面的通长钢筋不应小于 2Φ14 且分别不少于梁顶面和底面纵向钢筋中较大截面面积的 1/4，三、四级则不应少于 2Φ12。

在梁端和柱端的箍筋加密区内，不宜设置钢筋接头。

3. 梁筋锚固

在反复荷载作用下，钢筋与混凝土的黏结强度将发生退化，梁筋锚固破坏是常见的脆性破坏之一。锚固破坏将大大降低梁截面后期受弯承载力和节点刚度。当梁端截面的底面钢筋面积比顶面钢筋面积相差较多时，底面钢筋更容易产生滑动，应设法防止。

梁筋的锚固方式一般有两种，直线锚固和弯折锚固。在中柱常用直线锚固，在边柱常用 90°弯折锚固。

试验表明，直线筋的黏结强度主要与锚固长度、混凝土抗拉强度和箍筋数量等因素有关，也与反复荷载的循环次数有关。反复荷载下粘结强度退化率约为 0.75。因此，可在单调加载的受拉筋最小锚固长度 l_a 基础上增加一个附加锚固长度 Δl，以满足抗震要求。附加锚固长度 Δl 可用下式计算：

$$\Delta l = l_a\left(\frac{1}{0.75}-1\right) \tag{3-144}$$

弯折锚固可分水平锚固段和弯折锚固段两部分（图 3-67）。试验表明，弯折筋的主要持力段是水平段。只是到加载后期，水平段发生粘结破坏、钢筋滑移量相当大时，锚固力才转移由弯折段承担。弯折段对节点核心区混凝土有挤压作用，因而总锚固力比只有水平段要高，但弯折段较短时，其弯折角度有增大趋势，造成节点变形大幅增加，若无足够的箍筋约束或柱侧面混凝土保护层较弱，将使锚固破坏。因此，弯折段长度不能太短，一般要有 15d 左右（d 为纵向钢筋直径）。另外，如无适当的水平段长度，只增加弯折段的长度对提高黏结强度并无显著作用。

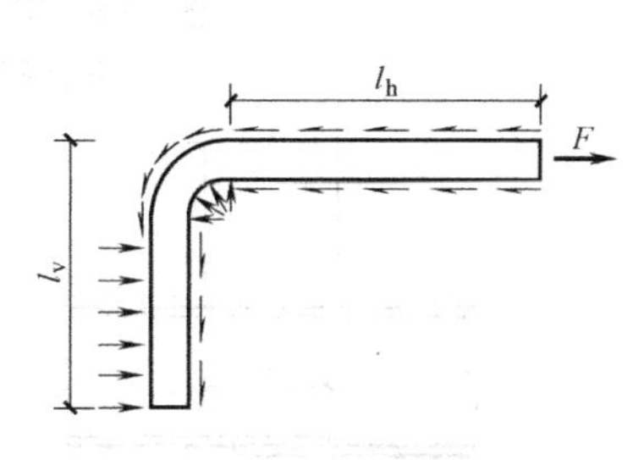

图 3-67 梁筋弯折锚固

根据试验结果，《建筑抗震设计规范》GB 50011—2010 规定：框架梁纵向钢筋在边柱节点的锚固长度 l_{aE}应按下式确定：

$$l_{aE} = \xi_a l_a \tag{3-145}$$

式中 l_a——纵向受拉钢筋非抗震设计的最小锚固长度，按《混凝土结构设计规范》GB 50010—2010 规定；

ξ_a——纵向受拉钢筋锚固长度修正系数，一、二级取 1.15；三级取 1.05，四级取 1.0。

《混凝土结构设计规范》GB 50010—2010 关于框架梁与柱的纵向受力钢筋在节点区锚固和搭接有若干规定，主要包括：①梁纵向钢筋在框架中间层端节点的锚固（图 3-68）；②框架中间层中间节点或连续梁中间支座，梁的上部纵向钢筋应贯穿节点或支座；贯穿中柱的每根梁纵向钢筋直径，对于 9 度设防烈度的各类框架和一级抗震等级的框架结构，当柱为矩形截面时，不宜大于柱在该方向截面尺寸的 1/25，当柱为圆形截面时，不宜大于纵向钢筋所在位置柱截面弦长的 1/25；对一、二、三级抗震等级，当柱为矩形截面时，不宜大于柱在该方向截面尺寸的 1/20；当柱为圆形截面时，不宜大于纵向钢筋所在位置柱截面弦长的 1/20；当必须锚固时，应符合锚固要求（图 3-69）；③ 柱纵向钢筋应贯穿中间层的中间节点或端节点，接头应设在节点区以外。对于柱纵向钢筋在顶层中节点的锚固，见图 3-70；④顶层端节点柱外侧纵向钢筋可弯入梁内作梁上部纵向钢筋，也可将梁上部纵向钢筋与柱外侧纵向钢筋在节点及附近部位搭接（图 3-71）等。具体详见《混凝土结构设计规范》GB 50010—2010。

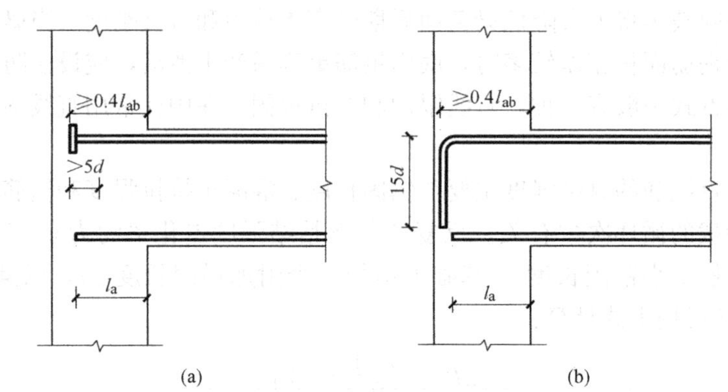

图 3-68 梁上部纵向钢筋在中间层端节点内的锚固

（a）钢筋端部加锚头锚固；（b）钢筋末端 90°弯折锚固

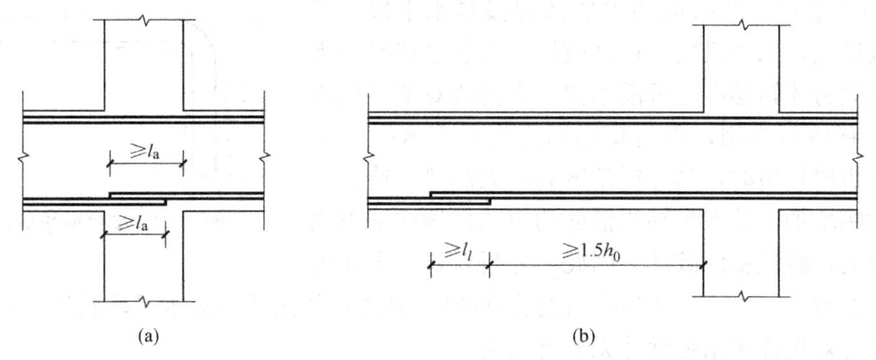

图 3-69 梁下部纵向钢筋在中间节点或中间支座范围的锚固与搭接

（a）下部纵向钢筋在节点中直线锚固；（b）下部纵向钢筋在节点或支座范围外的搭接

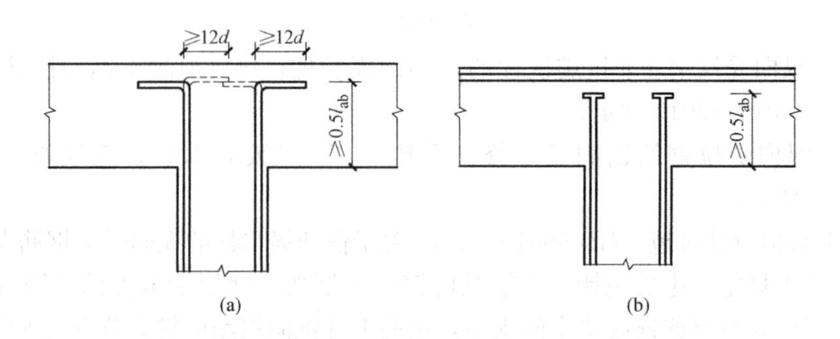

图 3-70 顶层节点中柱纵向钢筋在节点内的锚固

（a）柱纵向钢筋 90°弯折锚固；（b）柱纵向钢筋端头加锚板锚固

【例题 3-6】 框架梁抗震设计。已知梁端组合弯矩设计值如图 3-72 所示，抗震等级为

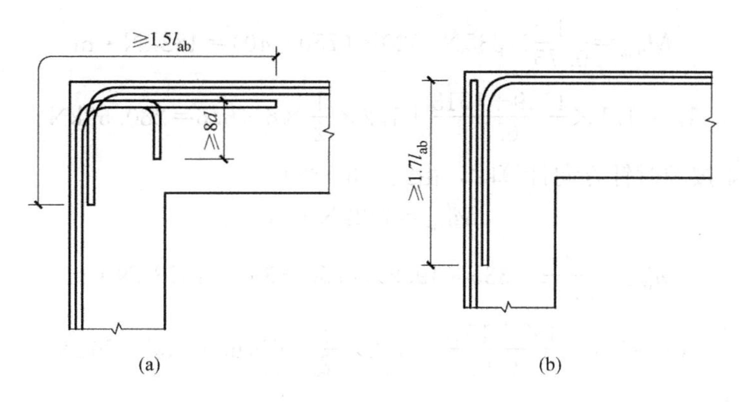

图 3-71 顶层端节点梁、柱纵向钢筋在节点内的锚固与搭接

(a) 搭接接头沿顶层端节点外侧及梁端顶部布置；(b) 搭接接头沿节点外侧直线布置

一级。梁截面尺寸 300mm×750mm。左端实配负弯矩钢筋 7Φ25（A'_s=3436mm²），正弯矩钢筋 4Φ22（A_s^b=1520mm²）；右端实配负弯矩钢筋 10Φ25（A'_s=4909mm²），正弯矩钢筋 4Φ22（A_s^b=1520mm²）。混凝土强度等级 C30，主筋 HRB335 级钢筋，箍筋 HPB300 级钢筋。

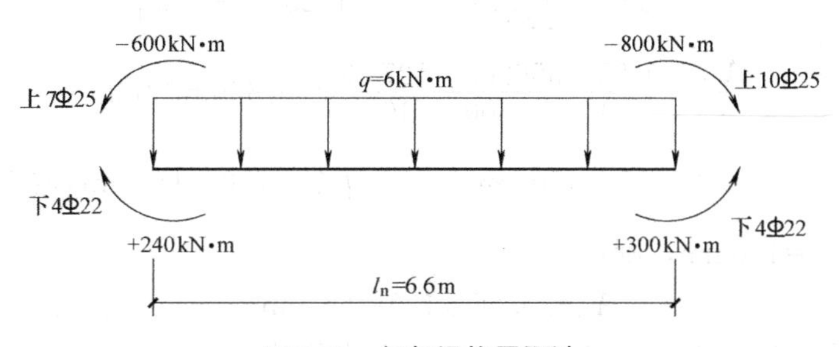

图 3-72 框架梁抗震设计

【解】 1）梁端受剪承载力

（1）剪力设计值

一级抗震：

$$V_b=\eta_{vb}\frac{M_b^l+M_b^l}{l_n}+\frac{1.2}{2}ql_n$$

$$\eta_{vb}=1.3$$

由梁端弯矩按逆时针方向计算时：

$$V_b=1.30\times\frac{600+300}{6.6}+1.2\times\frac{1}{2}\times6\times6.6=1.30\times\frac{900}{6.6}+23.760=201.03\text{kN}$$

当梁端弯矩按顺时针方向计算时

$$V_b=1.30\times\frac{800+240}{6.6}+1.2\times\frac{1}{2}\times6\times6.6=1.30\times\frac{1040}{6.6}+23.760=228.61\text{kN}$$

由式（3-141）：

$$V_b=1.1\frac{M_{bua}^l+M_{bua}^l}{l_n}+\frac{1.2}{2}ql_n$$

当梁端弯矩按逆时针方向计算时，由式（3-128）：

$$M_{bua}^l=\frac{1}{0.75}\times335\times3436\times(750-60)=1059\text{kN}\cdot\text{m}$$

$$M_{\mathrm{bua}}^{\mathrm{r}}=\frac{1}{0.75}\times335\times1520\times(750-40)=482\mathrm{kN\cdot m}$$

$$V_{\mathrm{b}}=1.1\times\frac{1059+1513}{6.6}+1.2\times\frac{1}{2}\times6\times6.6=280.59\mathrm{kN}$$

当梁端弯矩按顺时针方向计算时，由式（3-128）：

$$M_{\mathrm{bua}}^{l}=482\mathrm{kN\cdot m}$$

$$M_{\mathrm{bua}}^{\mathrm{r}}=\frac{1}{0.75}\times335\times4909\times(750-60)=1513\mathrm{kN\cdot m}$$

$$V_{\mathrm{b}}=1.1\times\frac{482+1513}{6.6}+1.2\times\frac{1}{2}\times6\times6.6=356.26\mathrm{kN}$$

（2）剪压比

$$\frac{1}{\gamma_{\mathrm{RE}}}(0.2f_{\mathrm{c}}bh_0)=\frac{1}{0.85}\times(0.2\times14.3\times300\times710)=716.68\mathrm{kN}>356.26\mathrm{kN}(\text{可})$$

（3）斜截面受剪承载力

混凝土受剪承载力：

$$V_{\mathrm{c}}=0.42f_{\mathrm{c}}bh_0=0.42\times1.43\times300\times710=127.93\mathrm{kN}$$

需要箍筋：
$$356260=\frac{1}{0.85}\left(127930+1.25f_{\mathrm{yv}}\frac{A_{\mathrm{sv}}}{s}h_0\right)$$

所以：
$$\frac{A_{\mathrm{sv}}}{s}=\frac{0.85\times356260-127930}{1.25\times300\times710}=0.66\mathrm{mm^2/mm}$$

梁端加密区，$s=6d(6\times25=150\mathrm{mm})$、$\frac{1}{4}h_{\mathrm{b}}\left(\frac{1}{4}\times750=187\mathrm{mm}\right)$或100mm三者中的最小值，所以取$s=100\mathrm{mm}$，则：

$$A_{\mathrm{sv}}=0.66\times100=66.0\mathrm{mm^2}$$

选Φ10，4肢，$A_{\mathrm{sv}}=314\mathrm{mm^2}>66.0\mathrm{mm^2}$（满足要求）。

2）验算配筋率

一级抗震：
$$\rho_{\mathrm{sv}}\geqslant0.3f_{\mathrm{t}}/f_{\mathrm{yv}}$$

中部非加密区，取$s=200\mathrm{mm}$，

$$\rho_{\mathrm{sv}}=\frac{A_{\mathrm{sv}}}{bs}=\frac{314}{300\times200}=0.52\%>0.3\times1.43/300=0.14\%(\text{可})$$

3）梁筋锚固

由《混凝土结构设计规范》GB 50010—2010，得：

$$l_{\mathrm{a}}=\alpha\frac{f_{\mathrm{y}}}{f_{\mathrm{t}}}d=0.14\times\frac{300}{1.43}\times25=734.27\mathrm{mm}$$

一级抗震要求锚固长度：$l_{\mathrm{aE}}=1.15l_{\mathrm{a}}=1.15\times734.27=845\mathrm{mm}$

水平锚固段要求：$l_{\mathrm{h}}\geqslant0.4l_{\mathrm{aE}}=0.4\times845=340\mathrm{mm}$

弯折段要求：$l_{\mathrm{h}}\geqslant15d=15\times25=375\mathrm{mm}$

4）梁端箍筋加密区长度

$$l_0=2.0h_{\mathrm{b}}=2\times750=1500\mathrm{mm}$$

5）柱截面高度

$$h_{\mathrm{c}}=500\mathrm{mm}$$

中柱梁负钢筋直径 d 为 25mm，则 $d \leqslant h_c/20$，满足要求；梁负钢筋锚入边柱水平长度为 470mm＞340mm，满足要求。

梁配筋构造图（图 3-73）中，纵向钢筋的布置和切断点的确定应符合《混凝土结构设计规范》GB 50010—2010 有关规定的要求。

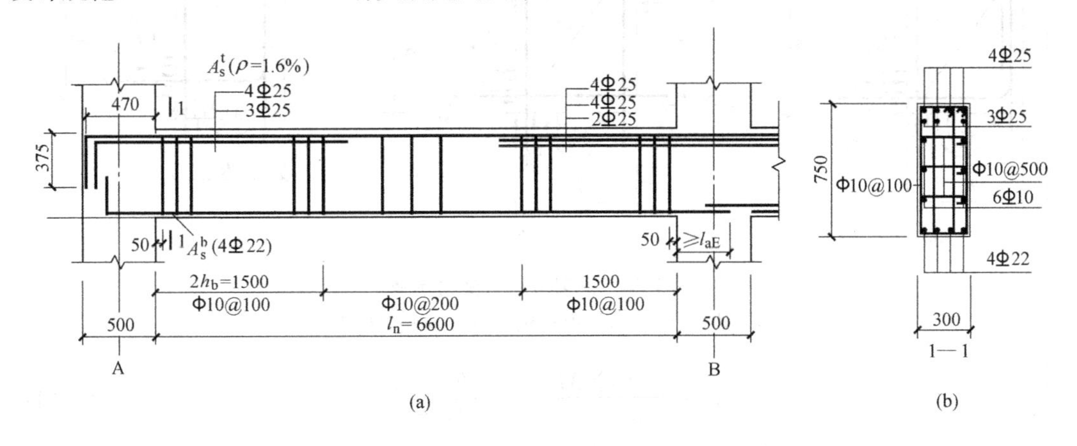

图 3-73　框架梁配筋图

(a) 立面图；(b) 1—1 剖面图

3.2.4.6　框架节点抗震设计

国内外大地震的震害表明，钢筋混凝土框架节点都有不同程度的破坏。严重的会引起整个框架倒塌。节点破坏后的修复也比较困难。

框架节点破坏的主要形式是节点核心区剪切破坏和钢筋锚固破坏。根据“强节点”的设计要求，框架节点的设计准则是：

(1) 节点的承载力不应低于其连接件（梁、柱）的承载力；

(2) 多遇地震时，节点应在弹性范围内工作；

(3) 罕遇地震时，节点承载力的降低不得危及竖向荷载的传递；

(4) 节点配筋不应使施工过分困难。

为此，对框架节点要进行受剪承载力验算，并采取加强约束等构造措施。

1. 节点核心区受剪承载力验算

1) 剪力设计值 V_j

节点核心区是指框架梁与框架柱相交的部位。节点核心区的受力状态很复杂，主要是承受压力和水平剪力的组合作用。图 3-74 表示在地震水平作用和竖向荷载的共同作用下，节点核心区所受到的各种力。作用于节点的剪力来源于梁柱纵向钢筋的屈服甚至超强。对于强柱型节点，水平剪力主要来自框架梁，也包括一部分现浇板的作用。利用节点的平衡条件可得作用于节点核心区的剪力设计值 V_j 分别为：$T-V_c$（图 3-74a），$T_1+C_{a2}+C_{c2}-V_c$（图 3-74b），T（图 3-74c）。《建筑抗震设计规范》GB 50011—2010 规定：

一、二级框架梁柱节点核心区组合的剪力设计值，应按下列公式确定：

$$V_j=\frac{\eta_{jb}\sum M_b}{h_{b0}-a_s'}\left(1-\frac{h_{b0}-a_s'}{H_c-h_b}\right) \tag{3-146}$$

9 度时和一级框架结构尚应符合：

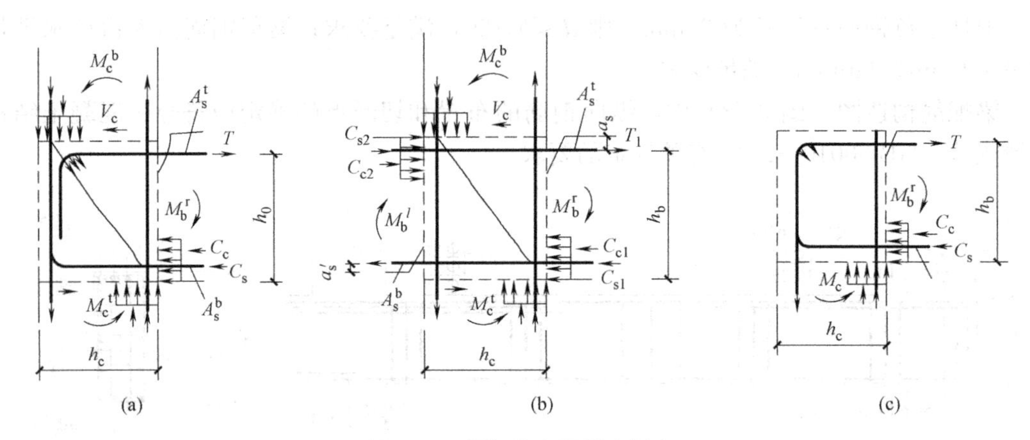

图 3-74 框架节点区受力示意

(a) 边柱节点；(b) 中柱节点；(c) 顶层边柱节点

$$V_j=\frac{1.15\sum M_{bua}}{h_{b0}-a_s'}\left(1-\frac{h_{b0}-a_s'}{H_c-h_b}\right) \tag{3-147}$$

式中 V_j——梁柱节点核心区组合的剪力设计值；

h_{b0}——截面有效高度，节点两侧梁高不等时可采用平均值；

a_s'——梁受压钢筋合力点至受压边缘的距离；

H_c——柱的计算高度，可采用节点上、下柱反弯点之间的距离；

η_{jb}——节点剪力增大系数，一级取 1.35，二级取 1.2；

$\sum M_b$——节点左、右梁端反时针或顺时针方向截面组合的弯矩设计值之和；一级时节点左右梁端均为负弯矩，绝对值较小的弯矩应取零；

$\sum M_{bua}$——节点左、右梁端反时针或顺时针方向实配的正截面抗震受弯承载力所对应的弯矩值之和，可根据实配钢筋面积（计入受压钢筋）和材料强度标准值确定。

计算框架顶层梁柱节点核心区组合的剪力设计值时，式（3-146）、式（3-147）中括号项取消。

抗震等级为三、四级时，核心区剪力较小，一般不需计算，节点箍筋可按构造要求设置。

2）剪压比限值

为了防止节点核心区混凝土斜压破坏，同样要控制剪压比不得过大，但节点核心周围一般都有梁的约束，抗剪面积实际比较大，故减压比限值可放宽，一般应满足：

$$V_j\leqslant\frac{1}{\gamma_{RE}}(0.30\eta_j f_c b_j h_j) \tag{3-148}$$

式中 η_i——节点约束影响系数，楼板现浇，梁柱中线重合，节点四边有梁，梁宽不小于该侧柱宽的 1/2，且正交方向梁高度不小于框架梁高度的 3/4 时，取 $\eta_i=1.5$；9 度时宜采用 1.25；其他情况均取 1.0；

b_j——节点截面有效高度；

h_j——节点核心区的截面高度，可采用验算方向的柱截面有效高度，即 $h_j=h_c$；

γ_{RE} 承载力抗震调整系数，取 0.85。

3）节点受剪承载力

试验表明，节点核心区混凝土初裂前，剪力主要由混凝土承担，箍筋应力很小，节点受力状态类似一个混凝土斜压杆；节点核心出现交叉斜裂缝后，剪力由箍筋与混凝土共同承担，节点受力类似于桁架。

框架节点的受剪承载力可以由混凝土和节点箍筋共同组成。影响受剪承载力的主要因素有，柱轴向力、直交梁约束、混凝土强度和节点配箍情况等。

试验表明，与柱相似，在一定范围内，随着柱轴向压力的增加，不仅能提高节点的抗裂度，而且能提高节点极限承载力。另外，垂直于框架平面的直交梁如具有一定的截面尺寸，对核心区混凝土将具有明显的约束作用，实质上是扩大了受剪面积，因而也提高了节点的受剪承载力。《建筑抗震设计规范》GB 50011—2010 规定，现浇框架节点的受剪承载力按下式计算：

$$V_j \leqslant \frac{1}{\gamma_{RE}}\left[1.1\eta_j f_t b_j h_j + 0.05\eta_j N\frac{b_j}{b_c} + f_{yv}A_{svj}\frac{h_{b0}-a'_s}{s}\right] \tag{3-149a}$$

9 度时：

$$V_j \leqslant \frac{1}{\gamma_{RE}}\left[0.9\eta_j f_t b_j h_j + f_{yv}A_{svj}\frac{h_{b0}-a'_s}{s}\right] \tag{3-149b}$$

式中 N——考虑地震作用组合的节点上柱底部的轴向压力设计值；当 $N>0.5f_c b_c h_c$时，取 $N=0.5f_c b_c h_c$；当 N 为拉力时，取 $N=0$；

f_{yv}——箍筋抗拉强度设计值；

A_{svj}——核心区有效验算宽度范围内同一截面验算方向箍筋的全部截面面积；

f_t——混凝土轴心抗拉强度设计值。

4）节点截面有效宽度

式（3-149）中，$b_c h_c$为柱截面面积，$b_j h_j$为节点截面受剪的有效面积，两者有时并不完全相等。其中节点截面有效宽 b_j 应视梁柱的轴线是否重合等情况，分别按下列公式确定：

（1）当梁柱轴线重合且梁宽 b 不小于该侧柱宽 1/2 时，b_j 可视为与 b_c 相等（图3-75a），即：

$$b_j = b_c \tag{3-150a}$$

（2）当梁柱轴线重合但梁宽 b 不小于该侧柱宽 1/2 时，可采用下列两者中的较小值，即：

$$\left.\begin{aligned} b_j &= b_c \\ b_j &= b+0.5h_c \end{aligned}\right\} \text{取较小者} \tag{3-150b}$$

（3）当梁柱轴线不重合时，如偏心距 e 较大，则梁传到节点的剪力将偏向一侧，这时节点有效宽度 b_j 将小于 b_c（图 3-75b），因此要求偏心距不应大于$\frac{1}{4}b_c$。此时，b_j 取下列中的较小值：

$$\left.\begin{aligned} b_j &= 0.5(b_c+b+0.5h_c)-e \\ b_j &= b+0.5h_c \\ b_j &= b_c \end{aligned}\right\} \text{取较小者} \tag{3-150c}$$

2. 节点构造

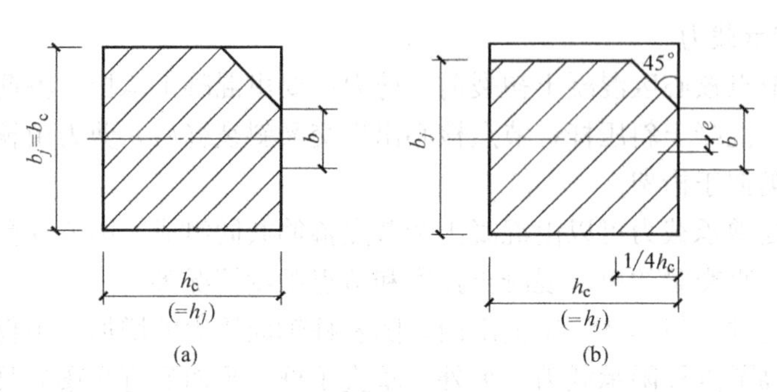

图 3-75　节点截面有效宽度

(a) 梁柱轴线重合；(b) 梁柱轴线有偏心

为保证节点核心区的抗剪承载力，使框架梁、柱纵向钢筋有可靠的锚固条件，对节点核心区混凝土进行有效的约束，节点核心区内箍筋的最大间距和最小直径应满足柱端加密区的构造要求；另一方面，核心区内箍筋的作用与柱端有所不同，为便于施工，适当放宽构造要求。《建筑抗震设计规范》GB 50011—2010 规定，框架节点核心区箍筋的最大间距和最小直径宜按表 3-49 采用，一、二、三级框架节点核心区配箍特征值分别不宜小于 0.12、0.10 和 0.08，且体积配箍率分别不宜小于 0.6%、0.5%和 0.4%。剪跨比不大于 2 的框架节点核心区配箍特征值不宜小于核心区上、下柱端的较大配箍特征值。

本节小结

(1) 抗震等级是确定结构构件抗震计算和抗震措施的标准，可根据设防烈度、房屋高度、建筑类别、结构类型及构件在结构中的重要程度来确定。

(2) 钢筋混凝土结构房屋主要是由共振效应和结构平面或竖向布置不当引起的震害，因此在进行结构布置时平面上宜简单、对称和规则，竖向上要求均匀；应根据建筑功能要求、设防烈度、结构高度以及结构刚度要求等方面合理选择结构体系，并尽量使结构基本周期避开场地卓越周期。

(3) 对于高度不超过 40m、质量和刚度沿高度方向均匀分布的框架结构可采用底部剪力法计算水平地震作用。

(4) 钢筋混凝土框架结构抗震设计应体现“强柱弱梁”“强剪弱弯”“强节点强锚固”的设计原则。

3.2.5　剪力墙结构

本节要点及学习目标

本节要点：

(1) 剪力墙结构的抗震设计要点；

(2) 剪力墙结构的抗震构造措施。

学习目标：

了解剪力墙结构抗震设计要点及构造措施。

剪力墙结构的刚度大，容易满足小震作用下结构尤其是高层建筑结构的位移限值；大震时通过连梁和墙肢底部塑性铰范围内的塑性变形，耗散地震能量。地震作用下剪力墙结构的变形小，破坏程度低，可以设计成延性结构。与其他结构（例如框架结构）同时使用时，剪力墙结构吸收大部分地震作用，降低其他结构构件的抗震要求。设防烈度较高地区（8度及以上）的高层建筑采用剪力墙结构，其优点更为突出。

钢筋混凝土剪力墙结构的设计要求是：在正常使用荷载及小震（或风载）作用下，结构处于弹性工作阶段，裂缝宽度不能过大；在中等强度地震作用下（设防烈度），允许进入弹塑性状态，但应具有足够的承载能力、延性及良好吸收地震能量的能力；在强烈地震作用（罕遇烈度）下，剪力墙不允许倒塌。此外还应保证剪力墙结构的稳定。

3.2.5.1 悬臂剪力墙的抗震性能

1. 悬臂剪力墙的破坏形态

悬臂剪力墙（包括整截面墙和小开口整截面墙）是剪力墙的基本形式，是只有一个墙肢的构件，其抗震性能是剪力墙结构抗震设计的基础。悬臂剪力墙是承受压（拉）、弯、剪的构件，其破坏性态可以归纳为弯曲破坏、弯剪破坏、剪切破坏和滑移破坏等几种形态。弯曲破坏又分为大偏压破坏和小偏压破坏，大偏压破坏是具有延性的破坏形态；小偏压破坏的延性很小。剪切破坏是脆性破坏。

1）剪跨比

剪跨比（M/Vh_{w0}）表示截面上弯矩与剪力的相对大小，是影响剪力墙破坏形态的重要因素。$M/Vh_{w0} \geqslant 2$ 时，以弯矩作用为主，容易实现弯曲破坏，延性较好；$2 > M/Vh_{w0} > 1$ 时，很难避免出现剪切斜裂缝，视设计措施是否得当而可能弯坏，也可能剪坏。按照“强剪弱弯”合理设计，也可能实现延性尚好的弯剪破坏；$M/Vh_{w0} \leqslant 1$ 的剪力墙，一般都出现剪切破坏。在一般情况下，悬臂墙的剪跨比可通过高宽比 H_w/h_w 来间接表示。剪跨比大的悬臂墙表现为高墙（$H_w/h_w > 2$），剪跨比中等的称为中高墙（$H_w/h_w = 1 \sim 2$），剪跨比很小的为矮墙（$H_w/h_w < 1$）。

2）轴压比

轴压比定义为截面轴向平均应力与混凝土轴向受压强度的比值（$N/A_c f_c$），是影响剪力墙破坏形态的另一个重要因素。轴压比大可能形成小偏心破坏，它的延性较小。设计时除了需要限制轴压比数值外，还需要在剪力墙压应力较大的边缘配置箍筋，形成约束混凝土以提高混凝土边缘的极限压应变，改善其延性。

在实际工程中，滑移破坏很少见，可能出现的位置是施工缝截面。

2. 受弯悬臂剪力墙的抗震性能

受弯剪力墙受力性质是压弯构件，影响其抗震性能的最根本因素，是受压区的高度和混凝土的极限压应变值。受压区高度减小或混凝土极限压应变增大，都可以增大截面极限曲率，提高延性。为使受压区高度减小，在不对称配筋情况下，应注意不使受拉钢筋过多而增大受压区高度；在对称配筋情况下，尽可能降低轴向压力。为了使混凝土的极限压应变提高，可在混凝土压区形成端柱或暗柱。柱内箍筋不仅可以约束混凝土，提高混凝土极限压应变，还可以使剪力墙具有较强的边框，阻止斜裂缝迅速贯通全墙。

但是，也应注意到不要使受压区高度与截面有效高度的比值过小，这时虽然受拉钢筋作用得以发挥，但沿剪力墙截面的水平裂缝会很长，使受拉边缘处的裂缝宽度过大，甚至造成受拉钢筋拉断的脆性破坏。因此，应当控制受拉钢筋及分布筋的最小配筋量。

3. 悬臂矮墙的抗震性能

剪跨比 $M/Vh_{w0} \leqslant 1$ 的剪力墙属于矮墙，有两种情况可能形成矮墙：①在悬臂墙中

$H_w/h_w<1$ 的剪力墙；②在底部大空间结构中落地剪力墙的底部，由于框支剪力墙底部的刚度减小，它承受的剪力将通过楼板传给落地剪力墙，使落地剪力墙下部受到较大剪力，造成底部的剪跨比很小。

矮墙几乎都是剪切破坏，然而矮墙也可以通过强剪弱弯设计使它具有一定的延性。但是如果截面上的名义剪应力较高，即使配置了很多抗剪钢筋，它们也并不能充分发挥作用，会出现混凝土挤压破碎形成的剪切滑移破坏。因此，在矮墙中限制名义剪应力并加大抗剪钢筋是防止其突然出现脆性破坏的主要措施。另外，当矮墙中出现斜裂缝后，应由水平钢筋和垂直钢筋共同维持被斜裂缝隔离成各斜向混凝土柱体的平衡，并共同阻止裂缝继续扩大。因此，矮墙的最小配筋率应当提高，竖向及水平分布筋配筋率都不应太小，并宜采用较细直径的钢筋和分布较密的配筋方式，以控制裂缝的宽度。

如果在多层和高层现浇混凝土结构中，采用宽度与高度接近的墙体，一般应沿墙体长度方向（宽方向）将墙“切断”，一方面避免形成矮墙，同时也避免长度很长的剪力墙，长度很长的剪力墙在弯矩作用下形成的水平裂缝很长，裂缝宽度也相对较大。“切断”的方法一般是在剪力墙中开大洞，保留一个“弱连梁”，或仅有楼板作为各墙肢间的联系。

3.2.5.2 联肢剪力墙的抗震性能

1. 联肢剪力墙的抗震性能

联肢剪力墙的抗震性能取决于墙肢的延性、连梁的延性及连梁的刚度和强度。最理想的情况是连梁先于墙肢屈服，且连梁具有足够的延性，待墙肢底部出铰以后形成机构。数量众多的连梁端部塑性铰既可较多地吸收地震能量，又能继续传递弯矩与剪力，而且对墙肢形成约束弯矩，使其保持足够的刚度和承载力。墙肢底部的塑性铰也具有延性，这样的联肢剪力墙延性最好。

若连梁的刚度及抗弯承载力较高时，连梁可能不屈服，这使联肢墙与整体悬臂墙类似，首先在墙底出现塑性铰并形成机构。只要墙肢不过早剪坏，这种破坏仍然属于有延性的弯曲破坏，但是与前者相比，耗能集中在墙肢底部铰上。这种破坏结构不如前者多铰破坏机构好。

当连梁先遭剪切破坏时，会使墙肢丧失约束而形成单独墙肢。此时，墙肢中的轴力减小，弯矩加大，墙的侧向刚度大大降低。但是，如果能保持墙肢处于良好的工作状态，那么结构仍可继续承载，直到墙肢屈服形成机构。只要墙肢塑性铰具有延性，则这种破坏也是属于延性的弯曲破坏，但同样没有多铰破坏机构好。

墙肢剪坏是一种脆性破坏，因而没有延性或者延性很小，应予避免。值得注意的是，设计中往往由于疏忽，将连梁设计过强而引起墙肢破坏。应注意，如果连梁较强而形成整体墙，则应与悬臂墙相类似加强塑性铰区的设计。

由此可见，按“强墙弱梁”原则设计联肢墙，并按“强剪弱弯”原则设计墙肢和连梁，可以得到较为理想的延性联肢墙结构。

2. 连梁的抗震性能

为了能使联肢墙形成理想的多铰机构，具有较大的延性，连梁应具有良好的抗震性能。连梁与普通梁在截面尺寸和受力变形等方面有所不同。连梁通常是跨度小而梁高大（接近深梁），同时竖向荷载产生的弯矩和剪力不大，而是水平荷载下与墙肢相互作用产生的约束弯矩与剪力较大，且约束弯矩在梁两端方向相反。这种反弯作用使梁产生很大的剪切变形，对剪应力十分敏感，容易出现斜裂缝。在反复荷载作用下，连梁易形成交叉斜裂缝，使混凝土酥裂，延性较差。

改善连梁延性的主要措施是限制剪压比和提高配箍数量。限制连梁的平均剪应力，实际上是限制连梁纵筋的配筋数量。跨高比愈小，限制愈严格，有时甚至不能满足弹性计算所得设计弯矩的要求。此时，用加高连梁断面尺寸的做法是不明智的，应当设法降低连梁的弯矩，减小连梁截面高度或提高混凝土等级。

连梁可以通过弯矩调幅实现降低弯矩，即为保证抗震墙“强墙弱梁”的延性要求。当联肢抗震墙中某几层连梁的弯矩设计值超过其最大受弯承载力时，可降低这些部位的连梁弯矩设计值，并将其余部位的连梁弯矩设计值相应提高，以满足平衡条件，如图 3-76 所示。连梁降低弯矩后进行配筋可以使连梁抗弯承载力降低，较早地出现塑性铰，并且可以降低梁中的平均剪应力，改善其延性。连梁弯矩降低得愈多，就愈早出现塑性铰，塑性转动也会愈大，对连梁的延性要求就愈高。所以，连梁的弯矩调幅要适当，且应注意连梁在正常使用荷载作用下，钢筋不能屈服。

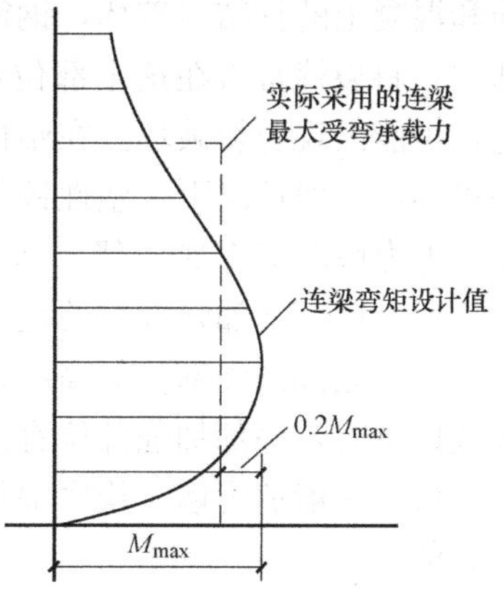

图 3-76 联肢抗震墙连梁的弯矩设计值

3.2.5.3 墙肢的抗震概念设计

1. 按强剪弱弯设计，尽量避免剪切破坏

为避免脆性的剪切破坏，应按照强剪弱弯的要求设计剪力墙墙肢。我国现行《建筑抗震设计规范》GB 50011—2010 采用的方法是将剪力墙底部加强部位的剪力设计值增大，以防止墙底塑性铰区在弯曲破坏前发生剪切脆性破坏。《建筑抗震设计规范》GB 50011—2010 规定，剪力墙底部加强部位墙肢截面的剪力设计值，一、二、三级抗震等级时应按式（3-151）调整，四级抗震等级及无地震作用组合时可不调整：

$$V=\eta_{vw}V_w \tag{3-151}$$

9 度的一级抗震等级可不按上式调整，但应符合：

$$V=1.1\frac{M_{wua}}{M_w}V_w \tag{3-152}$$

式中 V——考虑地震作用组合的剪力墙墙肢底部加强部位截面的剪力设计值；

V_w——考虑地震作用组合的剪力墙墙肢底部加强部位截面的剪力计算值；

M_{wua}——考虑承载力抗震调整系数后的剪力墙墙肢正截面抗弯承载力，应按实际配筋面积和材料强度标准值和轴向力设计值确定，有翼墙时应计入两侧各 1 倍翼墙厚度范围内的纵向钢筋；

M_w——考虑地震作用组合的剪力墙墙肢截面的弯矩设计值；

η_{vw}——剪力增大系数，一级为 1.6，二级为 1.4，三级为 1.2。

对于其他部位，则均采用计算截面组合的剪力设计值。

采用增大的剪力设计值计算抗剪配筋可以使设计的受剪承载力大于受弯承载力，达到受弯钢筋首先屈服的目的。但是剪力墙对剪切变形比较敏感，多数情况下剪力墙底部都会出现斜裂缝，当钢筋屈服形成塑性铰区以后，还可能出现剪切滑移破坏、弯曲屈服后的剪切破坏，也可能出现剪力墙平面外的错断而破坏。因此，剪力墙要做到完全的强剪弱弯，除了适当提高底部加强部位的抗剪承载力外，还需要考虑本节讨论的其他加强措施。

2. 加强墙底塑性铰区，提高墙肢的延性

剪力墙一般都在底部弯矩最大，底截面可能出现塑性铰，底截面钢筋屈服以后由于钢筋和混凝土的粘结力破坏，钢筋屈服范围扩大而形成塑性铰区。塑性铰区也是剪力最大的部位，斜裂缝常常在这个部位出现，且分布在一定范围，反复荷载作用就形成交叉斜裂缝，可能出现剪切破坏。在塑性铰区要采取加强措施，称为剪力墙的底部加强部位。由试验可知，一般情况下，塑性铰发展高度为墙底截面以上墙肢长度 h_w 的范围。为安全起见，设计剪力墙时应将加强部位适当扩大，因此，《建筑抗震设计规范》GB 50011—2010 规定，剪力墙底部加强部位的范围应符合下列规定：

（1）底部加强部位的高度，从地下室顶板算起；当结构计算嵌固端位于地下一层的底板或以下时，底部加强部位宜向下延伸到计算嵌固端；

（2）一般剪力墙结构底部加强部位的高度可取墙肢总高度的 1/10 和底部两层两者的较大值；

（3）房屋高度不大于 24m 时，可取底部一层。

为了迫使塑性铰发生在剪力墙的底部，以增加结构的变形和耗能能力，应加强剪力墙上部的受弯承载力，同时对底部加强区采取提高延性的措施。为此，《建筑抗震设计规范》GB 50011—2010 规定，一级剪力墙中的底部加强部位及其上一层，应按墙肢底部截面组合弯矩设计值采用；其他部位，墙肢截面的组合弯矩设计值应乘以增大系数，其值可采用 1.2。

3. 限制墙肢轴压比，保证墙肢的延性

为了保证剪力墙的延性，避免截面上的受压区高度过大而出现小偏压情况，应当控制剪力墙加强区截面的相对受压区高度。剪力墙截面受压区高度与截面形状有关，实际工程中剪力墙截面复杂，设计时计算受压区高度会增加困难。为此，《建筑抗震设计规范》GB 50011—2010 采用了简化方法，要求限制截面的平均轴压比，一、二、三级抗震等级的剪力墙，其重力荷载代表值作用下的轴压比不宜超过表 3-53 的限值。

墙肢轴压比限值 **表 3-53**

轴压比	一级(9 度)	一级(8 度)	二、三级
$\dfrac{N}{f_c A}$	0.4	0.5	0.6

注：1. N 为重力荷载代表值下剪力墙墙肢的轴向压力设计值；
2. A 为剪力墙墙肢截面面积。

计算墙肢的轴压比时，采用重力荷载代表值作用下的轴力设计值（不考虑地震作用组合），即考虑重力荷载分项系数 1.2 后的最大轴力设计值，计算剪力墙的名义轴压比。应当注意，截面受压区高度不仅与轴压力有关，而且与截面形状有关，在相同的轴压力作用下，带翼缘的剪力墙受压区高度较小，延性相对要好些，矩形截面最为不利。但为了简化，规范中未区分工形、T 形及矩形截面，在设计时，对矩形截面剪力墙墙肢应从严掌握其轴压比。

4. 设置边缘构件，改善墙肢的延性

剪力墙的墙肢两端应设置边缘构件，剪力墙截面两端设置边缘构件是提高墙肢端部混凝土极限压应变、改善剪力墙延性的重要措施。边缘构件分为约束边缘构件和构造边缘构件两类。约束边缘构件是指用箍筋约束的暗柱、端柱和翼墙，其箍筋较多，对混凝土的约束较强；构造边缘构件的箍筋较少，对混凝土约束较差或没有约束。

剪力墙在周期反复荷载作用下的塑性变形能力，与截面纵向钢筋的配筋、端部边缘构件范围、端部边缘构件内纵向钢筋及箍筋的配置，以及截面形状、截面轴压比等因素有关，而墙肢的轴压比是更重要的影响因素。当轴压比较小时，即使在墙端部不设约束边缘构件，剪力墙也具有较好的延性和耗能能力；而当轴压比超过一定值时，不设约束边缘构件的剪力墙，其延性和耗能能力降低。因此，《建筑抗震设计规范》GB 50011—2010 提出根据不同的轴压比采用不同边缘构件的规定，一、二级剪力墙底部加强部位及相邻的上一层应按规定设置约束边缘构件，以提供足够的约束，但墙肢底截面在重力荷载代表值作用下的轴压比小于表 3-54 的规定值时可按规定设置构造边缘构件，以提供适度约束。

剪力墙设置构造边缘构件的最大轴压比 **表 3-54**

抗震等级(设防烈度)	一级(9 度)	一级(7、8 度)	二、三级
轴压比	0.1	0.2	0.3

一、二级抗震设计剪力墙的其他部位以及三、四级抗震设计和非抗震设计的剪力墙墙肢端部均应按下述要求设置边缘构件。

1）约束边缘构件设计

剪力墙端部（图 3-77）设置的约束边缘构件（暗柱、端柱、翼墙和转角墙）应符合下列要求：约束边缘构件沿墙肢的长度 l_c 及配箍特征值 λ_v 宜满足表 3-55 的要求，且一、二级抗震设计时箍筋直径均不应小于 8mm，箍筋间距分别不应大于 100mm 和 150mm。箍筋的配置范围及相应的配箍特征值 λ_v 和 $\lambda_v/2$ 的区域如图 3-77 所示，其体积配筋率 ρ_v 应按下式计算：

$$\rho_v = \lambda_v \frac{f_c}{f_{yv}} \tag{3-153}$$

式中 λ_v——约束边缘构件的配筋特征值，对图 3-77 中 $\lambda_v/2$ 的区域，可计入拉筋。

约束边缘构件纵向钢筋的配置范围不应小于图 3-77 中阴影面积，其纵向钢筋最小截面面积，一、二级抗震设计时分别不应小于图 3-77 中阴影面积的 1.2%和 1.0%，并分别不应小于 6Φ16 和 6Φ14。

约束边缘构件沿墙肢的长度 l_c 及其配箍特征值 λ_v **表 3-55**

抗震等级(设防烈度)		一级(9 度)	一级(8 度)	二级
λ_v		0.2	0.2	0.2
l_c(mm)	暗柱	$0.25h_w$、$1.5b_w$、450 中的最大值	$0.2h_w$、$1.5b_w$、450 中的最大值	$0.2h_w$、$1.5b_w$、450 中的最大值
	端柱、翼墙或转角墙	$0.2h_w$、$1.5b_w$、450 中的最大值	$0.15h_w$、$1.5b_w$、450 中的最大值	$0.15h_w$、$1.5b_w$、450 中的最大值

注：1. 翼墙长度小于其厚度 3 倍时，视为无翼墙剪力墙；端柱截面边长小于墙厚 2 倍时，视为无端柱剪力墙；
2. 约束边缘构件沿墙肢长度 l_c除满足表 3-55 的要求外，当有端柱、翼墙或转角墙时，尚应不小于翼墙厚度或端柱沿墙肢方向截面高度加 300mm；
3. 约束边缘构件的箍筋直径不应小于 8mm，箍筋间距对一级抗震等级不宜大于 100mm，对二级抗震等级不宜大于 150mm；
4. h_w为剪力墙墙肢的长度。

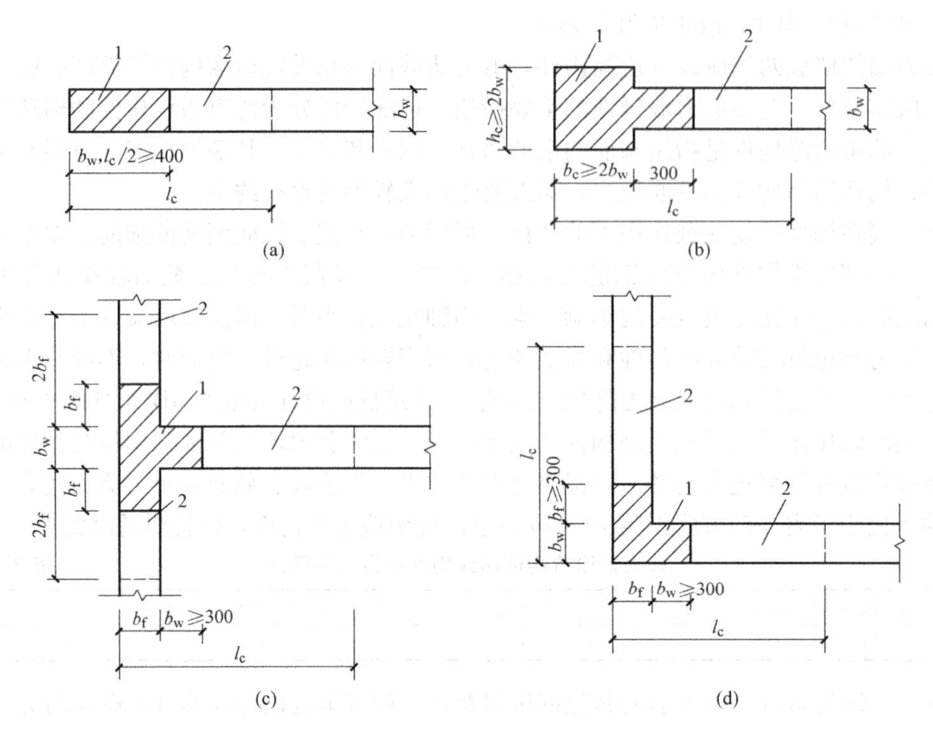

图 3-77 剪力墙的约束边缘构件（单位：mm）

（a）暗柱；（b）端柱；（c）翼墙；（d）转角墙

2）构造边缘构件设计

剪力墙端部设置的构造边缘构件（暗柱、端柱、翼墙和转角墙）的范围，应按图3-78采用。构造边缘构件的纵向钢筋除应满足受弯承载力计算要求外，尚应符合表 3-56 的要求。其他部位的拉筋，水平间距不应大于纵向钢筋间距的 2 倍；转角处宜采用箍筋。当端柱承受集中荷载时，其纵向钢筋及箍筋应满足柱的相应要求。

构造边缘构件的配筋要求 **表 3-56**

抗震等级	底部加强部位			其他部位		
	纵向钢筋最小值（取较大值）	箍筋或拉筋		纵向钢筋最小配筋量	箍筋、拉筋	
		最小直径(mm)	最大间距(mm)		最小直径(mm)	最大间距(mm)
一	0.010A_c，6Φ16	8	100	0.008A_c，6Φ14	8	150
二	0.008A_c，6Φ14	8	150	0.006A_c，6Φ12	8	200
三	0.006A_c，6Φ12	6	150	0.005A_c，4Φ12	6	200
四	0.005A_c，4Φ12	6	200	0.005A_c，4Φ12	6	250

注：1. A_c为图 3-78 中所示的阴影面积；

2. 暗柱沿墙肢的长度，不应小于墙肢厚度、翼墙向墙肢内伸 200mm，且不宜小于 400mm。

5. 控制墙肢截面尺寸，避免过早剪切破坏

1）剪力墙截面的最小厚度

墙肢截面厚度，除了应满足承载力要求外，还要满足稳定和避免过早出现剪切斜裂缝

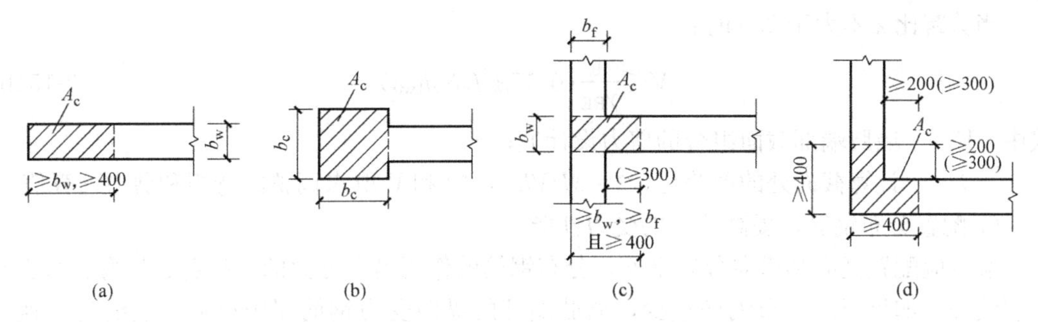

图 3-78 剪力墙的构造边缘构件（单位：mm）

（a）暗柱；（b）端柱；（c）翼墙；（d）转角墙

的要求。通常把稳定要求的厚度称为最小厚度，通过构造要求确定。在实际结构中，楼板是剪力墙的侧向支承，可防止剪力墙由于侧向变形而失稳；与剪力墙平面外相交的剪力墙也是侧向支承，也可防止剪力墙平面外失稳。因此一般来说，剪力墙的最小厚度由楼层高度控制。

《建筑抗震设计规范》GB 50011—2010 规定，按一、二级抗震等级设计的剪力墙的截面厚度，底部加强部位不宜小于层高或无支长度的 1/16，且不应小于 200mm；其他部位不宜小于层高或无支长度的 1/20，且不应小于 160mm；按三、四级抗震等级设计的剪力墙的截面厚度，底部加强部位不宜小于层高或无支长度的 1/20，且不应小于 160mm；其他部位不宜小于层高或无支长度的 1/25，且不应小于 140mm。

2）高宽比限制

剪力墙结构若内纵墙很长，且连梁的跨高比小、刚度大，则墙的整体性好，在水平地震作用下，墙的剪切变形较大，墙肢的破坏高度可能超过底部加强部位的高度。在抗震设计中剪力墙结构应具有足够的延性，细高的剪力墙（高宽比大于 2）容易设计成弯曲破坏的延性剪力墙，从而可避免脆性的剪切破坏。当墙的长度（宽方向）很长时，为了满足每个墙段高宽比大于 2 的要求，可通过开设洞口将长墙分成长度较小、较均匀的联肢墙或整体墙，洞口连梁宜采用约束弯矩较小的弱连梁。弱连梁是指连梁刚度小、约束弯矩很小的连梁（其跨高比宜大于 6），目的是设置了刚度和承载力比较小的连梁后，地震作用下连梁有可能先开裂、屈服，使墙段成为抗震单元，因为连梁对墙肢内力的影响可以忽略，才可近似认为长墙分成了以弯曲变形为主的独立墙段。

此外，墙段长度较小时，受弯产生的裂缝宽度较小，墙体的配筋能够较充分地发挥作用，因此墙段的长度（即墙段截面高度）不宜大于 8m。

3）剪压比限制

墙肢截面的剪压比是截面的平均剪应力与混凝土轴心抗压强度的比值。试验表明，墙肢的剪压比超过一定值时，将较早出现斜裂缝，增加横向钢筋并不能有效提高其受剪承载力，很可能在横向钢筋未屈服的情况下，墙肢混凝土发生斜压破坏，或发生受弯钢筋屈服后的剪切破坏。为了避免这些破坏，应按下列公式限制墙肢剪压比，剪跨比较小的墙（矮墙），限制更加严格。限制剪压比实际上是要求剪力墙墙肢的截面达到一定厚度。

有地震作用组合时，当剪跨比 λ 大于 2.5 时：

$$V \leqslant \frac{1}{\gamma_{RE}}(0.20\beta_c f_c b_w h_{w0}) \tag{3-154a}$$

当剪跨比 λ 不大于 2.5 时：

$$V \leqslant \frac{1}{\gamma_{RE}}(0.15\beta_c f_c b_w h_{w0}) \tag{3-154b}$$

式中 V——墙肢端部截面组合的剪力设计值；

λ——计算截面处的剪跨比，$\lambda = M/Vh_w$，M 和 V 取未调整的弯矩和剪力计算值。

6. 配置分布钢筋，提高墙肢的受力性能

墙肢应配置竖向和横向分布钢筋，分布钢筋的作用是多方面的：抗剪、抗弯、减少收缩裂缝等。如果竖向分布钢筋过少，墙肢端部的纵向受力钢筋屈服以后，裂缝将迅速开展，裂缝的长度大且宽度也大；如果横向分布钢筋过少，斜裂缝一旦出现，就会迅速发展成一条主要斜裂缝，剪力墙将沿斜裂缝被剪坏。因此，墙肢的竖向和横向分布钢筋的最小配筋率是根据限制裂缝开展的要求确定的。在温度应力较大的部位（例如房屋顶层和端山墙，长矩形平面房屋的楼梯间和电梯间剪力墙，端开间的纵向剪力墙等）和复杂应力部位，分布钢筋要求也较多。

《建筑抗震设计规范》GB 50011—2010 规定，剪力墙分布钢筋的配置应符合下列要求：

（1）一般剪力墙竖向和水平分布筋的配筋率，一、二、三级抗震设计时均不应小于 0.25%，四级抗震设计和非抗震设计时均不应小于 0.20%；

（2）一般剪力墙竖向和水平分布钢筋间距均不应大于 300mm；分布钢筋直径均不应小于 8mm；

（3）剪力墙竖向、水平分布钢筋的直径不宜大于墙肢截面厚度的 1/10；

（4）房屋顶层剪力墙以及长矩形平面房屋的楼梯间和电梯间剪力墙、端开间的纵向剪力墙、端山墙的水平和竖向分布钢筋的最小配筋率不应小于 0.25%，钢筋间距不应大于 200mm。

为避免墙表面的温度收缩裂缝，同时使剪力墙具有一定的出平面抗弯能力，墙肢分布钢筋不允许采用单排配筋。当剪力墙截面厚度不大于 400mm 时，可采用双排配筋；当厚度大于 400mm 但不大于 700mm 时，宜采用三排配筋；当厚度大于 700mm 时，宜采用四排配筋。受力钢筋可均匀分布成数排。各排分布钢筋之间的拉接筋间距不应大于 600mm，直径不应小于 6mm，在底部加强部位，约束边缘构件以外的拉接筋间距尚应适当加密。

剪力墙竖向及水平分布钢筋的搭接连接，一、二级抗震等级剪力墙的加强部位，接头位置应错开，每次连接的钢筋数量不宜超过总数量的 50%，错开净距不宜小于 500mm；其他情况剪力墙的钢筋可在同一部位连接。抗震设计时，分布钢筋的搭接长度不应小于 $1.2l_{aE}$。

7. 加强墙肢平面外抗弯能力，避免平面外错断

剪力墙平面外错断主要发生在没有侧向支承的剪力墙中，错断通常发生在一字形剪力墙的塑性铰区，当混凝土在反复荷载作用下挤压破碎形成一个混凝土破碎带时，在竖向重力荷载作用下，纵筋和箍筋几乎没有抵抗平面外错断的能力，容易出现平面外的错断破坏。设置翼缘是改善剪力墙平面外性能的有效措施。

剪力墙的另一种平面外受力是来自与剪力墙垂直相交的楼面梁。剪力墙平面外刚度及承载力相对很小，当剪力墙与平面外方向的梁连接时，会造成墙肢平面外弯矩，而一般情

况下并不验算墙肢的平面外的刚度及承载力。因此，当剪力墙墙肢与其平面外方向的楼面梁连接时，应至少采取以下措施之一，减小梁端部弯矩对墙的不利影响：

（1）沿梁轴线方向设置与梁相连的剪力墙，抵抗该墙肢平面外弯矩；

（2）当不能设置与梁轴线方向相连的剪力墙时，宜在墙与梁相交处设置扶壁柱；扶壁柱宜按计算确定截面及配筋；

（3）当不能设置扶壁柱时，应在墙与梁相交处设置暗柱，并宜按计算确定配筋；

（4）必要时，剪力墙内可设置型钢。

另外，对截面较小的楼面梁可设计为铰接或半刚接，减小墙肢平面外弯矩。铰接端或半刚接端可通过弯矩调幅或梁变截面来实现，此时应相应加大梁跨中弯矩。

3.2.5.4 连梁的抗震概念设计

《建筑抗震设计规范》GB 50011—2010 规定，剪力墙开洞形成的跨高比小于 5 的梁，应按连梁的有关要求进行设计；当跨高比不小于 5 时，宜按框架梁进行设计。这是因为，跨高比小于 5 的连梁，竖向荷载下的弯矩所占比例较小，水平荷载作用下产生的反弯使它对剪切变形十分敏感，容易出现剪切裂缝。连梁应与剪力墙取相同的抗震等级。

设计连梁的特殊要求是：在小震和风荷载作用的正常使用状态下，它起着联系墙肢、加大剪力墙刚度的作用，不能出现裂缝；在中震下它应当首先出现弯曲屈服，耗散地震能量；在大震作用下，可能、也允许它剪切破坏。连梁的设计是剪力墙结构抗震设计的重要环节。

1. 按强剪弱弯设计，尽量避免剪切破坏

为了实现连梁强剪弱弯，推迟剪切破坏，连梁要求按“强剪弱弯”进行设计。《建筑抗震设计规范》GB 50011—2010 规定，有地震作用组合的一、二、三级抗震等级时，跨高比大于 2.5 的连梁的剪力设计值应按下式进行调整：

$$V_b = \eta_{vb}(M_b^l + M_b^r)/l_n + V_{Gb} \tag{3-155a}$$

9 度抗震设计时尚应符合：

$$V_b = 1.1(M_{bua}^l + M_{bua}^r)/l_n + V_{Gb} \tag{3-155b}$$

式中 V_b——连梁端截面的剪力设计值；

l_n——连梁的净跨；

V_{Gb}——连梁在重力荷载代表值（9 度时还应包括竖向地震作用标准值）作用下，按简支梁分析的梁端截面剪力设计值；

M_b^l、M_b^r——梁左、右端截面顺时针或反时针方向考虑地震作用组合的弯矩设计值；对一级抗震等级且两端弯矩均为负弯矩时，绝对值较小的弯矩应取零；

M_{bua}^l、M_{bua}^r——连梁梁左、右端截面顺时针或反时针方向实配的受弯承载力所对应的弯矩值，应按实配钢筋面积（计入受压钢筋）和材料强度标准值并考虑承载力抗震调整系数计算；

η_{vb}——梁端剪力增大系数，一级取 1.3，二级取 1.2，三级取 1.1。

2. 控制连梁截面尺寸，避免过早剪切破坏

虽然可以通过强剪弱弯设计使连梁的受弯钢筋先屈服，但是如果截面平均剪应力过大，在受弯钢筋屈服之后，连梁仍会发生剪切破坏。此时，箍筋并没有充分发挥作用。这种剪切破坏可称为剪切变形破坏，因为它并不是受剪承载力不足，而是剪切变形超过了混

凝土变形极限而出现的剪坏，有一定延性，属于弯曲屈服后的剪坏。试验表明，在普通配筋的连梁中，改善屈服后剪切破坏性能、提高连梁延性的主要措施是控制连梁的剪压比，其次是多配一些箍筋。剪压比是主要因素，箍筋的作用是限制裂缝开展，推迟混凝土破碎，从而推迟连梁破坏。因此，《建筑抗震设计规范》GB 50011—2010 对连梁的截面尺寸提出了剪压比的限制要求，对小跨高比的连梁限制更加严格。

《建筑抗震设计规范》GB 50011—2010 规定对有地震作用组合时，连梁的截面尺寸应满足下列要求：

跨高比大于 2.5 时：

$$V_b \leqslant \frac{1}{\gamma_{RE}}(0.2\beta_c f_c b_b h_{b0}) \tag{3-156a}$$

跨高比不大于 2.5 时：

$$V_b \leqslant \frac{1}{\gamma_{RE}}(0.15\beta_c f_c b_b h_{b0}) \tag{3-156b}$$

式中 V_b——连梁剪力设计值；

β_c——混凝土强度影响系数，当混凝土强度等级不大于 C50 时取 1.0；当混凝土强度等级为 C80 时取 0.8；当混凝土强度等级在 C50 和 C80 之间时可按线性内插取用；

b_b——连梁截面宽度；

h_{b0}——连梁截面有效高度。

3. 调整连梁内力，满足抗震性能要求

剪力墙在水平荷载作用下，其连梁内通常产生很大的剪力和弯矩。由于连梁的宽度往往较小（通常与墙厚相同），这使得连梁的截面尺寸和配筋往往难以满足设计要求，即存在连梁截面尺寸不能满足剪压比限值、纵向受拉钢筋超筋、不满足斜截面受剪承载力要求等问题。若加大连梁截面尺寸，则因连梁刚度的增加而导致其内力也增加。《建筑抗震设计规范》GB 50011—2010 规定，当连梁不满足剪压比的限制要求时，可采用下列方法来处理：

1）减小连梁截面高度。

2）抗震设计的剪力墙中连梁弯矩及剪力可进行塑性调幅，以降低其剪力设计值，但在内力计算时已经将连梁刚度进行了折减，其调幅范围应当限制或不再继续调幅。当部分连梁降低弯矩设计值后，其余部位连梁和墙肢的弯矩设计值应相应提高。

连梁塑性调幅可采用两种方法：一是在内力计算前就将连梁刚度进行折减（规范规定折减系数不宜小于 0.5）；二是在内力计算之后，将连梁弯矩和剪力组合值直接乘以折减系数。两种方法的效果都是减小连梁内力和配筋。无论用什么方法，连梁调幅后的弯矩、剪力设计值不应低于使用状况下的值，也不宜低于比设防烈度低一度的地震作用组合所得的弯矩设计值，其目的是避免在正常使用条件下或较小的地震作用下连梁上出现裂缝。因此建议一般情况下，连梁调幅后的弯矩不小于调幅前弯矩（完全弹性）的 0.8 倍（6～7 度）和 0.5 倍（8～9 度）。在一些由风荷载控制设计的剪力墙结构中，连梁弯矩不宜折减。

3）当连梁破坏对承受竖向荷载无明显影响时，可考虑在大震作用下该连梁不参与工作，按独立墙肢进行第二次多遇地震作用下结构内力分析，墙肢应按两次计算所得的较大内力进行配筋设计。这时就是剪力墙的第二道防线，这种情况往往使墙肢的内力及配筋加大，以保证墙肢的安全。

4. 加强连梁配筋，提高连梁的延性

一般连梁的跨高比都比较小，容易出现剪切斜裂缝，为防止斜裂缝出现后的脆性破坏，除了采取限制其剪压比、加大箍筋配置的措施外，规范还规定了构造上的一些特殊要求，例如钢筋锚固、箍筋加密区范围、腰筋配置等。《建筑抗震设计规范》GB 50011—2010 规定，抗震设计时的连梁配筋应满足下列要求：

(1) 连梁顶面、底面纵向受力钢筋伸入墙内的锚固长度，抗震设计时不应小于 l_{aE}；

(2) 抗震设计时，沿连梁全长箍筋的构造应按框架梁梁端加密区箍筋的构造要求采用；非抗震设计时，沿连梁全长的箍筋直径不应小于 6mm，间距不应大于 150mm；

(3) 顶层连梁纵向钢筋伸入墙体的长度范围内，应配置间距不大于 150mm 的构造箍筋，箍筋直径应与该连梁的箍筋直径相同；

(4) 墙体水平分布钢筋应作为连梁的腰筋在连梁范围内拉通连续配置；当连梁截面高度大于 700mm 时，其两侧面沿梁高范围设置的纵向构造钢筋（腰筋）的直径不应小于 10mm，间距不应大于 200mm；对跨高比不大于 2.5 的连梁，梁两侧的纵向构造钢筋（腰筋）的面积配筋率不应小于 0.3%。

3.2.5.5 剪力墙结构的截面抗震验算

1. 墙肢正截面偏心受压承载力验算

剪力墙墙肢在竖向荷载和水平荷载作用下属偏心受力构件，它与普通偏心受力柱的区别在于截面高度大、宽度小，有均匀的分布钢筋。因此，截面设计时应考虑分布钢筋的影响并进行平面外的稳定验算。

偏心受压墙肢可分为大偏压和小偏压两种情况。当发生大偏压破坏时，位于受压区和受拉区的分布钢筋都可能屈服。但在受压区，考虑到分布钢筋直径小，受压易屈曲，因此设计中可不考虑其作用。受拉区靠近中和轴附近的分布钢筋，其拉应力较小，可不考虑，而设计中仅考虑距受压区边缘 $1.5x$（x 为截面受压区高度）以外的受拉分布钢筋屈服。当发生小偏压破坏时，墙肢截面大部分或全部受压，因此可认为所有分布钢筋均受压易屈曲或部分受拉但应变很小而忽略其作用，故设计时可不考虑分布筋的作用，即小偏压墙肢的计算方法与小偏压柱完全相同，但需验算墙体平面外的稳定。大、小偏压墙肢的判别可采用与大、小偏压柱完全相同的判别方法。

建立在上述分析基础上，矩形、T形、工形偏心受压墙肢的正截面受压承载力可按下列公式计算（图 3-79）：

$$N \leqslant \frac{1}{\gamma_{RE}}(A'_s f'_y - A_s \sigma_s - N_{sw} + N_c) \tag{3-157}$$

$$N\left(e_0 + h_{w0} - \frac{h_w}{2}\right) \leqslant \frac{1}{\gamma_{RE}}[A'_s f'_y (h_{w0} - a'_s) - M_{sw} + M_c] \tag{3-158}$$

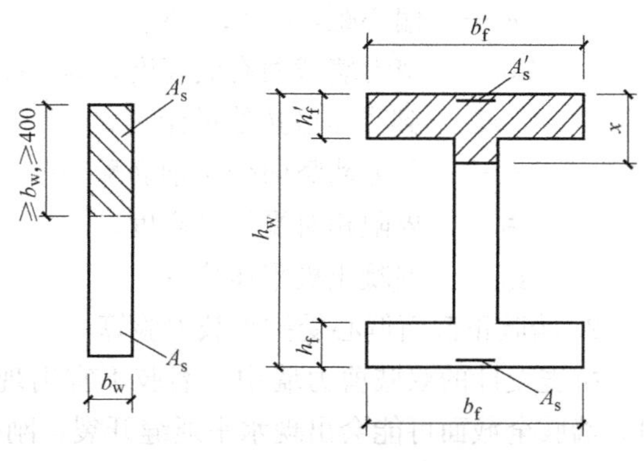

图 3-79 剪力墙截面

当 $x > h'_f$ 时：

$$N_c = \alpha_1 f_c b_w x + \alpha_1 f_c (b'_f - b_w) h'_f \tag{3-159a}$$

$$M_c = \alpha_1 f_c b_w x \left(h_{w0} - \frac{x}{2}\right) + \alpha_1 f_c (b'_f - b_w) h'_f \left(h_{w0} - \frac{h'_f}{2}\right) \tag{3-159b}$$

当 $x \leqslant h'_f$ 时：

$$N_c = \alpha_1 f_c b'_f x \tag{3-160a}$$

$$M_c = \alpha_1 f_c b'_f x \left(h_{w0} - \frac{x}{2}\right) \tag{3-160b}$$

当 $x \leqslant \xi_b h_{w0}$ 时：

$$\sigma_s = f_y \tag{3-161a}$$

$$N_{sw} = (h_{w0} - 1.5x) b_w f_{yw} \rho_w \tag{3-161b}$$

$$M_{sw} = \frac{1}{2}(h_{w0} - 1.5x)^2 b_w f_{yw} \rho_w \tag{3-161c}$$

当 $x > \xi_b h_{w0}$ 时：

$$\sigma_s = \frac{f_y}{\xi_b - \beta_1}\left(\frac{x}{h_{w0}} - \beta_1\right) \tag{3-162a}$$

$$N_{sw} = 0 \tag{3-162b}$$

$$M_{sw} = 0 \tag{3-162c}$$

$$\xi_b = \frac{\beta_1}{1 + \dfrac{f_y}{E_s \varepsilon_{cu}}} \tag{3-162d}$$

式中 γ_{RE}——承载力抗震调整系数；

N_c——受压区混凝土受压合力；

M_c——受压区混凝土受压合力对端部受拉钢筋合力点的力矩；

σ_s——受拉区钢筋应力；

N_{sw}——受拉区分布钢筋受拉合力；

M_{sw}——受拉区分布钢筋受拉合力对端部受拉钢筋合力点的力矩；

f_y、f'_y、f_{yw}——剪力墙端部受拉、受压钢筋和墙体竖向分布钢筋强度设计值；

α_1、β_1——计算系数，当混凝土强度等级不超过 C50 时分别取 1.0 和 0.8；

f_c——混凝土轴向抗压强度设计值；

e_0——偏心距，$e_0 = M/N$；

h_{w0}——剪力墙截面有效高度，$h_{w0} = h_w - a_s$；a'_s为剪力墙受压区端部钢筋合力点到受压区边缘的距离；

ρ_w——剪力墙竖向分布钢筋配筋率；

ξ_b——界限相对受压区高度；

ε_{cu}——混凝土极限压应变。

2. 墙肢正截面偏心受拉承载力验算

抗震设计的双肢剪力墙中，墙肢不宜出现小偏心受拉。这是因为，墙肢小偏心受拉时，墙肢全截面可能会出现水平通缝开裂，刚度降低，甚至失去抗剪能力，此时荷载产生的剪力将全部转移到另一个墙肢而导致其抗剪承载力不足，使之也破坏。当双肢剪力墙的一个墙肢为大偏拉时，墙肢易出现裂缝，使其刚度降低，剪力将在墙肢中重新分配，此时，可将另一受压墙肢的弯矩、剪力设计值乘以增大系数1.25，以提高受弯、受剪承载力，推迟其屈服。

矩形截面偏心受拉墙肢的正截面承载力，建议按近似公式（3-163）计算：

$$N \leqslant \frac{1}{\gamma_{RE}} \frac{1}{\dfrac{1}{N_{0u}} + \dfrac{e_0}{M_{wu}}} \tag{3-163}$$

其中：

$$N_{0u} = 2A_s f_y + A_{sw} f_{yw} \tag{3-164a}$$

$$M_u = A_s f_y (h_{w0} - a'_s) + A_{sw} f_{yw} \frac{h_{w0} - a'_s}{2} \tag{3-164b}$$

式中 A_{sw}——剪力墙腹板竖向分布钢筋的全部截面面积。

3. 墙肢斜截面受剪承载力验算

在剪力墙设计时，通过构造措施防止发生剪拉破坏或斜压破坏，通过计算确定墙中水平钢筋，防止发生剪切破坏。偏压构件中，轴压力有利于抗剪承载力，但压力增大到一定程度后，对抗剪的有利作用减小，因此需对轴力的取值加以限制。《建筑抗震设计规范》GB 50011—2010规定，偏心受压墙肢斜截面受剪承载力按公式（3-165）计算：

$$V_w \leqslant \frac{1}{\gamma_{RE}} \left[\frac{1}{\lambda - 0.5} \left(0.4 f_t b_w h_{w0} + 0.1 N \frac{A_w}{A} \right) + 0.8 f_{yh} \frac{A_{sh}}{s} h_{w0} \right] \tag{3-165}$$

式中 N——考虑地震作用组合的剪力墙轴向压力设计值中的较小值，当 $N > 0.2 f_c b_w h_w$ 时，取 $N = 0.2 f_c b_w h_w$；

A——剪力墙全截面面积；

A_w——T形或I形墙肢截面腹板的面积，矩形截面时，取 $A_w = A$；

λ——计算截面处的剪跨比，$\lambda = M_w/(V_w h_{w0})$，当 $\lambda < 1.5$ 时，取 $\lambda = 1.5$；当 $\lambda > 2.2$ 时，取 $\lambda = 2.2$；

M_w——与 V_w 相应的弯矩值，当计算截面与墙底之间的距离小于 $0.5h_{w0}$ 时，λ 应按距墙底 $0.5h_{w0}$ 处的弯矩值与剪力值计算；

A_{sh}——配置在同一截面内的水平分布钢筋截面面积之和；

f_{yh}——水平分布钢筋抗拉强度设计值；

s——水平分布钢筋间距。

偏拉构件中，考虑了轴向拉力的不利影响，轴力项用负值。《建筑抗震设计规范》GB 50011—2010规定，偏心受拉墙肢斜截面受剪承载力按公式（3-166）计算：

$$V_w \leqslant \frac{1}{\gamma_{RE}} \left[\frac{1}{\lambda - 0.5} \left(0.4 f_t b_w h_{w0} - 0.1 N \frac{A_w}{A} \right) + 0.8 f_{yh} \frac{A_{sh}}{s} h_{w0} \right] \tag{3-166}$$

式（3-166）右端方括号内的计算值小于 $0.8 f_{yh} \frac{A_{sh}}{s} h_{w0}$ 时，取 $0.8 f_{yh} \frac{A_{sh}}{s} h_{w0}$。

4. 墙肢施工缝的抗滑移验算

剪力墙的施工，是分层浇筑混凝土的，因而层间留有水平施工缝。唐山大地震灾害调查和剪力墙结构模型试验表明，水平施工缝在地震中容易开裂。规范规定，按一级抗震等级设计的剪力墙，要防止水平施工缝处发生滑移。考虑了摩擦力的有利影响后，要验算通过水平施工缝的竖向钢筋是否足以抵抗水平剪力。已配置的端部和分布竖向钢筋不够时，可设置附加插筋，附加插筋在上、下层剪力墙中都要有足够的锚固长度。

《建筑抗震设计规范》GB 50011—2010 规定，一级抗震等级的剪力墙，其水平施工缝处的受剪承载力应符合下列规定：

当 N 为轴向压力时：

$$V_{\mathrm{w}} \leqslant \frac{1}{\gamma_{\mathrm{RE}}}(0.6 f_{\mathrm{y}} A_{\mathrm{s}} + 0.8N) \tag{3-167a}$$

当 N 为轴向拉力时：

$$V_{\mathrm{w}} \leqslant \frac{1}{\gamma_{\mathrm{RE}}}(0.6 f_{\mathrm{y}} A_{\mathrm{s}} - 0.8N) \tag{3-167b}$$

式中 V_{w}——水平施工缝处考虑地震作用组合的剪力设计值；

N——考虑地震作用组合的水平施工缝处的轴向力设计值；

A_{s}——剪力墙水平施工缝处全部竖向钢筋截面面积，包括竖向分布钢筋、附加竖向插筋以及边缘构件（不包括两侧翼墙）纵向钢筋的总截面面积；

f_{y}——竖向钢筋抗拉强度设计值。

5. 连梁正截面受弯和斜截面受剪承载力验算

连梁截面验算包括正截面受弯及斜截面受剪承载力两部分。正截面受弯验算与普通框架梁相同，由于一般连梁都是上下配相同数量钢筋，可按双筋截面验算，受压区很小，通常用受拉钢筋对受压钢筋取矩，就可得到受弯承载力，即：

$$M \leqslant \frac{1}{\gamma_{\mathrm{RE}}} f_{\mathrm{y}} A_{\mathrm{s}} (h_{\mathrm{b0}} - a'_{\mathrm{s}}) \tag{3-168}$$

连梁有地震作用组合时的斜截面受剪承载力，应按下列公式计算：

跨高比大于 2.5 时：

$$V \leqslant \frac{1}{\gamma_{\mathrm{RE}}}\left(0.42 f_{\mathrm{t}} b_{\mathrm{b}} h_{\mathrm{b0}} + f_{\mathrm{yv}} \frac{A_{\mathrm{sv}}}{s} h_{\mathrm{b0}}\right) \tag{3-169a}$$

跨高比不大于 2.5 时：

$$V \leqslant \frac{1}{\gamma_{\mathrm{RE}}}\left(0.38 f_{\mathrm{t}} b_{\mathrm{b}} h_{\mathrm{b0}} + 0.9 f_{\mathrm{yv}} \frac{A_{\mathrm{sv}}}{s} h_{\mathrm{b0}}\right) \tag{3-169b}$$

式中 b_{b}、h_{b0}——连梁截面的宽度和有效高度。

本节小结

（1）剪力墙结构的设计要求是：在正常使用荷载及小震（或风载）作用下，结构处于弹性工作阶段，裂缝宽度不能过大；在中等强度地震作用下（设防烈度），允许进入弹塑性状态，但应具有足够的承载能力、延性及良好吸收地震能量的能力；在强烈地震作用（罕遇烈度）下，抗震墙不允许倒塌。此外还应保证剪力墙结构的稳定。

（2）剪力墙结构的截面抗震验算主要包括墙肢正截面偏心受压承载力验算、墙肢正截面偏心受拉承载力验算、墙肢斜截面受剪承载力验算、墙肢施工缝的抗滑移验算、连梁正截面受弯和斜截面受剪承载力验算。

3.2.6 框架-剪力墙结构

本节要点及学习目标

本节要点：

（1）框架-剪力墙结构的抗震设计要点；

（2）框架-剪力墙结构的抗震构造措施。

学习目标：

了解框架-剪力墙结构抗震设计要点及构造措施。

3.2.6.1 抗震性能

1. 框架-剪力墙结构的共同工作特性

框架-剪力墙结构（以下简称“框剪结构”）是通过刚性楼盖使钢筋混凝土框架和剪力墙协调变形共同工作的。对于纯框架结构，柱轴向变形所引起的倾覆状的变形影响是次要的。由D值法可知，框架结构的层间位移与层间总剪力成正比，因层间剪力自上而下越来越大，故层间位移也是自上而下越来越大，这与悬臂梁的剪切变形相一致，故称为剪切型变形。对于纯剪力墙结构，其在各楼层处的弯矩等于荷载在该楼面标高处的倾覆力矩，该力矩与剪力墙纵向变形的曲率成正比，其变形曲线凸向原始位移，这与悬臂梁的弯曲变形相一致，故称为弯曲型变形。当框架与剪力墙共同作用时，两者变形必须协调一致。在下部楼层，剪力墙位移较小，它使得框架必须按弯曲型曲线变形，使之趋于减少变形，剪力墙协助框架工作，荷载在结构中引起的总剪力将大部分由剪力墙承受；在上部楼层，剪力墙外倾，而框架内收，协调变形的结果是框架协助剪力墙工作，顶部较小的总剪力主要由框架承担，而剪力墙仅承受来自框架的负剪力。上述共同工作结果对框架受力十分有利，其受力比较均匀，故其总的侧移曲线为弯剪型，见图3-80。

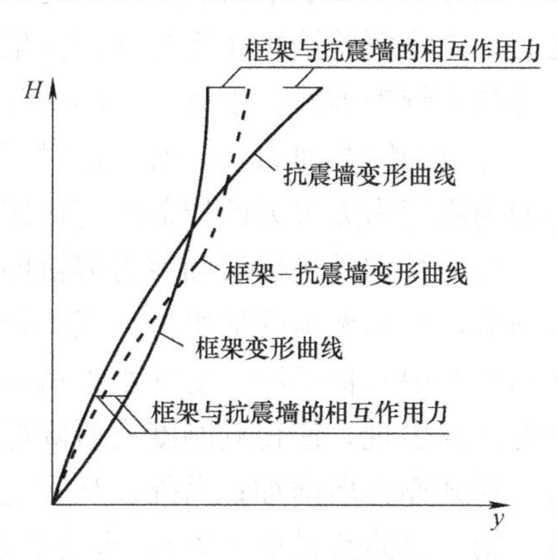

图3-80 结构侧移曲线

2. 剪力墙的合理数量

一般来讲，多设剪力墙可以提高建筑物的抗震性能，减轻震害，但是，如果剪力墙超过了合理的数量，就会增加建筑物的造价。这是因为随着剪力墙的增加，结构刚度也随之增大，周期缩短，于是作用于结构的地震力也将加大。因此，必有一个合理的剪力墙数量，能兼顾抗震性能和经济性两方面的要求。基于国内的设计经验，表3-57列出了底层结构截面面积（即剪力墙截面面积A_w和柱截面面积A_c之和）与楼面面积之比A_f、剪力墙截面面积A_w与楼面面积A_f之比的合理范围。

剪力墙合理数量 **表3-57**

设计条件	$\frac{A_w+A_c}{A_f}$	$\frac{A_w}{A_f}$
7度，Ⅱ类场地	3%～5%	2%～3%
8度，Ⅱ类场地	4%～6%	3%～4%

剪力墙纵横两个方向总量应在表3-57范围内，两个方向剪力墙的数量宜相近。剪力墙的数量还应满足对建筑物所提出的刚度要求。在地震作用下，一般标准的框剪结构顶点位移与全高之比μ/H不宜大于1/700；较高装修标准时不宜超过1/850。

3.2.6.2 抗震设计

1. 水平地震作用

对于规则的框剪结构，与框架结构相同，作为一种近似计算，本章仍建议采用底部剪力法确定计算单元的总水平地震作用标准值 F_{Ek}、各楼层的水平地震作用标准值 F_i 和顶部附加水平地震作用标准值 ΔF_n。采用顶点位移法计算结构的基本周期，其中，结构顶点假想位移 μ_T（m）应为，假想地把集中各层楼层处的重力荷载代表值 G_i 按等效原则化为均匀水平荷载 q；考虑非结构墙体刚度影响的周期折减系数 ψ_T 采用 0.7～0.8。

2. 内力与位移计算

框剪结构在水平荷载作用下的内力与位移计算方法可分为电算法和手算法。采用电算法时，先将框剪结构转换为壁式框架结构，然后采用矩阵位移法借助计算机进行计算，其计算结果较为准确。手算法，即微分方程法，该方法将所有框架等效为综合框架，所有剪力墙等效为综合剪力墙，所有连梁等效为综合连梁，并把它们移到同一平面内，通过自身平面内刚度为无穷大的楼盖的连接作用而协调变形共同工作。

框剪结构是按框架和剪力墙协同工作原理来计算的，计算结果往往是剪力墙承受大部分荷载，而框架承受的水平荷载则很小。工程设计中，考虑到剪力墙的间距较大，楼板的变形会使中间框架所承受的水平荷载有所增加；由于剪力墙的开裂、弹塑性变形的发展或塑性铰的出现，使得其刚度有所降低，致使剪力墙和框架之间的内力分配中，框架承受的水平荷载亦有所增加；另外，从多道抗震设防的角度来看，框架作为结构抗震的第二道防线（第一道防线是剪力墙），也有必要保证框架有足够的安全储备。故框剪结构中，框架所承受的地震剪力不应小于某一限值，以考虑上述影响。为此，《建筑抗震设计规范》GB 50011—2010 规定，侧向刚度沿竖向分布基本均匀的框架-剪力墙结构，任一层框架部分的剪力值，不应小于结构底部总地震剪力的 20%和按框架-抗震结构侧向刚度分配的框架部分各楼层地震剪力中最大值 1.5 倍两者的较小值。

3. 截面设计与构造措施

1）截面设计原则

框剪结构的截面设计，框架部分按框架结构进行设计，剪力墙部分按剪力墙结构进行设计。

周边有梁柱的剪力墙（包括现浇柱、预制梁的现浇剪力墙），当剪力墙与梁柱有可靠连接时，柱可作为剪力墙的翼缘，截面设计按剪力墙墙肢进行设计，主要的竖向受力钢筋应配置在柱截面内。剪力墙上的框架梁不必进行专门的截面设计计算，钢筋可按构造配置。

2）构造措施

框剪结构的抗震构造措施除采用框架结构和剪力墙结构的有关构造措施外，还应满足下列要求：

（1）截面尺寸

剪力墙厚度不应小于 160mm 且不应小于层高的 1/20，底部加强部位的剪力墙厚度不应小于 200mm 且不应小于层高的 1/16。有端柱时，墙体在楼盖处应设置暗梁，暗梁的高度不宜小于墙厚和 400mm 的较大值；端柱截面宜与同层框架柱相同，并应满足对框架柱的要求；剪力墙底部加强部位的端柱和紧靠剪力墙洞口的端柱宜按柱箍筋加密区的要求沿全高加密箍筋。

(2) 分布钢筋

剪力墙的竖向和横向分布钢筋的配筋率均不应小于 0.25%，钢筋直径不宜小于 10mm，间距不宜大于 300mm，并应双排布置，双排分布钢筋间应设置拉筋。

本节小结

(1) 框架-剪力墙是通过刚性楼盖使钢筋混凝土框架和抗震墙协调变形共同工作的，其总的侧移曲线为弯剪型。

(2) 框架-剪力墙结构是按框架和抗震墙协同工作原理来计算的，计算结果往往是抗震墙承受大部分荷载，但是框架所承受的地震剪力不应小于规范限值。

3.3 桥梁结构抗震理论与设计

本节要点及学习目标

本节要点：

(1) 桥梁抗震设计基本流程；

(2) 桥梁结构的有限元模拟方法；

(3) 桥梁延性抗震设计方法。

学习目标：

(1) 掌握桥梁地震动输入确定方法；

(2) 熟悉桥梁延性抗震设计的要求及内容。

进入 21 世纪以来，世界各地大震频发，每次地震过后，作为生命线工程重要组成部分的桥梁工程均会发生各种破坏，严重的甚至会发生落梁、倒塌，而由此产生的次生灾害更加剧了人民的生命财产损失。2008 年的汶川地震造成近 7 万人死亡，其中由于各种原因导致的交通中断也是产生如此严重伤亡的一个重要原因。因此，桥梁的抗震设计及抗震性能日益引起人们的关注和重视。最近几年来，我国的《公路工程抗震规范》JTG B02—2013（以下简称《公规》）、《公路桥梁抗震设计细则》JTGT B02-01—2008（以下简称《细则》）、《城市桥梁抗震设计规范》CJJ 166—2011（以下简称《城规》）以及《城市轨道交通结构抗震设计规范》GB 50909—2014（以下简称《轨规》）、《铁路工程抗震设计规范》GB 50111—2006（2009 版）（以下简称《铁规》）先后得到了修订或编制完成。这些规范引入了新的桥梁抗震设计理念，由原来的单一设防水准逐渐向多水准设防、多性能目标准则的基于性能的抗震设计方向发展，完善了相应的抗震设计方法，是我国桥梁设计的主要依据。

3.3.1 桥梁抗震设计基本要求

桥梁工程在其使用期内，要承受多种作用的影响，包括永久作用、可变作用和偶然作用三大类。地震是桥梁工程的一种偶然作用，在使用期内不一定会出现，但一旦出现，对结构的影响很大。桥梁工程不仅要满足永久作用和可变作用的要求，这是设计的基本目标；而且也要保证地震作用下的安全性，即要进行抗震设计。目前，桥梁工程的抗震设计一般配合常规设计进行，并贯穿桥梁结构设计的全过程。

与常规性能设计一样，桥梁工程的抗震设计也是一项综合性工作。桥梁抗震设计的任务是选择合理的结构形式，并为结构提供较强的抗震能力。具体来说，要正确选择能够有效地抵抗地震作用的结构形式，合理分配结构的刚度、质量和阻尼等，并正确估计地震可能对结构造成的破坏，以便通过结构、构造和其他抗震措施，使损失控制在限定的范围内。

桥梁工程的抗震设计过程与建筑结构类似，一般包括七个步骤，即抗震设防标准选定、地震动输入选择、抗震概念设计、地震反应分析、抗震性能验算以及抗震措施选择，如图3-81所示。

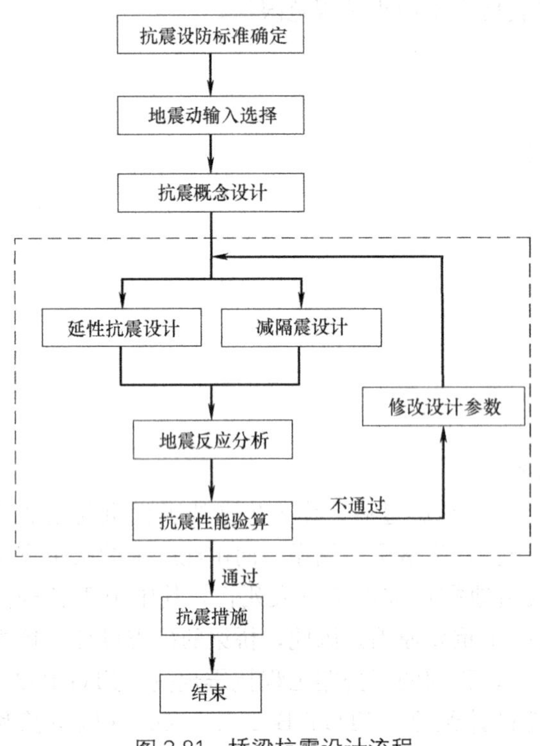

图3-81 桥梁抗震设计流程

桥梁抗震设防标准是衡量抗震设防要求的尺度，由地震基本烈度和桥梁使用功能的重要性确定，是工程项目进行抗震设计的准则，也是工程抗震设计中需要解决的首要问题。

地震动输入是进行结构地震反应分析的依据，地震动输入选择的准确与否将直接影响到桥梁结构地震反应的准确性和真实性。

抗震概念设计是根据地震灾害和工程经验等归纳的基本设计原则和设计思想，进行桥梁结构总体布置，确定细部构造的过程。

延性抗震设计允许桥梁结构发生塑性变形，即不仅用构件的承载力作为衡量结构性能的指标，同时也要校核构件的延性能力是否满足要求。

减隔震设计在桥梁上部结构和下部结构或基础之间设置减隔震系统，以增大原结构体系阻尼和（或）周期，降低结构的地震反应和（或）减小输入到上部结构的能量，达到预期的防震要求。

地震反应分析，通过反应谱法、功率谱法或时程分析法，计算桥梁上部结构、支座、墩柱、基础等的内力、变形等地震响应。

抗震性能验算，根据所计算的地震响应，分析主梁、支座、墩柱、基础等的承载能力及变形能力是否满足抗震要求，若不满足则需要重新进行设计或采取抗震措施。

抗震措施，主要包括减隔震措施、防落梁措施及其他构造措施。

3.3.2 地震动输入的确定

地震动输入是进行结构地震反应分析的依据。结构的地震反应及破坏程度除和结构本身的动力特性、弹塑性变形性质、变形能力有关外，还和地震动特性（幅值、频谱特性和持续时间）密切相关。

一般桥梁的地震动输入，可以基于《中国地震动参数区划图》，根据桥梁所处的位置及场地类型等查找相应的地震动参数；而对于重大桥梁工程、位于地震动参数区划分界线附近，以及复杂工程地质条件区域的桥梁，则应专门做场地地震安全性评价，根据评价报告确定。

在确定性地震反应分析中，一般采用两种地震动输入，即地震动加速度反应谱和地震动加速度时程。我国《细则》采用的反应谱是通过对 823 条水平强震记录统计分析得到的，并将有效周期成分延长至 10s，如图 3-82 所示。

水平设计加速度反应谱 S 的确定方法如下：

$$S=\begin{cases} S_{\max}(5.5T+0.45) & T<0.1\text{s} \\ S_{\max} & 0.1\text{s}\leqslant T\leqslant T_{\mathrm{g}} \\ S_{\max}(T_{\mathrm{g}}/T) & T>T_{\mathrm{g}} \end{cases} \tag{3-170}$$

$$S_{\max}=2.25C_iC_sC_dA \tag{3-171}$$

$$C_d=1+\frac{0.05-\xi}{0.06+1.7\xi}\geqslant 0.55 \tag{3-172}$$

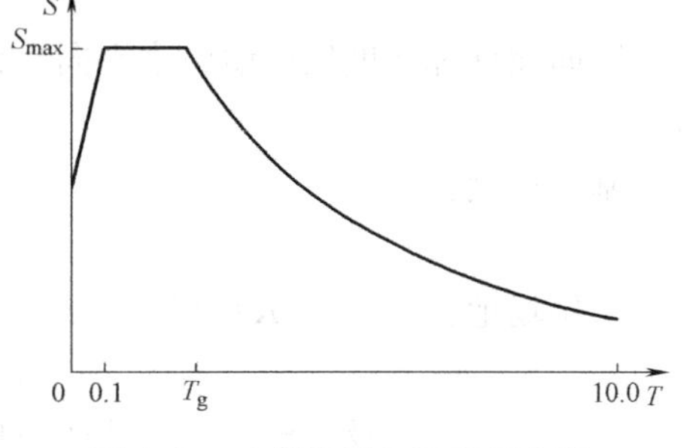

图 3-82 水平设计加速度反应谱

式中 T_{g}——特征周期；

T——结构的自振周期；

$S_{\max}$——设计加速度反应谱最大值；

A——水平向设计基本地震动加速度峰值，按表 3-58 取值；

C_i——抗震重要性系数，按表 3-59 取值；

C_s——场地系数，按表 3-60 取值；

C_d——阻尼调整系数；

ξ——桥梁结构的阻尼比。

抗震设防烈度和水平向设计基本地震动加速度峰值 A **表 3-58**

抗震设防烈度	6	7	8	9
A	0.05g	0.10(0.15)g	0.20(0.30)g	0.40g

各类桥梁的抗震重要性系数 C_i **表 3-59**

桥梁分类	E1 作用	E2 作用
A类	1.0	1.7
B类	0.43(0.5)	1.3(1.7)
C类	0.34	1.0
D类	0.23	—

场地系数 C_s **表 3-60**

场地类型 \ 抗震设防烈度	6	7		8		9
	0.05g	0.1g	0.15g	0.2g	0.3g	0.4g
Ⅰ	1.2	1.0	0.9	0.9	0.9	0.9
Ⅱ	1.0	1.0	1.0	1.0	1.0	1.0
Ⅲ	1.1	1.3	1.2	1.2	1.0	1.0
Ⅳ	1.2	1.4	1.3	1.3	1.0	0.9

特征周期 T_g 按桥址所在场地，根据场地类别按表 3-61 取值。

设计加速度反应谱特征周期 T_g 调整表 **表 3-61**

特征周期(s)	场地类型			
	Ⅰ	Ⅱ	Ⅲ	Ⅳ
0.35	0.25	0.35	0.45	0.65
0.40	0.30	0.40	0.55	0.75
0.45	0.35	0.45	0.65	0.90

竖向设计加速度反应谱由水平向设计加速度反应谱乘以下式给出的竖向/水平向谱比函数 R 得到。

基岩场地：

$$R=0.65$$

土层场地：

$$R=\begin{cases}1.0 & T<0.1s\\ 1.0-2.5(T-0.1) & 0.1s\leqslant T<0.3s\\ 0.5 & T\geqslant 0.3s\end{cases}\tag{3-173}$$

我国《城规》及其他相关规范所采用的反应谱形式及具体参数的选择与《细则》有所不同，但原理和要求基本相似，此处不再介绍。

采用地震加速度时程进行地震反应分析时，一般要选取多组地震加速度时程以供比较分析，如美国 AASHTO 规范规定为 5 组，我国《细则》和《城规》均规定不得少于 3 组（对于地震反应分析结果，3 组须取最大值，7 组可取平均值）。

3.3.3 桥梁结构地震反应分析

随着人们对地震作用、结构地震反应的认识不断深入，以及计算机技术的飞速发展，桥梁结构地震反应分析的工具软件已趋于成熟，如何应用这些软件获得合理可靠的分析结果，最关键的是所建立的桥梁结构动力计算模型必须能够真实反映结构的动力特性。

根据对桥梁结构的离散化程度，可以将常用的桥梁结构动力计算模型分为三个层次，从粗糙到精细排列依次为集中参数模型、构件模型和有限元模型。其中，集中参数模型最为简单，通常将结构的质量、刚度和阻尼集中堆聚在一系列离散的节点上，适用于比较规则的桥梁，而且要求使用者熟悉桥梁的动力特性和地震反应特性，能够正确地对结构参数进行等效简化。构件模型基于每一构件的力和位移关系建立振动方程，能够模拟结构的总体几何形状和地震反应。而有限元模型直接基于材料本构关系建立，能够用大量的微小单元精确模拟结构的几何形状，较精确地描述结构的动力特性。从集中参数模型、构件模型到有限元模型，结构的离散化程度越来越高，模型越来越精细，参数取值越来越复杂，而地震反应计算越来越困难。另一方面，与线弹性的地震反应分析相比，弹塑性的地震反应分析工作量更大，计算更困难。所以，通常采用较简单的模型进行较复杂的地震反应过程分析，如非线性时程分析；而采用较复杂的模型进行较简单的地震反应过程分析，如弹性反应谱分析。

在实际桥梁工程地震反应分析中，需要根据结构的动力特性和分析目的选择合适的动力模型，一般来说，对于规则桥梁，通常采用集中参数模型；而对于非规则桥梁，通常采用构件模型。本节主要介绍构件层次的模型。

3.3.3.1 总体结构的模拟方法

建立一般桥梁的动力计算模型时，应尽量建立全桥计算模型。但是，对于桥梁长度很长的桥梁，可以选取具有典型结构或特殊地段或有特殊构造的多联梁桥（一般不少于3联）建立多个局部桥梁模型，进行地震反应分析。

实际上，在地震作用下，整座桥梁不论在纵桥向还是横桥向都是耦联在一起振动的，因此，对于每一个局部桥梁模型，应合理考虑后续结构的耦联振动影响。常用的方法是，在所取计算模型的末端再加上一联梁桥或桥台模拟，如图3-83所示，但这些附加的结构部分仅作为边界条件，其地震反应分析结果一般不作为设计依据。

3.3.3.2 分部结构或构件的模拟方法

采用有限元法对桥梁结构进行离散、建立动力计算模型时，可以将结构分为上部结构、桥墩柱、支座以及墩台基础等几部分分别描述，下面依次对这几部分的模拟方法进行简单介绍。

1. 上部结构

一般来说，桥梁上部结构的设计主要由运营荷载控制。震害资料也表明，上部结构自身的震害非常少见；在桥梁抗震设计中，也希望上部结构在设计地震作用下基本保持弹性。因此，进行桥梁抗震分析时，一般不采用复杂的三维实体单元或板单元，而是采用能反映上部结构质量分布和刚度特征的简化的脊梁模型（梁单元）模拟上部结构的动力特性，如图3-84所示。

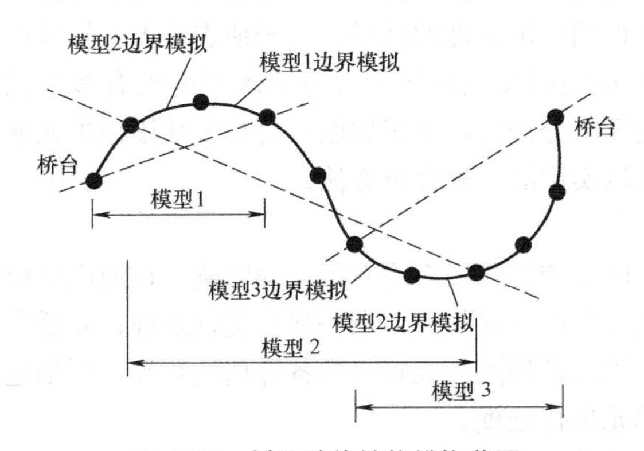

图3-83 桥梁总体结构模拟范围

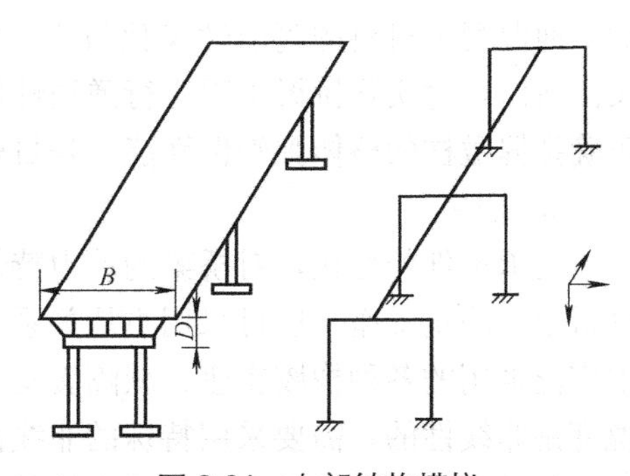

图3-84 上部结构模拟

桥梁结构的地震惯性力主要集中在上部结构，控制下部结构设计的关键是上部结构通过支座传递下来的水平惯性力，而这一惯性力，主要取决于上部结构的质量、下部结构的刚度，以及支座连接条件。下部结构是抗震设计的重点。因此，在桥梁抗震设计中，桥梁上部结构的刚度模拟不必太精细，梁桥的主梁在许多情况下甚至可以假设为刚体，但上部结构的质量必须尽可能正确模拟，其中除了结构自身的质量以外，还包括桥面铺装、护栏等二期恒载的质量。

叠合梁是桥梁上部结构经常采用的一种形式，如果要真实反映上部结构的动力特性，则可以采用梁单元和板单元组合的方法模拟上部结构的刚度和质量特性，即纵梁和横梁采用梁单元模拟，而混凝土桥面板采用板单元模拟。

2. 墩柱

在桥梁地震反应分析中，墩柱是关键的结构构件。上部结构的重力和地震惯性力通过墩柱传递给基础，而地震动输入又通过墩柱传递给上部结构；另一方面，目前普遍接受的抗震设计思想要求墩柱具备一定的非弹性变形及耗能能力，因此，正确建立墩柱的计算模型，即正确模拟墩柱的刚度和质量分布非常重要。

桥梁墩柱一般采用梁单元模拟，但单元的划分要恰当，因为单元的划分决定了墩柱质量的分布，从而决定振型的形状和地震惯性力的分布。对于一般的混凝土梁桥，上部结构的惯性力贡献对墩柱的地震反应起控制作用，墩柱自身的贡献较小。这时，墩柱的单元划分可以适当粗糙，但每个墩柱至少三个单元；反之，如果是重力式桥墩，或者高墩，桥墩自身的贡献则比较大，此时，墩柱的单元划分就不能太粗糙。

地震作用下，钢筋混凝土桥墩一般会产生裂缝，截面刚度也将因此而发生变化，应该采用合适的开裂截面惯性矩代替毛截面惯性矩，但实际构件的开裂截面惯性矩是与截面的开裂程度相关的。我国《细则》以及《城规》规定，在E1地震作用下，构件一般可采用毛截面惯性矩，以期得到更加偏于安全的地震内力反应结果，但在E2地震作用下，延性构件应采用有效截面惯性矩，对应的截面刚度为钢筋首次屈服时的割线刚度，以期得到更偏于安全的地震位移反应结果。另外，如果需要分析墩柱的弹塑性反应，则应采用适当的弹塑性单元模拟潜在塑性铰区的工作特性。目前，模拟钢筋混凝土墩柱弹塑性性能的方法很多，主要有实体有限元方法、纤维单元法、基于屈服面概念的弹塑性梁柱单元、弹簧模型等，这些方法的离散化程度和模型的粗细程度不同，难度和实际效果也各异。一般来说，越精细的模型，所要求的计算量和存储量越大，数值计算的难度也越大，结果的稳定性也越差；反之，简单易行的方法却往往能得到稳定合理的结果。由于地震动本身是随机的，而混凝土材料的离散性又比较大，因此在地震反应分析中过分追求精度没有多大意义。所以，对实际桥梁工程进行弹塑性地震反应分析时，基于屈服面的弹塑性梁柱单元能正确把握墩柱的整体弹塑性性能，是目前比较实用的一种分析方法。

3. 支座

支承条件的变化，对桥梁的动力特性、内力和位移反应均有很大的影响。在地震反应分析中，固定支座一般可采用主从关系（从节点的位移与主节点一致）进行处理；而桥梁中广泛采用的各种橡胶支座、减隔震支座，以及各种限位装置（如各种挡块）等，严格地说都是非线性的，需要采用特殊的非线性单元进行处理。

各种支座的可活动方向与约束性是很复杂的，很难进行准确的模拟。在工程应用中，对支座的非线性特性大多采用较简单的恢复力模型来表达。一般来说，在地震作用下，支座的水平刚度对桥梁主体结构的地震反应影响较大，因而在地震反应分析中，支座在竖向和几个转动方向的刚度可根据其在各个方向的可活动性，粗略地取完全自由或主从，以简化分析；而支座在水平方向的刚度，对于不能移动的自由度，可取大刚度或主从处理，对于可移动的自由度，则应根据支座的特点选取合适的恢复力模型加以确定。

目前，桥梁工程中常用的可活动支座可以分成三类：一是仅提供纵向柔性的普通板式橡胶支座；二是聚四氟乙烯滑板支座，包括滑板支座、盆式支座和球型钢支座；三是减隔震支座，包括铅芯橡胶支座、双曲面减隔震钢支座等。下面依次介绍这几种支座的恢复力模型。

对于板式橡胶支座，大量试验结果表明其滞回曲线呈狭长形，可近似作线性处理。因此，地震反应分析中，恢复力模型可以取为直线形，即：

$$F(x)=K\cdot x \tag{3-174}$$

$$K=\frac{GA}{\sum t} \tag{3-175}$$

式中 x——上部结构与墩顶的相对位移；

K——支座的等效剪切刚度；

G——支座的动剪切模量，现行规范建议取 1200kN/m²；

A——支座的剪切面积；

$\sum t$——橡胶片的总厚度。

各种聚四氟乙烯滑板支座的试验表明，其动力滞回曲线类似于理想弹塑性材料的应力-应变关系，可采用如图 3-85 所示的恢复力模型。弹性恢复力最大值与滑动摩擦力相等，即：

$$K\cdot x_{\mathrm{y}}=F_{\max}=f\cdot N \tag{3-176}$$

$$x_{\mathrm{y}}=\frac{f\cdot N}{K} \tag{3-177}$$

式中 $F_{\max}$——滑动摩擦力；

x_{y}——上部结构与墩顶的相对滑动位移；

f——滑动摩擦系数，规范建议取 0.02；

N——支座所承担的上部结构恒载。

在聚四氟乙烯滑板支座中，弹性位移 x_{y}是由橡胶的剪切变形完成的，因此，K 为橡胶支座的水平剪切刚度。在活动盆式支座和活动球形支座中，相对位移几乎完全是由聚四氟乙烯滑板和不锈钢板的相对滑动完成的，因此，它们同样可以采用如图 3-85 所示的恢复力模型，只是临界位移 x_{y}很小，根据试验结果，建议取 2～3mm，这一取值对地震反应影响很小。

理想的减隔震支座的恢复力模型与一般的聚四氟乙烯滑板支座类似，只是滑动后刚度不为零，如图 3-86 所示，因此具有自复位能力。对于减隔震支座，滑动后刚度值对支座位移影响很大，需要进行优化。

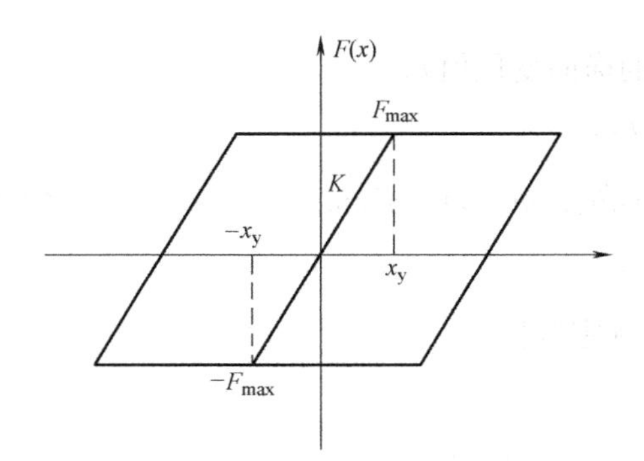

图 3-85 滑板支座的恢复模型

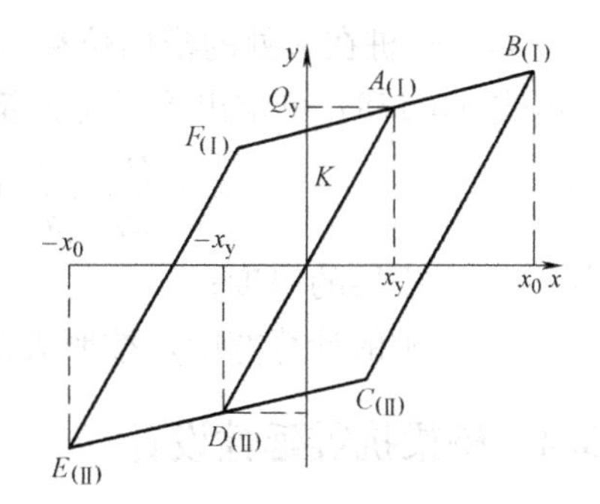

图 3-86 减隔震支座的恢复力模型

4. 基础

地震时，桥梁上部结构的惯性力通过基础传给地基，会使地基产生变形。在较硬土层中，这种变形远比地震动产生的变形小。因此，当桥梁建在坚硬的地基上时，往往可以忽略这一变形，即假定地基是刚性的。然而，当桥梁建于软弱土层时，地基的变形则不会很小，不仅会使上部结构产生移动和摆动，而且会改变结构的地震输入，此时，按刚性地基假定的计算结果就会有较大误差，这是由地基与结构的动力相互作用引起的。

在较坚硬的场地土中，桥梁基础往往采用刚性扩大基础，此时，桥梁墩底一般可采用固定边界条件，即进行固接处理。而在软弱土层中，桥梁基础的最常用形式是桩基础，桩-土-结构动力相互作用使结构的动力特性、阻尼和地震反应发生改变，而忽略这种改变并不总是偏安全的。

对于中小跨度桩基桥梁，分析表明，对于桥梁结构本身的反应，只要对边界作适当的模拟就能得到较满意的结果。考虑桩基边界条件最常用的处理方法是用承台底六个自由度的弹簧刚度模拟桩土相互作用，这六个弹簧刚度是竖向刚度、顺桥向和横桥向的抗推刚度、绕竖轴的抗转动刚度和绕两个水平轴的抗转动刚度，它们的计算方法与静力计算相同，所不同的是土的抗力取值比静力的大，一般取 $m_{动}=(2\sim3)m_{静}$。

在大跨度桥梁的地震反应分析中，一般应考虑桩-土-结构相互作用。考虑这一相互作用的理想模型是将桥梁结构和一定范围内的场地土共同建模，输入基岩地震动，进行一体化分析，但这种方法过于复杂，难以应用于实际工程。目前的常用方法是集中质量法，即将地基和基础离散为质量-弹簧-阻尼系统，并与上部结构系统联合作为一个整体，沿深度方向输入相应土层的地震动进行地震反应分析。将各单桩按同样的方式集中为若干个质点，然后将两个水平方向的弹簧和阻尼器直接加在群桩中每一单桩的相应节点上，在每一土弹簧处输入对应土层的自由场地地震动加速度时程。这一方法力学意义简单明了，可直接算出单桩内力，但对于大规模的群桩基础，所需附加的弹簧和阻尼器数量庞大，模型相当复杂，不利于工程的实际运用。对于每一弹簧，一种方法是采用线性刚度假定，如采用我国规范的“m 法”计算刚度；另一种方法是考虑土的非线性，如采用 p-y 曲线法。

“m 法”是我国公路桥梁常用的一种桩基静力设计方法，m 值定义如下：

$$\sigma_{zx}=mzx_z \tag{3-178}$$

式中 σ_{zx}——土体对桩的横向抗力；

z——土层的深度；

x_z——桩在 z 处的横向位移（该处土的横向变位值）。

由式（3-178）可求出等代土弹簧的刚度 k_s：

$$k_s=\frac{P_S}{x_z}=\frac{1}{x_z}A\sigma_{zx}=\frac{1}{x_z}(ab_p)(mzx_z)=ab_pmz \tag{3-179}$$

式中 a——土层的厚度；

b_p——桩的计算宽度，按照规范的有关规定取值。

3.3.4 桥梁抗震延性设计

近 20 年来，发生在抗震技术处于世界先进水平的美国和日本的几次中等强度地震造成的严重灾害，促进了抗震技术的深入发展，提出了更先进的概念和具体的措施。桥梁结构的刚度、承载力和延性，是桥梁抗震设计的三个主要参数。延性抗震设计的基本思想是通过设计，使结构具有能够适应大地震激起的反复弹塑性变形循环的滞回能力，则结构在遭遇设计预期的大震时，尽管可能严重损坏，但结构设防的最低目标“免于倒塌”却能始终得到保证。采用延性设计思想设计的桥梁，可取得较好的经济性能，并具有较优的抗震性能。

延性抗震理论不同于强度理论的是，它是通过结构选定部位的塑性变形（形成塑性铰）来抵抗地震作用。利用选定部位的塑性变形，不仅能消耗地震能量，还能延长结构周期，从而减小地震反应。目前，抗震设计方法正在从传统的强度理论向延性抗震理论过渡，大多数多地震国家的桥梁抗震设计规范已采纳了延性抗震理论。

承载力与延性是决定结构抗震能力的两个重要参数。只重视承载力而忽视延性不是良好的抗震设计。一般而言，结构具有的延性水平越高，相应的设计地震力就可以取得越小，结构所需的承载力也越低；反过来，结构具有的承载力越高，结构所需具备的延性水平则越低。在设计抗震结构时，应当在设计承载力和延性水平之间取得适当的均衡。

3.3.4.1　能力设计方法

传统的强度设计方法为等安全度法，即：各环等安全度设计，破坏位置无法预期，可能发生脆性破坏，如图 3-87 所示。

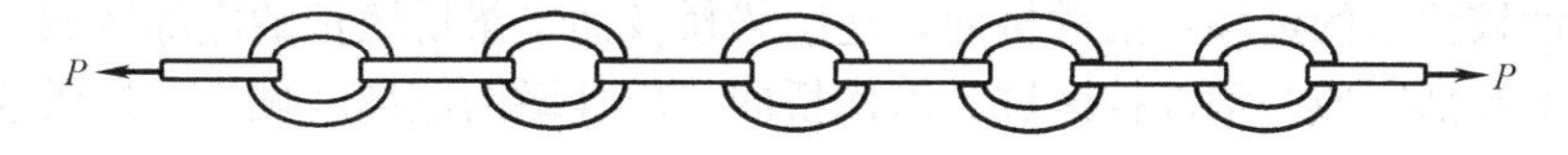

图 3-87　等安全度设计（铸铁环）

能力设计法为不等安全度法：铸铁环和软钢环不等安全度设计，为延性破坏，破坏位置可预期，如图 3-88 所示。

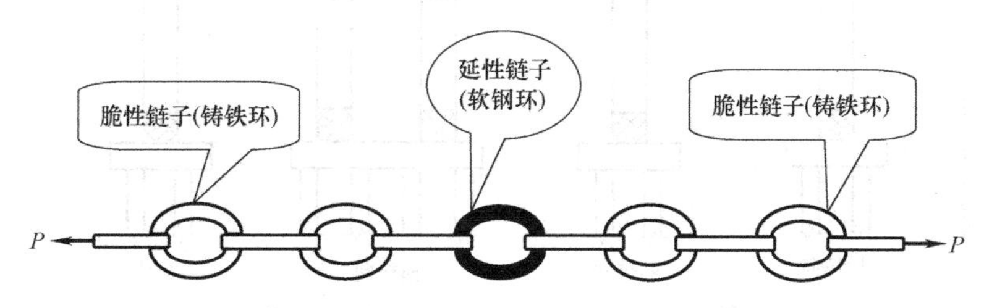

图 3-88　不等安全度设计（铸铁环 + 软钢环）

脆性构件以及不希望发生非弹性变形的构件，统称为能力保护构件。

延性设计是在结构体系中的延性构件和能力保护构件之间，确立适当的承载力安全等级差异，确保结构不发生脆性的破坏模式。

基于能力设计的抗震结构，应在主要抗侧力体系中选择合适的构件，通过对这些构件合理的设计和细部构造设计，使其具有在大变形下的耗能能力；其他结构构件则设计成具有足够的承载力，以保证预先选择的耗能机制能发挥作用。

能力设计法的主要设计步骤如下：

（1）在概念设计阶段，确定合理的结构布局，选择合适的延性构件；

（2）确定预期的弯曲塑性铰位置，保证结构能形成一个适当的塑性耗能机制；

（3）通过计算分析，确定潜在塑性铰区截面的需求延性及设计弯矩；

（4）对具有潜在塑性铰区截面的延性构件，进行抗弯设计；

（5）估算延性构件塑性铰区截面实际的最大抗弯承载力（考虑弯曲超强强度）；

（6）按塑性铰区截面的弯曲超强强度，进行延性构件的抗剪设计及能力保护构件的承载力设计；

（7）对塑性铰区域进行细致的构造设计，确保潜在塑性铰区截面的延性。

3.3.4.2 延性构件与能力保护构件的选择

延性抗震设计的第一步，是选定潜在塑性铰区的位置。选择结构中预期出现的塑性铰位置时，应能使结构获得最优的耗能，并尽可能使预期的塑性铰出现在易于发现和易于修复的结构部位。

震害调查也表明，上部结构很少会因直接的地震动作用而破坏，而下部结构则常常因遭受巨大的水平地震惯性力作用而导致破坏，所以，强震作用下预期出现的塑性铰位置只能在桥梁的下部结构中选择。在下部结构中，由于基础通常埋置于地下，一旦出现损坏，修复的难度和代价比较高，也不利于震后迅速发现，因而通常不希望在基础上出现塑性铰。对于钢筋混凝土墩柱桥梁，出于地震后的修复便利性，一般将墩柱设计为延性构件，允许其出现塑性铰，而将盖梁、主梁和节点、基础及支座作为能力保护构件。墩柱的抗剪承载力亦按能力保护原则设计。

潜在塑性铰位置的选择：沿顺桥向，连续梁桥及简支梁桥墩柱的底部区域、连续刚构桥墩柱的上下端部区域为塑性铰区域；沿横桥向，单柱墩的底部区域、双柱墩或多柱墩的上下端部区域为塑性铰区域。典型墩柱的塑性铰区域如图 3-89 所示。

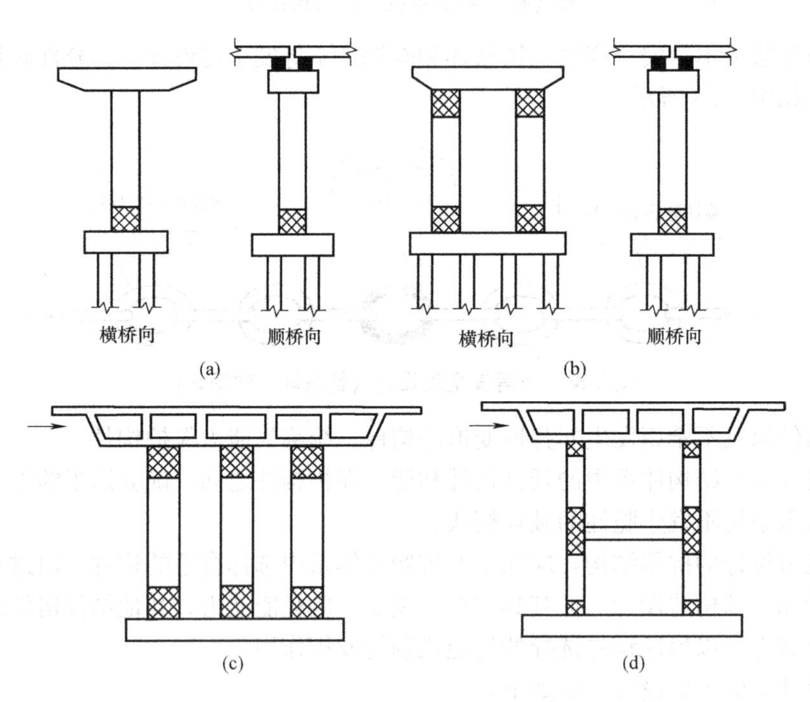

图 3-89 墩柱塑性铰区域

（a）梁桥的单柱墩；（b）梁桥的双柱墩；（c）钢构桥的多柱墩；（d）钢构桥带系梁的墩柱

3.3.4.3 延性构件的承载力设计与验算

延性抗震设计实质上是通过让结构在特定部位形成塑性铰，结构整体进入延性状态而起到减震耗能的作用。结构会造成损伤，为了控制损伤的程度，必须赋予延性构件一定的承载力要求。

根据能力设计原理，对梁式桥，通常把延性构件取为抗侧力桥墩。其设计步骤如下：

（1）计算 E1 地震作用下延性桥墩的设计内力 N_1、M_1、Q_1；

（2）按设计弯矩 M_1 验算延性桥墩的受弯承载力；

（3）计算 E2 地震作用下延性桥墩的设计内力 N_2、M_2、Q_2；

（4）计算延性桥墩塑性铰区截面的弯曲超强强度 M_s；

（5）由塑性铰区截面的超强弯矩 M_s，确定桥墩的设计剪力 V；

（6）按设计剪力 V 对延性桥墩进行抗剪设计；

（7）对塑性铰区截面，进行细致的构造设计。

需要说明的是，若墩柱受弯承载力满足 E2 地震作用下的弯矩，则按照 E2 作用下的剪力进行受剪承载力验算；若墩柱受弯承载力不满足 E2 地震作用下的弯矩，则按能力保护原则进行受剪承载力验算。具体计算可参见《细则》、《城规》等规范。

本节小结

（1）桥梁抗震设计的主要工作包括：抗震设防标准选定、地震动输入选择、抗震概念设计、地震反应分析、抗震性能验算以及抗震措施选择。

（2）采用延性抗震设计方法设计常规结构桥梁是一种较为经济的选择。

本章小结

（1）给出了有关地震成因和特性的简要地震学背景知识，以及土木工程结构（建筑结构、桥梁结构）抗震的共性基础知识。

（2）围绕我国现行工程结构抗震设计规范，阐述了建筑结构、桥梁结构的抗震理论与设计方法，其中建筑结构体系涉及多高层建筑钢结构、砌体结构、框架结构、剪力墙结构和框剪结构体系。上述工程结构体系在实际工程中被广泛应用，并具有各自不同的抗震特点。

思考与练习题

3-1　什么是地震波？地震波有哪几种？它们分别引起建筑物的哪些震动现象？

3-2　试分析地震动的三大特性及其规律。

3-3　试说明地震烈度、地震基本烈度和抗震设防烈度的区别与联系。

3-4　试简述抗震设防“三水准两阶段设计”的基本内容。

3-5　试简述建筑场地类别划分的依据与方法。

3-6　收集建筑抗震性能设计的相关资料，解释基于性能的抗震设计理论的意义以及如何确定结构的抗震性能目标。

3-7　简述桥梁结构的抗震设防标准和设防目标的含义。

3-8　何谓反应谱？说明拟加速度（S_a）反应谱、动力系数（β）反应谱和水平地震影响系数（α）反应谱间的关系。

3-9　何谓求水平地震作用效应的平方和开方法（SRSS）？写出其表达式，说明其基本假定和适用范围。

3-10　试阐述底部剪力法与振型分解反应谱法的联系。

3-11　设有一幢双跨等高单层钢筋混凝土排架厂房，其两边柱的柔度系数均为 2.0×10^{-4}m/kN，中柱的柔度系数为 1.0×10^{-4}m/kN，一个计算单元内集中于屋盖处的重力荷载为 $G=150kN$，试计算作用于上述厂房一个计算单元内屋盖处的多遇地震烈度下的水平地震作用。已知抗震设防烈度均为 8 度，设计地震分组均为第二组、Ⅱ类场地，阻尼比取 0.05。

3-12　已知条件同题 2-2，又已知：厂房建于Ⅱ类建筑场地上，设防烈度为 7 度，设计地震分组为第二组。为简化水平地震作用下的排架内力标准，特给出单位水平荷载作用下的排架横梁内力如图 3-90 所示。试用振型分解反应谱法计算中柱两个截面（低跨屋盖、柱底）和两边柱柱底截面多遇地震烈度下的弯矩值。

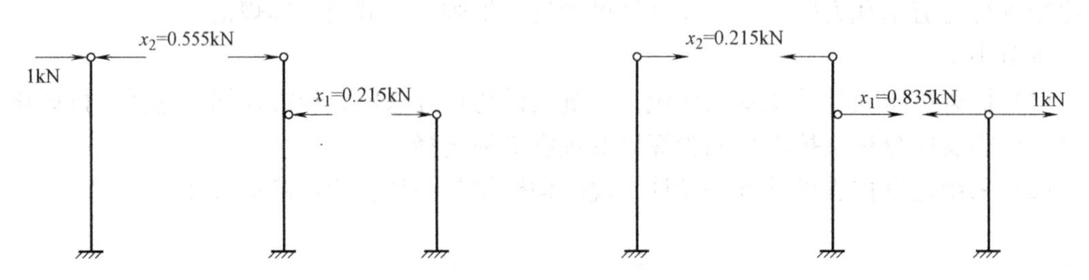

图 3-90　高低跨厂房

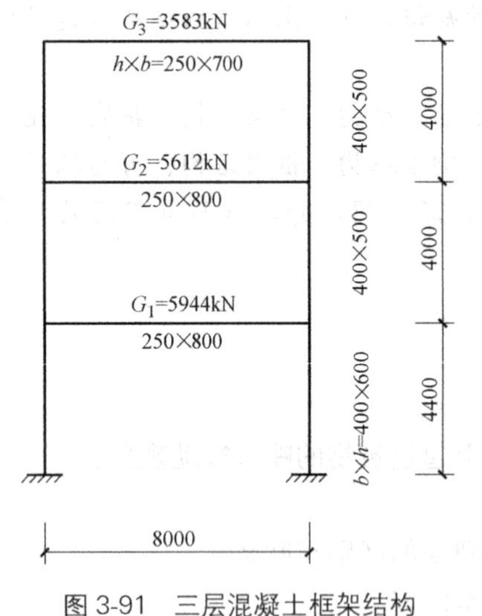

图 3-91　三层混凝土框架结构

3-13　一幢三层的现浇钢筋混凝土框架结构，其基本周期 $T_1=0.29$s，有关参数见图 3-91。已知抗震设防烈度为 7 度，设计地震分组为第二组，Ⅰ类场地。试按底部剪力法计算多遇地震烈度下各楼层质点处的水平地震作用。

3-14　已知某三层框架各层的层间侧移刚度 $K(1)=5.2\times10^5$ kN/m，$K(2)=3.8\times10^5$ kN/m，$K(3)=2.8\times10^5$ kN/m；各层层高 $h(1)=4.0$m，$h(2)=3.8$m，$h(3)=3.6$m；各层的抗剪承载力 $V_y(1)=2500$kN，$V_y(2)=800$kN，$V_y(3)=900$kN；罕遇地震作用下各层的弹性地震剪力 $V_e(1)=4200$kN，$V_e(2)=3800$kN，$V_e(3)=2000$kN。试计算罕遇地震时该框架结构的薄弱层位置，并验算其层间弹塑性位移。

3-15　试分析房屋体型对结构抗震性能的影响。

3-16　试分析结构布置对结构抗震性能的影响。

3-17　举例说明多道抗震防线对提高结构的抗震性能的作用。

3-18　试说明提高结构延性的基本原则。

3-19　试分析结构设计时如何进行刚度、承载力和延性的匹配。

3-20　简述多高层建筑钢结构结构体系分类及其特点。

3-21　分别分析钢框架梁与钢框架柱抗震设计要求。

3-22 防止框架梁柱连接脆性破坏可以采取哪些措施?

3-23 砌体结构房屋有哪些震害?设计中应采取何种构造措施防止这些破坏的发生?

3-24 为什么要对砌体房屋的总高度、层数和高宽比进行限制?它们对砌体房屋的抗震性能有什么影响?

3-25 为什么可用底部剪力法计算多层砌体房屋的地震作用?如何计算?

3-26 简述砌体结构房屋墙体抗震验算的主要步骤。

3-27 简述砌体结构房屋的主要抗震构造措施。

3-28 试举例说明现浇钢筋混凝凝土结构抗震等级的确定。

3-29 简述钢筋混凝土框架结构内力和位移计算的方法和步骤。

3-30 试说明框架柱抗震设计的要点和抗震的构造措施。

3-31 试说明框架梁抗震设计的要点和抗震的构造措施。

3-32 试说明框架节点抗震设计的要点和抗震的构造措施。

3-33 试简述剪力墙结构的抗震设计要点与抗震构造措施。

3-34 试简述框剪结构的抗震设计要点与抗震构造措施。

3-35 《公路桥梁抗震设计细则》JTGT 1302-01—2008 中的 E1 地震作用和 E2 地震作用与设防烈度有何联系?

3-36 《公路桥梁抗震设计细则》JTGT 1302-01—2008 中采用哪种反应谱?写出其表达式,并比较与建筑结构抗震反应谱的区别与联系。

3-37 什么是延性抗震设计方法?对钢筋混凝土梁桥,哪些构件按延性构件设计,哪些构件按能力变化原则设计?为什么?

第4章　工程结构隔震和消能减振设计

本章要点及学习目标

本章要点：
(1) 隔震与消能减振技术发展简况及基本原理；
(2) 隔震与消能减振装置性能特点；
(3) 建筑结构基础隔震与消能减振设计方法；
(4) 桥梁结构减隔震设计方法。
学习目标：
(1) 了解隔震与消能减振体系工作机理及工作特性；
(2) 了解隔震与消能减振装置关键技术参数及基本性能；
(3) 掌握建筑结构基础隔震计算简化方法——水平向减震系数法；
(4) 掌握建筑结构消能减振设计要点和设计步骤；
(5) 掌握桥梁结构减隔震设计要点。

4.1　隔震

4.1.1　隔震的基本概念

隔震体系是在人类与大自然的抗争中发展起来的。纵观工程结构抗震发展史，一般都是采用增强其承载力和变形的方法来抗御地震，即所谓的“抗震结构”，其抵抗倒塌是依靠结构主要构件开裂损坏并吸收地震能量来实现的。因此，由传统抗震方法设计的结构即使能避免房屋倒塌，但由结构破坏造成的直接和间接经济损失及其引发的次生灾害却给人类造成了巨大损失，极大地妨碍着社会发展。近三十年来，工程结构隔震的研究与应用得到迅速发展，研究表明，通过适当的隔震措施，在地震中特别是“大震”作用下，结构的地震作用可大大降低，从而能有效地抵御地震灾害。

隔震属于结构被动控制范畴，其基本思想是在结构中设置柔性隔震层，地震产生的能量在向上结构传递的过程中，大部分被柔性隔震层所吸收，仅有少部分传递到上部结构，从而降低上部结构的地震作用，提高其安全性。

建筑基础隔震体系是在上部结构物底部与基础顶面（或底部柱顶）之间设置隔震层而形成的结构体系。它包括上部结构、隔震装置和基础或下部结构（图4-1）；而桥梁结构从经济角度考虑，减隔震装置大多数设置在桥墩顶部，采用墩顶隔震。

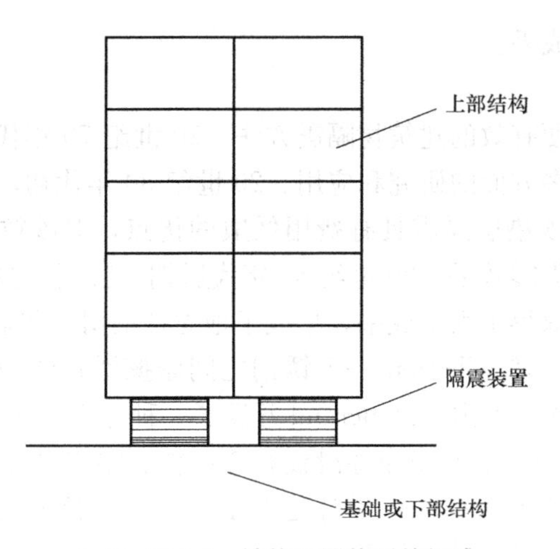

图 4-1 结构隔震体系的组成

4.1.2 工程结构隔震的发展历程和现状

我国古代已经有了朴素的基础隔震思想。位于西安市的小雁塔始建于唐代，距今已有一千多年的历史。研究表明，其基础与地基连接处采用圆弧形的球面，而非一般所采用的平面结构，使得其塔身与基础坐落在圆弧球面上，形成了一个类似“不倒翁”结构，这种结构使其历经两次较大地震而不倒。但迄今为止，有记载的最早提出基础隔震概念的是日本的河合浩藏，他在 1881 年提出了削弱地震动向建筑物传递的方法，在地基上横竖交错地放几层圆木，圆木层之上做混凝土基础，基础之上为建筑物。1909 年，一位英国籍医生 J. A. Calantarients 提出，在建筑物与基础间设置滑石或云母层，可达到隔离地震的目的。这些方案是在地震工程学建立前或在地震工程学的萌芽时代提出的，其隔震可靠性并不能完全得到保证。

历史上最早利用隔震思想进行工程实践的是美国的 Frank Lloyd Wright。他在 1921 年设计了东京 Imperial Hotel。该工程所处场地有一厚 18～21m 的软土层，之上为 2～4m 的硬土层。Wright 没有对软土层按照传统方法进行处理，而是有意在上部土层密集布置短桩，使短桩穿过坚硬土落到软土层顶部，这样就将建筑物与上部持力层构成一个整体，整个系统“浮”在下部软弱土层上，使软土层成为性能很好的隔震垫。这一设计与当时的传统做法完全不同，引起很大争议。在 1923 年东京大地震中，建筑物普遍遭到严重破坏，但该建筑则表现出优良的抗震特性，结构本身没有发生任何破坏。

类似的场地条件不可能存在所有的工程中，于是人们开始寻找类似的减震做法。在 20 世纪 20 年代末，出现了采用柔性底层的工程设计思路。采用该方法，结构底层水平刚度远小于上部结构的刚度，在水平地震作用下，结构的变形主要局限在底层柱子。然而，为减小上部结构的地震作用，底层柱子的位移要非常大，这远超过柱子的承受能力，最终导致结构倒塌破坏。

上述属于早期隔震思想的萌芽，虽不完全合理、可靠，但隔震思想已经逐渐有了清晰的轮廓，所提出的概念已具备了现代隔震系统的基本要素。20 世纪 60 年代以来，新西兰、日本、美国等多地震国家投入了大量人力物力，对隔震系统开展了深入系统的理论和试验研究，取得了较大的成果。

4.1.2.1 建筑隔震

滑移基础隔震是一简便有效的建筑物隔震方法。20 世纪 70 年代以来，国内外学者开始对滑移隔震方法展开了多方面的研究和应用。20 世纪 80 年代初，我国建造了 4 处砂粒滑移基础隔震砖房。采用砂垫层隔震具有费用低廉的优点，但砂粒滑移面的摩擦系数较高，性能不稳定，影响了隔震效果。20 世纪 80 年代后期，我国一些省市进行了一系列的滑移隔震的研究和应用，取得了大量成果，形成了地方性的滑移隔震规程。20 世纪 70 年代末，国外进行了聚四氟乙烯（Teflon）-不锈钢之间摩擦滑移的静力和动力试验，得到了较低的摩擦系数。1985 年，法国人 Guerand 开发了一种称为“法国电力（Electricite de France，EDF)”的滑移支座，它是由摩擦滑板和叠层橡胶垫串联而成的。1986 年，法国 Framatome 核建筑公司在南非 Koeberg 设计建造了一座隔震核电站。之后，日、美等国通过改进，也设计建造了这种结构。1987 年，Mostaghel 研制了弹性恢复力-摩擦并联滑移隔震支座（Resilient-Friction Base Isolator，R-FBI)，该支座由多层摩擦滑板组成，中央含橡胶核，通过摩擦力和恢复力的共同作用进行隔震。之后，结合 EDF 和 R-FBI 的特点，又提出了滑移恢复力-摩擦隔震支座（Sliding Resilient-Friction，SR-F)。摩擦摆式隔震系统（Friction Pendulum System，FPS）也属于滑移基础隔震的一种，它通过关节型的摩擦滑移件在球形凹面上的滑动进行隔震。这种支座直径一般在 500mm 以上，制作困难，造价较高。美国加州旧金山市一座四层钢木结构公寓和 1 座五层钢结构办公大楼采用了 FPS 滑移支座。

橡胶支座提供了另一种简便的隔震方法。橡胶支座于 20 世纪 50 年代末期首先在桥梁结构中使用，现广泛地应用于建筑物基础隔震。日本于 20 世纪 90 年代初颁布了桥梁橡胶隔震设计手册，我国则于 2001 年将橡胶垫基础隔震技术纳入建筑结构抗震设计规范。在橡胶垫隔震结构中，早期的橡胶垫没有加劲钢板，在上部结构重力作用下，易发生侧向鼓出，竖向刚度小，地震中存在上下弹跳和前后倾覆摇晃问题。最早的工程为 1970 年建成的南斯拉夫的一座三层混凝土结构的小学教学楼。20 世纪 70 年代后期，法国 G. C. Delfosse 发明了叠层钢板橡胶支座后，上述问题才得以解决。20 世纪 70 年代末，法国马赛附近的一座小学用 152 个直径为 300mm 的叠层橡胶垫，建造了一幢三层混凝土结构教学楼，但其隔震层没有设置阻尼器。新西兰的 W. H. Robinson 研制出普通橡胶垫中间设置钢棒的铅芯橡胶隔震垫（Lead-Rubber Bearing），用于弥补普通橡胶垫阻尼小的缺陷，同时为风载或地基微震动提供初始刚度。20 世纪 80 年代，惠灵顿的一座四层办公大楼即采用了这种铅芯隔震垫。目前这类隔震支座已广泛应用于建筑物的基础隔震。除上述普通叠层橡胶垫和铅芯橡胶垫支座外，还有高阻尼叠层橡胶垫支座，其阻尼比可达 10% 以上。美国第一座隔震建筑为加利福尼亚州 Rancho Cucamonga 市的四层钢框架司法中心大楼，其采用了 98 个高阻尼隔震垫。1982 年日本建造了第一座设有 6 个叠层橡胶垫支座的民宅。20 世纪 80 年代后期，日本的隔震工程应用增多，进入 20 世纪 90 年代，日本的经济萧条使隔震建筑应用显著减少，直到 1995 年阪神大地震后，隔震建筑迅速增加，至目前每年新增的隔震建筑都在 300 幢以上。

进入 20 世纪 90 年代，隔震技术进入了一个比较成熟的阶段，美国、日本、新西兰、意大利、中国等都颁布了相应的标准、指南或规范。

4.1.2.2 桥梁隔（减）震

桥梁隔震系统中最常见的装置是铅芯橡胶支座，通常安装在桥梁上部结构与桥墩或桥台之间，每个铅芯橡胶支座兼有隔震和耗能的双重功能，同时它们还支承着上部主体结构的重量，并且提供弹性恢复力。对隔震桥梁来说，铅芯橡胶支座是一种非常经济的隔震装置，但对位于高烈度地区的大跨度桥梁，铅芯橡胶支座的耗能能力有限，不能很好地满足桥梁在地震作用下的消能要求。从 20 世纪 90 年代以来，各国学者对黏滞阻尼器的力学特性、计算模型、减震效果、设计方法等进行了广泛的研究。由于黏滞阻尼器在地震作用下具有很强的耗能限位能力，但不限制桥梁的温度变形，因此在新建和加固的大跨度桥梁中已得到广泛使用。

1. 减隔震技术在国外桥梁中的应用

自 20 世纪 70 年代初期，新西兰、意大利、美国、日本等国家开始将减隔震装置应用于实践。至今，多国对于各类减隔震装置和减隔震设计方法投入了大量的研究，取得了很多成果。桥梁减隔震技术不但应用于各类新建桥梁的抗震设计，而且在既有桥梁的加固改造中也得到了应用。

第一座隔震桥梁是新西兰 1974 年建成的长 170m 的 Motu 桥（钢桁架），该桥采用滑动隔震支座控制上部结构的水平位移，由 U 形钢曲梁阻尼器提供耗能能力。20 世纪 70 年代初到 90 年代初，仅新西兰就建造了超过 50 座隔震桥梁，其中 4 座为隔震加固桥梁，37 座隔震桥梁采用了铅芯橡胶隔震支座。

美国于 1984 年在对 Sierra Point 桥进行抗震加固时第一次将隔震技术应用于桥梁，并于 1990 年建成了第一座新建的隔震桥 Sexton Creek 桥。该桥主体结构为 3 跨连续组合钢板曲线梁（36.6m＋47m＋36.6m），主梁截面 1.4m×13m，支承在墙式墩和桥台上，采用桩基础。Sexton Creek 桥的抗震标准为：加速度峰值为 0.2g、Ⅲ类场地土。减隔震设计方案：在桥台处布置 20 个铅芯橡胶支座，桥墩上布置 20 个无铅芯的橡胶支座，目的是尽量减小作用在桥墩上的地震荷载和非地震荷载，以适应较差的地基条件。

欧洲国家中意大利的隔震技术应用最为广泛，也是最早将隔震技术应用于桥梁结构的国家之一。1975 年首先在 Somplago 高架桥上采用由滑移隔震支座和橡胶缓冲器组合的隔震系统，这是隔震技术首次应用在欧洲的桥梁结构上。1976 年弗留利地震的震中距离此桥很近，但该桥在这次地震中表现良好，而震中区域其他采用传统抗震措施桥梁的表现则较差，由此推动了被动控制系统在意大利的广泛应用。到 20 世纪 90 年代初，意大利就已建成了 150 座隔震桥梁。欧洲采用被动控制装置的新建和已建桥梁中，几乎一半是在意大利，其他分布在法国、德国、希腊、葡萄牙和西班牙。

2004 年建成的希腊 Rion-Antirion Bridge，位于希腊西部的巴特雷市，横跨希腊科林斯海峡，地处高强度地震区，整个结构的抗震按最大地面加速度 0.48g 设计并考虑两桥墩间任意方向 2m 的地质构造运动（重现期 2000 年）。该桥主桥为多跨斜拉桥，采用桥面连续的漂浮体系，总长 2252m，跨度为（286＋560＋560＋560＋286)m；两侧引桥全长分别为 392m（组合结构板梁）与 239m（预应力混凝土 T 梁）。由于该桥所处的地质条件十分恶劣，主塔采用大型沉箱隔震基础。隔震层由 90cm 厚的沙砾层、1.6～2.3m 厚的河卵石、50cm 厚的碎石组成，并通过钢管桩加强隔震层下的地基（钢管桩直径为 2m，壁厚 20cm，长度 25～30m）。基础与垫层之间没有连接（图 4-2），可以在地震时产生向上及向左右的移动，但在正常使用荷载及小震作用下不会发生滑动；允许其在地震后留有不会影响未来使用的残余位移，但要求其转角小于 0.001 弧度。此种隔震基础是一种非常大胆的创新。

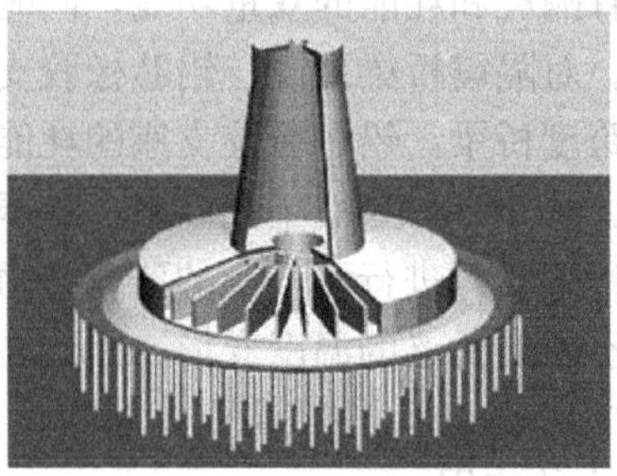

图 4-2 基础隔震及耗能减震体系

日本第一座建成的减隔震桥梁是静冈县横跨 Keta 河的宫川大桥，建成于 1990 年，为 (32.85+39.0+32.85)m 的 3 跨连续梁桥，主梁为钢板梁，墙式墩，墩高为 11m，刚性扩大基础，该桥采用铅芯橡胶支座隔震体系。阪神地震之后，采用减隔震技术的桥梁日益增多，日本大部分隔震桥梁采用铅芯橡胶支座、高阻尼橡胶支座。

2. 减隔震技术在国内桥梁中的应用

我国在 21 世纪初才将减隔震技术应用于桥梁工程，从近几年国内采用减隔震技术的种类和目的来分，大致集中在以下几类：一类是利用延长结构周期、同时消耗地震能量的隔震装置提高结构的抗震性能，如铅芯橡胶支座、滑动摩擦支座；另一类是利用耗能装置消耗地震能量，达到改善桥梁结构局部关键部位的抗震性能，如黏滞阻尼器。

铅芯橡胶隔震支座在国内建筑结构中应用较早，这种支座的生产厂家也比较多，但在桥梁结构中的推广应用则较晚。我国桥梁最早采用铅芯橡胶支座的是石家庄新津桥，随着一些桥梁工程必须跨越高烈度区，铅芯橡胶支座在桥梁中的应用数量正在快速增多，比如 2012 年建成通车的江苏宿新高速公路，部分跨径较大的桥梁即采用了铅芯橡胶支座以改善桥梁的抗震性能。表 4-1 列出了我国部分桥梁应用工程。

部分采用铅芯橡胶支座的桥梁工程 表 4-1

桥梁名称	桥型	减隔震装置类型	建成日期	备注
石家庄新津桥	连续梁桥	铅芯橡胶隔震支座	1998 年	国内首座公路隔震桥梁
南疆布谷孜桥	连续梁桥		2000 年	9 孔，各 32m，国内首座铁路隔震桥梁
澳门澳凼第（西湾）大桥	连续梁桥		2004 年	支座直径 132m，竖向承载力 1300t，国内首座应用隔震技术的大型桥梁
宜昌大桥	悬索桥		2007 年	在桥墩墩顶和混凝土箱梁之间设置隔震支座
晋江大桥引桥	斜拉桥		2008 年	南北引桥采用新型铅芯隔震支座，最大直径 130cm
宿新高速公路部分桥梁	连续梁桥		2012 年	在高烈度区使用铅芯橡胶支座对桥梁进行隔震设计
厦漳跨海大桥	斜拉桥		2013 年	厦漳大桥北汊南引桥采用铅芯隔震橡胶支座和滑动限位式铅芯隔震橡胶支座混合隔震
华阳特大桥	连续箱梁桥		2015 年	桥梁采用 8000t 级隔震支座
龙江大桥	悬索桥		2016 年	在高烈度区使用铅芯橡胶支座对桥梁进行隔震设计

国内在桥梁结构中首次采用黏滞阻尼器的是重庆鹅公岩大桥（悬索桥），设在纵向加劲梁与桥台之间的伸缩缝处。随后黏滞阻尼器在我国桥梁建设中的应用也逐渐增多，如卢浦大桥、杭州湾大桥、苏通大桥、东海大桥等一批大跨桥梁，见表 4-2。在这些大跨桥梁中，黏滞阻尼器大多数设置在桥梁结构相对变形较大的部位，如塔梁之间，加劲梁与边墩、辅助墩之间等。这些桥梁结构为了降低主塔等构件的地震响应，往往纵桥向采用漂浮体系，这导致塔与加劲梁之间、加劲梁与边墩之间在地震作用下相对位移很大。为了控制相对变形，避免在相邻构件发生有害碰撞，就在这些部位设置黏滞阻尼器改善其抗震性能。杭州湾大桥北航道桥，纵向在主塔的塔、梁间设置阻尼器，横向在主塔、过渡墩、辅助墩设置熔断式抗风支座和减震耗能装置。当超强地震发生时，横向抗风支座剪断，纵向减震装置开始耗能，以此形成双向减震体系，协同控制大跨缆索桥在地震、强风多重灾害作用下纵横向振动反应，如图 4-3 所示。

采用黏滞阻尼器的部分桥梁工程　　**表 4-2**

桥梁名称	建成日期	减隔震装置类型	备　注
重庆鹅公岩大桥	2000 年	黏滞阻尼器	国内首次开发研制 200t 的阻尼器装置
岳阳洞庭湖大桥	2002 年		拉索阻尼器，风雨激振
上海卢浦大桥	2003 年		控制纵桥向伸缩缝相对位移
东海大桥	2005 年		控制纵桥向梁与塔之间的相对位移
苏通大桥	2008 年		主桥塔梁共安置 8 个带限位阻尼器
杭州湾大桥	2008 年		纵向在辅助墩或过渡墩处增设黏滞阻尼器，横向在主塔、过渡墩、辅助墩设置熔断式抗风支座和黏滞阻尼器
南宁大桥	2009 年		控制纵向桥向伸缩缝相对位移
天兴州长江大桥	2009 年		黏滞阻尼器和 MR 阻尼器
舟山金塘大桥	2009 年		斜拉索阻尼器
荆岳长江公路大桥	2010 年		南北每个索塔横梁各设 4 套
江阴长江大桥	1999(2007 加固)年		加固工程；主梁两端伸缩缝处设置 4 个液体黏滞阻尼器，对大桥力位移进行控制，冲程达到 1000mm
青岛海湾大桥主航道桥	2010 年		纵向限位和斜拉索阻尼器
绵阳三江大桥	2012 年		位于龙门地震带附近，是汶川地震后绵阳建设的首座大型桥梁，为了减小桥梁的地震反应，在梁与墩之间设置了黏滞性阻尼器
乌锡线黄河特大桥	2012 年		通过在活动墩与主梁之间设置阻尼装置，有效协调各活动墩在动力作用下的参与工作，使阻尼器后的结构位移和受力都得到有效抑制
北盘江特大桥	2013 年		塔梁之间设置纵向阻尼器
斜港大桥	2015 年		三跨双层拱梁组合桥，全钢结构

大跨连续梁桥的减震亦可采用黏滞阻尼器，如宿新高速公路京杭大运河桥（图 4-4）。该桥由主桥和引桥两部分组成，共八联，其中主桥位于第五联，采用现浇变截面预应力混凝土连续梁桥，跨度为（76＋120＋72）m，采用纵向阻尼＋盆式支座＋横向锚栓＋挡块的减震方案；横向采用盆式支座承担正常使用阶段的侧向力。盆式支座与横向锚栓共同承受

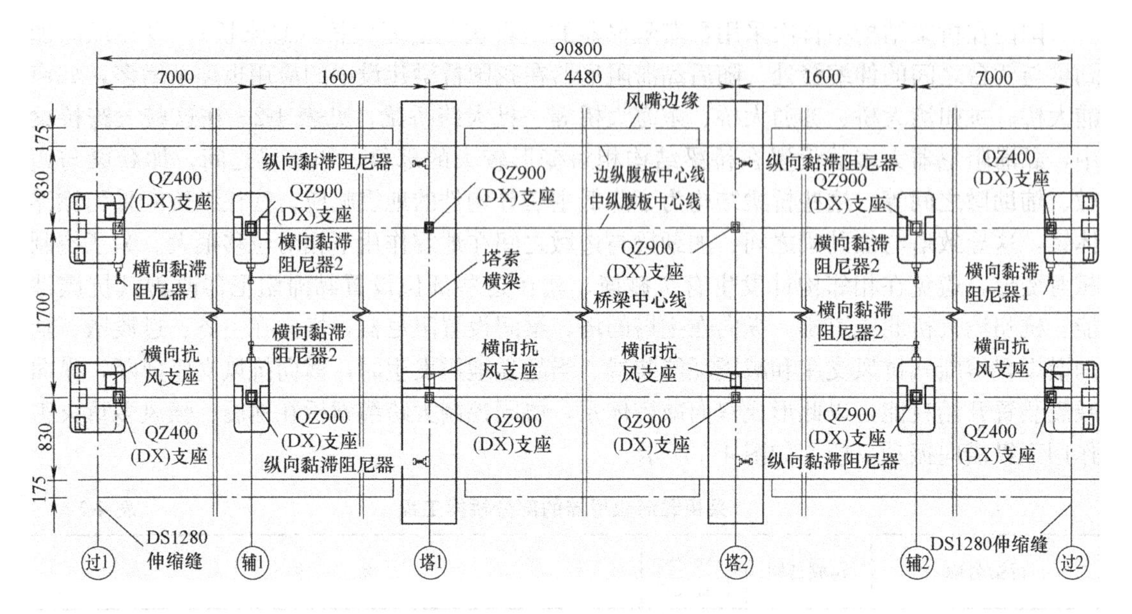

图 4-3　杭州湾大桥北航道桥减震体系

E1 地震水平力；若遭遇 E2 地震作用，盆式支座破坏，横向锚栓屈服耗能，同时挡块参与抵抗地震作用，纵向黏滞阻尼器耗能，可大大降低桥梁的地震反应。

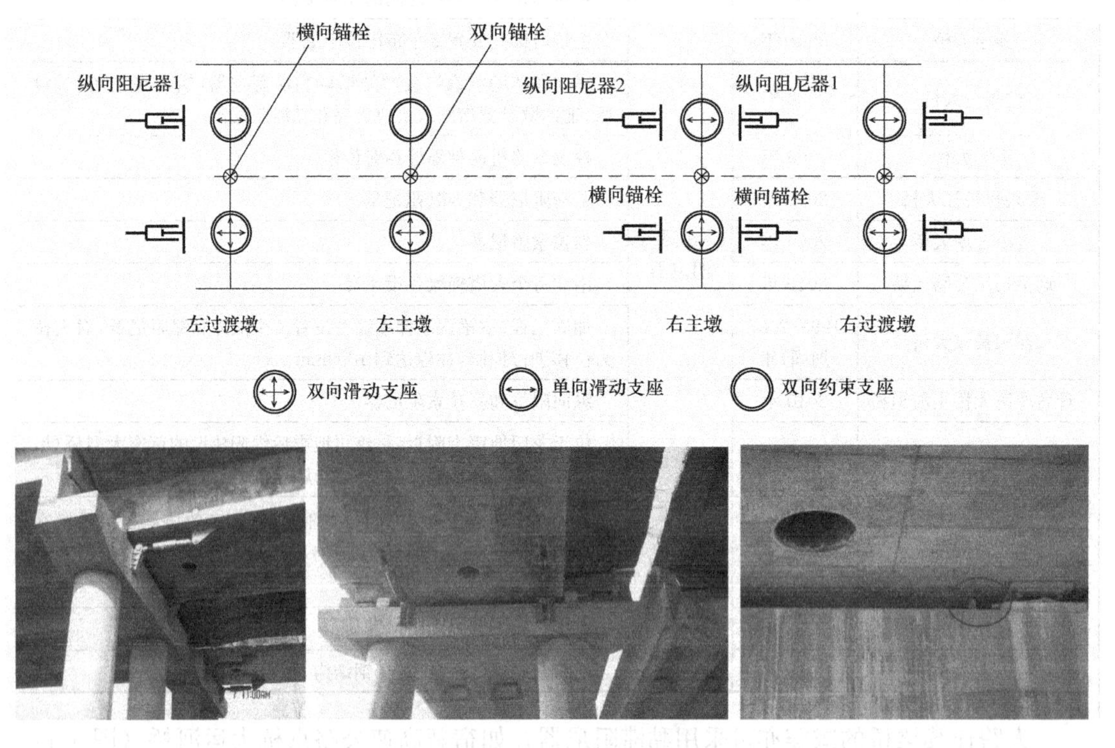

图 4-4　京杭大运河大桥主桥减隔震体系

隔震与耗能减震技术是目前性能最为稳定的振动控制技术之一，部分采用了隔震及耗能减震技术的工程结构经受住了强烈地震的考验，也证实了这种被动控制技术的有效性。

4.1.3 隔震技术的基本原理

结构隔震就是隔离地震对工程结构的作用，其基本思想是，将整个结构物或其局部坐落在隔震支座上，或者坐落在起隔震作用的地基或基础上，通过隔震层装置的有效工作，限制和减少地震波向上部结构的输入，并控制上部结构地震作用效应和隔震部位的变形，从而减小结构的地震响应，提高结构的抗震安全性。

通过对结构地震反应谱的研究，可进一步认识基础隔震的原理和隔震结构地震反应的基本特征。图 4-5 给出了结构的加速度地震反应谱和位移地震反应谱。一般中低层建筑物刚度大、周期短，结构地震反应处在地震反应谱的 A 点。在 A 点，结构加速度反应谱值较大，结构受到的地震作用力较大，但由于结构本身刚度大，位移反应谱值较小，大震时结构处于弹塑性工作状态，结构主要通过本身构件的破坏消耗输入的能量。隔震结构在隔震层设有柔性隔震垫，与抗震结构相比，其自振周期较大增加，处在地震反应谱的 B 点。在 B 点，结构加速度反应谱值相对较小，结构受到的地震作用力较小，但由于存在柔性隔震层，结构整体位移非常大且主要集中在隔震层，上部结构层间变形很小，处于整体平动状态。处在 B 点的隔震结构，地震作用力有较大降低，但隔震层可能超出允许位移。为控制位移，可在隔震层设置各类形式的阻尼器，这类隔震结构，处在地震反应谱的 C 点。在 C 点，不仅隔震结构的地震作用力进一步减小，且隔震结构整体位移也大幅降低，隔震层位移得到了有效控制。

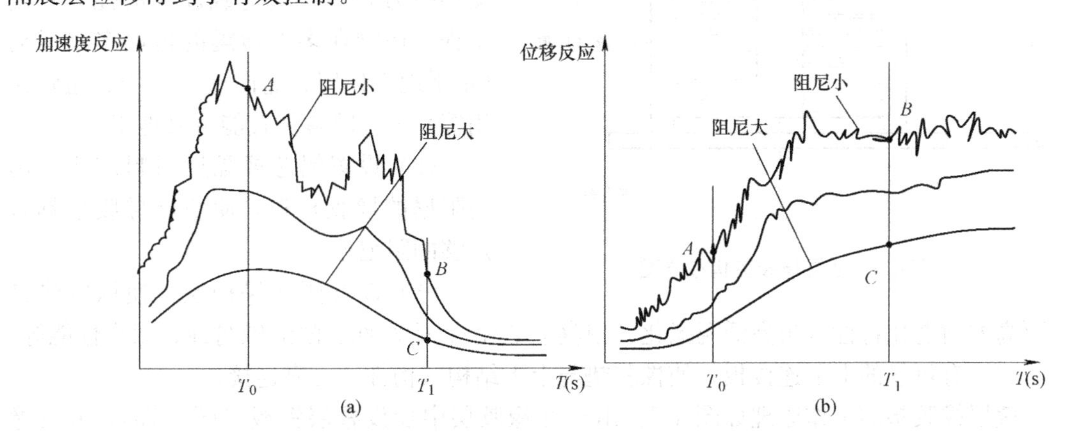

图 4-5　结构的加速度地震反应谱和位移地震反应谱

(a) 加速度反应谱；(b) 位移反应谱

与传统抗震结构体系相比，隔震体系具有以下优越性：

(1) 明显有效地减轻结构的地震反应。以建筑为例，从振动台地震模拟试验结果及已建造的隔震结构在地震中的强震记录得知，隔震体系的上部结构加速度只相当于传统结构（基础固定）加速度反应的 1/12～1/4。

(2) 确保结构安全。在地面剧烈震动时，上部结构仍能处于正常的弹性工作状态，从而可确保上部结构及其内部设施的安全和正常使用。

(3) 降低房屋造价。由于隔震体系的上部结构承受的地震作用大幅度降低，使上部结构构件和节点的断面、配筋减小，构造及施工简单，从而可节省造价，并且抗震安全度大大提高。

（4）震后无须修复。地震后，只对隔震装置进行必要的检查，而无须考虑建筑结构物本身的修复。地震后可很快恢复正常生活或生产，这带来明显的社会和经济效益。

（5）对建筑而言上部结构的建筑设计（平面、立面、体形、构件等）限制较小：由于上部结构地震作用小，从而加大了建筑设计的灵活性。

4.1.4 隔震装置

目前可在隔震建筑中使用的隔震支座主要有：叠层橡胶隔震支座、摩擦摆隔震支座、滚动支座、碟形弹簧隔震支座、复合隔震支座等。技术比较成熟并已在国内外广泛推广应用的隔震装置是叠层钢板与橡胶层紧密粘结的标准型叠层橡胶隔震支座（简称叠层橡胶垫）。这里主要介绍叠层橡胶垫的有关构造和性能等。

4.1.4.1 叠层橡胶垫的构造

叠层橡胶垫是由橡胶和叠层钢板分层叠合经高温硫化粘结而成，其主要构造（图4-6）如下：

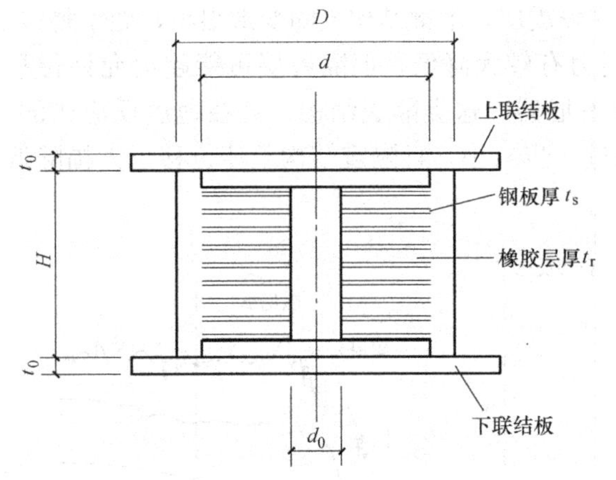

图 4-6 叠层橡胶垫构造详图

（1）叠层钢板（厚 ts）和橡胶垫（厚 tr）紧密粘结，以确保钢板对橡胶的变形约束，使橡胶具有较高的竖向受压承载力和一定的抗拉能力、较大的水平变形能力和耐反复荷载疲劳的能力；使工程结构物在多次地震的地面多维运动（水平地震作用、竖向地震作用、扭转作用等）下，隔震装置能可靠地工作。

（2）设置铅芯或黏性材料芯或采用高阻尼的橡胶材料，使叠层橡胶垫具有足够的阻尼比。

（3）设置侧向保护层，使橡胶垫具有更高的耐老化特性（耐高低温老化，耐臭氧老化）、耐水性、耐酸碱腐蚀、耐火性能等。

（4）有可靠的上下连接板，使橡胶垫与上下结构（构件）可靠连接。

叠层橡胶垫的工作原理如图 4-7。由于在橡胶层中加设叠层钢板（图 4-7a），并且橡胶层与叠层钢板紧密粘结，因此，当橡胶垫承受垂直荷载时，各橡胶层的横向变形受到约束（图 4-7b），即 $a_1 \ll a$，使叠层橡胶垫具有很大的竖向承载力和竖向刚度；当橡胶垫承载水平荷载时（图 4-7c），各橡胶层的相对侧移也大大减小，即 $d_1 \ll d$，使橡胶垫可达到很大的整体侧移 d 而不致失稳，并且保持较小的水平刚度（仅为竖向刚度的 1/1500～1/500）。另外，由于叠层钢板与橡胶层紧密粘结，橡胶层在竖向地震作用下还能承受一定的拉力，使叠层橡胶垫成为一种竖向承载力极大（可高达 200000kN）、水平刚度较小、水平侧移容许值很大（可达 1000mm）又能承受竖向地震作用的理想的隔震装置。

4.1.4.2 叠层橡胶垫的分类和力学性能

叠层橡胶垫按照阻尼特性主要分为三种：普通橡胶垫、铅芯橡胶垫以及高阻尼橡胶垫，如图 4-8 所示。

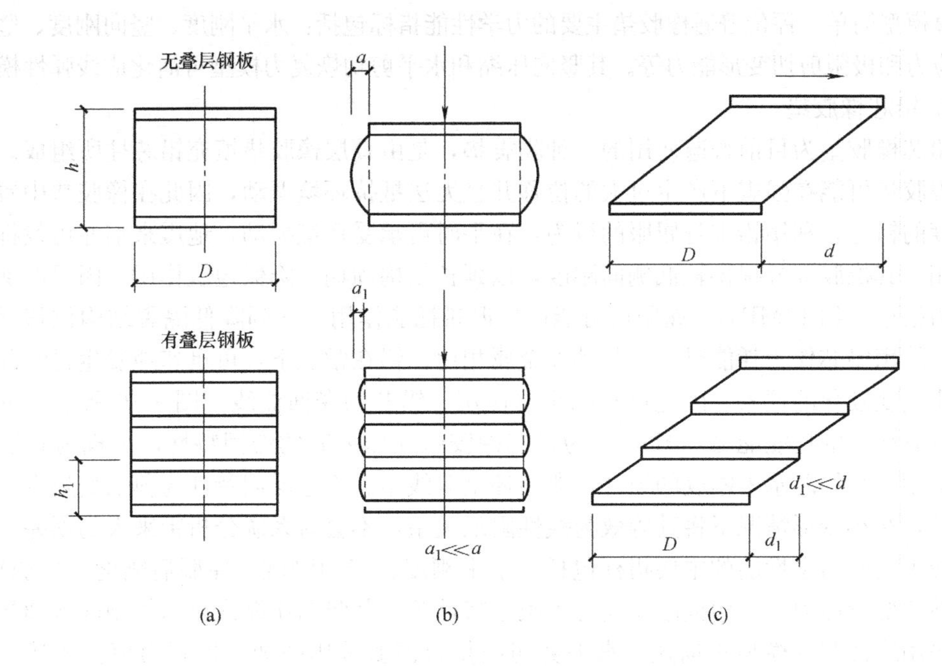

图 4-7 叠层橡胶垫工作原理

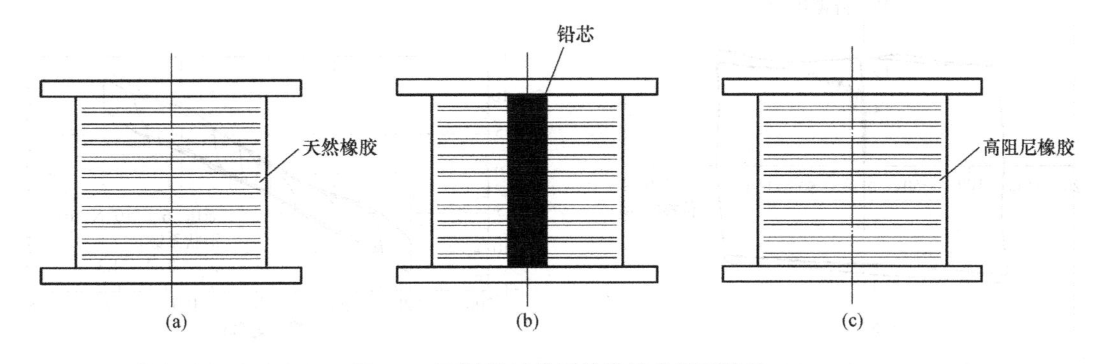

图 4-8 不同材料类型的叠层橡胶隔震垫

(a) 普通橡胶垫；(b) 铅芯橡胶垫；(c) 高阻尼橡胶垫

1. 普通橡胶垫

普通橡胶垫是由多层橡胶夹着钢板所构成，使得此支承垫有低水平刚度与高竖向刚度的特性。利用钢板为加劲层的主要作用为，避免因荷载较大时，橡胶垫与侧面产生拉力，影响橡胶垫的疲劳强度与耐久性。图 4-9 为该类隔震器的滞回曲线。其滞回环的面积较小，因此在隔震层需要辅以阻尼器作为吸收能量的元件。该隔震垫的滞回特性与轴力变化和位移历程几乎无关，从小变形到大变形都具有稳定弹性性能，结

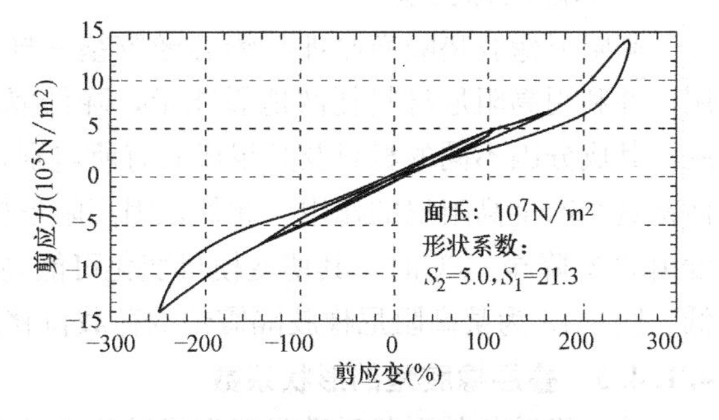

图 4-9 普通橡胶垫的滞回曲线

构计算模型简单。评价普通橡胶垫主要的力学性能指标包括：水平刚度、竖向刚度、竖向极限压应力和极限剪切变形能力等。其竖向压缩和水平剪切恢复力模型可简化成线弹性模型。

2. 铅芯橡胶垫

铅芯橡胶垫为目前普遍使用的一种隔震垫，是由叠层橡胶垫填充铅芯柱所组成。由于叠层橡胶垫可能在强震下产生过大的位移并且无法抵抗环境振动，因此在橡胶垫中置入一高纯度的铅芯，利用铅本身屈服的行为，在平时可承受环境振动，地震来临亦可发挥耗能的作用。其橡胶部分提供较低侧向刚度，以延长结构周期，降低地震作用。因铅的剪力屈服应力很小（约10MPa)，屈服后可能产生迟滞耗能作用，达到降低隔震结构位移反应的目的，故用铅芯作为耗能材料。与其他金属相比，铅在常温下，可迅速地发生再结晶，不易产生应变硬化的现象，因此可长期重复使用。铅芯的滞回曲线如图4-10所示，近似矩形，具有很大的耗能能力。图4-11为铅芯橡胶垫在压剪时的滞回特性，表现为叠层橡胶垫水平刚度与铅芯水平刚度的组合，滞回环呈双线型。不过滞回特性与剪切变形有一定的相关性，在小变形情况下将其等效为线性阻尼关系，不会对系统分析带来大的误差。评价铅芯橡胶支座力学性能的主要指标包括：水平刚度、竖向刚度、屈服后刚度、屈服荷载、极限剪切变形能力、竖向极限压应力和阻尼特性等。其竖向压缩恢复力模型同普通橡胶垫一样采用线性弹性模型来描述，水平剪切恢复力模型采用弹塑形恢复力模型描述，如图4-12所示。

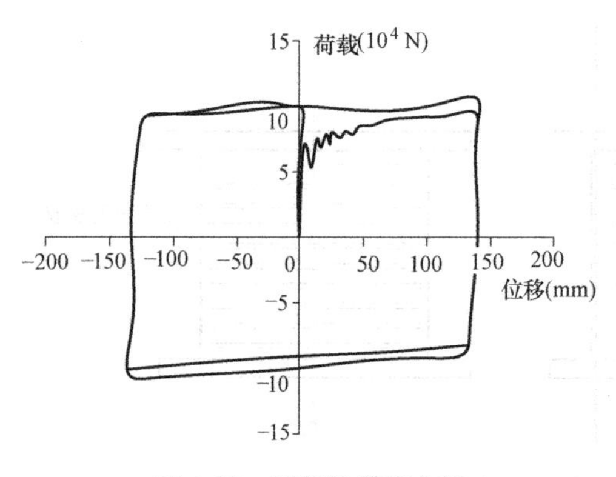

图4-10 铅芯的滞回曲线

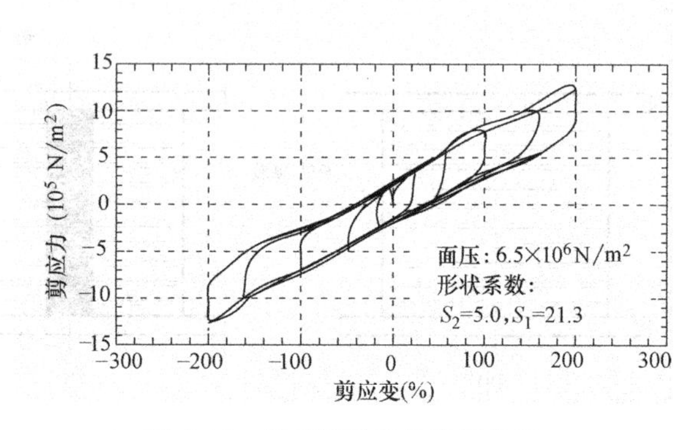

图4-11 铅芯橡胶垫的滞回曲线

3. 高阻尼橡胶垫

高阻尼橡胶垫隔震原理与铅芯橡胶垫一样，主要目的是延长结构周期以降低地震作用，并利用高阻尼材料耗散地震能量，降低隔震结构位移。高阻尼橡胶垫为一种合成橡胶，其成分因不同的材料及其组成而有所差别，其力学性质也因而有很大差别，其共同特性是具有产生高阻尼的作用。此外，因高阻尼橡胶垫切变模量也会随温度而变化，例如温度由30℃降至10℃时，其切变模量变化可能高达50%，这可能会导致隔震效果的显著降低。图4-13为某高阻尼橡胶隔震垫的荷载位移曲线。

4.1.4.3 叠层橡胶垫的形状系数

叠层橡胶垫的形状系数是确保橡胶垫承载力和变形能力的重要几何参数。

1. 第一形状系数 S_1

S_1 定义为橡胶垫中各层橡胶层的有效承压面积与其自由表面积之比，即：

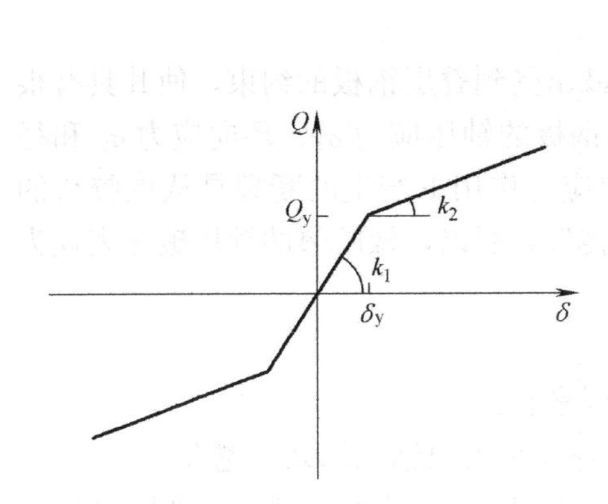

图 4-12 铅芯橡胶垫简化的剪切刚度

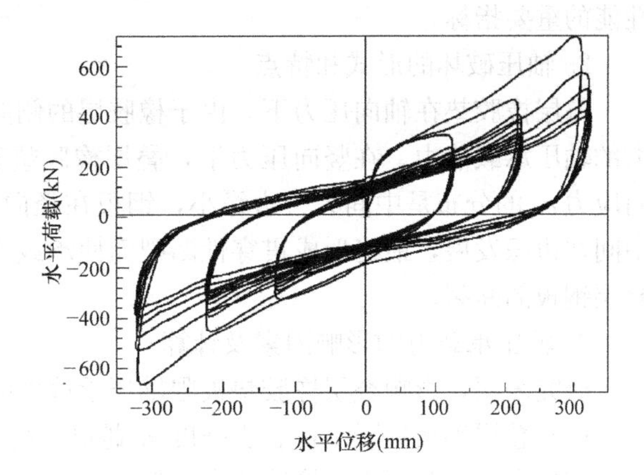

图 4-13 高阻尼橡胶垫的荷载位移曲线

$$S_1=\frac{\pi(d^2-d_0^2)/4}{\pi(d-d_0)t_r}=\frac{d-d_0}{4t_r} \tag{4-1}$$

式中 d——橡胶层有效承压面的直径；

d_0——橡胶层中间开孔的直径；

t_r——每层橡胶层的厚度。

S_1 表征橡胶垫中的钢板对橡胶层变形的约束程度。所以，S_1 值越大，橡胶垫的受压承载力越大，竖向刚度也越大。

S_1 的取值根据国内外的研究成果和应用经验，一般取：

$$S_1\geqslant 15 \tag{4-2}$$

当满足式（4-2）时，橡胶垫的极限受压强度可达 100～120MPa，如果设计压力为 15MPa，则其受压承载力的安全系数可达 6.7～8.0，使隔震结构物具有足够大的安全储备。

2. 第二形状系数 S_2

S_2 定义为橡胶垫有效承压体的直径与橡胶总厚度之比，即：

$$S_2=\frac{d}{nt_r} \tag{4-3}$$

式中 n——橡胶层的总层数。

S_2 表征橡胶垫受压体的宽高比，即反映橡胶垫受压时的稳定性。S_2 值越大，橡胶垫越粗矮，其受压稳定性越好，受压失稳临界荷载就越大。但是，S_2 越大，橡胶垫的水平刚度也越大，水平极限变形能力将越小。所以，S_2 既不能太小，也不能太大。

S_2 的取值根据国内外的研究成果和应用经验，一般取：

$$S_2=3\sim 6 \tag{4-4}$$

如果要求橡胶垫的水平变形能力较大，则 S_2 取低值，而设计承载力也取较低值；反之，则 S_2 取较高值，而设计承载力也可取较高值。

4.1.4.4 叠层橡胶垫的轴压承载力

1. 轴压承载力的定义及应用意义

叠层橡胶垫的轴压承载力是指橡胶垫在无任何水平变位情况下的竖向承载力，它既是确保橡胶垫在无地震时正常使用的正常指标，也是直接影响橡胶垫在地震时其他各种力学性能的重要指标。

2. 轴压破坏的形式和特点

叠层橡胶垫在轴向压力下，由于橡胶层的侧向鼓出受到叠层钢板的约束，使其具有很大的轴压承载能力。在竖向压力下，叠层橡胶垫和钢板的轴压应力 σ_z、环向应力 σ_θ 和径向应力 σ_r 的分布是中间大、边缘小，钢板在径向拉应力作用下产生的断裂是从橡胶垫的中间往边缘发展，最终形成贯穿性断裂而使承载力丧失。所以，橡胶垫的轴压破坏表现为叠层钢板的断裂。

3. 轴压承载力的影响因素及计算

研究表明，影响叠层橡胶垫极限轴压承载力的因素有：

(1) 叠层钢板极限抗拉屈服强度 σ_y 越高，叠层橡胶垫极限轴压承载力越大；

(2) 在一定范围内，橡胶垫中的钢板与橡胶层厚度比 t_s/t_r 越大，则叠层橡胶垫的轴压承载力越大；

(3) 叠层橡胶垫第一形状系数 S_1 越大，其轴压承载力也越大；

(4) 轴压承载力的设计值。

研究表明，在确保叠层橡胶垫的橡胶层与钢板紧密粘结，并且在 $S_1 \geqslant 15$、$S_2 \geqslant 3$ 条件下，一般 σ_{vmax} 可达 95～120MPa。如果考虑轴压承载力的安全系数 $f=6$，则橡胶垫的设计轴压应力为 $\sigma_v=(95\sim120)/6=16\sim20$MPa。所以，在实际工程应用中，对叠层橡胶垫的设计轴压应力的取值为：

一般工程： $$\sigma_v=15\text{MPa} \tag{4-5}$$

重要工程： $$\sigma_v=10\text{MPa} \tag{4-6}$$

这样，对于一般工程结构，安全系数为 6.3～7.8；对于重要工程结构，安全系数为 9.5～11.7，以确保在使用情况下，橡胶垫的承载力安全度大于上部结构及构件的承载力安全度。

为了达到较大的轴压承载力（$\sigma_{vmax} \geqslant 90$MPa），建议橡胶垫中的钢板、橡胶厚度比的取值为：

$$t_s/t_r=0.4\sim0.5 \tag{4-7}$$

4.1.4.5 叠层橡胶垫剪压承载力及水平剪切变形

1. 剪压承载力的定义及应用意义

叠层橡胶垫剪压承载力是指橡胶垫在发生水平剪切变形下的竖向承载能力。地震发生时，工程结构的隔震作用是通过橡胶垫产生水平变形来实现。所以，橡胶垫水平剪切变形能力及剪压承载力是确保地震时橡胶垫正常工作的重要指标。

2. 剪压受力特点及承载力的试验分析

叠层橡胶垫在轴压（竖向）荷载作用下具有很大的轴压承载能力。当橡胶垫发生侧向变位时，其受荷的有效面积减小，核心受压部分的应力急剧提高，局部区域可能出现拉应力。由于橡胶垫中的钢板对橡胶层变形的约束作用，以及橡胶垫外围材料对核心受压部分的约束作用（三向压力），使核心受压部分的极限承载能力大大提高。试验表明，当橡胶垫的剪切应变不太大时（剪切应变不大于层橡胶垫），橡胶垫的极限竖向承载力没有明显的降低。

当橡胶垫的剪切应变不断增大，其核心受荷有效面积不断减小，再加上 P-Δ 效应的影响，其极限竖向承载力会有所降低。但如果橡胶垫承受的轴压应力恒定不变，则橡胶垫出现剪切破坏时，能达到很大的剪切变形值。对较大直径叠层橡胶垫剪切破坏试验结果表明，当橡胶垫承受轴压力为 $\sigma_v=10\sim30\text{MPa}$，其破坏时的极限剪切应变达到 380%～450%。说明叠层橡胶垫的剪压承载力和极限水平剪切变形能力都很大。在 $\sigma_v=10\sim15\text{MPa}$ 情况下，水平剪切应变 r 只要满足下式，橡胶垫就不会出现剪压破坏：

$$r\leqslant350\% \tag{4-8}$$

式中 r——橡胶垫剪压时上下板水平相对位移 D 与橡胶层总厚度 nt_r 之比，称为橡胶垫水平剪切应变值。

3. 水平容许剪切变形的设计取值

研究表明，当橡胶垫水平剪切变形满足以下表达式时，橡胶垫仍然不会明显降低承载能力。

$$D\leqslant\frac{3}{4}d \tag{4-9}$$

式中 D——橡胶垫剪压时上顶板面与下顶板面的水平相对位移；

d——橡胶垫直径。

综上所述，当橡胶垫的轴压应力 $\sigma_v=10\sim15\text{MPa}$ 时，在剪压受荷时，为确保橡胶垫的承载能力不明显降低，其水平剪切变形应同时满足剪切应变限制值（式 4-8）及上下板水平相对位移限制值（式 4-9）两种条件。

4.1.4.6 叠层橡胶垫受拉承载能力

1. 受拉承载力的定义及应用意义

叠层橡胶垫受拉承载力是指橡胶垫在承受轴向拉伸时的承载能力。当橡胶垫承受偏心拉伸时，由于会产生复位弯矩，最终仍表现为轴向拉伸状态和轴拉破坏，故对橡胶垫受拉承载力的研究仍以轴向拉伸为主。

隔震结构在下述情况下有可能使橡胶垫出现全断面的拉伸状态或局部断面的拉伸状态：

（1）工程结构物或建筑物的高宽比较大，地震时有可能产生较大摇摆，使某些橡胶垫处于拉伸状态；

（2）地震时地面竖向地震作用较大（如 1995 年 1 月日本阪神大地震），再加上地面较大的水平作用或扭转作用，有可能使某些橡胶垫处于拉伸状态；

（3）橡胶垫产生较大的水平剪切变形时，橡胶垫横断面局部区域可能产生受拉应力。

所以，必须使橡胶垫具有一定的受拉承载力，才能确保隔震结构在强震的多维地面运动综合作用下，橡胶垫不拉断、不散塌，自始至终保持其整体性，发挥隔震功能。橡胶垫受拉承载力是通过叠层钢板与橡胶层的紧密粘结来保证的。

2. 受拉承载力的设计取值

综合国内外对叠层橡胶垫的拉伸破坏试验结果，为确保橡胶垫在受拉状态下能正常工作，对其受拉承载力的设计值建议如下：

$$\sigma_n\leqslant1\text{MPa} \tag{4-10}$$

4.1.4.7 叠层橡胶垫水平刚度

叠层橡胶垫的水平（剪切）刚度是指橡胶垫上下板面产生单位相对位移所需施加的水

平（剪切）力，记为 K_h：

$$K_h = Q/D \tag{4-11}$$

式中 K_h——叠层橡胶垫水平刚度（N/mm）；

D——叠层橡胶垫上下板面水平相对位移（mm）；

Q——叠层橡胶垫承受的水平剪力（N）。

叠层橡胶垫水平刚度是隔震器的重要力学参数之一。为此，要求：

(1) 选择合适的水平刚度以合理确定隔震器的自振周期，从而达到较明显的隔震效果；

(2) 具有足够的初始水平刚度，以保证隔震结构在强风、小震下的正常使用；

(3) 确定合适的水平刚度以使隔震器不致产生过大的水平剪力；

(4) 确定合适的水平刚度以使隔震结构不致产生过大的水平位移。

影响叠层橡胶垫水平刚度的主要因素有：橡胶材料的力学性能、形状系数、轴压应力、剪切变形、水平反复荷载循环次数、加载频率和材料稳度等。

作为实际工程应用的叠层橡胶垫的水平刚度，必须对隔震结构实际采用的叠层橡胶垫进行足尺试验，以实测的水平刚度作为设计依据。

4.1.4.8 叠层橡胶垫竖向刚度

叠层橡胶垫的竖向刚度是指橡胶垫在竖向压力下，产生单位竖向位移所施加的竖向力。即：

$$K_V = \frac{P}{\delta_V} \tag{4-12}$$

式中 K_V——叠层橡胶垫竖向刚度（N/mm）；

P——叠层橡胶垫承受的竖向压力（N）；

δ_V——叠层橡胶垫竖向压缩变形（mm）。

叠层橡胶垫竖向刚度 K_V 的合理取值对隔震结构的作用如下：

(1) 使隔震结构体系的上部结构在正常荷载下不出现过大的竖向变形；

(2) 合理确定隔震结构的竖向自振周期，以避免地震（或其他振动）时出现共振效应。

影响叠层橡胶垫竖向刚度的主要因素有：橡胶材料的力学性能、形状系数、竖向轴压应力和水平剪切变形等。

实际工程应用的叠层橡胶垫的竖向刚度，必须通过实际采用的叠层橡胶垫进行足尺试验，以实测的竖向刚度值作为设计依据。

4.1.4.9 叠层橡胶垫的阻尼

1. 阻尼的含义及工程应用的意义

叠层橡胶垫的阻尼，是评价叠层橡胶垫在水平剪切变形过程中由于橡胶垫组成材料的非弹性变形（或内摩擦）而产生能量耗散能力的指标。由于隔震结构体系的上部结构在地震过程中基本上处于弹性状态，其提供的阻尼值很小，而隔震结构体系的水平变形集中于叠层橡胶垫，所以，隔震结构的阻尼值基本上由叠层橡胶垫提供，即叠层橡胶垫的阻尼值基本上代表隔震结构的阻尼值，一般用等效阻尼比 ξ 表示。

如果使叠层橡胶垫具有合理的足够大的阻尼比，就能有效地控制隔震结构的地震反应，特别是减少上部结构的水平位移。所以，ξ是隔震结构体系的重要动力参数之一。

2. 阻尼影响因素

叠层橡胶垫阻尼比ξ的大小受到诸多因素的影响，现分析如下：

（1）叠层橡胶垫的组成材料

叠层橡胶垫采用不同的橡胶材料或内包芯材，或外加阻尼耗能装置，能得到不同的阻尼值。

（2）竖向荷载（轴压应力）

叠层橡胶垫在水平变形时的阻尼比，随着竖向压应力的增大而增大。因为较大的竖向压应力使橡胶垫的三向应力值提高，当承受水平变形时，橡胶材料的非弹性性能就更为明显，也表现为阻尼比的增大。

（3）水平剪切变形大小

叠层橡胶垫阻尼比随着剪切变形的增大而略为降低。因为剪切变形小时，剪切刚度较大，其耗能能力也较高；随着剪切变形的增大，剪切刚度有所降低，其耗能能力也有所降低。

（4）水平加荷次数

如果叠层橡胶垫中的橡胶层与钢板之间的粘结性较好，则在反复水平循环加荷次数不断增加的情况下，其阻尼比基本保持恒定值，即其阻尼耗能能力在疲劳荷载下不会产生“衰退”现象。

（5）水平循环加荷速度（加荷频率）

叠层橡胶垫阻尼比随着水平循环加荷速度（加荷频率）的加快（较高频率）而略有提高；反之，加荷速度减慢（较低频率），阻尼比略有下降。这是因为加荷速度减慢，叠层橡胶垫在水平荷载下的惰变现象越明显，其阻尼耗能能力会产生衰退现象。如果加荷速度较高（达到地震时的加荷速度），叠层橡胶垫的水平变形是一个瞬时的往复过程，无明显的惰变现象，其阻尼能力能维持原来较高值。

（6）环境温度

叠层橡胶垫阻尼比随环境温度的升高而降低。这是因为温度升高，叠层橡胶垫的水平剪切刚度下降，其耗能能力也随着下降。

作为提供实际工程应用的叠层橡胶垫，其阻尼值必须通过对实际采用的橡胶产品的足尺试验进行测定计算求得。

4.1.4.10 耐久性

叠层橡胶垫耐久性的含义是，安装在工程结构中的叠层橡胶垫经过50～100年（或更长时间）的使用，经历长期恒定荷载、多次地震冲击荷载以及环境大气的长期作用，仍能保持符合要求的承载力、弹性恢复力、刚度阻尼等力学性能。

耐久性的目标是，确保叠层橡胶垫的正常使用寿命不低于工程结构本身的使用寿命（一般结构的使用寿命为50年）。

影响叠层橡胶垫耐久性的主要因素有橡胶材料老化，叠层橡胶垫的徐变，叠层橡胶垫的疲劳，及与耐久性有关的其他性能，如耐火性、耐水性、耐腐蚀性等。

对国内外长期应用的橡胶垫调查结果表明，橡胶垫有很强的抗老化能力。提高叠层橡胶垫耐久性的措施有：

（1）在橡胶垫的材料配方中掺合适量的抗老化剂，橡胶的耐老化性能比几十年前提高约30%；

（2）在叠层橡胶垫的外皮设置厚度约10mm的保护层，该保护层不承受任何荷载，完全是为了在大气环境中对橡胶垫加以保护；

（3）在橡胶垫材料配方中加入阻燃剂及其他特殊掺合剂，又在橡胶垫外皮保护层的外表面涂刷特种涂料层，以确保橡胶垫具有完全可靠的耐火、耐水、耐腐蚀等性能；

（4）隔震结构中采用的叠层橡胶垫，在构造设计上实现可更换的连接方案；在出现意外环境灾害的情况下，能简捷快速地对叠层橡胶垫进行更换；

（5）对实际工程应用的叠层橡胶垫进行严格的耐老化性能及各项耐久性性能的检验，以确保叠层橡胶垫制品达到更高的质量标准。

4.2 消能减振

4.2.1 结构消能减振概念与发展概况

我国和世界各国普遍通过增强结构本身的抗震性能（强度、刚度、延性）来抵御地震作用，利用结构本身储存和消耗外界输入的能量，这是一种被动消极的抗震对策。由于人们尚不能准确地估计未来发生地震的强度，结构很可能不能完全满足安全性的要求，从而产生严重的破坏或倒塌，造成重大的经济损失和人员伤亡。

工程结构减振控制通过对工程结构的特定部位施加某种控制装置（系统），使之与结构共同承受地震作用，改变或调整结构的动力特性或动力作用，最终达到减轻结构地震反应的目的。其中消能减振技术在理论上相对比较成熟，并得到一定的应用。消能减振技术是由消能减振装置与结构共同承受地震作用，即共同储存和耗散地震能量，减小结构的地震反应，是一种积极主动的抗震对策。

大量研究和应用表明，在工程结构的适当位置合理设置消能减振装置后，结构在地震作用下具有如下特点：①结构具有足够的附加阻尼时，可满足罕遇地震下预期的结构位移要求；②由于消能减振装置不改变结构的基本构成，因此消能减振结构的抗震性能与普通结构相比并没有降低；相反，由于消能减振装置相当于在结构上增加了一道防线，其抗震安全性有一定程度的提高；③消能减振结构不受结构类型和高度的限制，适用范围较广。

结构减振控制的研究及应用已有近50年的历史，一些装置的设计概念最初是从航空航天、机械等领域引进的。早在1969年美国世界贸易中心的每个塔中就安装有约10000个黏弹性阻尼器，西雅图哥伦比亚大厦（77层）、匹兹堡钢铁大厦（64层）等许多工程都采用了该项技术。20世纪80年代初，我国王光远院士首先引入了结构振动控制的概念。随后国内土木工程界的广大学者、研究人员深入展开了结构隔震、消能减振、吸振减振、主动控制、半主动控制和混合控制等方向的研究，取得了一系列丰硕的成果。已从开始的理论和试验研究、方案设计向试点工程和应用的方向发展，并已向标准化、规范化、产业化的方向迈进。

近年来，智能驱动材料和控制装置的研究和发展为土木工程结构的抗震控制开辟了新的天地，将为土木工程结构减振控制的第二代高性能耗能器和主动控制驱动器的研制和开发提供了基础，从而使结构与其感知、驱动和执行部件一体化的减振控制智能系统设计成为可能。

4.2.2 结构减振控制分类

根据结构减振控制按系统是否输入外部能源可分为被动控制、主动控制、半主动控制、智能控制和混合控制五类，如图 4-14 所示。

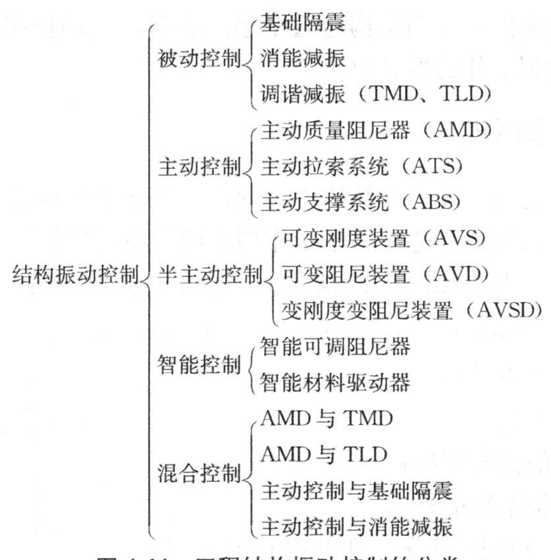

图 4-14 工程结构振动控制的分类

被动控制（Passive Control）：不需要输入外部能源提供控制力，控制过程不依赖于结构反应和外界干扰信息的控制方法。被动控制主要采用隔震技术、消能减振技术和调谐减振技术（TMD、TLD）来调整结构动力特性，达到隔离地震和消能减振的目的，既能有效减振，又较为经济，且安全可靠。

主动控制（Active Control）：需要输入外部能源提供控制力，控制过程依赖于结构反应和外界干扰信息的控制方法。主动控制系统由传感器、运算器和作动器三部分构成。主动控制是将现代控制理论和自动控制技术应用于结构控制中的高新技术，在结构受激励过程中瞬时施加控制力和瞬时改变结构的动力特性，与传统的无控结构体系相比，能使结构振动反应减少 40%～85%。

半主动控制（Semi-Active Control）：不需要输入外部能源提供控制力，控制过程依赖于结构反应和外界干扰信息的控制方法。半主动控制以被动控制为主，它既具有被动控制系统的可靠性，又具有主动控制系统的强适应性，通过一定的控制规律可以达到主动控制系统的控制效果。

智能控制（Intelligent Control）：采用智能控制算法和采用智能驱动或智能阻尼装置为标志的控制方式。采用智能控制算法为标志的智能控制，它与主动控制的差别主要表现在不需要精确的几何模型，采用智能控制算法确定输入或输出反馈与控制增益的关系，而控制力还是需要很大外部能量输入的作动器来实现；采用智能驱动材料和器件为标志的智能控制，它的控制原理与主动控制基本相同，只是实施控制力的作动器为使用智能材料制作的智能驱动器或智能阻尼器。

混合控制（Hybrid Control）：混合控制是一种将不同控制方式相结合的控制方法，合理选取控制技术的较优组合，吸取各控制技术的优点，避免其缺点，可形成较为成熟而先进有效的组合控制技术，但其本质上仍是一种完全主动控制技术，仍需外界输入较多能量。混合控制是主动和被动甚至多种控制方式的混合，在控制结构时，部分通过隔震、消能减振技术调整结构的动力特性，部分通过输入外部能源达到减振目的。把两种甚至多种系统混合使用，取长补短，更加合理、经济、安全。例如，当结构遭遇多遇地震时，主要依靠被动控制系统实现减振；而当结构遭遇罕遇地震时，主动控制系统被驱动参与工作，两种系统联合运作，达到最佳的控制效果。

4.2.3 消能减振基本原理

结构消能减振可表述为：通过在结构中合理设置消能减振装置，有效控制结构的振动响应，使结构在地震、大风或其他动力干扰作用下的各项反应值被控制在允许范围内。其原理从能量的角度解释，考虑如图4-15所示的一个单自由度模型运动方程：

$$m\ddot{x}+c\dot{x}+kx=-m\ddot{x}_g+p \tag{4-13}$$

式中 m——结构系统的质量；

c——结构阻尼系数；

k——结构系统的侧向刚度；

p——施加于结构系统的外力。

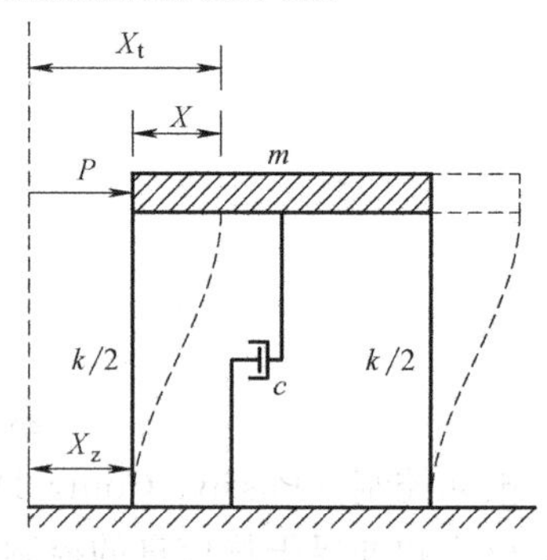

图4-15 单自由度结构体系分析模型

对式（4-13）相对位移作积分，可以得到能量平衡方程表达式：

$$E_k+E_D+E_s=E_I \tag{4-14}$$

在地震作用下 E_I 为结构的地震输入能量 $E_I=E_{IS}=-\int m\dot{x}_g\mathrm{d}x$，在风振作用下 E_I 为结构的风致输入能量 $E_I=E_{IW}=\int p\mathrm{d}x$。$E_k$ 为结构相对动能；E_D 为结构固有阻尼耗散的能量；E_s 为弹性应变能，此三者能量的总和必须与结构的地震输入能量 E_{IS} 或风致输入能量 E_{IW} 作平衡。每一项能量都是时间的函数，因此在荷载作用的每一时刻，能量都处在平衡状态。

以传统方法设计的结构无法在较大的地震作用下仍维持在弹性范围内，设计者依靠结构延性防止结构发生脆性破坏，但将导致部分结构构件的损伤。此时，结构刚度不再是一个常数。弹性应变能 E_s 应改写为 E'_s，E'_s 可分为两部分，即 E'_{se} 和 E'_{sp}，分别代表完全可恢复的弹性应变能及不可恢复的塑性应变能。

结构遭遇多遇地震时，输入结构的能量有显著部分被结构阻尼与结构构件非弹性迟滞机制耗散。若遭遇罕遇地震时，则会有更多的能量经由结构构件的非弹性变形耗散。因此，从能量的角度必须将结构经由迟滞效应所耗散的能量减至最小，以减小结构损伤。考虑引入附加的能量消散系统（消能减振装置），即减振系统，其分析模型如图4-16所示。

此时，其运动方程可写为：

$$m\ddot{x}+c\dot{x}+kx+\Gamma x=-(m+\overline{m})\ddot{x}_g+p \tag{4-15}$$

式中 Γx——被动消能装置的出力大小；

$\overline{m}$——消能装置的质量。

将上式对 x 做积分，可得到能量的平衡方程式：

$$E_{K}+E_{D}+E_{Se}+E_{Sp}+E_{P}=E_{I} \quad (4\text{-}16)$$

被动消能减振装置耗散的能量为：

$$E_{p}=\int \Gamma x \mathrm{d}x \quad (4\text{-}17)$$

含阻尼器结构的地震输入能可能会增加，但阻尼器将耗散大部分的外界输入能，即需要由主体结构耗散的输入能将会大大减小，从而保护了主体结构。

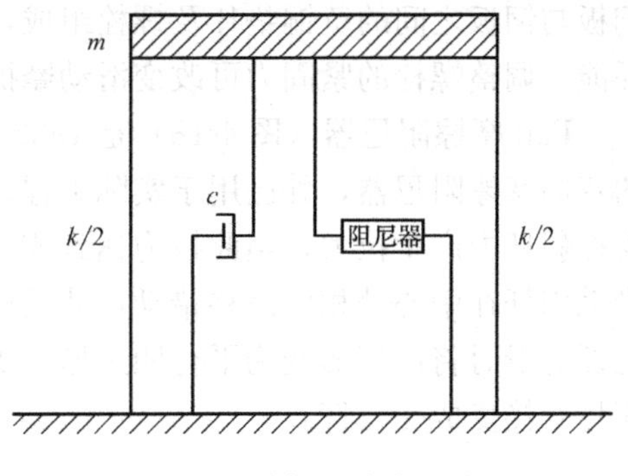

图 4-16 减振系统分析模型

4.2.4 消能减振装置

目前，研究开发的消能减振装置种类很多，从消能减振装置跟位移、速度的相关性分类，可以分为位移相关型消能减振装置、速度相关型消能减振装置以及复合型（位移-速度相关型）消能减振装置。其中位移相关型消能减振装置包括摩擦阻尼器和金属阻尼器等；速度相关型消能减振装置有黏弹性阻尼器和黏滞流体阻尼器等；复合型消能减振装置有铅黏弹性阻尼器等。根据消能减振装置制造材料可分为金属阻尼器、黏弹性阻尼器、黏滞阻尼器和智能材料阻尼器。根据消能减振装置耗能机理可以分为摩擦阻尼器、弹塑性阻尼器、黏弹性阻尼器、黏滞阻尼器和电（磁）感应式阻尼器。此外，从受力的形式上还可以将消能减振装置分为弯曲型、剪切型、扭转型、弯剪型和挤压型等。

4.2.4.1 摩擦阻尼器

1. 摩擦阻尼器发展概况

摩擦阻尼器较早就已用于汽车刹车、航天器减振等工业领域。在建筑抗震领域的研究始于 1979 年加拿大 Pall 等，具有代表性意义的摩擦阻尼器有 Pall 等开发的限制滑动螺栓节点阻尼器，Pall 和 Marsh 提出的 X 形摩擦阻尼器。

国内陈宗明等在 1985 年研制了摩擦剪切铰耗能支撑。刘季、周云、刘伟庆等分别对摩擦耗能支撑进行了试验研究，提出了复合摩擦耗能支撑等几种形式。欧进萍等对普通摩擦阻尼器和 Pall 型摩擦阻尼器进行了改进。阎兴华提出复合摩擦耗能系统的概念，即在同一结构物中设置匹配良好的具有不同刚度、不同滑动摩擦力的多种摩擦耗能装置。

2. 摩擦阻尼器分类及原理

摩擦阻尼器主要有：普通摩擦阻尼器、Pall 摩擦阻尼器、Sumitomo 摩擦阻尼器、摩擦剪切铰阻尼器、滑移型长孔螺栓节点阻尼器、T 形芯板摩擦阻尼器、拟黏滞摩擦阻尼器、压电智能摩擦阻尼器、多级摩擦阻尼器以及一些摩擦复合阻尼器。不同类型的摩擦阻尼器可采用不同材料、摩擦介质和不同机械组合方式，但它们的耗能机理都是一致的，即由组合构件和摩擦片在一定预紧力下组成一个能够产生滑动和摩擦力的机构，利用滑动摩擦力做功耗散能量，对结构起消能减振作用。下面简要介绍普通摩擦阻尼器和 Pall 摩擦阻尼器的构造及减振机理。

普通摩擦阻尼器的构造如图 4-17 所示，它由开有狭长槽孔的中间钢板、外侧钢板、钢板与钢板之间的黄铜垫片及螺栓组成，通过中间钢板相对于上下两块铜垫板的摩擦运动耗能，调整螺栓的紧固力可改变滑动摩擦力的大小。

Pall摩擦阻尼器（图4-18）是1982年Pall和Marsh研究的一种安装在X形支撑中央的双向摩擦阻尼器，并已用于实际工程。当阻尼器所在结构层发生相对层间位移时，将在支撑斜杆中产生拉力，当此拉力达到或超过支撑中心滑动连接节点的滑动摩擦力时，就会带动斜杆在中心处相对滑移错动，从而产生摩擦耗能。Pall摩擦阻尼器的摩擦力稳定，阻尼器起滑时将由矩形变为平行四边形，支撑在受压时不会发生失稳屈曲，当反向变形时受压杆直接变成受拉杆。

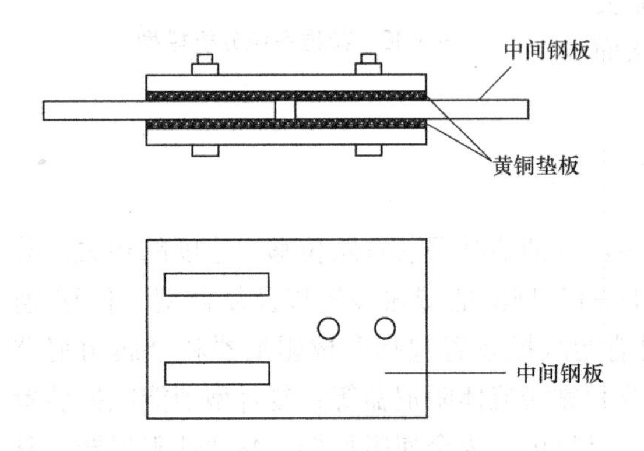

图4-17 普通摩擦阻尼器构造

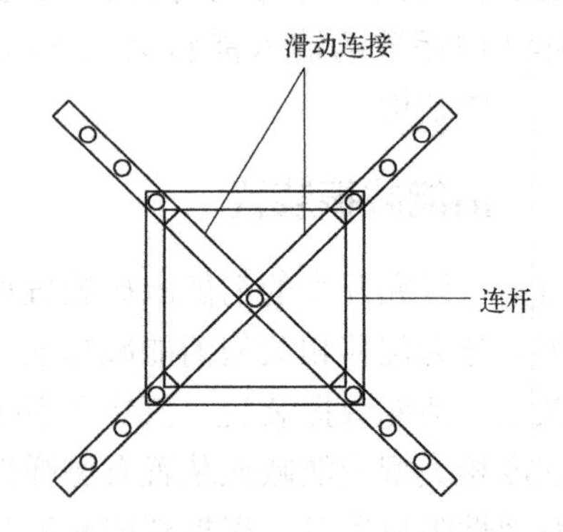

图4-18 安装在结构中的Pall摩擦阻尼器

3. 摩擦阻尼器性能特点

摩擦阻尼器可以提供较大的附加阻尼和附加刚度，荷载大小、加载频率和加载循环次数对其耗能性能影响较小，减振效果良好。其构造简单、取材方便、造价低廉、安装与维护方便，具有良好的工程应用前景。

4.2.4.2 金属阻尼器

金属阻尼器的概念由Kelly于1972年提出，最早在新西兰的若干桥梁中得到应用。Tyler于1978年研制了锥形钢悬臂阻尼器；Whittaker等1989年研制了X形加劲阻尼器；中国台湾蔡克铨等1993年为消除X形加劲阻尼器竖向轴力的影响而研制了三角形加劲阻尼器；周云等2000年研制了铅黏弹性阻尼器。

目前，国内外很多学者对金属阻尼器的本构模型、新型构造形式等进行研究，通过制造更低屈服点的软钢、利用金属铅及钢材与其他材料复合等方法研制高性能的金属阻尼器。

金属阻尼器易于在建筑结构中安装和更换，这为实际应用提供了方便。从金属阻尼器的滞回曲线可以看出，金属阻尼器需要一定的相对位移并达到屈服才能进行耗能。结构在风振或小震作用下，金属阻尼器通常处于弹性状态，不起耗能作用，此工况下金属阻尼器能够对原结构提供附加刚度；结构在中大震作用下，金属阻尼器发生塑性变形耗散地震输入结构的能量。

金属阻尼器根据耗能材料可分为软钢阻尼器、铅阻尼器和形状记忆合金等。以下分别介绍三类阻尼器的基本性能及减振原理。其中软钢阻尼器的构造形式较多，且在实际工程中得到较为广泛的应用。

1. 软钢阻尼器耗能性能和减振原理

1）软钢阻尼器耗能原理

软钢阻尼器耗能原理如图 4-19 所示。图 4-19（a）为金属材料在简单拉伸时的应力-应变曲线，起始时应力和应变成正比，比例常数就是弹性模量 E。应力-应变曲线的弹性段在加载和卸载时能重复产生但并不耗能，两者的关系可表示为 $\sigma=E\varepsilon$。如果应变继续增加，它将达到屈服点（图 4-19（a）中屈服点 B）。当应力再进一步增加时，材料将产生塑性变形，σ-ε 曲线以更平缓的坡度上升。如果在应力强化阶段逐步释放，则其曲线为图 4-19（a）中的 CD 段。卸载时金属将不会沿原路径返回，而平行于弹性阶段直线下降；且应变值不再回到其初始状态，产生残余变形。图 4-19（a）中 $ABCF$ 的面积代表总输入能，CDF 面积代表在 C 点金属储存的弹性能，同时也是卸载到 D 点时释放的弹性能。面积 $ABCD$ 包络的部分等于金属在整个过程中吸收的能量。对软钢而言，这些能量大部分转变为了内能，小部分在与硬化和疲劳有关的状态变化中被吸收了。

工作时金属阻尼器处于循环塑性变形状态，需要考虑在不同应变范围内做塑性循环的金属应力应变曲线。图 4-19（b）所示为典型的软钢应力-应变关系。

软钢阻尼器较同种类普通钢材制作的金属阻尼器滞回曲线更加饱满，等效阻尼系数更大，抗疲劳性能更佳，在弹塑性变形中可吸收大量的能量。

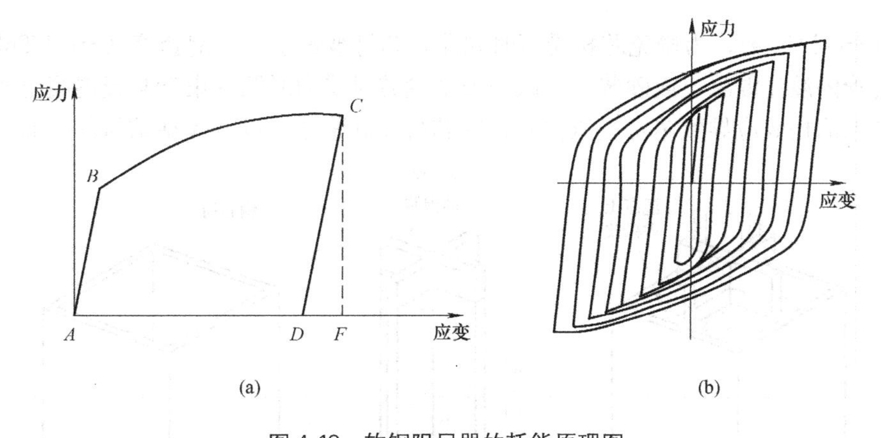

图 4-19 软钢阻尼器的耗能原理图

（a）典型金属的应力-应变曲线；（b）循环荷载下典型软钢的应力-应变关系

2）软钢阻尼器的分类与构造

软钢阻尼器按耗能机理一般分为四大类：轴向屈服耗能型、弯曲屈服耗能型、剪切屈服耗能型和扭转屈服耗能型，如图 4-20 所示。

3）常见的软钢阻尼器

（1）屈曲约束支撑构造及耗能机理

支撑可使钢框架具备更高的抗侧刚度，传统的带支撑框架有中心支撑框架 CBF（Concentrically Braced Frame）和偏心支撑框架 EBF（Eccentrically Braced Frame），图 4-21 是几种常见的 CBF。中大震时，CBF 中的支撑会受压屈曲，因此提出了屈曲约束支撑框架 BRBF（Buckling-Restrained Braced Frame）。

图 4-22 是屈曲约束支撑 BRB（Buckling-Restrained Braced）的构造图。支撑的中心

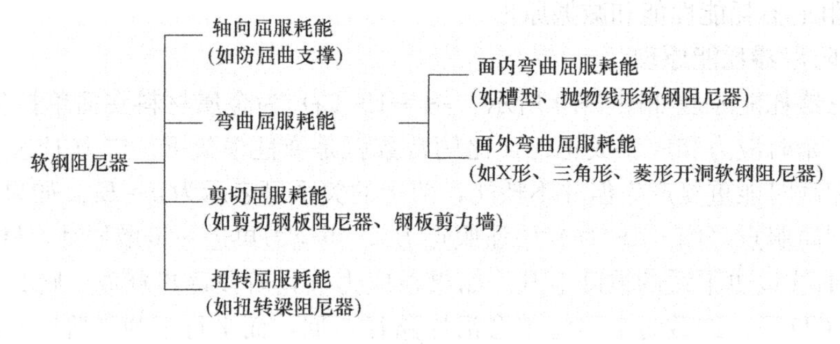

图 4-20　软钢阻尼器类别

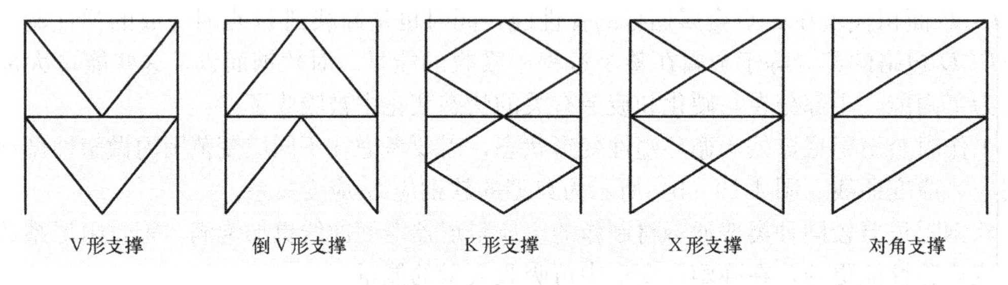

图 4-21　常见的中心支撑框架

是芯材（Steel Core），为避免芯材受压时屈曲，芯材被置于一个钢套管（Steel Tube）内，然后在套管内灌注混凝土或砂浆。为减小或消除芯材受力时跟约束砂浆或混凝土产生摩擦力，并考虑泊松效应导致芯材受压膨胀，在芯材和砂浆之间设有无粘结材料隔离层。

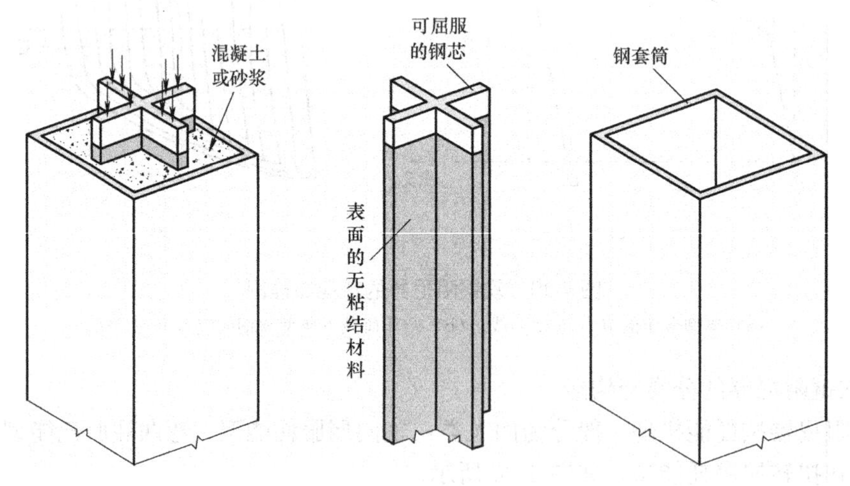

图 4-22　屈曲约束支撑构造

(2) 鼓形开洞阻尼器构造及耗能机理

平面外屈服钢阻尼器主要依靠钢板出平面弯曲的大应力和大变形，使钢板进入塑性屈服耗能。平面外屈服钢阻尼器的典型类型有 X 形软钢阻尼器、三角板软钢阻尼器、开孔钢板阻尼器及矩形钢板阻尼器等。下面主要介绍开孔钢板阻尼器中的鼓形开洞阻尼器。

鼓形开洞阻尼器的构造如图 4-23 所示，主要由若干块相互平行的核心耗能板及顶板、底板构成。矩形核心耗能板采用软钢材料制作，并在中部开鼓形洞口，若干块核心耗能板相互平行放置。核心耗能板与顶板、底板之间采用焊接连接，顶板、底板上开设螺栓孔，阻尼器与支撑及框架梁之间采用高强螺栓连接。框架-支撑-阻尼器共同工作（变形）系统如图 4-24 所示。

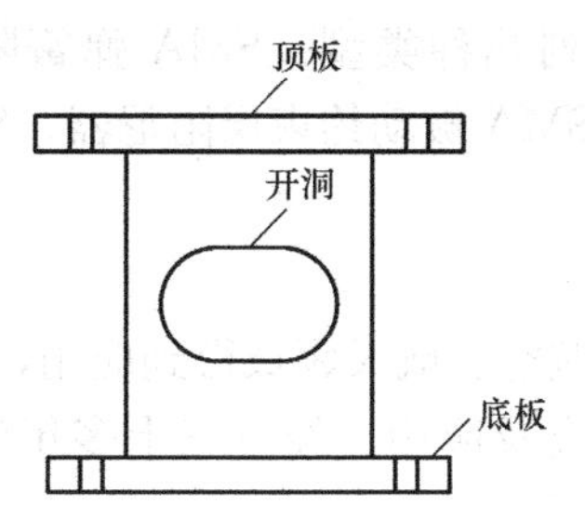

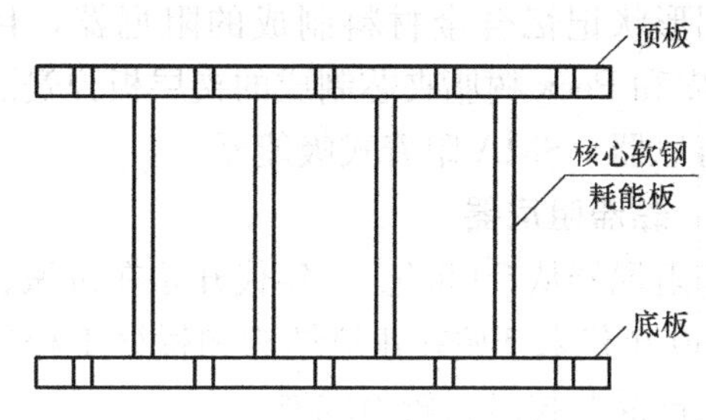

图 4-23 鼓形开洞软钢阻尼器构造

对于在楼层间特定位置安装了鼓形开洞软钢阻尼器的消能减振结构体系，当发生地震时，结构会在地震作用下产生水平位移，相邻楼层由于水平位移不同步，将产生层间侧移差。如图 4-24 所示，由于支撑刚度相对较大，大部分变形集中于阻尼器上，即层间侧移被集中传递到阻尼器上。由此，鼓形开洞软钢阻尼器的顶板与底板之间会产生较大的水平错动，从而导致鼓形开洞软钢阻尼器的核心耗能板发生弯曲屈服耗能。这就是鼓形开洞软钢阻尼器的耗能工作机理。设计时，鼓形开洞软钢阻尼器不承担结构竖向荷载，并且阻尼器先于结构进入塑性耗能。

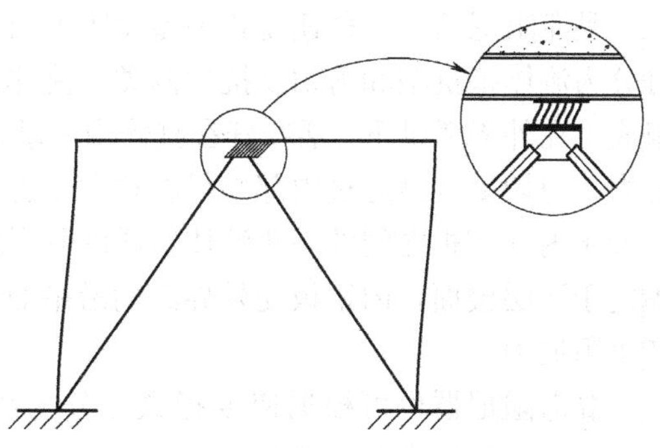

图 4-24 框架-支撑-阻尼器系统的变形形态

2. 铅阻尼器的耗能特性和减振原理

铅具有较高的柔性及延性，因此，在变形过程中可以吸收大量的能量，并具有较好的变形追踪能力。铅在变形过程中会发热、熔化、再结晶，铅的熔点低，再结晶温度在室温以下。铅在室温条件下变形，将会同时发生动态恢复及动态再结晶过程，通过恢复与再结晶过程，应变硬化将消失，铅的组织性能将恢复至变形前的状态。因此，理论上铅是仅有的一种室温下做塑性循环时不会发生累计疲劳现象的普通金属。目前研制开发出的铅阻尼器类型主要有铅挤压阻尼器、铅剪切阻尼器、铅节点阻尼器、圆柱形和异型铅阻尼器。

3. 形状记忆合金的耗能特性与减振原理

一般金属材料在受到外力作用后，首先将发生弹性变形，而当其应力达到屈服强度时，材料开始产生塑性变形。如果继续加载，材料将进入强化阶段，这时若在强化阶段的某一点上卸载，应力消除后其应变并不能完全恢复到零，在材料中将存在残余变形。但有些特殊的金属材料在发生了塑性变形后，即材料中已经存在着残余应变时，如果使其加热并达到某一特定温度之上，材料就能够自动恢复到变形前的体积和形状，即残余应变完全消失，原有形状完全恢复，这种具有“形状记忆”功能的现象就叫形状记忆效应。由于具有形状记忆效应的金属材料通常都是由两种以上金属材料所组成的合金，所以称这种合金为形状记忆合金。

形状记忆合金是一种兼有感知和驱动力功能的新型材料，它具有高阻尼特性和大变形超弹性特性，能够重复屈服而不产生永久变形，具有很好的耗能能力。常用的几种记忆合金有 Ni-Ti 合金、Cu 基合金和 Fe 基合金等。

利用形状记忆合金材料制成的阻尼器，目前有下列几种类型：SMA 弹簧隔振器、SMA 蒙皮和 Peek 树脂夹芯制成的夹层板弹簧隔振器、SMA 被动约束层阻尼器、SMA 调频质量阻尼器、SMA 附着式吸能器。

4.2.4.3 黏滞阻尼器

黏滞阻尼器从 20 世纪 50 年代开始在机械、车辆、航空、航天领域得到应用，美国于 20 世纪 80 年代末开始在建筑结构和桥梁工程界进行研究及应用。经过三十多年的发展，目前相关产品与技术已较为成熟。

1. 黏滞阻尼器定义与类型

黏滞阻尼器是一种速度相关型无刚度阻尼器。依据阻尼产生机理的不同，黏滞阻尼器可分为流体抵抗型和剪切抵抗型两类。流体抵抗型阻尼器主要由缸体、活塞和黏滞流体等组成，在外界激励下，活塞杆在缸体内移动，迫使受压流体通过小孔或缝隙，进而产生阻尼力。剪切抵抗型通过内部黏滞材料发生剪切变形产生阻尼力。如由内部钢板、外部钢板及处于内外钢板之间的黏滞液体组成的黏滞阻尼墙，内部钢板固定于上层楼面，外部钢板固定于下层楼面，内钢板受外界激励沿平面运动，使高浓度阻尼材料发生剪切变形，从而产生阻尼力。

黏滞阻尼器也可根据速度指数 α 分为线性黏滞阻尼器（$\alpha=1$）、非线性黏滞阻尼器（$0<\alpha<1$）和超线性黏滞阻尼器（$\alpha>1$）。线性阻尼器的阻尼力与相对速度呈线性关系。非线性阻尼器在较低的相对速度下，可以输出较大的阻尼力，当速度较高时，阻尼力的增长率较小。超线性黏滞阻尼器的阻尼力随相对速度的增长呈非线性急速增长，故在实际工程中应用很少。地震作用下，线性黏滞阻尼器的滞回曲线近似于椭圆，而非线性黏滞阻尼器的滞回曲线更接近矩形，相比之下后者滞回曲线的饱满程度要高于前者，因此非线性黏滞阻尼器具有更强的耗能能力，也在实际工程中得到了更广泛的应用。

2. 黏滞阻尼器的性能

1）缸筒式黏滞阻尼器性能

缸筒式黏滞阻尼器可以依据活塞杆构造分为单出杆黏滞阻尼器和双出杆黏滞阻尼器两大类；也可以依据活塞上构造，将其分为孔隙式、间隙式和混合式阻尼器三种类型。孔隙式黏滞阻尼器是指活塞上留有小孔，活塞与缸筒内壁实行密封的黏滞阻尼器；间隙式黏滞阻尼器是指活塞与缸筒内壁留有间隙；混合式黏滞阻尼器是指在活塞上既有小孔，又在活塞与缸筒内壁之间留有间隙的阻尼器。

对于流体抵抗型缸筒式黏滞阻尼器，由于黏滞介质存在可压缩性，使得阻尼器表现出一定的弹性，即表现为黏滞介质的动态刚度。由于动态刚度的存在，阻尼力峰值滞后于速度峰值，存在略大于 90°相位角。

黏滞阻尼器具有发生微小位移就能耗能的特点。研究表明，黏滞阻尼器发生微小位移时，其滞回曲线仍然很饱满，在微小位移时的耗能能力很强。

2）黏滞阻尼墙的性能

不同于采用橡胶类合成材料（固态）的黏弹性阻尼器，也不同于采用高黏性流体材料的黏滞液体阻尼器，黏滞阻尼墙采用比较特殊的黏滞材料，该材料常温下呈半固态，具有自流动性，是一种典型的非牛顿黏滞材料。黏滞阻尼墙充分利用墙体所提供的空间，通过调整阻尼墙墙面尺寸以及内部剪切钢板的片数，提供所需要的阻尼力，可以有效提高结构的附加阻尼、降低地震反应。

黏滞阻尼墙为速度相关型阻尼器，阻尼力与振动速度呈非线性关系。此外，黏滞阻尼墙的耗能性能还与温度、位移幅值以及振动频率有关。黏滞阻尼墙的耗能性能随温度变化较大，在振动频率和位移幅值相同时，黏滞阻尼墙在低温下的最大阻尼力较高，耗能能力更强，且黏弹性特征更为明显。黏滞阻尼墙随着位移幅值的增加，最大阻尼力增大，滞回曲线所包围的面积增加，其耗能能力随位移幅值的增加而增强。随着频率的增大，黏滞阻尼墙的阻尼力会随之增大，黏弹性特征也较为明显。

4.2.4.4 黏弹性阻尼器

早在 20 世纪 50 年代，黏弹性阻尼材料开始用于飞行器中对飞机骨架疲劳破坏的控制。黏弹性阻尼器在土木工程中的应用始于 1969 年，美国纽约世界贸易中心双塔的每个塔楼中安装了 10000 多个黏弹性阻尼器，用以减小结构的风振响应。美国加州的圣何塞市政大楼于 1993 年采用黏弹性阻尼器用于抗震加固改造。我国对黏弹性阻尼器的研究起步稍晚，欧进萍等于 1998 年对国产黏弹性阻尼器进行了性能试验研究，1999 年东南大学程文瀼教授课题组最先在宿迁交通大厦采用黏弹性阻尼器进行减震设计。

1. 黏弹性阻尼器的分类及原理

黏弹性阻尼器依靠黏弹性材料的滞回特性增加结构的阻尼，达到结构减振的目的。黏弹性阻尼器由黏弹性材料和约束钢板组成，典型的黏弹性阻尼器如图 4-25 所示，其由两侧的钢板夹中间的钢板组合而成，钢板之间夹有黏弹性材料，钢板和黏弹性材料通过硫化方式连接成整体。在反复轴向力作用下，约束钢板与中心钢板产生相对运动，黏弹性材料产生往复剪切变形，从而耗散运动能量。

黏弹性材料是一种高分子聚合物，既具有黏性材料的性质即耗散能量，又具有弹性材料的性质即储存能量，这两个过程通过黏弹性材料发生剪切变形实现。影响黏弹性材料力学性能的因素主要有变形频率、环境温度、应变幅值和加载循环次数。在交变应力作用下，黏弹性材料的应变滞后于应力，其应力-应变曲线为倾斜的椭圆形滞回曲线。

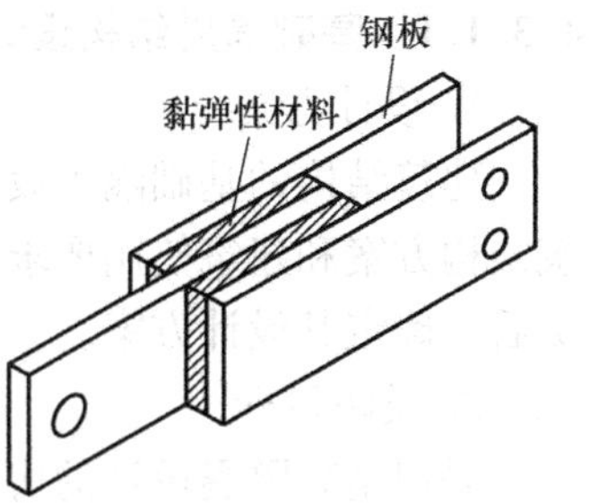

图 4-25 典型的黏弹性阻尼器示意图

黏弹性阻尼器的力学性能通常用 G'、η 以及 G'' 这三个参数来确定。

第一个参数 G' 为黏弹性材料的表观剪切模量，通常定义如下：

$$G'=\frac{\tau}{\gamma}=\frac{\dfrac{F_{\max}+F_{\min}}{D_{\max}+D_{\min}}}{\left(\dfrac{s}{t}\right)}=\frac{K}{\left(\dfrac{s}{t}\right)} \tag{4-18}$$

式中 K——等效刚度，$K=(F_{\max}+F_{\min})/(D_{\max}+D_{\min})$；

τ——剪应力，$\tau=(F_{\max}+F_{\min})/2s$；

γ——剪应变，$\gamma=(D_{\max}+D_{\min})/2t$；

D_{max}、D_{min}——滞回曲线中最大、最小位移；
F_{max}、F_{min}——滞回曲线中最大、最小阻尼力；
s——黏弹性材料截面面积；
t——黏弹性层厚度。

第二个参数 η 为黏弹性材料的损耗因子，是表征黏弹性材料耗能能力的重要指标，η 越大则黏弹性材料的耗能能力越强。损耗因子 η 可以采用每一个滞回环上最大位移对应的恢复力与零位移对应的恢复力的比值来确定。

第三个参数 G'' 为黏弹性材料的剪切损失模量，它是黏弹性材料每个循环所消耗能量的度量，可以表示为：$G''=G'\times\eta$。

2. 黏弹性阻尼器特点

研究表明，黏弹性阻尼器具有以下特点：

(1) 由于黏弹性材料具有较大的存储剪切模量和损耗因子，因而具有较高的耗能能力，但环境温度和激励频率均影响其消能特性；

(2) 黏弹性阻尼器性能稳定，可经过多次重复加载和卸载，但对于大变形下的重复循环，刚度会产生一定程度的退化；

(3) 黏弹性阻尼器的滞回环为一倾斜椭圆，除附加阻尼外，其也为结构提供了刚度；

(4) 黏弹性阻尼器灵敏度较高，只要在微小干扰下结构振动就能消能；

(5) 黏弹性阻尼器制作及安装简单方便、价格低廉、经久耐用。

4.3 建筑结构基础隔震与消能减振设计

4.3.1 基础隔震设计

4.3.1.1 基础隔震结构设计要求

1. 设计方案

建筑结构的基础隔震设计，应根据建筑抗震设防类别、抗震设防烈度、场地条件、建筑结构方案和建筑使用要求，与建筑抗震设计的设计方案进行技术、经济可行性的对比分析后，确定其设计方案。

2. 设防目标

采用基础隔震设计的房屋建筑，其抗震设防目标应高于抗震建筑。大体上是：当遭受多遇地震影响时，将基本不受损坏和影响使用功能；当遭受设防地震影响时，不需修理仍可继续使用；当遭受罕遇地震影响时，将不发生危及生命安全和丧失使用价值的破坏。

3. 基础隔震部件

设计文件上应注明对基础隔震部件的性能要求。基础隔震部件的设计参数和耐久性应由试验确定；并在安装前对工程中所有各种类型和规格的消能部件原型进行抽样检测，出厂检验可采用随机抽样的方式确定检测试件。若有一件抽样试件的一项性能不合格，则该次抽样检验不合格。不合格产品不得出厂。出厂检验数量要求如下：

对一般建筑，每种规格产品抽样数量应不少于总数的 20%；若有不合格试件，应重新抽取总数的 50%，若仍有不合格试件，则应 100%检测。

对重要建筑，每种规格产品抽样数量应不少于总数的 50%；若有不合格试件，则应 100%检测。

对特别重要的建筑，每种规格产品抽样数量应为总数的 100%。

一般情况下，每项工程抽样总数不少于 20 件，每种规格的产品抽样数量不少于 4 件，少于 4 件则全部检测。设置隔震部件的部位，除按计算确定外，应采取便于检查和替换的措施。

4.3.1.2 基础隔震结构设计要点

《建筑抗震设计规范》GB 50011—2010 对隔震设计提出了分部设计法和水平向减震系数的概念。其中，分部设计方法即把整个基础隔震结构体系分成上部结构（隔震层以上结构）、隔震层、隔震层以下结构和基础四部分，分别进行设计。

1. 上部结构设计

采用“水平向减震系数”设计上部结构。

1）水平向减震系数概念

采用基础隔震后，隔震层以上结构的水平地震作用可根据水平向减震系数确定。

水平向减震系数，对于多层建筑，为按弹性计算所得的隔震与非隔震各层层间剪力的最大比值；对于高层建筑结构，尚应计算隔震与非隔震各层倾覆力矩的最大比值，并与层间剪力的最大比值相比较，取两者的较大值。

2）水平向减震系数计算和取值

计算水平向减震系数的结构简图，对变形特征为剪切型的结构可采用剪切型结构模型（图 4-26）。当上部结构的质心与隔震层刚度中心不重合时，宜计入扭转变形的影响。隔震层顶部的梁板结构，应作为其上部结构的一部分进行计算和设计。

分析对比结构隔震与非隔震两种情况下各层最大层间剪力，宜采用多遇地震下的时程分析。弹性计算时，简化计算和反应谱分析时宜按隔震支座水平剪切应变为 100%时的性能参数进行计算；当采用时程分析法时，按设计基本地震加速度输入进行计算，输入地震波的反应谱特性和数量应符合规范规定，计算结果宜取其包络值。当处于发震断层 10km 以内时，输入地震波应考虑近场影响系数，5km 以内取 1.5，5km 以外可取不小于 1.25。

减震系数计算和取值涉及上部结构的安全，涉及抗震规范规定的隔震结构抗震设防目标的实现。

3）上部结构水平地震作用计算——水平向减震系数的应用

对多层结构，上部结构水平地震作用沿高度可按重力荷载代表值分布。

水平地震影响系数的最大值为：

$$\alpha_{\max 1}=\beta\alpha_{\max}/\psi \tag{4-19}$$

式中 $\alpha_{\max 1}$——隔震后水平地震影响系数最大值；

$\alpha_{\max}$——非隔震后水平地震影响系数最大值；

β——水平向减震系数；

ψ——调整系数；一般橡胶支座，取 0.80；支座剪切性能偏差为 S-A 类，取 0.85；隔震装置带有阻尼器时，相应减少 0.05。

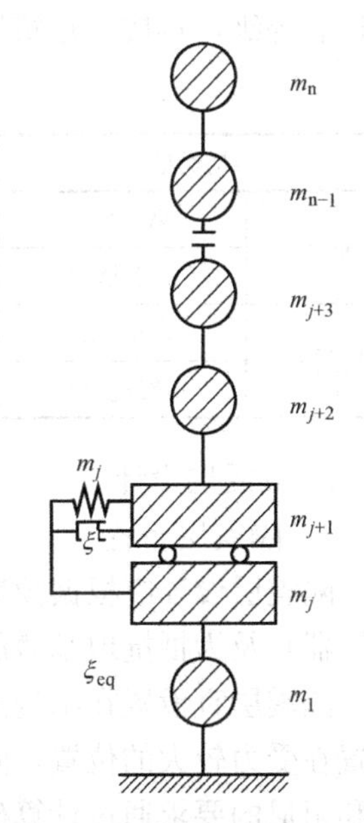

图 4-26 隔震结构计算简图

隔震层以上结构的总水平地震作用不得低于非隔震结构在6度设防时的总水平地震作用，并应进行抗震验算；各楼层的水平地震剪力尚应符合对本地区设防烈度的最小地震剪力系数的规定。

4）上部结构竖向地震作用计算

9度时和8度且水平向减震系数不大于0.3时，隔震层以上的结构应进行竖向地震作用计算。

竖向地震作用标准值FEVK，8度（0.2g）、8度（0.3g）和9度时分别不应小于隔震层以上结构总重力荷载代表值的20%、30%和40%。隔震层以上结构竖向地震作用标准值计算时，各楼层可视为质点，按规范对常规结构形式的计算方法计算其竖向地震作用标准值沿高度的分布。

5）隔震及其构造措施

（1）隔震建筑应采取不阻碍隔震层在罕遇地震下发生大变形的下列措施：上部结构的周边应设置竖向隔离缝，缝宽不宜小于各隔震支座在罕遇地震下的最大水平位移值的1.2倍且不应小于200mm。对两相邻隔震结构，其缝宽取最大水平位移之和，且不小于400mm。上部结构（包括与其相连的任何构件）与下部结构（包括地下室和与其相连的构件）之间，应设置明确的水平隔离缝，缝高可取20mm。当设置水平隔离缝确有困难时，应设置可靠的水平滑移垫层。在走廊、楼梯、电梯等部位，应无任何障碍物。

（2）隔震层以上结构的抗震措施，

当水平向减震系数大于0.40时（设置阻尼器时为0.38），不应降低非隔震时的要求；水平向减震系数不大于0.40时（设置阻尼器时为0.38），可适当降低抗震规范对非隔震建筑的要求，但烈度降低不得超过1度，与抵抗竖向地震作用有关的抗震构造措施不应降低。此时，对砌体结构，可按抗震规范采取隔震构造措施；对钢筋混凝土结构，柱和墙肢的轴压比控制仍应按非隔震的有关规定采用，其他计算和构造措施要求，可按表4-3划分的抗震等级，再按《建筑抗震设计规范》GB 50011—2010的有关规定采用。

隔震后现浇钢筋混凝土结构的抗震等级　　表4-3

结构类型		7度		8度		9度	
框架	高度(m)	<20	>20	<20	>20	<15	>15
	一般框架	四	三	三	二	二	一
抗震墙	高度(m)	<25	>25	<25	>25	<20	>20
	一般抗震墙	四	三	三	二	二	一

2. 隔震层设计

1）隔震层布置

隔震层设计应根据预期的水平向减震系数和位移控制要求，选择适当的隔震支座（含阻尼器）及为抵抗地基微震动与风荷载提供初刚度的部件组成隔震层。

隔震层宜设置在结构的底部或下部。隔震层的平面布置应力求具有良好的对称性，应设置在受力较大的位置，间距不宜过大，其规格、数量和分布应根据竖向承载力、侧向刚度和阻尼的要求通过计算确定。隔震层在罕遇地震下应保持稳定，不宜出现不可恢复的变形；其橡胶支座在罕遇地震的水平和竖向地震同时作用下，拉应力不应大于1MPa。

2）隔震支座竖向承载力验算

隔震支座应进行竖向承载力验算。橡胶隔震支座平均压应力限值和拉应力规定是隔震层承载力设计的关键。《建筑抗震设计规范》GB 50011—2010 规定：隔震支座在永久荷载和可变荷载作用下组合的竖向平均压应力设计值不应超过表 4-4 列出的限值。在罕遇地震作用下，不宜出现拉应力。

橡胶隔震支座平均压应力限值 **表 4-4**

建筑类别	甲类建筑	乙类建筑	丙类建筑
平均压应力限值(MPa)	10	12	15

注：1. 压应力设计值应按永久荷载和可变荷载的组合计算；其中，楼面活荷载应按现行国家标准《建筑结构荷载规范》GB 50009—2012 的规定乘以折减系数；
2. 结构倾覆验算时应包括水平地震作用效应组合；对需进行竖向地震作用计算的结构，尚应包括竖向地震作用效应组合；
3. 当橡胶支座的第二形状系数（有效直径与橡胶层总厚度之比）小于 5 时，应降低压应力限值：小于 5 不小于 4 时，降低 20%；小于 4 但不小于 3 时，降低 40%；
4. 有效直径小于 300mm 的橡胶支座，丙类建筑的压应力限值为 10MPa。

通过表 4-4 列出的平均压应力限值，可保证隔震层在罕遇地震时的承载力及稳定性，并以此初步选取隔震支座的直径。

规定隔震支座中不宜出现拉应力，主要考虑了橡胶受拉后内部出现损伤，降低了支座的弹性性能；同时，隔震层中支座出现拉应力，意味着上部结构存在倾覆危险。

3）隔震支座水平剪力计算

隔震支座的水平剪力应根据隔震层在罕遇地震下的水平剪力按各隔震支座的水平刚度进行分配；当考虑扭转时，尚应计及隔震层的扭转刚度。

4）罕遇地震下隔震支座水平位移验算

隔震支座在罕遇地震作用下的水平位移应符合下列要求：

$$u_i \leqslant [u_i] \tag{4-20}$$

$$u_i = \beta_i u_c \tag{4-21}$$

式中 u_i——罕遇地震作用下第 i 个隔震支座考虑扭转的水平位移；

$[u_i]$——第 i 个隔震支座水平位移限值，不应超过该支座有效直径的 0.55 倍和支座橡胶总厚度的 3.0 倍两者中的较小值；

u_c——罕遇地震下隔震层质心处或不考虑扭转时的水平位移；

β_i——第 i 隔震支座的扭转影响系数，应取考虑扭转和不考虑扭转时 i 支座计算位移的比值；当上部结构质心与隔震层刚度中心在两个主轴方向均无偏心时，边支座的扭转影响系数不应小于 1.15。

5）隔震层力学性能计算

隔震层的水平动刚度和等效黏滞阻尼比可按下列公式计算：

$$K_j = \sum K_j \tag{4-22}$$

$$\zeta_{eq} = \sum K_j \zeta_j / K_h \tag{4-23}$$

式中 ζ_{eq}——隔震层等效黏滞阻尼比；

K_h——隔震层水平动刚度；

ζ_j——j 隔震支座由试验确定的等效黏滞阻尼比，单独设置的阻尼器，应包括该阻尼器的相应阻尼比；

K_j——j 隔震支座（含阻尼器）由试验确定的水平动刚度，当试验发现刚度与加载频率有关时，宜取相应于隔震体系基本自振周期的动刚度值。

6）隔震支座弹性恢复力和抗风装置验算

隔震层抗风装置需进行水平承载力验算，同时为保证隔震支座在多次地震作用仍具有良好的复位性能，隔震支座必须满足在设防烈度地震作用下（设隔震支座剪切变形为100%）的弹性恢复力大于抗风装置受剪承载力设计值（或隔震支座水平屈服荷载设计值）的1.4倍，即需符合下列要求：

（1）抗风装置验算

$$\gamma_w V_{wk} \leqslant V_{Rw} \tag{4-24}$$

式中 γ_w——风荷载分项系数，采用1.4；

V_{wk}——风荷载作用下隔震层的水平剪力标准值；

V_{Rw}——抗风装置的水平承载力设计值；当抗风装置是隔震支座的组成部分时，取隔震支座的水平屈服荷载设计值；当抗风装置单独设置时，取抗风装置的水平承载力，可按材料屈服强度设计值确定。

（2）隔震支座弹性恢复力验算

$$K_{100} t_r \leqslant 1.40 V_{Rw} \tag{4-25}$$

式中 K_{100}——隔震支座在水平剪切应变100%时的水平有效刚度。

7）隔震结构抗倾覆验算

对高宽比较大的结构采用隔震设计时，应进行抗倾覆验算。隔震结构抗倾覆验算包括结构整体抗倾覆验算和隔震支座承载力验算。

进行结构整体抗倾覆验算时，应按罕遇地震作用计算倾覆力矩，并按上部结构重力荷载代表值计算抗倾覆力矩。抗倾覆安全系数应大于1.2。上部结构传递到隔震支座的重力代表值应考虑倾覆力矩所引起的增加值。

隔震支座承载力验算注意事项见前述隔震层验算内容。

8）隔震部件的性能要求

（1）隔震支座承载力、极限变形与耐久性能应符合现行《建筑隔震橡胶支座》产品标准要求。

（2）隔震支座在表4-4所列压力下的极限水平变位，应大于有效直径的0.55倍和支座橡胶总厚度3倍的最大值。

（3）在经历相应设计基准期的耐久试验后，刚度、阻尼特性变化不超过初期值的±20%；徐变量不超过支座橡胶总厚度的0.05倍。

（4）隔震支座的设计参数应通过试验确定。在竖向荷载保持表4-4所列平均压应力限值的条件下，验算多遇地震时，宜采用水平加载频率为0.3Hz且隔震支座剪切变形为50%时的水平刚度和等效黏滞阻尼比；验算罕遇地震时，直径小于600mm的隔震支座宜采用水平加载频率为0.1Hz且隔震支座剪切变形不小于250%时的水平动刚度和等效黏滞阻尼比；直径不小于600mm的隔震支座可采用水平加载频率为0.2Hz且隔震支座剪切变形为100%时的水平动刚度和等效黏滞阻尼比。

9）隔震层与上部结构的连接

（1）隔震层顶部应设置梁板式楼盖，且应符合下列要求：

应采用现浇或装配整体式钢筋混凝土板。现浇板厚度不宜小于 140mm；当采用装配整体式钢筋混凝土板时，配筋现浇面层厚度不宜小于 50mm，且应双向配筋，钢筋直径不宜小于 6mm，间距不宜大于 250mm；隔震支座上方的纵、横梁应采用现浇钢筋混凝土结构。

隔震层顶部梁板体系的刚度和承载力，宜大于一般楼面的梁板刚度和承载力。隔震支座附近的梁、柱应考虑冲切和局部承压，加密箍筋并根据需要配置网状钢筋。

（2）隔震支座和阻尼器的连接构造，应符合下列要求：

隔震支座和阻尼器应安装在便于维护人员接近的部位。

隔震支座与上部结构、基础结构之间的连接件，应能传递罕遇地震下支座的最大水平剪力和弯矩。

外露的预埋件应有可靠的防锈措施。预埋件的锚固钢筋应与钢板牢固连接。锚固钢筋的锚固长度宜大于 20 倍锚固钢筋直径，且不应小于 250mm。

（3）穿过隔震层的设备配管、配线，应采用柔性连接或其他有效措施适应隔震层的罕遇地震水平位移。采用钢筋或刚架接地的避雷设备，宜设置跨越隔震层的柔性接地配线。

3. 隔震层以下结构设计

隔震层支墩、支柱及相连构件，应采用隔震结构罕遇地震下隔震支座底部的竖向力、水平力和力矩进行承载力验算。

隔震层以下的结构（包括地下室和隔震塔楼下的地盘）中直接支承隔震层以上结构的相关构件，应满足嵌固的刚度比和隔震后设防地震的抗震承载力要求，并按罕遇地震进行抗剪承载力验算。隔震层以下地面以上的结构在罕遇地震下的层间位移角限值应满足表 4-5 要求。

隔震层以下地面以上结构罕遇地震下层间弹塑性位移角限值 **表 4-5**

下部结构类型	$[\theta_P]$
钢筋混凝土框架结构和钢结构	1/100
钢筋混凝土框架-抗震墙	1/200
钢筋混凝土抗震墙	1/250

4. 地基基础设计

隔震建筑地基基础的抗震验算和地基处理仍应按本地区抗震设防烈度进行，甲、乙类建筑的抗液化措施应按提高一个液化等级确定，直至全部消除液化沉陷。

4.3.2 消能减振设计

本章 4.2 节已介绍消能减振的基本概念、原理及常用的消能减振装置，本小节主要结合实际工程介绍消能减振建筑结构设计流程及注意事项。

4.3.2.1 消能减振结构设计步骤

消能减振结构的主要设计步骤如下：

1）确定减振结构的目标性能及设计要求；

2）采用反应谱法进行多遇地震作用下未安装阻尼器结构模型的弹性计算，分析原结构存在的问题及主要超限参数；

3）选择消能减振装置类型，并根据结构减振控制的性能目标初选消能减振装置参数、布置位置及数量；

4）采用反应谱法进行多遇地震作用下消能减振结构模型的弹性分析，查看计算结果与设计要求的差距，并调整消能减振装置参数、布置位置及数量，直至减振结构计算结果满足设计要求；

5）根据现行《建筑抗震设计规范》GB 50011—2010 规定选取合适的地震波，采用时程分析法对减振结构与未减振结构进行多遇地震作用下的弹性分析，检查结构的减振效果，若未达到设计要求则根据第 4 步重新调整消能减振装置，直至减振结构计算结果满足设计要求；

6）计算减振结构附加阻尼比以及附加刚度；

7）采用时程分析法对减振结构与未减振结构进行罕遇地震作用下的弹塑性分析，根据计算结果检查减振结构能否满足设计目标；

8）根据结构附加阻尼比及附加刚度进行结构设计（与阻尼器相连构件按第 9 步进行设计）；

9）根据减振结构大震作用下计算结果，对与阻尼器相连结构构件进行截面设计。

4.3.2.2 消能减振结构的性能要求

消能减振结构应满足下列性能要求：

1）消能减振结构对水平方向的振动响应具有减振效果，而在其他方向不会产生不利影响；

2）消能减振结构应具有适当的刚度、强度和延性，消能减振装置未开始生效前，消能减振结构应具备传统结构抵抗使用荷载的一切功能；

3）消能减振结构应具有可靠的耗能机制，使结构在遭遇意想不到的或难于判断的振动作用及其效应影响时，不致失效；

4）消能减振装置应具有良好的环境适应性和良好的耐久性，在使用期限内，应做到耐气候、耐腐蚀，不需维修和更换；

5）消能装置在各种频率激励下应保持良好的工作性能。

4.3.2.3 消能减振装置的选择

消能减振装置的选择首先应该考虑设置消能减振装置的结构性能目标。不同类型的消能减振装置对结构产生减振效果的机理不同，对实现设计目标的有效性有所差别。因此，首先根据设置消能减振装置后主体结构希望实现的性能目标，确定消能减振装置的类型。常见的性能目标包括：控制结构的层间位移，减小结构承受的地震力，提高结构在地震或风致振动中的舒适度等。黏滞阻尼器等速度型阻尼器，仅对结构提供附加阻尼，不为结构提供附加刚度，对于增大结构阻尼比减小地震力有理想的效果。金属类阻尼器不仅为结构提供阻尼耗能能力，也为结构提供附加刚度，其力学性能呈现明显的双线性，小震下有可能保持弹性，这会导致结构刚度增大，相应基底剪力增大，但对于控制结构层间位移具有更明显的效果。此外，消能减振装置的选择尚应考虑其在不同水准地震作用下的工作状态、消能减振装置与主体结构的连接形式及消能减振装置技术的可靠性。

4.3.2.4 消能减振装置的布置原则

消能减振装置的布置宜使结构在两个主轴方向的动力特性相近，且竖向刚度均匀为原则；对于规则结构，平面上可在两个主轴方向分别采用对称布置，并且使结构竖向刚度均匀。当结构平面两个主轴方向动力特性相差较大时，可根据需要分别在两个主轴方向布置，也可以只在较弱的一个主轴方向布置，这时结构设计时应只考虑单个方向的消能减振作用。如果结构竖向存在薄弱层可优先在薄弱层布置，然后再考虑沿竖向每层或隔层或跨层布置。

消能减振装置宜布置在层间相对位移或相对速度较大的楼层，同时可采用合理形式增加消能减振装置两端的相对变形或相对速度，提高消能减振装置的减振效果。

4.3.2.5 消能减振结构等效附加阻尼比及附加刚度

安装消能减振装置后，结构的等效刚度和等效阻尼比会产生变化。结构的等效刚度等于主体结构刚度与消能减振装置附加刚度之和，结构的等效阻尼比等于主体结构的阻尼比与消能减振装置附加阻尼比之和。

1. 等效附加阻尼比

对于消能减振结构，无法预先估计主体结构在加入消能减振装置后的最终变形情况。只能预先假设一个阻尼比，将消能减振装置布置在结构中，并调整消能减振装置的数量和位置，再对消能减振结构进行计算，反算出消能减振装置在相应阻尼比情况下的位移，通过消能减振装置的恢复力模型和相应的公式求解消能减振结构的附加阻尼比，并反复迭代，当计算出的附加阻尼比与预先假设的阻尼比接近时，计算结束，此值即为消能减振装置的附加阻尼比。附加阻尼比的迭代方法计算步骤如下：

1）假设各个消能减振装置的设计参数和消能减振结构的总阻尼比 ζ。

2）将消能减振结构的总阻尼比和各个消能减振装置的设计参数代入分析模型中，根据现行国家标准《建筑抗震设计规范》GB 50011—2010 的规定，采用振型分解反应谱法进行结构分析。

3）经结构分析可得第 i 楼层的水平剪力 F_i、水平地震作用标准值的位移 u_i 及第 j 个消能减振装置的阻尼力 F_{dj} 及相对位移 Δu_{dj}。

4）由式（4-26）计算消能减振装置附加给结构的有效阻尼比 ζ_{di}：

$$\zeta_{di} = \sum_{j=1}^{n} W_{cj} / 4\pi W_s \tag{4-26}$$

式中 W_{cj}——第 j 个消能减振装置在结构预期层间位移 Δu_j 下往复循环一周所消耗的能量（kN·m）；

W_s——消能减振结构在水平地震作用下的总应变能（kN·m）。

5）重新修正各个消能减振装置的设计参数，并利用式（4-27）计算消能减振结构的总阻尼比 ζ：

$$\zeta = \zeta_{si} + \zeta_{di} \tag{4-27}$$

式中 ζ_{si}——原结构振型阻尼比；

ζ_{di}——消能减振装置附加的振型阻尼比。

6）将步骤（5）计算得到的消能减振结构的总阻尼比和各个消能减振的参数作为初始假设值，重复步骤（2）～步骤（5）。反复迭代，直至步骤（2）使用的消能减振结构总阻尼比与步骤（5）计算得到的消能减振结构总阻尼比接近。

2. 消能减振结构附加刚度

对于位移相关型消能减振装置，若考虑其恢复力曲线符合典型的双线性模型，其等效刚度为消能减振装置最大水平力与消能减振装置最大位移的比值。对于黏弹性消能减振装置，等效附加刚度为消能减振装置最大位移对应的阻尼力与该位移之比；而黏滞消能减振装置不考虑对结构提供附加刚度。

4.3.2.6　消能减振结构计算分析方法

消能减振结构的计算分析可根据主体结构与消能减振装置所处的状态采用不同的分析方法。当消能减振结构主体结构处于弹性工作状态，且消能减振装置处于线性工作状态时，可采用振型分解反应谱法、弹性时程分析法；当消能减振结构主体结构处于弹性工作状态，且消能减振装置处于非线性工作状态时，可将消能减振装置进行等效线性化，采用附加有效阻尼比和有效刚度的振型分解反应谱法、弹性时程分析法，也可采用弹塑性时程分析法；当消能减振结构主体结构进入弹塑性状态时，应采用静力弹塑性分析方法或弹塑性时程分析法。

1. 振型分解反应谱法

振型分解反应谱法利用振型分解的概念，将多自由度体系分解成若干个单自由度系统的组合，引用单自由度体系的反应谱理论计算各振型的地震作用，然后再按一定的规律将各振型的动力反应进行组合以获得结构总的动力反应。

对于消能减振结构，首先必须根据消能减振结构体系非线性的特点对其进行处理，然后才能使用振型分解反应谱法进行分析。第一，由于某些类型消能减振装置的恢复力出现较强的非线性（如软钢阻尼器、摩擦阻尼器），从而导致结构动力方程的非线性，使其不能应用经典的振型分解法求解，需要对消能减振装置非线性输出力进行等价线性化处理。因此，经过对消能减振装置的非线性恢复力等效线性化后，才可以使用传统的振型分解反应法对消能减振体系进行抗震分析。第二，由于结构体系中安装了消能减振装置，引入了大阻尼，结构体系的阻尼不满足经典振型的正交条件，是非正交阻尼，因此，消能减振结构的分析可以按非经典振型分解反应谱法进行。

2. 时程分析法

时程分析法是对结构动力方程直接进行逐步积分求解的一种动力分析方法。采用时程分析法可以得到地震作用下各质点随时间变化的位移、速度及加速度反应，进而可以计算出构件内力和变形的时程变化。

时程分析法可根据结构是否进入塑性状态，以及消能减振装置恢复力特性划分为两种：线性时程分析和非线性时程分析。线性时程分析，是指在地震作用下结构保持在弹性阶段，消能减振装置为线性工作状态，即阻尼力与速度或位移的一次方成正比；非线性时程分析，是指在地震作用下结构进入弹塑性阶段，或消能减振装置的恢复力模型为非线性。

当主体结构处于弹性状态时，对于速度相关型线性消能减振装置可以采用线性时程分析法，而对于位移相关型消能减振装置，则可根据需要采用其等效刚度和等效阻尼进行线性时程分析，或考虑其恢复力的非线性，使用非线性时程分析法。当主体结构进入塑性状态时，无论使用什么类型的消能减振装置，都要采用非线性时程分析法。

3. 静力弹塑性分析方法

静力弹塑性分析方法为一种静力分析方法，是在结构上施加竖向荷载作用并保持不变，同时沿结构的侧向施加某种分布形式的水平荷载或位移。随着水平荷载或位移的逐级增加，一旦有构件开裂（或屈服）即修改其刚度（或使其退出工作），进而修改结构总刚度矩阵，进行下一步计算，依次循环直至结构达到预定的状态（成为机构、位移超限或达到目标位移），从而判断结构是否满足相应的抗震性能要求。

消能减振装置产生的减振效果主要体现在其滞回耗能上，消能减振装置需要产生往复位移或速度才能起作用。为了使静力弹塑性分析方法能够体现出消能减振装置的作用，对于消能减振装置的刚度和阻尼要进行等代，并布置于结构中进行分析。

4.3.2.7 主体结构设计

消能减振结构的强度和截面验算，应满足国家标准《建筑抗震设计规范》GB 50011—2010 的相关要求。在计算地震作用效应时应考虑消能减振装置附加刚度和附加阻尼比的影响。

消能减振结构中的主体结构由于消能减振装置附加阻尼比使得结构地震反应降低，构件的截面尺寸可能会有所减小。主体结构的抗震等级是根据设防烈度、结构类型、房屋高度进行区分，主体结构应采用对应结构体系的计算和构造措施执行，抗震等级的高低，体现了对结构抗震性能要求的严格程度。因此，对于消能减振结构的主体结构抗震等级应根据其自身的特点，按相应的规范和规程取值。当消能减振结构的减振效果比较明显时，主体结构的构造措施可适当降低，降低程度可根据消能减振结构地震影响系数与不设置消能减振装置结构的地震影响系数之比确定，最大降低程度应控制在 1 度以内。

消能减振装置在地震作用下往复作用时，消能减振装置产生的阻尼力会通过连接支撑传递到与其相连的结构构件上，导致结构构件除承受原荷载作用外，还要承受消能减振装置在地震作用时附加的阻尼力作用。因此，消能减振子结构应符合下列规定：

1）消能减振装置子结构中梁、柱和墙及节点的承载力抗震验算，荷载效应按罕遇地震作用效应和其他荷载效应的基本组合设计值。

2）在主体结构达到极限承载力前，消能减振装置不能产生失稳或节点的破坏。

3）当消能减振装置与混凝土或型钢混凝土结构连接时，应在结构连接部位进行箍筋加密，并且加密区长度要延伸到连接板以外的位置。加密区长度应从连接板的外侧进行计算。

4.3.2.8 设计实例

1. 工程概况

本工程为某学校实际工程，结构主体为 6 层框架。根据现行《建筑抗震设计规范》GB 50011—2010 规定，本工程抗震设防烈度为 8 度，设计基本地震加速度值为 0.20g，设计地震分组为第二组。建筑场地土为Ⅲ类，场地特征周期 0.55s。

由于本工程位于地震高烈度区，如采用传统抗震设计方法增加结构构件尺寸，容易导致两种不利后果：

1）结构主要构件（如：梁、柱）截面过大、配筋过多，材料费用高，工程造价加大，而且建筑使用功能受到限制；

2）结构构件截面、配筋增大后，结构刚度将大幅增加，结构在地震中吸收的地震能量也将大幅度增加，这些地震能量主要由结构构件的弹塑性变形来耗散，将导致结构在大震中严重损坏。

因此，在本工程中采用消能减振技术，阻尼器选用黏滞阻尼器。

2. 减震结构目标性能

本工程采用钢筋混凝土框架结构体系。在常规设计条件下，主体结构在多遇地震作用下 X/Y 方向的层间位移角均超过规范 1/550 的限值；尽管可以采取加大构件截面的办法解决问题，但可能严重影响建筑的使用功能，而且加大了结构主体刚度导致地震影响变大的更快，无法根本解决问题，将来的项目建设成本也会大幅提高。本工程目标为控制构件截面尺寸的前提下，通过设置阻尼器以减小结构层间位移，使其满足规范要求。

3. 阻尼器的选择与布置

地震输入按双向地震考虑，即 $X+0.85Y$ 和 $Y+0.85X$。根据原建筑设计图、结构布置图、地勘资料以及相关初步设计模型与分析结果，决定在本工程的适当位置设置黏滞阻尼器，这样可以有效地增加原结构的阻尼比，显著降低结构的地震反应。黏滞阻尼器力学模型为：

$$F=C\dot{u}^{\alpha} \tag{4-28}$$

式中 C——阻尼系数；

$\dot{u}$——阻尼器变形速率；

α——阻尼指数。

本工程沿结构的两个主轴方向分别设置阻尼器，其数量、型号、位置通过多方案优化比选后确定。依据《建筑抗震设计规范》GB 50011—2010 以及设计资料，在全楼 1～6 层适当位置沿结构的两个主轴方向按照人字撑方式设置黏滞阻尼器。本工程选用的黏滞流体阻尼器参数为：阻尼指数 $\alpha=0.3$，阻尼系数 $C=1100\text{kN}\cdot\text{m/s}$，最大行程为±30mm，阻尼器布置图见图 4-27。

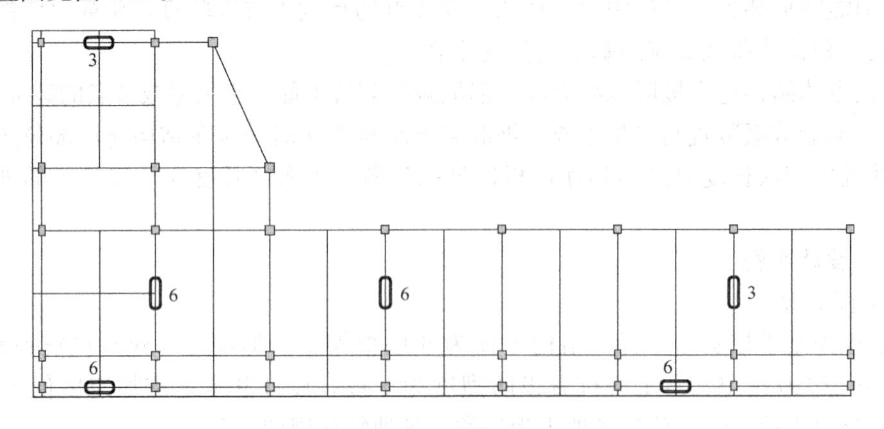

图 4-27 阻尼器布置图

（注："6" 表示布置在 1 至 6 层；"3" 表示布置在 1 至 3 层）

4. 反应谱法多遇地震作用下的弹性分析

根据 PKPM 模型，采用 ETABS 有限元软件进行分析，所建立的三维有限元弹性模型如图 4-28 所示。

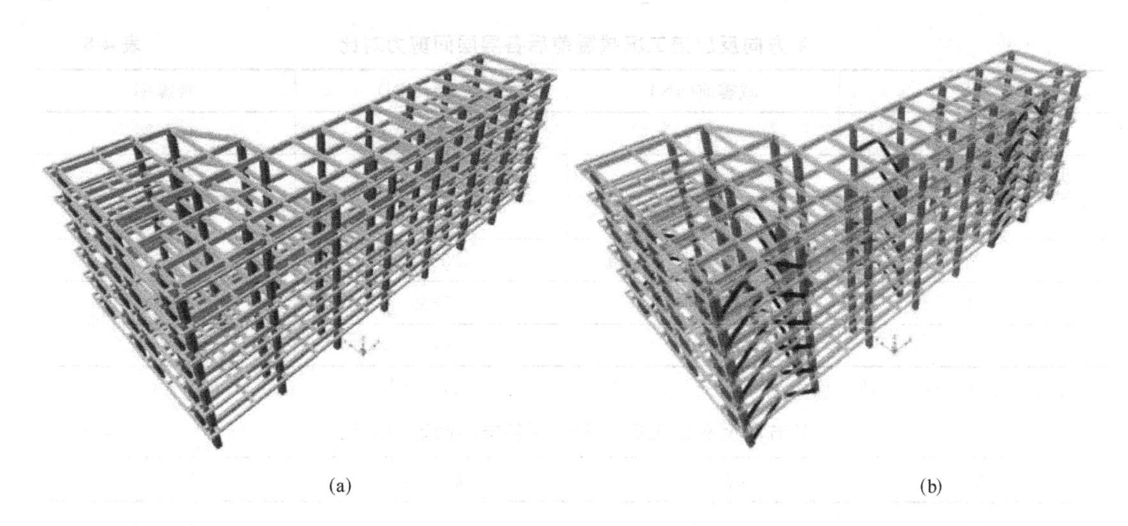

(a)　(b)

图 4-28　ETABS 结构分析模型

(a) 加入阻尼器前的结构分析模型；(b) 加入阻尼器后的结构分析模型

1）层间位移角

结构减震前后，在 X、Y 方向反应谱工况下，层间位移角对比如表 4-6 及表 4-7 所列。未加阻尼器前结构有多层层间位移角超限（1/550）；设置阻尼器后，各层位移角有明显减小，满足规范限值要求。

X 方向反应谱工况减震前后层间位移角对比　表 4-6

楼层	减震前	减震后	减震率
6	1/894	1/1416	36.91%
5	1/663	1/852	22.20%
4	1/545	1/636	14.38%
3	1/490	1/599	18.15%
2	1/405	1/563	28.04%
1	1/618	1/765	19.21%

Y 方向反应谱工况减震前后层间位移角对比　表 4-7

楼层	减震前	减震后	减震率
6	1/876	1/1190	26.38%
5	1/697	1/847	17.71%
4	1/616	1/688	10.47%
3	1/523	1/618	15.33%
2	1/436	1/612	28.74%
1	1/775	1/936	17.27%

2）层间剪力

结构减震前后，在 X、Y 方向反应谱工况下，各层总剪力对比如表 4-8 及表 4-9。由表可知，设置黏滞阻尼器后结构各层剪力均有减小。

X 方向反应谱工况减震前后各层层间剪力对比 **表 4-8**

楼层	减震前(kN)	减震后(kN)	减震率
6	2317	1912	17.5%
5	4133	3286	20.5%
4	5551	4499	19.0%
3	6684	5381	19.5%
2	7544	5889	21.9%
1	8004	6704	16.2%

注：减震率=(减震前层间剪力－减震后层间剪力)/减震前层间剪力，下同。

Y 方向反应谱工况减震前后各层层间剪力对比 **表 4-9**

楼层	减震前(kN)	减震后(kN)	减震率
6	2593	2100	19.0%
5	4651	3513	24.5%
4	6297	4662	26.0%
3	7384	5615	24.0%
2	8398	5817	30.7%
1	8790	6924	21.2%

5. 时程分析法多遇地震作用下的弹性分析

本工程时程分析选用 US、EL、845（人工波）共三条地震波。通过对波的综合调整，使得各条波在 8 度（0.2g）多遇地震（70cm/s^2）的反应谱已经与我国《建筑抗震设计规范》GB 50011—2010 相对应的不同水准设计谱基本一致。US、EL、845（人工波）三条地震波的波形如图 4-29 所示。

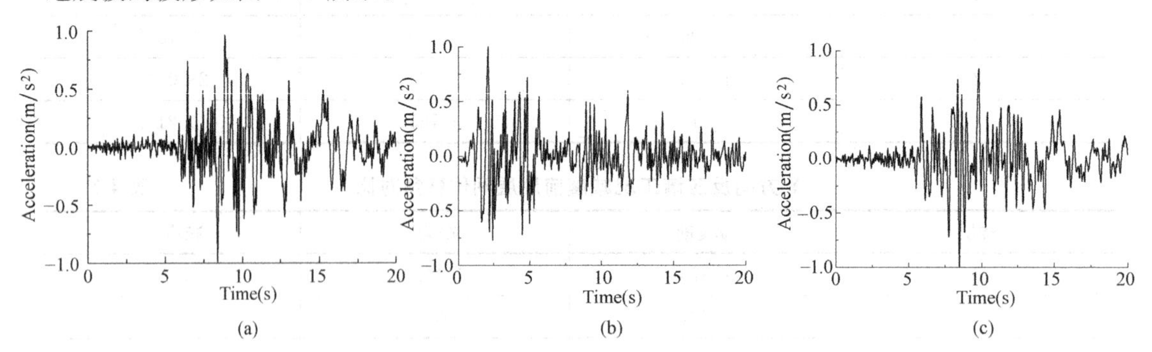

图 4-29 US、EL、845 地震波波形

(a) US 波（峰值为 1）；(b) EL 波（峰值为 1）；(c) 845 波（峰值为 1）

从结构动力响应角度分析所选用的地震波，我国《建筑抗震设计规范》GB 50011—2010 明确规定，在弹性时程分析时，每条时程曲线计算所得结构底部剪力均应超过振型分解反应谱法计算结果的 65%，多条时程曲线计算所得结构底部剪力的平均值应大于振型分解反应谱法计算结果的 80%。对未减震结构进行时程分析和反应谱分析，得到结构各层地震剪力，列于表 4-10。从结构动力响应的角度分析，所选地震波满足规范的要求，

且时程计算的楼层剪力平均值和振型分解反应谱法计算结果基本一致。为节约篇幅，仅列出结构承受 X 方向的 US 波时减震计算结果。

8 度（0.2g）多遇地震作用下原结构基底剪力（单位：kN）　　表 4-10

基底剪力	PKPM 反应谱结果	ETABS 反应谱结果	ETABS 时程曲线计算结果			
			US	EL	845	平均值
X 向	7883	8004	9077	7866	7421	8121
	—	—	113.4%	98.3%	92.7%	101.5%
Y 向	8612	8790	8741	8159	7962	8288
	—	—	99.5%	92.8%	90.6%	94.3%

下面以 US 波 X 方向工况为例，给出结构在多遇地震作用下减震前、后的时程分析计算结果，列于表 4-11，可以看出，多遇地震作用下黏滞阻尼器已经进入工作状态。

US 波 X 方向减震前后计算结果对比　　表 4-11

楼层	减震前 V_x(kN)	减震后 V_x(kN)	减震前层间位移角	减震后层间位移角	层剪力减震率	层间位移角减震率
6	2997	1480	1/1045	1/1177	50.6%	11.2%
5	5480	3153	1/627	1/846	42.5%	25.9%
4	6733	4430	1/470	1/730	41.2%	35.6%
3	7642	4999	1/403	1/667	43.4%	39.6%
2	8530	5371	1/393	1/615	43.6%	36.1%
1	9077	6086	1/607	1/1034	39.0%	41.3%

注：V_x 表示结构 X 方向的总层间剪力。

6. 等效附加阻尼比计算

消能部件附加给结构的有效阻尼比按式（4-26）估算。

图 4-30 为结构在 US 地震波下的能量图，可以看出，阻尼器消耗了一定的地震能量。

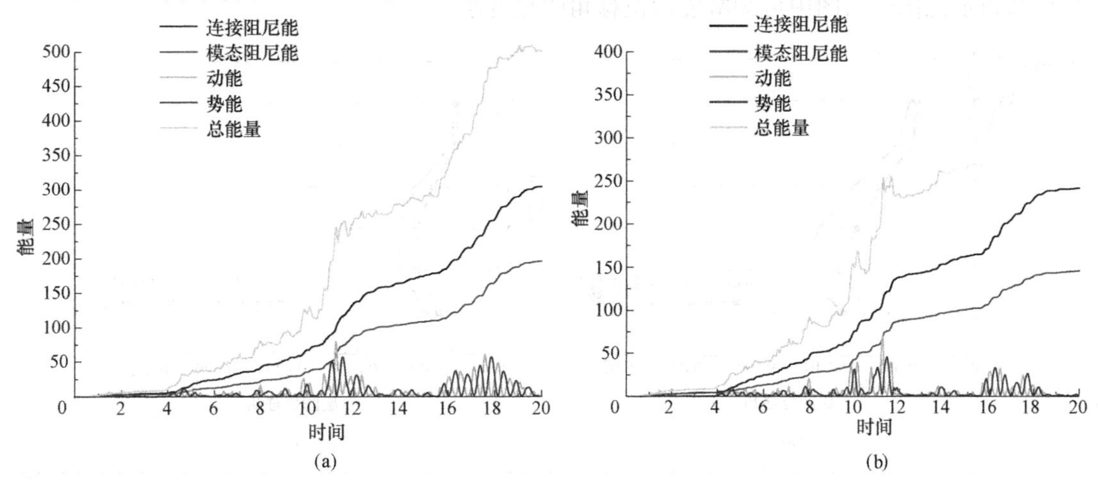

图 4-30　US 波作用下结构能量图

(a) X 方向 US 波作用下结构能量；(b) Y 方向 US 波作用下结构能量

本项目的附加阻尼比时程分析结果平均值为6.43%，但考虑到实际工程中结构变形、连接刚度、安装间隙等因素对减震效果的影响，本工程将多遇地震作用下黏滞阻尼器的附加阻尼比偏安全地取为6.0%，该数值也与我们的设计预期相一致。

7. 罕遇地震作用下的弹塑性分析

采用有限元软件MIDAS进行分析，所建立的三维有限元弹性模型如图4-31所示。

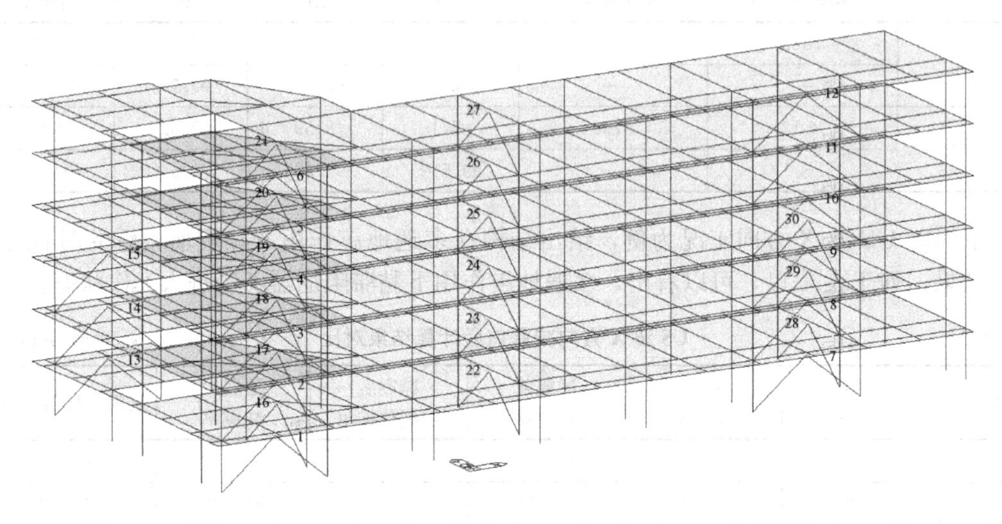

图4-31 MIDAS结构分析模型

1）罕遇地震作用下时程分析计算结果

地震波的选取与多遇地震下时程分析地震波相同，地震波的峰值加速度根据规范要求分别调整到对应于8度（0.2g）罕遇地震的400gal。《建筑抗震设计规范》GB 50011—2010要求钢筋混凝土框架结构在罕遇地震作用下，楼层的弹塑性层间位移角$\theta_P \leqslant 1/50$；规范在12.3.3条中还指出："消能减震结构的层间弹塑性位移角限值，应符合预期的变形控制要求，宜比非消能减震结构适当减小"。图4-32为在US波罕遇地震作用下，减震前后位移角示意图，由图中可知减震后位移角明显变小。

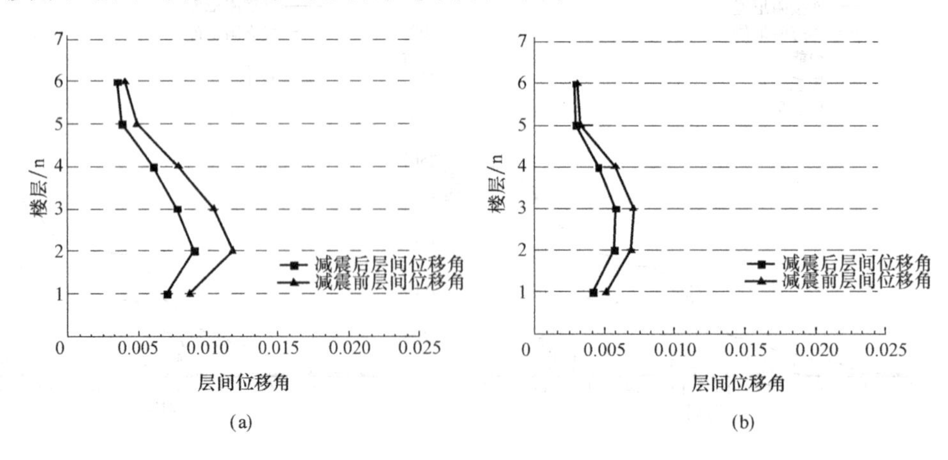

图4-32 US波罕遇地震作用下层间位移角减震前后对比

（a）X方向US波作用下层间位移角；（b）Y方向US波作用下层间位移角

2）罕遇地震作用减震前后结构弹塑性发展

本工程根据分析时间内的最大变形 D 除以第一阶段屈服变形 D_1 表示的延性系数 D/D_1，将铰状态划分成五个水准。其中 Level-1（$D/D_1=0.5$）表示铰处于弹性阶段；Level-2（$D/D_1=1$）表示铰已达到屈服状态，钢筋应变达到屈服应变；Level-3（$D/D_1=2$）、Level-4（$D/D_1=4$）、Level-5（$D/D_1=8$）分别表示各构件不同的延性水准。对比减震前后的框架梁与框架柱塑性发展水准示意图，减震后塑性发展达到第一水准的框架梁、框架柱数量较减震前大量减少，减震后塑性发展达到第二、第三水准的框架梁、框架柱数量较减震前也有一定程度的减少。采用减震方案后，结构在 8 度（0.2g）罕遇地震作用下，减震后结构中梁柱的塑性发展程度相对于减震前均有所减小，充分保证了主体结构在罕遇地震作用下的损伤程度得到有效控制，整体结构具有良好的抗震性能，更有利于实现结构“大震不倒”的设防目标。

3）罕遇地震作用下黏滞阻尼器滞回曲线

从图 4-33、图 4-34 可以看出，罕遇地震作用下黏滞阻尼器耗能性能优良。

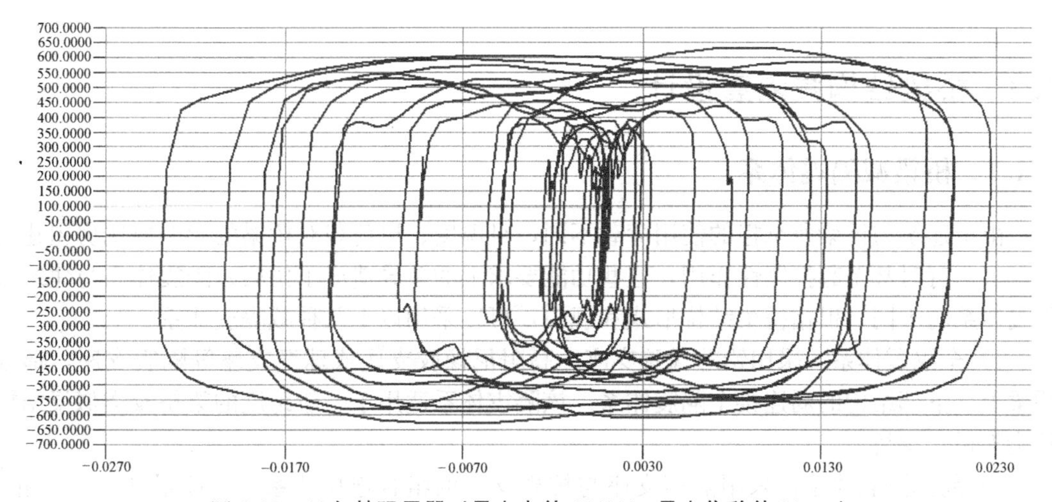

图 4-33　X 向某阻尼器（最大力约 630kN，最大位移约 23mm）

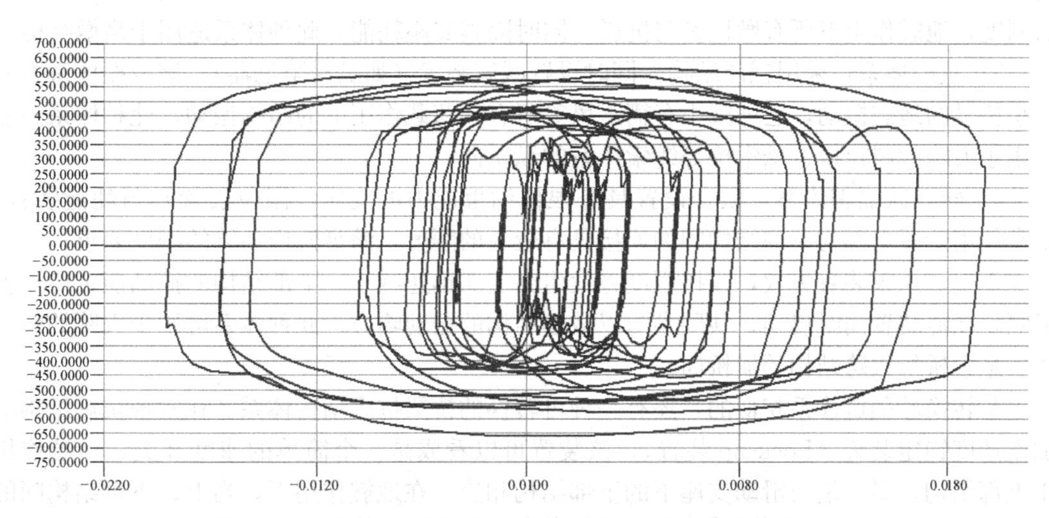

图 4-34　Y 向某阻尼器（最大力约 660kN，最大位移约 20mm）

8. 与阻尼器相连的框架梁、柱减震后内力值

设置阻尼器的子框架的梁、柱构件根据ETABS软件罕遇地震作用下的计算结果，按大震不屈服要求进行截面设计，此处不再进行赘述。

9. 结论

本工程采用了黏滞阻尼器对结构进行消能减振设计，分析表明，在多遇地震作用下，X向基底剪力平均减震率约40%，Y向基底剪力平均减震率约31%（取三条波的平均值），具有良好的减震效果。X、Y向层间位移角减震率基本都能达到27%，满足多遇地震作用下弹性层间位移角限值。在8度（0.2g）罕遇地震作用下，X向层间位移减震率最大可达到21%，Y向层间位移减震率最大可达到17%，主体结构的塑性发展程度较小，损伤程度能够得到有效控制，从而使得整体结构具有良好的抗震性能，更有利于实现结构“大震不倒”的设防目标。

此外，与阻尼器相连的结构在计入消能部件传递的附加内力后内力发生变化，需要对与阻尼器相连的框架梁、柱构件单独进行截面设计。

4.4 桥梁结构减隔震设计

4.4.1 桥梁减隔震体系

由于建筑与桥梁所承担的使用荷载不同，且温度、风荷载对桥梁的影响要比房屋建筑大得多，有时甚至起控制性作用，这些功能要求上的差异造成了桥梁减隔震体系与建筑减隔震体系的不同。根据桥梁结构形式和规模，可以采用以下几种减隔震体系：

1）全隔震体系：采用铅芯橡胶支座、高阻尼橡胶支座或球摆支座等隔震支座，形成桥梁上、下部结构的弱连接全隔震体系。该隔震体系适用于一般跨度的梁桥及类似梁结构的桁架桥、拱桥。

2）局部隔震体系：采用隔震支座与抗震支座的组合连接体系，一联设置一个（排）抗震支座形成固定墩，其余墩上设置隔震支座。该体系可满足结构在正常使用阶段有足够的刚度，地震作用下所有墩柱参与抗震，同时隔震支座耗能。此种体系适用于高墩结构。

3）减震体系：采用飘浮结构，同时设置减震装置（如黏滞阻尼器）。该减振体系不只减小桥梁的地震振动，还可减小车辆、风等所有动荷载作用下的结构振动，此种体系一般应用于大跨的斜拉桥、悬索桥等缆索体系的纵桥向。

4）转换减隔震体系：联合设置具有限位约束能力的支座（限位装置）与耗能装置，正常使用阶段上部与下部结构间的连接具有较大的刚度，满足使用功能的刚度要求；一旦地震发生，约束装置失效，连接刚度将发生突变而迅速减小，下部结构的振动能量传递被阻隔，耗能装置同时启动，共同参与以减小结构的振动响应。此种体系可用于大跨的斜拉桥、悬索桥等大跨结构的横桥向。

与转换减隔震体系相似的，还有一种可转换的桥梁抗震结构体系。在常规抗震结构上加设速度锁定装置（Lock-up装置），该装置可以看成是一个简单的速度开关，一端连接于上部结构，另一端与滑动支座下的下部结构相连。在地震作用下，当上、下部结构间的相对速度达到Lock-up启动速度时，立即启动并锁住，此时其作用相当于一刚度很大的链

杆，但在未达到启动速度前，它对结构无任何影响。虽然Lock-up装置没有耗能能力，但由于其启动后，可将所在的自由墩变成“固定墩”，使自由墩与固定墩共同承担地震作用，从而降低了固定墩的控制内力，也使其他墩的承载力得到充分发挥。四川地震震害表明，连续梁桥的桥墩破坏情况均比简支体系桥梁的桥墩破坏严重，主要还是各墩的约束形式不同使所承担的地震水平力差异过大造成，采用Lock-up装置可很好地解决连续梁桥纵向约束墩独自承担地震作用的问题。

4.4.2 桥梁减隔震设计原则

理论研究和震害经验都表明：采用减隔震技术可以有效提高桥梁结构的抗震能力。减隔震设计的基本原则为：正常荷载作用下具有良好的结构性能；利用减隔震装置的柔性延长结构周期，以减小结构地震反应；利用阻尼器等耗能装置，控制由于结构周期延长而导致的过大墩、梁相对位移。

但是减隔震技术不是在任何情况下都是有效的，因此首先要分析具体的桥梁结构是否适合采用减隔震技术；然后再确定合理可行的减隔震体系及其配套的减隔震装置；最后还需对相关构件和细部连接构造进行设计，以确保减隔震设计的有效性。

4.4.2.1 减隔震技术的适用条件

一般情况下，满足下列条件之一的桥梁比较适宜采用隔震技术：

（1）桥梁上部结构为连续形式，下部结构刚度较大，整座桥的基本周期比较短；

（2）桥梁下部结构高度变化不规则，刚度不均匀；

（3）场地条件较好，预期地面运动具有较高的卓越频率，长周期范围所含能量较少等情况。

对于基础土层不稳定，易发生液化的场地；下部结构较柔，桥梁结构本身的固有周期较长；位于软弱场地，延长结构周期可能引起地基与桥梁共振以及支座出现负反力等情况，不宜采用隔震技术，需考虑采用减震与隔震组合或其他措施。

4.4.2.2 减隔震装置的要求

进行减隔震设计时，应将重点放在提高耗能能力和分散地震作用上，不应过分追求加长周期，否则将导致结构变形或位移过大。减隔震装置应构造简单、性能可靠，并且要求装置不仅能减震耗能，而且还应满足正常运营条件下的结构性能要求。应依据相关的检测规程，对减隔震装置的性能和特性进行严格的检测实验。减隔震装置应具有可替换性，并应进行定期维护和检查。减隔震装置可分为整体型和分离型两类，两类减隔震装置水平位移从50％的设计位移增加到设计位移时，其恢复力增量不宜低于其上部结构重量的2.5％。在应用时，应选用结构简单、力学性能明确的减隔震装置，并且要求该装置不仅能减震耗能，而且还应满足正常运营荷载的承载要求。具体要求如下：

（1）在不同水准地震作用下，减隔震支座都应保持良好的竖向荷载支承能力；

（2）减隔震装置应具有较高的初始水平刚度，使得桥梁在风荷载、制动力等作用下不发生过大的变形和有害振动；

（3）当温度、徐变等引起上部结构缓慢的伸缩变形时，减隔震支座产生的抗力应比较低；

（4）减隔震装置应具有较好的自复位能力，使震后桥梁上部结构能够基本恢复到原来位置。

目前，国内外主要采用铅芯橡胶支座、天然橡胶支座或与阻尼器组合来达到降低桥梁结构地震反应的目的。需要特别强调的是，桥梁用橡胶支座与建筑用橡胶支座相比，其橡胶的剪切模量更高，一般不能通用。

4.4.2.3 减隔震装置的布置

桥梁减隔震装置的设置有两种方式：

（1）布置在桥墩顶部，起到降低上部结构惯性力的作用；

（2）设置在桥墩底部，能较大幅度地降低整个结构的动力响应。

通常在地震作用下，桥梁结构的惯性力主要集中在上部结构，在上下部结构间设置减隔震装置，可以有效地降低上部结构的惯性力，达到保护桥墩、基础等下部结构的目的。从目前已建成的减隔震桥梁来看，减隔震装置大多数设置在桥墩顶部，这主要是由于普通桥梁也使用支座，采用墩顶隔震，只需用隔震支座代替普通支座即可，比较经济；在结构底部进行隔震的方式通常较少采用，这与建筑减隔震也有所不同。

另外，通过合理设置减隔震装置，在降低地震力的同时，还可以调整地震力在各下部结构间的分配，避开基础条件差或能力较弱的桥墩，使整个体系的受力更加合理。在横桥向，也可通过设置减隔震装置协调下部结构间的横向刚度，改善扭转平衡，降低结构的横向响应。

4.4.2.4 其他构件和细部构造设计

在减隔震设计中，除需进行常规桥梁的抗震验算内容，还需对隔震装置本身的变形性能进行验算。

减隔震桥梁设计时，必须使非弹性变形和耗能主要集中在减隔震装置上，避免桥墩屈服先于减隔震装置屈服。因此，通常选择将减隔震装置布置在刚度较大的桥墩、桥台处，并且将桥墩的屈服强度设计得稍高于减隔震装置的设计变形所对应的抗力。此外，还应使桥台、基础以及其他连接构件具有足够的承载力，避免这些构件发生破坏。

构造措施对减隔震桥梁的动力特性和抗震性能有重要影响，因此，在减隔震设计时，还应重视一些构造细节的设计，并对施工质量给予明确规定。主要包括以下几方面：

（1）减隔震结构应满足正常使用条件下的性能要求，设置适宜的伸缩缝装置保证减隔震装置能够充分工作，同时要避免施工缝被阻塞，以满足正常使用和地震发生时对位移的需求；

（2）应设计相应的防落梁系统，保证减隔震装置性能的充分发挥并防止落梁；

（3）减隔震装置的构造尽可能简单、性能可靠，应在其性能明确的范围内使用，并明确施工要求，进行定期的维护和检查，同时尚应考虑减隔震装置的可更换性。

4.4.3 减隔震桥梁分析方法

对减隔震桥梁，由于减隔震装置的非线性，在设计地震作用下，即使主体结构处于弹性状态，隔震、减震装置一般应进入非线性阶段才能隔震耗能，此时可采用基于等效线性化的反应谱法进行分析；在罕遇地震作用下，墩柱、连接装置均可能进入非线性，应通过对结构进行非线性反应分析求解结构的地震反应，目前最常用的方法是非弹性反应谱法或非线性时程分析法。常用的非线性反应谱法是一种等效简化方法，目前还不宜被应用在复杂的三维结构分析中。

本书 3.3.3 节介绍了有限元模型中如何准确表达桥梁结构的刚度、质量、边界条件等主要因素。对减隔震桥梁，还需考虑减隔震装置非线性力学性能的描述及合理实现、连接构件对减隔震装置乃至整个结构高阶振型的影响等。

4.4.4 减隔震桥梁抗震验算

1）减隔震桥梁性能要求与抗震验算

采用减隔震设计的桥梁可只进行 E2 地震作用下的抗震设计和验算。要求满足 E2 地震作用下减隔震装置进入弹塑性工作，桥梁结构其他部件基本在弹性范围工作。

E2 地震作用下，桥梁墩台与基础的验算，应将减隔震装置传递的水平地震力除以 1.5 的折减系数后，按现行行业标准《公路钢筋混凝土及预应力混凝土桥涵设计规范》JTG D62—2012 和《公路桥涵地基与基础设计规范》JTG D63—2007 进行。其中 1.5 的折减系数是考虑墩台材料的超强影响。

2）减隔震装置验算

对于橡胶型减隔震装置，在 E1 地震作用下产生的剪切应变应小于 100%；在 E2 地震作用下产生的剪切应变应小于 250%，并验算其稳定性。非橡胶型减隔震装置，应根据具体的产品指标进行验算。此外，尚应对减隔震装置在正常使用条件下的性能进行验算。

本章小结

（1）基础隔震的基本思想是：将整个结构物或其局部坐落在隔震支座上，通过隔震层的变形吸收地震能量，控制上部结构地震作用效应和隔震部位的变形，从而减小结构的地震响应，提高结构的抗震安全性。

（2）叠层橡胶垫按照阻尼特性主要分为三种：普通橡胶垫、铅芯橡胶垫以及高阻尼橡胶垫。其相关技术参数有形状系数、竖向刚度、竖向极限压应力、竖向极限拉应力、水平变形、水平刚度、屈服后刚度和等效阻尼比等。

（3）建筑结构基础隔震设计采用分部设计法，并采用水平向减震系数设计上部结构。

（4）消能减振的基本原理是：通过在结构中合理设置消能减振装置，有效控制结构的振动响应，使结构在地震、大风或其他动力干扰作用下的各项反应值被控制在允许范围内，其原理可从能量的角度解释。

（5）建筑结构消能减振设计一般分为九个步骤，既要考虑多遇地震作用，也要考虑罕遇地震作用。

（6）桥梁减隔震体系应同时满足抗震及其他使用性能需求，构造措施对减隔震桥梁的抗震性能有重要影响。

思考与练习题

4-1 试分析对比基础隔震结构体系和抗震结构体系的异同点。

4-2 试简述叠层橡胶垫轴压承载力、剪压承载力和受拉承载力的确定方法和主要影响因素。

4-3　试简述叠层橡胶垫竖向刚度和水平刚度的确定方法和主要影响因素。

4-4　试简述基础隔震结构的设计要求和设计要点。

4-5　试分析说明水平向减震系数的物理概念和计算方法。

4-6　试比较隔震和消能减振技术基本原理的区别。

4-7　采用消能减振技术可选用哪些减振装置？各有什么特点？

4-8　建筑及桥梁结构采用消能减震技术有哪些常用分析方法？各有什么适用范围？

4-9　消能减振结构等效附加阻尼比如何计算？

4-10　建筑及桥梁结构隔震设计流程是什么？

4-11　简述桥梁减隔震体系与建筑减隔震体系需求差异。

第5章　工程结构抗风理论与设计

本章要点及学习目标

本章要点：
(1) 大气边界层；
(2) 平均风速、脉动风速特性；
(3) 建筑结构风荷载与风振响应分析方法；
(4) 高层建筑、高耸结构抗风设计方法；
(5) 桥梁结构抗风设计基本原则；
(6) 桥梁风致振动的类型；
(7) 桥梁结构抗风设计理论与方法。
学习目标：
(1) 了解大气边界层的概念；
(2) 熟悉平均风速特性、脉动风速特性的基本概念；
(3) 掌握建筑结构风荷载的分类、概念以及建筑结构风振响应分析方法；
(4) 掌握高层建筑抗风设计方法；
(5) 熟悉高耸结构抗风设计方法；
(6) 了解桥梁结构抗风的重要意义；
(7) 掌握桥梁结构抗风设计的基本原则；
(8) 掌握桥梁风致振动的类型；
(9) 熟悉桥梁结构抗风设计理论与方法。

5.1　大气边界层的风特性

5.1.1　大气边界层

当空气水平运动受到地面摩擦阻力的影响，会使近地面的气流速度减慢。这种影响随离地面高度的增加而逐渐减弱，超过某一高度后可以忽略这种地面摩擦的影响，称这一高度为大气边界层厚度（δ），将受地表摩擦阻力影响的近地面大气层称为大气边界层。

大气边界层厚度可以从几百米到几千米，依据风力、地形粗糙厚度及纬度而定。在大气边界层内，风以不规则的、随机的湍流形式运动，平均风速随高度增加而增加，至大气边界层顶部达到最大，相应风速称为梯度风速 V_{ZG}，相应高度称为梯度风高度 Z_G。在大气边界层以外，即自由大气中，风速不再随高度变化，基本是沿等压线以梯度风速流动。大气边界层内风的状况对地面建筑物和构造物、人类活动等都有着很重要的影响，因此对大气边界层内风特性的研究是十分必要的（图 5-1）。

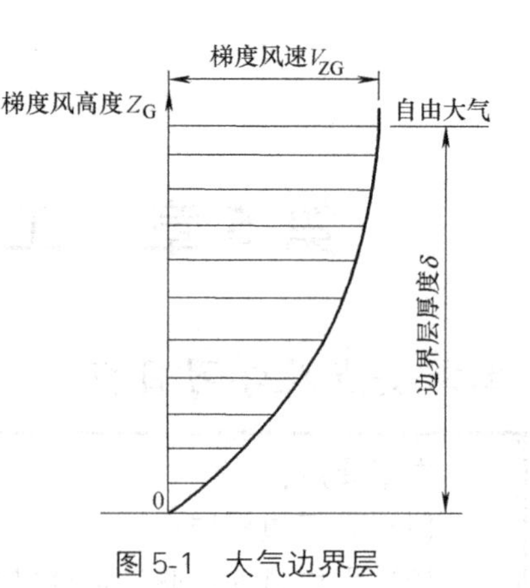

图 5-1 大气边界层

5.1.2 平均风速特性

5.1.2.1 平均风速剖面

描述平均风速随高度 z 变化的曲线称为平均风速剖面或平均风速廓线。一般采用对数律或指数律描述。

1. 对数律

对数律的表达式为：

$$\bar{V}_{(z)}=\frac{1}{\kappa}v_*\ln\left(\frac{z}{z_0}\right) \tag{5-1}$$

式中 $\bar{V}_{(z)}$——离地面高度 z 处的平均风速；

v_*——摩擦速度或流动剪切速度，它是对气流内部摩擦力的度量，可取$v_*=\left(\frac{\tau_0}{\rho}\right)^{0.5}$，其中 τ_0 是空气在地表附近的剪切应力，ρ 为空气密度；

κ——卡门（Karman）常数，近似取 0.4；

z_0——地面粗糙长度。

粗糙长度 z_0 是地面上湍流漩涡尺寸的量度，由于局部气流的不均一性，不同测试中 z_0 的结果相差很大，所以 z_0 一般由经验确定。表 5-1 给出不同地面粗糙度的 z_0 值供参考采用。

不同地面粗糙度的 z_0 值 表 5-1

地面类型	z_0(m)	地面类型	z_0(m)
砂地	0.0001～0.001	矮棕榈	0.10～0.30
雪地	0.001～0.006	松树林	0.90～1.00
割过的草地	0.001～0.01	稀疏建筑物的市郊	0.20～0.40
矮草地、空旷草原	0.01～0.04	密集建筑物的市郊	0.80～1.20
休耕地	0.02～0.03	市区大城市中心	2.00～3.00
高草地	0.04～0.10		

近年来的实验研究表明，在 100m 高度范围内用对数律表达风剖面是比较满意的，超过这一高度，从结构设计的观点是偏于保守的。目前，气象学家认为用对数律表示大气底层的强风速度廓线比较理想，因此，在气象学实际问题中常采用对数律。

2. 指数律

对于水平均匀地形的平均风速廓线，在较早时期一直采用的是 1916 年 C. Hellman 提出的指数规律，后来 Davenport 根据多次观测资料整理出不同地面粗糙度类别场地下的平均风剖面（图 5-2），并提出平均风速沿高度变化的规律可用指数律表示为：

$$\bar{V}_{(z)}=V_r\left(\frac{z}{z_r}\right)^{\alpha} \tag{5-2}$$

式中 V_r——离地参考高度 z_r 处的平均风速；

$\bar{V}_{(z)}$——任一高度 z 处的平均风速；

α——地面粗糙度指数。

式（5-2）的指数律假定地面粗糙度指数 α 在梯度风高度 Z_G 内为常数，并且梯度风高度 Z_G 仅为 α 的函数。

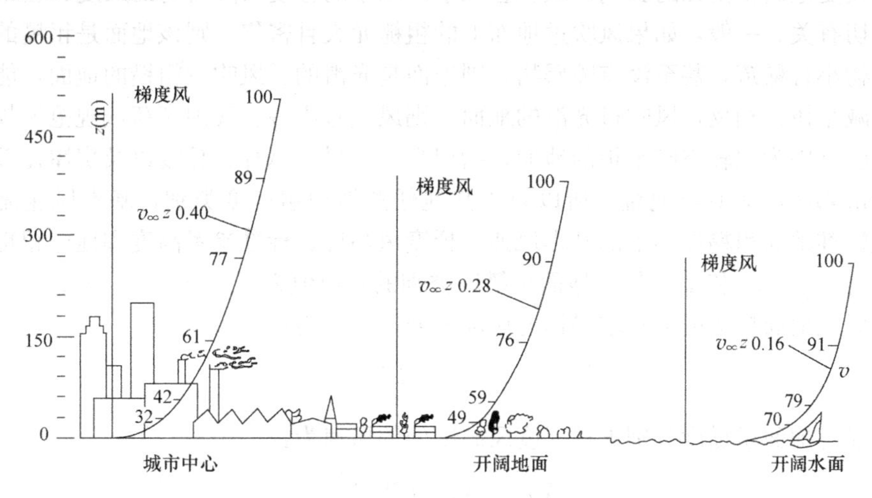

图 5-2 Davenport 给出的不同地面粗糙度类别的平均风剖面

针对图 5-2 中的不同地面粗糙度类别，Davenport 分别给出其对应的 α 和 Z_G 的建议取值，见表 5-2。

Davenport 建议的 α 和 Z_G 值 **表 5-2**

地面粗糙度类别	开阔地形	郊区地形	大城市中心
α	0.16	0.28	0.40
Z_G(m)	275	400	520

在土木结构工程设计中，用指数律描述平均风剖面比较简便，而且与对数律差别不大，因此指数律得到广泛的应用。我国现行《建筑结构荷载规范》GB 50009—2012（以下简称《荷载规范》）、美国规范（ASCE 7—05）和日本规范（AIJ 2004）均采用指数律。我国《荷载规范》将地面粗糙度分为 A、B、C、D 四类，与其对应的梯度风高度 Z_G 及 α 取值见表 5-3。

我国规定的地面粗糙度类别及对应的 α 和 Z_G 值 **表 5-3**

地面粗糙度类别	描述	α	Z_G(m)
A	近海海面、海岛、海岸、湖岸及沙漠地区	0.12	300
B	田野、乡村、丛林、丘陵以及房屋比较稀的乡镇和大城市郊区	0.15	350
C	有密集建筑群的城市市区	0.22	450
D	有密集建筑群且有大量高层建筑物的大城市市区	0.30	550

5.1.2.2 基本风速

基本风速是不同气象观察站通过风速仪的大量观察、记录，并按照标准条件下的记录数据进行统计分析得到的该地区最大平均风速。标准条件的确定与标准地面粗糙度类别、标准高度、平均时距、标准重现期和平均风概率分布类型等因素有关。

1. 标准地面粗糙度类别

近地风受地面粗糙元的影响，风速会减小，减小的程度与障碍物的尺度、密集度和几何布置密切有关。一般，如果风吹过地面上的粗糙元大且密集，则该地面是粗糙的；如果地面障碍物小且稀疏，甚至没有障碍物，则地面是光滑的。风吹过粗糙的地面，能量损失多，风速减小快；相反，风吹过光滑的地面，则风速减小慢。我国《荷载规范》规定标准地面粗糙度类别为比较空旷平坦的地面，指田野、乡村、丛林、丘陵以及房屋比较稀的乡镇和大城市郊区，即B类地貌。所以对于其他任意地面粗糙度类别，基本风速需要进行换算。设标准地面粗糙度类别的基本风速、梯度风高度、标准参考高度和地面粗糙度指数分别为V_0、z_{G0}、z_0和α_0；任意地面粗糙度类别的对应值为V_a、z_{Ga}、z_a和α。

设由标准地面粗糙度类别求得梯度风高度处的风速为：

$$V_{(z_{G0})}=V_0\left(\frac{z_{G0}}{z_0}\right)^{\alpha_0} \tag{5-3}$$

设由任意地面粗糙度类别求得梯度风高度处的风速为：

$$V_{(z_{Ga})}=V_a\left(\frac{z_{Ga}}{z_a}\right)^{\alpha} \tag{5-4}$$

由于任一地面粗糙度类别在梯度风高度的风速相等，则：

$$V_0\left(\frac{z_{G0}}{z_0}\right)^{\alpha_0}=V_a\left(\frac{z_{Ga}}{z_a}\right)^{\alpha} \tag{5-5}$$

故可求得在任意地面粗糙度类别下的基本风速：

$$V_a=V_0\left(\frac{z_{G0}}{z_0}\right)^{\alpha_0}\left(\frac{z_{Ga}}{z_a}\right)^{-\alpha} \tag{5-6}$$

我国《荷载规范》规定B类地貌的$z_{G0}=350\text{m}$，$z_0=10\text{m}$，$\alpha_0=0.15$，代入式（5-6），可得任意地面粗糙度类别下任一高度处的基本风速为$V_a=1.705V_0\left(\frac{z_{Ga}}{z_a}\right)^{-\alpha}$。

2. 标准高度

如前所述，在同一个地点，风速随高度而变化，越靠近地面，风速越小；离地越高，地面障碍物对风的影响越小，风速越大。因此，标准高度的取值对基本风速有很大的影响。我国《荷载规范》规定离地面10m高为标准高度。因此，气象台（站）的风速仪应安装在空旷平坦地面且离地10m高处的位置。若不符合这两个条件，应该按非标准记录数据进行换算。

世界大多数国家采用指数律描述平均风剖面，因此标准地面粗糙度类别下任一高度z处的基本风速为：

$$V_{(z)}=V_1\left(\frac{z}{z_1}\right)^{\alpha_0}=V_2\left(\frac{z}{z_2}\right)^{\alpha_0} \tag{5-7}$$

式中　z_1、z_2——标准高度1和标准高度2；

V_1、V_2——标准高度1和标准高度2处的基本风速。

由式（5-7）可得：

$$V_2=V_1\left(\frac{z_2}{z_1}\right)^{\alpha_0} \tag{5-8}$$

以我国《荷载规范》为例，规定标准高度为10m，若改为5m或20m，则需要基本风速乘以系数0.901或1.110。

3. 平均时距

平均时距按风速记录为确定最大平均风速而规定的时间间隔，如图 5-3 所示。规定的平均时距愈短，所得的最大平均风速愈大。如果平均时距能够包含若干个周期的风速脉动，则所得的平均风速会较为稳定。一般的，对风速记录取平均时距为 10min～1h 较为稳定，故国际许多国家（包括我国）将平均风距取为 10min。但也有国家（如加拿大）取 1h，甚至有的国家取 3～5s 时距的瞬时风速（如美国规范取 3s）。英国规范规定，对于所有围护构件、玻璃及屋面，都采用 3s 阵风速度；对于竖向水平最大尺寸大于 50m 的房屋及结构物，采用 15s 的平均风速。

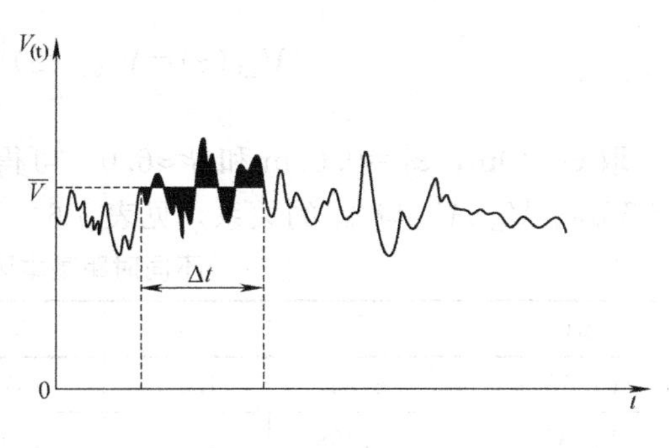

图 5-3 平均时距示意

由于各国采用不同的平均时距，因此对某些国外工程需要按照我国规范设计时，或国内工程需要与国外某些设计资料进行对比时，会遇到非标准时距最大风速的换算问题。研究表明，平均时距 $\Delta t(s)$ 的基本风速 $V_{\Delta t}(z)$ 与时距 1h 的基本风速 $V_{3600}(z)$ 的关系可表示为：

$$V_{\Delta t}(z)=V_{3600}(z)+c(\Delta t)\sigma_{u} \tag{5-9}$$

$$\sigma_{u}=[\beta\mu_{*}{}^{2}]^{1/2} \tag{5-10}$$

$$\mu_{*}=\frac{\kappa V_{3600}(z)}{\ln\left(\frac{z}{z_0}\right)} \tag{5-11}$$

式中 $c(\Delta t)$ ——与 $\Delta t(s)$ 有关的系数，可由 Durst 对风速资料的统计分析结果得到，见表 5-4；

σ_{u}——顺风向脉动风速均方根值，其近似表达式见式（5-10）；

β——与地形有关的无量纲系数，可假定不随高度变化，表 5-5 列出了经过大量实测获得的对应于不同的粗糙长度 z_0 的 β 值；

μ_{*}——摩擦速度，表达式见式（5-11）；

κ——系数，$\kappa\approx0.4$。

$c(\Delta t)$ 的取值 **表 5-4**

$\Delta t(s)$	1	3	5	10	20	30	50
$c(\Delta t)$	3.00	2.80	2.55	2.32	2.00	1.73	1.35
$\Delta t(s)$	100	200	300	600	1000	3600	
$c(\Delta t)$	1.02	0.70	0.54	0.36	0.16	0.00	

实测 β 值 **表 5-5**

z_0(m)	0.005	0.07	0.30	1.00	2.5
β	6.5	6.0	5.25	4.85	4.00

将式（5-10）和式（5-11）代入式（5-9），可得：

$$V_{\Delta t}(z)=V_{3600}(z)\left[1+\frac{\sqrt{\beta}\,c(\Delta t)}{2.5\ln(z/z_0)}\right] \tag{5-12}$$

取 $z=10\text{m}$，$z_0=0.05\text{m}$ 和 $\beta\approx6.0$，可得 $V_{\Delta t}/V_{3600}$ 的关系。基于式（5-12），还可得 $V_{\Delta t}/V_{600}$、$V_{\Delta t}/V_3$ 与 Δt 的关系，见表 5-6。

不同时距基本风速之间的换算 **表 5-6**

Δt(s)	1	3	5	10	20	30	50
$V_{\Delta t}/V_{3600}$	1.555	1.517	1.472	1.429	1.370	1.320	1.250
$V_{\Delta t}/V_{600}$	1.458	1.422	1.399	1.340	1.284	1.238	1.172
$V_{\Delta t}/V_3$	1.025	1.000	0.983	0.942	0.903	0.870	0.824
Δt(s)	100	200	300	600	1000	3600	
$V_{\Delta t}/V_{3600}$	1.189	1.129	1.100	1.067	1.030	1.000	
$V_{\Delta t}/V_{600}$	1.115	1.059	1.031	1.000	0.965	0.938	
$V_{\Delta t}/V_3$	0.784	0.745	0.725	0.703	0.679	0.659	

4. 标准重现期

由于一年为一个自然周期，我国《荷载规范》规定采用一年中的最大平均风速作为基本风速的统计样本，即采用一年中所有平均时距内的平均风速的最大值作为样本。而在工程中，不能直接选取每年最大平均风速的平均值进行设计，应取大于平均值的某一风速作为设计的依据。从概率的角度分析，在间隔一定的时间之后，会出现大于某一风速的年最大平均风速，该时间间隔称为重现期。我国《荷载规范》规定的基本风速的重现期为 50 年。

重现期为 T 的基本风速，则在任一年中指超越该风速一次的概率为 $1/T$。例如，若重现期为 50 年，则一年内的超越概率为 $1/T=0.02$，因此，不超过该基本风速的概率（或保证率）为 $p_0=1-1/T=98\%$。

5. 概率分布类型

一般地，我们所研究的风不会出现异常风（如龙卷风）的气候，即良态气候。对于年最大风速的概率模型通常分为三种，即极值Ⅰ型分布（Fisher Tippet－Ⅰ Distributions）、极值Ⅱ型分布（Fisher Tippet－Ⅱ Distributions）和韦布尔分布（Wei bull Distributions）。目前，大多数国家对基本风速采用极值Ⅰ型概率分布函数进行统计分析，如中国、加拿大、美国和欧洲钢结构协会等。

如图 5-4 所示，横坐标 x 为设计风速，纵坐标 $p(x)$ 为极值Ⅰ型分布对应的概率密度函数。

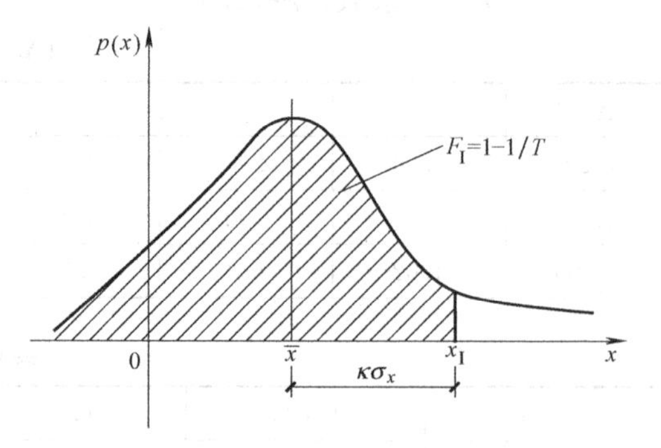

图 5-4 极值Ⅰ型分布对应的保证系数和概率密度函数

保证率与重现期的关系为：

$$F_{\mathrm{I}}=1-1/T \tag{5-13}$$

式中 F_{I}——不超过该设计最大风速 x_{I} 的概率，或称为保证率；

T——重现期。

$$x_{\mathrm{I}}=\overline{x}+\kappa\sigma_{\mathrm{x}} \tag{5-14}$$

$$\overline{x}=E(x)=\frac{1}{n}\sum_{i=1}^{n}x_i \tag{5-15}$$

$$\sigma_{\mathrm{x}}=\left[\frac{\sum_{i=1}^{n}(x_i-\overline{x})^2}{n-1}\right]^{1/2} \tag{5-16}$$

$$\kappa=-\frac{\sqrt{6}}{\pi}[0.5772+\ln(-\ln F_{\mathrm{I}})] \tag{5-17}$$

式中 $\overline{x}$——风速样本的数学期望 $E(x)$，也即年最大风速 x_i 的数学平均值，可由风速观测资料确定；

σ_{x}——风速样本的均方根，可由风速观测资料确定；

κ——保证系数。

重现期不同，保证率也不同，会影响最大风速的统计，而且由于结构重要性不同，重现期取值也不同。为了满足各种使用要求，各国规范一般会给出不同重现期基本风速之间的换算关系。我国《荷载规范》给出了重现期为 10 年、50 年和 100 年的各地区的基本风速值，其他重现期 T 的基本风速按下式计算，即：

$$V_{\mathrm{T}}=V_{10}+(V_{100}-V_{10})(\ln T/\ln 10-1) \tag{5-18}$$

5.1.2.3 基本风压

一般而言，由实测记录的是风速，但工程设计中则采用风压（或风力）进行计算，这就涉及如何将风速转换为风压的问题。

在不可压的低速气流下，考虑无粘且忽略体力作用，在同一水平线上各点作为标准高度的伯努利方程为：

$$\frac{1}{2}mv^2+w_1V=C \tag{5-19}$$

式中 v——风速；

w_1——单位面积上的静压力（$\mathrm{kN/m^2}$）；

V——空气质点的体积（$\mathrm{m^3}$）；

m——空气质点的质量（t），$m=\rho V$，这里 ρ 为空气质量密度（$\mathrm{t/m^3}$），V 为空气质点的体积。

式（5-19）还可以写成：

$$w_1+\frac{1}{2}\rho v^2=C_1 \tag{5-20}$$

式（5-20）中 $\frac{1}{2}\rho v^2$ 称为动压，且 $C_1=C/V$。该式中，当风速 $v=0$ 时，$C_1=w_2$ 为最大静压力。现令：

$$w=w_2-w_1 \tag{5-21}$$

w 为静压力，亦即所要计算的风压力。

由式（5-20）和式（5-21）得：

$$w=\frac{1}{2}\rho v^2=\frac{1}{2}\cdot\frac{\gamma}{g}v^2 \tag{5-22}$$

式（5-22）就是风速与风压的关系式。该式中的 γ 为空气容重（kN/m^2），g 为重力加速度（m/s^2）。在不同的地理位置和不同的条件下，其 γ 和 g 是不相同的，因而式（5-22）中的系数 γ/g 不是一个常数。在标准大气压情况下，设 $\gamma=0.012018kN/m^2$，$g=9.81m/s^2$，则

$$\frac{\gamma}{2g}=\frac{0.012018}{2\times9.81}\approx\frac{1}{1630} \tag{5-23}$$

在一般情况下，为方便起见，常数：

$$\frac{\gamma}{2g}=\frac{1}{1630} \tag{5-24}$$

综上所述，可知基本风压是以当地比较空旷平坦地面上离地 10m 高统计所得的 50 年一遇 10min 平均最大风速 v_0（m/s）为标准，按 $w_0=\frac{1}{2}\rho v_0^2$ 确定的风压。基本风压值不得小于 $0.3kN/m^2$。

我国不同城市和地区的基本风压直接查用《荷载规范》的全国基本风压分布图。当城市或建设地点的基本风压无法确定时，基本风压值可根据当地年最大风速资料，按基本风压定义，通过统计分析确定。

【例题 5-1】 为了说明利用年最大平均风速计算基本风压的方法，现摘录某沿海城市 1992～2001 年的记录为例，加以说明。

【解】（1）1992～2001 年最大平均风速数据见表 5-7。

年最大平均风速数据 **表 5-7**

年 份	1992	1993	1994	1995	1996
年最大风速(m/s)	14.5	21.8	15.6	12.0	12.7
年 份	1997	1998	1999	2000	2001
年最大风速(m/s)	16.0	18.4	17.3	18.0	15.0

（2）平均值、根方差

平均值由式（5-15）计算：

$$\bar{x}=\frac{1}{10}\sum_{i=1}^{10}x_i=16.13\ \mathrm{m/s}$$

均方根由（5-16）计算：

$$\sigma_x=\left[\frac{\sum_{i=1}^{10}(x_i-16.39)^2}{9}\right]^{\frac{1}{2}}=2.89\ \mathrm{m/s}$$

（3）保证系数

由式（5-13），重现期 50 年的概率 $F_1=98\%$。

由式（5-17）：

$$\kappa=-\frac{6}{\pi}[0.5772+\ln(-\ln0.98)]=2.59$$

（4）基本风速（设计风速）

由式（5-14）：

$$v_0=x_1=\overline{x}+\kappa\sigma_x=16.13+2.59\times2.89=23.61\text{m/s}$$

（5）基本风压（设计风压）

$$w_0=\frac{v_0^2}{1630}=\frac{23.61^2}{1630}=0.34\text{kN/m}^2$$

5.1.3　脉动风速特性

脉动风速的统计特性包括湍流强度、湍流积分尺寸、脉动风速功率谱和空间相关性等。

5.1.3.1　湍流强度

湍流强度是描述风速随时间和空间变化的程度，反映脉动风速的相对强度，是描述大气湍流运动特性的最重要的特征量。湍流强度可根据三个正交方向上的瞬时风速分量分别定义，但一般大气边界中的纵向（顺风向）分量比其他两个分量大，故主要介绍纵向脉动风的湍流强度，其他两个方向是类似的。风速记录的统计表明，脉动风速均方根 $\sigma_{\mathrm{u(z)}}$ 与平均风速 $\overline{V}_{(\mathrm{z})}$ 成正比，所以，定义某一高度 z 的顺风向湍流强度 $I_{(\mathrm{z})}$ 为：

$$I_{(\mathrm{z})}=\frac{\sigma_{\mathrm{u(z)}}}{\overline{V}_{(\mathrm{z})}} \tag{5-25}$$

式中　$I_{(\mathrm{z})}$——高度 z 处的湍流强度；

$\sigma_{\mathrm{u(z)}}$——顺风向脉动风速均方根；

$\overline{V}_{(\mathrm{z})}$——高度 z 处的平均风速。

湍流强度 $I_{(\mathrm{z})}$ 是地面粗糙度类别和离地面高度 z 的函数，且随高度 z 的增大而减小，随地面粗糙长度的减小而减小。

关于顺风向湍流强度 $I_{(\mathrm{z})}$，各国规范均给出了相应的经验公式。我国《荷载规范》给出的 $I_{(\mathrm{z})}$ 公式为：

$$I_{(\mathrm{z})}=I_{10}\left(\frac{z}{10}\right)^{-\alpha} \tag{5-26}$$

式中　α——地面粗糙度指数；

I_{10}——10m 处的名义湍流强度，对应于 A、B、C、D 类地貌，分别取 0.12、0.14、0.23 和 0.39。

5.1.3.2　湍流积分尺度

大气边界层的湍流可认为是由平均风运输的一些理想漩涡叠加引起的。假定漩涡在某一点气流作频率为 n 的周期脉动，则可定义漩涡波长为 $\lambda=\frac{\overline{V}}{n}$，这个波长就是漩涡大小的量度，而湍流积分尺度就是气流中湍流漩涡平均尺寸的量度。

这里主要考虑顺风向平均湍流漩涡尺度，其表达式为：

$$L_{\mathrm{u}}=\frac{1}{\sigma_{\mathrm{u}}^2}\int_0^{\infty}R_{\mathrm{u_1u_2}}(x)\mathrm{d}x \tag{5-27}$$

式中　u_1、u_2——空间两点的顺风向脉动速度 $u_1(t)=(x_1,y_1,z_1,t)$、$u_2(t)=(x_2,y_2,z_2,t)$；

σ_{u}——u_1、u_2 的均方根值；

$R_{u_1u_2}$——u_1、u_2 的互相关函数。

脉动风湍流积分尺度反映了湍流中空间两点脉动风速的相关性。当脉动风空间两点小于湍流积分尺时，说明这两点在同一漩涡中，则两点的脉动速度相关，漩涡作用增强；相反，处于不同漩涡中两点的速度是不相关的，漩涡作用会减弱。湍流积分尺度的大小也说明湍流影响的强弱，湍流积分尺度越大，湍流影响越强。

下面给出欧洲规范（ECI）和日本规范（AIJ）建议的湍流积分尺度经验公式：

欧洲规范（ECI）：
$$L_u = 300\ (z/300)^{0.46+0.074\ln z_0} \tag{5-28}$$

日本规范（AIJ）：
$$L_u = 100\ (z/30)^{0.5} \tag{5-29}$$

可见式（5-29）忽略了地面粗糙长度 z_0 的影响。

5.1.3.3 脉动风速谱

前面提到的湍流速度脉动可认为由许多漩涡叠加引起的，每个漩涡的尺度与其作用的频率成反比，即大漩涡的脉动频率低，小漩涡的脉动频率高。湍流运动的总能量可认为是每一漩涡贡献的总和。

Van. Der Hoven 最早对风速谱进行了研究，见图 5-5。由图可知，在谱曲线左边的低频带有两个明显的峰值，第一个峰值出现在 4d 周期处，相当于天气系统（低气压）整个运转的变换时间；第二个峰值出现在 12h 周期处，相当于昼夜间的温度变化时间；在高频带主要有一个峰值，出现在 1min 周期处，主要由于大气湍流运动产生的，可见与脉动有关的风速谱处于高频范围。

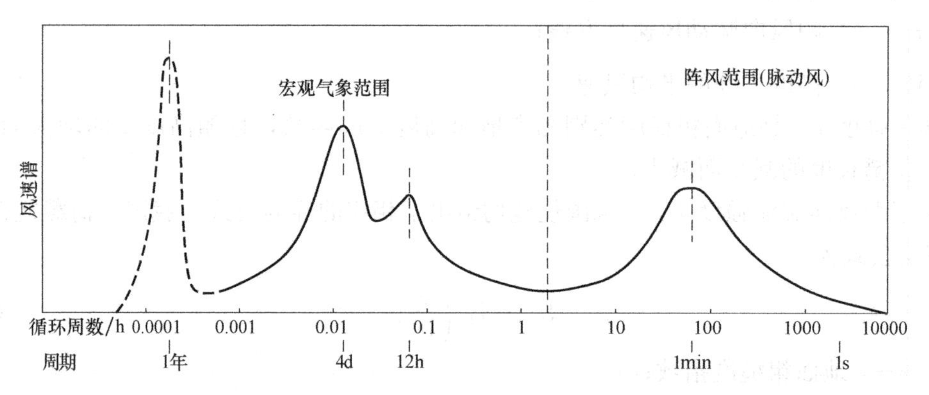

图 5-5 Van. Der Hoven 测得的水平风速功率谱曲线

我国《荷载规范》采用的是 Davenport 谱。它是 Davenport 根据世界不同地点、不同高度实测得到的 90 多次强风记录，在假定湍流积分尺度沿高度不变（取 1200m）的情况下，对不同离地面高度的实测值取平均得到的。其表达式为：

$$\frac{nS_v(n)}{\bar{v}_{10}^{\,2}} = \frac{4kx^2}{(1+x^2)^{4/3}} \tag{5-30}$$

$$x = 1200\frac{n}{\bar{v}_{10}} \tag{5-31}$$

式中 $\bar{v}_{10}$——标准高度 10m 处的平均风速；

n——频率；

k——地面粗糙度系数。

5.1.3.4 空间相关性

当空间上一点的脉动风速达到最大值时，在一定范围内离该点越远处的风荷载同时达到最大值的可能性越小，这种性质称为脉动风的空间相关性。

空间上 k_i、k_j 两点间风速相关性一般采用：

$$\rho_{z_i z_j}(n,k_i,k_j)=\exp\left[-C\left(\frac{n|z_i-z_j|}{\bar{v}}\right)\right] \tag{5-32}$$

式中 $|z-z'|$——空间两点间的竖向距离；

n——频率；

$\bar{v}$——平均风速；

C——衰减系数，通过拟合得到，在大气边界层中通常取 10～20。

对于指数型相干函数，其值域在 0～1 之间，即不存在负相关，与实际不符，但在实际应用中误差不大。两点之间的距离越近、频率越低、风速越大、空间相关性越好。

针对烟囱、塔架等细长型高耸结构，一般只考虑竖向相关即可；而对于高层建筑，需要同时考虑水平（x 方向）与竖向（z 方向）的相关。脉动风速的二维空间相干函数的经验表达式为：

$$\rho_{z_i z_j}(n,k_i,k_j)=\exp\left[-2n\left(\frac{C_x|x_i-x_j|+C_z|z_i-z_j|}{\bar{v}_i+\bar{v}_j}\right)\right] \tag{5-33}$$

式（5-33）中，Davenport 建议 $C_x=8$，$C_z=7$；Simiu 建议 $C_x=16$，$C_z=10$。

值得一提的是，Shiotani 通过试验，进一步简化了 Davenport 建议的表达式，提出了与频率无关型相干函数，即：

$$\rho_{z_i z_j}(n,k_i,k_j)=\exp\left(-\frac{|x_i-x_j|}{L_x}-\frac{|z_i-z_j|}{L_z}\right) \tag{5-34}$$

式中 $L_x=50$m；

$L_z=60$m。

该表达式形式简单，只与两点间的距离有关，因而被广泛采用。我国《荷载规范》采用的是由 Shiotani 得到的相关函数，即忽略了频率的影响，然而，根据很多资料显示，脉动风的风谱并非与频率无关。美国规范则采用由 Davenport 提出的相关函数，这一表达式考虑了频率、空间位置及两点的平均风速的影响。

5.2 建筑结构风荷载与风振响应分析

5.2.1 风荷载

由于自然风的湍流特性，风对结构的作用包含了静力作用和动力作用两个方面，相应的风荷载也可分为平均风荷载和脉动风荷载。前者由自然风中的平均风成分引起，后者是由自然风中的脉动风成分引起的。

5.2.1.1 平均风荷载

垂直于建筑结构表面的平均风荷载标准值的表达式为：

$$w_{cz}=\mu_s\mu_z w_0 \tag{5-35}$$

式中 w_{cz}——平均风荷载标准值（kN/m²）；

μ_s——风荷载体型系数；

μ_z——风压高度变化系数；

w_0——基本风压。

式（5-35）中基本风压在本章5.1节已经解决，下面主要说明风荷载体形系数、风压高度变化系数。

1. 绕钝体建筑物流动规律及结构表面的平均风压系数

在讨论风荷载体形系数之前，重点讨论气流绕钝体建筑物的流动规律及结构表面的平均风压系数。平均风压系数一般由风洞试验（或数值风洞模拟）确定。其表达式为：

$$\mu_s=\frac{\sigma_p}{\frac{1}{2}\rho\bar{v}^2} \tag{5-36}$$

式中 σ_p——在风洞试验测得建筑物表面任一点的净风压力，为该点处测得的风压值与参考高度处静压值之差；

$\bar{v}$——参考高度平均风速，一般为10m处的平均风速；

ρ——空气质量密度。

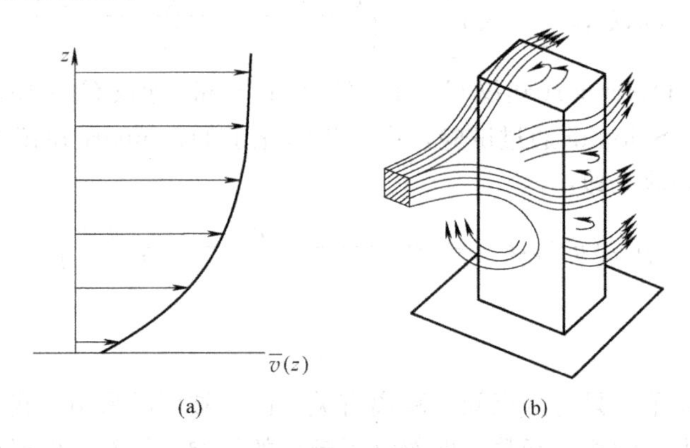

图5-6 矩形建筑物绕流特性示意

（a）来流平均风剖面；（b）风绕矩形建筑流动

建筑物壁面上的平均风压系数与气流绕钝体的流动规律密切相关，图5-6所示是在来流平均风剖面下绕矩形建筑物的空间流动，可直观观察到建筑物附近的正前方、侧向方、后方及绕顶部的流动规律。

图5-7为大气边界层风场中某高层建筑结构外表面的风压分布图，风向与迎风墙面垂直，参考风速取为屋顶高度处的风速。从图中可看出，迎风墙面上受正压，其中上部1/3处风速比较大，下部风速逐渐减小，故平均风压系数也随之减小。侧墙、背风墙均为负压，在背面风压分布较均匀，而在侧面和顶面靠近来流的边缘附近风的吸力较大。可以看出，柱体正面的平均风压分布主要是来流的撞击引起，而背面、侧面和顶面的平均风压主要受到背后的漩涡、侧面和顶面附近分离流形成的漩涡的影响。

当来流不是正面流向建筑物而是存在某一斜向角度时，将产生锥形涡（图5-8）。因为它极类似于三角形机翼形成的涡，故称其为“三角翼涡”。三角翼涡一般成对出现，如果两者风流角度不同（例如 30°或 45°等），则它们的强度是不同的。

屋面每一个涡的中心是一个很高的负压区，图 5-8（a）中的涡对在屋面的每一个迎风边缘后面产生负压的特征凸角，如图 5-8（b）所示，在这种负高压作用下容易导致屋面维护结构的损坏。

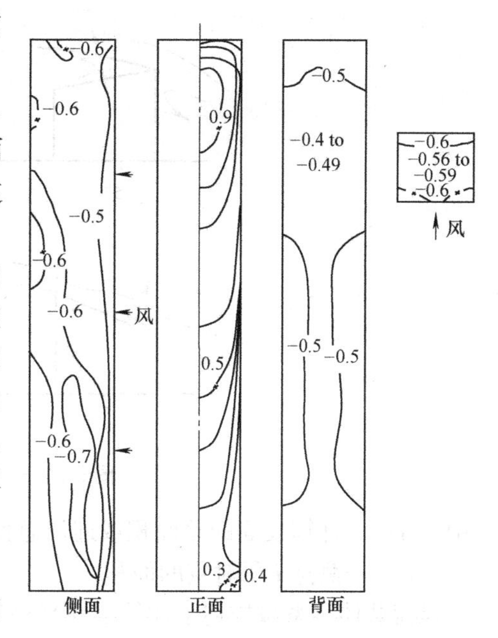

图 5-7 大气边界层中方形高层建筑平均风压系数分布

对于倾斜的屋面，压力的正负号、附着的位置及在屋面上是否全部分离，主要取决于屋面的倾斜度，不同倾角屋面的平均风流线如图 5-9 所示。负的倾角推迟了再附着现象，屋面向上升力和向下压力的改变大约在 30°倾角附近，当倾角大于 45°时，屋面气流再附着现象不再出现。

2. 风荷载体型系数

风荷载体型系数是指风作用在建筑物表面一定面积范围内所引起的平均压力（或吸力）与来流风压的比值。对于建筑物表面某点 i 处的风荷载体型系数 μ_s 可按下式计算：

$$\mu_s = \frac{w_i}{\rho \bar{v}_i^{\,2}/2} \tag{5-37}$$

式中 w_i——风作用在 i 点的实际压力（或吸力）；

$\bar{v}_i$——i 点高度处的来流平均风速。

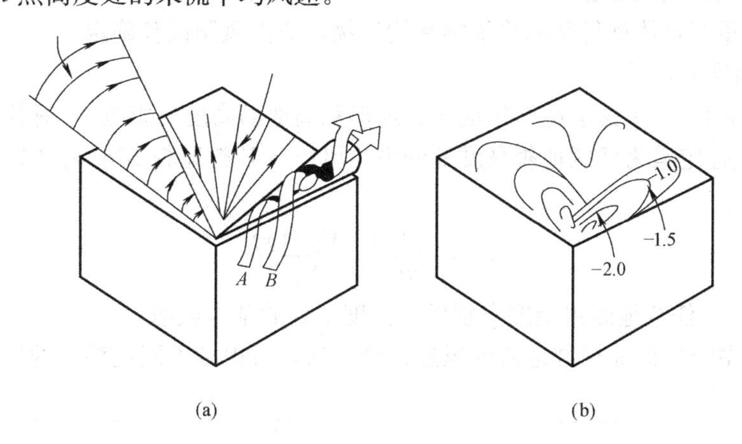

图 5-8 屋面三角翼涡

（a）流动结构；（b）压力分布系数

由于建筑物表面的风压分布是不均匀的，在实际工程中，通常采用各面上所有测点的风荷载体型系数的加权平均值来表示该面上的体型系数 μ_s，即：

$$\mu_s = \frac{\sum_i \mu_{si} A_i}{A} \tag{5-38}$$

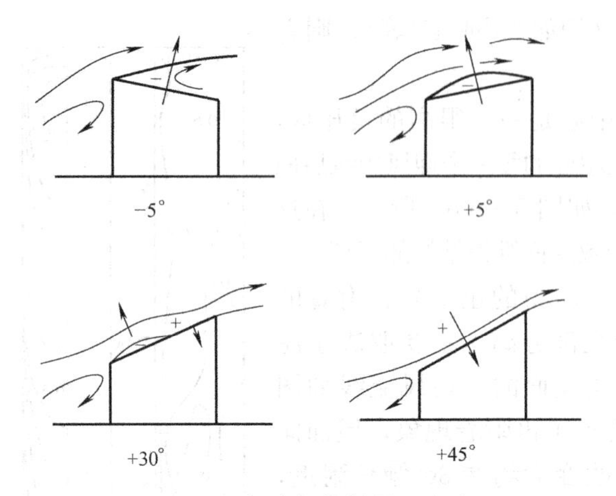

图 5-9　气流倾绕斜屋面流动

式中　A——计算表面的总面积或迎风总面积；

A_i——测点 i 所对应的面积。

风荷载体型系数描述了建筑物在平稳来流作用下的平均风压分布规律，主要与建筑物的体型和尺寸有关，也与环境和地面粗糙度有关。由于它涉及复杂的流体力学问题，很难给出解析解，因此一般通过风洞试验确定。

我国《荷载规范》根据国内外的试验资料给出了不同类型的建筑物和构筑物的风荷载体型系数。同时，还规定了不同情况下风荷载体型系数的确定原则：

（1）当建筑物和构筑物与规范给出的体型类同时，可按规范规定采用；

（2）当建筑物和构筑物与规范给出的体型不同时，可参考有关的资料确定，当无资料参考时，宜用风洞试验确定；

（3）对于重要且体型复杂的建筑物和构筑物，应由风洞试验确定。

3. 风压高度变化系数

风压高度系数 μ_z 考虑了地面粗糙度、地形和离地面高度的影响。《荷载规范》将风压高度变化系数 μ_z 定义为任意地貌高度处的平均风压与 B 类地貌 10m 高度处的基本风压之比，即：

$$\mu_z=\frac{w_a(z)}{w_0}=\frac{V_a{}^2(z)}{V_0{}^2} \tag{5-39}$$

式中　$V_a(z)$——任意地面粗糙度类别任一高度 z 处的基本风速。

根据前一节介绍的非标准地貌的风速换算方法，可得到不同地貌下的风压高度系数分别为

$$\left.\begin{aligned}\mu_z^A&=1.284\left(\frac{z}{10}\right)^{0.24}\\ \mu_z^B&=1.000\left(\frac{z}{10}\right)^{0.30}\\ \mu_z^C&=0.544\left(\frac{z}{10}\right)^{0.44}\\ \mu_z^D&=0.262\left(\frac{z}{10}\right)^{0.60}\end{aligned}\right\} \tag{5-40}$$

5.2.1.2　脉动风荷载

脉动风荷载可通过准定常假设来确定，即假定作用物体表面的脉动风压与来流风速具有相同的变化规律，则建筑结构表面的风荷载的表达式为：

$$P(t)=C_{\mathrm{p}}\frac{1}{2}\rho V^{2}(t) \tag{5-41}$$

$$V^{2}(t)=(\overline{U}+u)^{2}+v^{2}+w^{2} \tag{5-42}$$

式中　C_{p}——风压系数；

$\overline{V}$——顺风向平均风速；

u、v、w——分别为顺风向、横风向、竖向脉动风速。

由于平均风速 $\overline{V}$ 比湍流分量 u、v、w 大得多，因此可略去它们的平方项，则式（5-42）可近似表达为：

$$V^{2}(t)=\overline{U}^{2}+2\overline{U}u \tag{5-43}$$

将式（5-43）代入式（5-41），可得：

$$P(t)=C_{\mathrm{p}}\frac{1}{2}\rho\overline{V}^{2}(1+2u(t)/\overline{V})=\overline{P}+p(t) \tag{5-44}$$

式中　$\overline{P}$——平均风压，$\overline{P}=C_{\mathrm{p}}\frac{1}{2}\rho\overline{V}^{2}$；

$p(t)$——脉动风压（均值为0），$p(t)=C_{\mathrm{p}}\rho\overline{V}u(t)$。

按照平均风压系数的定义，脉动风压系数可定义为：

$$C_{\mathrm{p}}'=\frac{\sigma_{\mathrm{p}}}{(1/2)\rho\overline{V}^{2}}=\frac{C_{\mathrm{p}}\rho\overline{V}\sigma_{\mathrm{u}}}{(1/2)\rho\overline{V}^{2}}=2C_{\mathrm{p}}\frac{\sigma_{\mathrm{u}}}{\overline{V}}=2C_{\mathrm{p}}I_{\mathrm{u}} \tag{5-45}$$

式中　I_{u}——顺风向湍流强度。

需要强调的是，准定常假设是有一定适用范围的。一般适用于以受迎风荷载为主的高层建筑结构等，而对于以受气流分流作用为主的大跨度屋盖这一类结构，该假定不再适用，需要通过风洞试验确定脉动风压。

5.2.2　结构风振响应分析

结构风振响应按结构振动方向可分为顺风向振动和横风向振动，按响应性质可分为抖振、涡激振动和自激振动。

结构风振响应具有随机性，所以需要采用基于随机振动理论的方法进行分析。对于随机激励下的结构响应，一般有时域和频域两种求解方法。

5.2.2.1　顺风向随机风振响应分析

结构顺风向风致响应包括平均风响应和脉动风响应。其中脉动风响应包括背景响应与共振响应。平均风响应可通过静力分析确定，脉动风响应则需要根据随机振动理论求解。

1. 平均风响应

结构平均风响应可通过静力分析得到，如下式所示：

$$\overline{r}(z)=\int_{0}^{H}\overline{p}(z_{i})i(z,z_{i})\mathrm{d}z_{i} \tag{5-46}$$

$$i(z,z_i)=\begin{cases}\dfrac{\phi_j(z)\phi_j(z_i)}{k_j^*} & \text{第 } j \text{ 阶位移}\\ 1 \text{ 或 } 0 & \text{剪力(当 } z_i\geqslant z \text{ 时,取 } 1\text{,当 } z_i<z \text{ 时,取 } 0)\\ z_i-z \text{ 或 } 0 & \text{弯矩(当 } z_i\geqslant z \text{ 时,取 } z_i-z\text{,当 } z_i<z \text{ 时,取 } 0)\end{cases} \tag{5-47}$$

式中 $\bar{r}(z)$——结构 z 高度处的响应均值；

$\bar{p}(z_i)$——作用在结构高度 z_i 处的线平均风力；

$i(z, z_i)$——在高度 z_i 处作用一单位力在高度 z 处产生的响应值，也称影响函数；

$\phi_j(z)$、$\phi_j(z_i)$——某高度处的第 j 振型广义坐标；

k_j^*——第 j 振型广义刚度。

在竖向悬臂结构中，一般只考虑第一阶振型的影响，最为关心的是顶部处（$z=H$）的位移和底部（$z=0$）处的剪力和弯矩。

2. 脉动风响应

一般结构的力学模型可以看作是多自由度结构，其运动方程表示为：

$$[M]\{\ddot{x}(t)\}+[C]\{\dot{x}(t)\}+[K]\{x(t)\}=\{P(t)\} \tag{5-48}$$

式中 $[M]$、$[C]$、$[K]$——结构的质量、阻尼和刚度矩阵；

$\{\ddot{x}(t)\}$、$\{\dot{x}(t)\}$、$\{x(t)\}$——加速度、速度和位移向量；

$\{P(t)\}$——脉动风力向量。

根据振型分解法，式（5-48）可进一步改写为：

$$\ddot{q}_j(t)+2\xi_j\omega_j\dot{q}_j(t)+\omega_j^2q_j(t)=F_j(t) \tag{5-49}$$

$$F_j(t)=\frac{p_j^*(t)}{m_j^*}=\frac{\{\phi\}_j^{\mathrm{T}}\{P(t)\}}{m_j^*}=\frac{\sum_{i=1}^{n}\phi_{ij}\cdot P_i(t)}{m_j^*} \tag{5-50}$$

$$m_j^*=\sum_{i=1}^{n}m_i\phi_{ij}^2 \tag{5-51}$$

式中 $F_j(t)$——第 j 振型广义力。

结构脉动风响应可按多自由度体系的随机振动分析方法进行计算，步骤如图 5-10 所示。

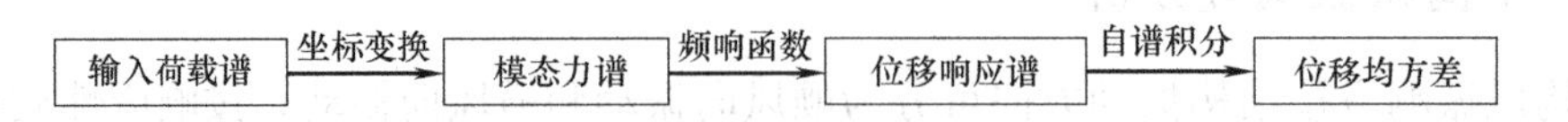

图 5-10 多自由度体系的随机风振响应分析步骤

1）利用振型分解法，进行坐标变换

式（5-48）～式（5-51）。

2）计算模态力谱

第 j 振型和第 k 振型间模态力的互相关函数为：

$$\begin{aligned}R_{\mathrm{F}_j\mathrm{F}_\mathrm{k}}(\tau)&=E[F_j(t)F_\mathrm{k}(t+\tau)]\\&=E[\{\phi\}_j^{\mathrm{T}}\{P(t)\}\{P(t+\tau)\}^{\mathrm{T}}\{\phi\}_\mathrm{k}]\cdot\frac{1}{m_j^*\cdot m_\mathrm{k}^*}\\&=\{\phi\}_j^{\mathrm{T}}[R_{\mathrm{PP}}(\tau)]\{\phi\}_\mathrm{k}\cdot\frac{1}{m_j^*\cdot m_\mathrm{k}^*}\end{aligned} \tag{5-52}$$

式中 $R_{\mathrm{PP}}(\tau)$——脉动风荷载的自相关函数；由此建立起模态力互相关函数与脉动风压自相关函数间的关系。

由维纳-辛钦关系式，第 j 振型和第 k 振型广义力互谱密度函数 $S_{\mathrm{F}_j\mathrm{F}_\mathrm{k}}(\omega)$ 可由其互相关函数 $R_{\mathrm{F}_j\mathrm{F}_\mathrm{k}}(\tau)$ 得到，则：

$$S_{\mathrm{F}_j\mathrm{F}_\mathrm{k}}(\omega)=\{\phi\}_j^{\mathrm{T}}[S_{\mathrm{PP}}(\omega)]\{\phi\}_{\mathrm{k}}\cdot\frac{1}{m_j^*\cdot m_\mathrm{k}^*}\tag{5-53}$$

式中 $S_{\mathrm{PP}}(\omega)$——脉动风荷载谱自谱矩阵。

3）计算模态响应谱

按随机振动理论，广义坐标下结构位移响应的功率谱密度为：

$$S_{\mathrm{q}_j\mathrm{q}_\mathrm{k}}(\omega)=S_{\mathrm{F}_j\mathrm{F}_\mathrm{k}}(\omega)H_j(-i\omega)H_\mathrm{k}(i\omega)\tag{5-54}$$

$$H_j(i\omega)=H(i\omega)\cdot m_j^*=\frac{1}{k_j^*[1-\beta^2+i2\xi_j\beta]}\cdot m_j^*=\frac{1}{\omega_j^2[1-\beta^2+i2\xi_j\beta]}\tag{5-55}$$

式中 $H_j(i\omega)$——模态频响函数；

β——频率比，代表荷载频率 ω 与结构固有频率 ω_1 的比值，$\beta=\omega/\omega_1$。

模态频响函数的模为：

$$|H_j(i\omega)|^2=\frac{1}{\omega_j^4[(1-\beta^2)^2+(2\xi_j\beta)^2]}\tag{5-56}$$

4）计算系统响应谱

在整体坐标下结构位移响应的功率谱密度为：

$$[S_\mathrm{x}(\omega)]=[\Phi][S_{\mathrm{qq}}(\omega)][\Phi]^\mathrm{T}=\sum_{j=1}^{n}\sum_{k=1}^{n}\{\phi\}_j\{\phi\}_\mathrm{k}^\mathrm{T}S_{\mathrm{F}_j\mathrm{F}_\mathrm{k}}(\omega)H_j(-i\omega)H_\mathrm{k}(i\omega)\tag{5-57}$$

当阻尼比很小且自振频率分布比较稀疏时，可忽略模态响应谱中的交叉项，即：

$$S_{\mathrm{q}_j\mathrm{q}_\mathrm{k}}(\omega)=\begin{cases}0 & (j\neq k)\\ S_{\mathrm{F}_j}(\omega)|H_j(i\omega)|^2 & (j=k)\end{cases}\tag{5-58}$$

则式（5-57）可简化为：

$$[S_\mathrm{x}(\omega)]=\sum_{j=1}^{n}S_{\mathrm{x}j}(\omega)=\sum_{j=1}^{n}\{\phi\}_j\{\phi\}_j^\mathrm{T}S_{\mathrm{F}_j}(\omega)\,|H_j(i\omega)|^2\tag{5-59}$$

5）位移响应均方根可由响应谱获得

第 j 阶响应方差为：

$$\sigma_{\mathrm{x}j}^2=\int_0^\infty S_{\mathrm{x}j}(\omega)\mathrm{d}\omega\tag{5-60}$$

假定结构响应出现的概率和各振型最大响应出现的概率都相同，则结构任意点的位移均方根可采用“平方总和开方法”（SRSS）得到：

$$\sigma_\mathrm{x}=\sqrt{\sum_{j=1}^{n}\sigma_{\mathrm{x}j}^2}\tag{5-61}$$

3. 背景响应与共振响应

图 5-11 所示为一典型的结构顺风向风振响应时程曲线，从图中可以看出，结构总响应由平均风响应 $\bar{r}$ 和脉动风响应组成，而脉动风响应又可以进一步分解为频率较低的背景响应 $\tilde{r}_\mathrm{B}$ 和频率较高的共振响应 $\tilde{r}_\mathrm{R}$ 两部分。以下通过推导来明确背景响应与共振响应的概念。

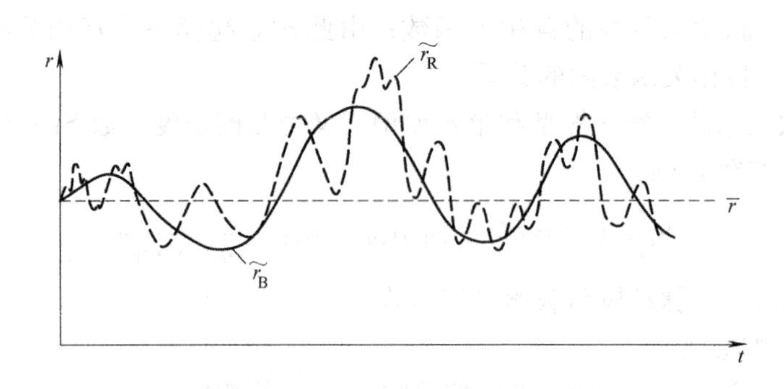

图 5-11 结构风振响应时程

将式（5-59）代入式（5-60），可得：

$$\sigma_{xj}^2(z)=\int_0^{\infty}\{\phi\}_j\{\phi\}_j^{\mathrm{T}}S_{F_j}(\omega)\left|H_j(i\omega)\right|^2\mathrm{d}\omega=\phi_j^2(z)\int_0^{\infty}S_{F_j}(\omega)\left|H_j(i\omega)\right|^2\mathrm{d}\omega \tag{5-62}$$

式（5-62）积分为卷积积分，直接求解困难，可根据模态力谱和频响函数的特点进行分段简化处理。由于风的卓越周期约为 1min，而结构的自振周期一般不超过 5s，两者相差较大，因而 $S_{F_j}(\omega)\ |H_j\ (i\omega)|^2$ 的乘积可分为三段描述，如图 5-12 所示（图中以一阶振型为例）。

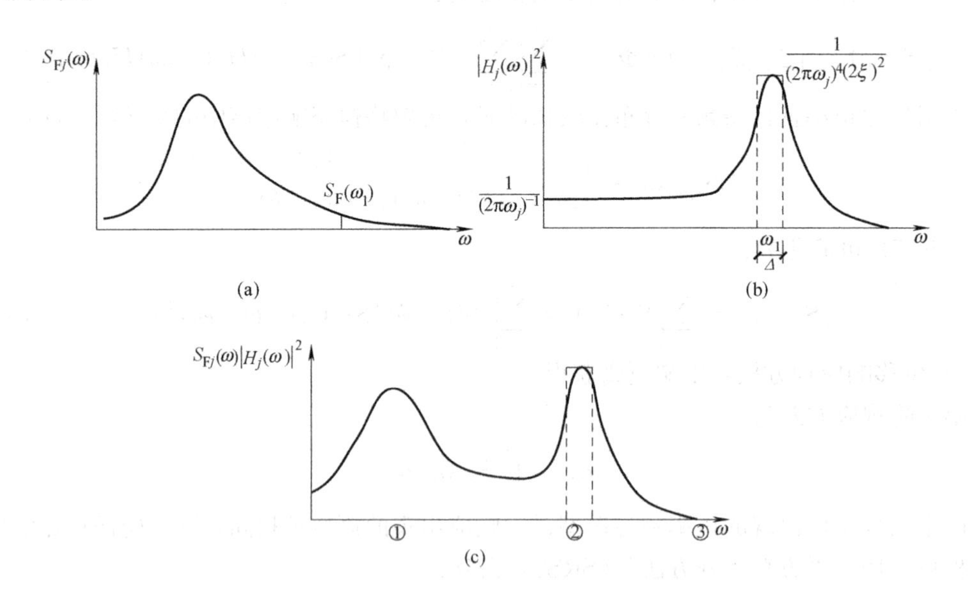

图 5-12 模态力谱、频响函数及响应谱曲线

（a）振型模态力谱；（b）振型频响函数；（c）考虑一阶振型的响应谱

第一段，当 $\omega \ll \omega_1$ 时，$|H_j\ (i\omega)|^2 \approx 1/\omega_1^4$，相当于静力作用；第二段，当 ω 位于 ω_1 附近很小的 Δ 范围内，动力放大作用明显；第三段，当 $\omega \gg \omega_1$ 时，$S_{F_1}(\omega)\approx 0$。这样，如果略去第三段影响，则结构风振响应可以看作由一条拟静态分量（即背景响应）和第二段在自振频率附近的动力放大分量（即共振响应）组成，即：

$$\sigma_{x1}^2(z) \approx \frac{1}{\omega_1^4}\phi_1^2(z)\int_0^{\omega_1-\Delta/2} S_{F_1}(\omega)\mathrm{d}\omega + \phi_1^2(z)\int_{\omega_1-\Delta/2}^{\omega_1+\Delta/2} S_{F_1}(\omega)\,|H_1(i\omega)|^2 = \sigma_{B1}^2(z) + \sigma_{R1}^2(z) \tag{5-63}$$

式中 σ_{B1}^2（z）、$\sigma_{R1}^2(z)$ ——与第一振型对应的背景响应方差和共振响应方差。

对于背景响应，由于 Δ 的范围很小，而且第三段影响也很小，因此其积分区域可以近似按整个积分区域来处理，即：

$$\sigma_{B1}^2(z) \approx \frac{1}{\omega_1^4}\phi_1^2(z)\int_0^{\infty} S_{F_1}(\omega)\mathrm{d}\omega \tag{5-64}$$

对于共振响应，假定在 ω_1 附近 Δ 范围模态力谱值不随频率变化，则可按白噪声假定简化计算，认为自振频率附近的响应与谱强度的白噪声作用下的响应近似相同，即：

$$\sigma_{R1}^2(z) \approx \phi_1^2(z)S_{F_1}(\omega_1)\int_{\omega_1-\Delta/2}^{\omega_1+\Delta/2} |H_1(i\omega)|^2\mathrm{d}\omega = \phi_1^2(z)S_{F_1}(\omega_1)\,|H_1(i\omega_1)|^2\Delta \tag{5-65}$$

$$\Delta = \frac{\int_0^{\infty}|H_1(i\omega)|^2\mathrm{d}\omega}{(2\xi_1\omega_1^2)^{-2}} = \frac{\xi_1\omega_1}{2} \tag{5-66}$$

式中 Δ——共振宽度；可根据白噪声谱下的方差与窄带白噪声的方差相等确定。

将式（5-56）、式（5-66）代入式（5-65），可得共振响应的表达式为：

$$\sigma_{R1}^2(z) = \frac{1}{\omega_1^4}\phi_1^2(z)S_{F_1}(\omega_1)\frac{\omega_1}{8\xi_1} \tag{5-67}$$

图 5-13 给出了背景响应和共振响应的分解示意，可看出，背景响应主要与风力谱有关，体现了来流低频脉动对结构响应的贡献；而共振响应主要与结构自身的动力特性相关，体现了来流风中与结构自振频率相近部分激起的结构共振放大效应。

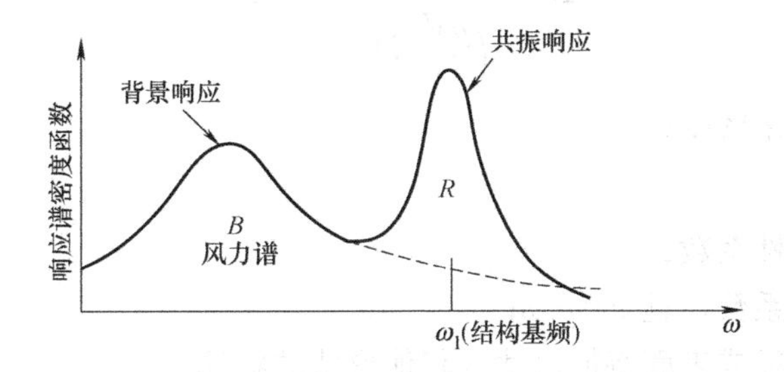

图 5-13 背景响应和共振响应分解示意

5.2.2.2 横风向涡激共振响应分析

1. 横风向涡激振动类型

风流经线形物体时，会在物体两侧产生交替脱落的旋涡，并在物体上形成与风向垂直的周期性力。如图 5-14 所示的圆柱体，由于旋涡脱落，柱体下游的流动分离会在柱体的尾流中产生一个环流 $+\Gamma$，按照 Thomson 旋涡规律，将有一个反向的环流 $-\Gamma$ 绕柱体出现，以环流速度为 ΔU 绕柱体顺时针流动。速度 ΔU 减小了柱体下边的空间速度 U_2，同时增加了柱体上部的空间速度 U_1。根据贝努利方程，柱体下边静压力增加，上部静压力减小，故柱体上出现横向力 F_y，随着旋涡脱落的交替出现，力 F_y 也交替出现。

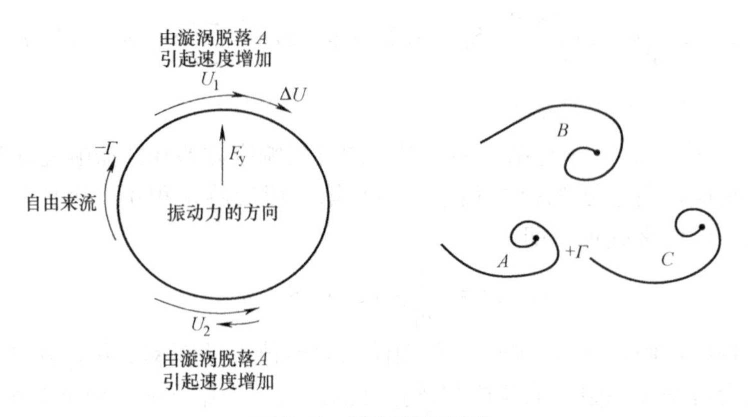

图 5-14 漩涡脱落原理

旋涡脱落作用会导致结构产生横风向涡激振动。在多数情况下，涡激振动要小于顺风向振动，只有在某一特定风速（共振风速）范围内，当旋涡脱落频率接近结构自振频率时，才变得较为显著，此时称为"涡激共振"。涡激共振对于桥梁、高层建筑、高耸结构等细长型结构的破坏作用较大，因此结构横风向涡激振动分析主要是针对涡激共振进行的。

在讨论绕圆柱体二维流动之前，先介绍以下与该流动有密切关系的一个量纲为 1 的参数——雷诺数。由于空气具有质量，在流动中，空气具有惯性力作用。空气流动中影响最大的两个作用力是惯性力和黏性力，它们的相互关系成为确定可能出现哪种类型流动特性或现象的依据。现定义惯性力与黏性力之比，称为雷诺数，雷诺数一般用符号 R_e 表示，表达式为

$$R_e=\frac{\rho\bar{v}^2D^2}{\left(\frac{\mu\bar{V}}{D}\right)D^2}=\frac{\bar{v}D}{v} \tag{5-68}$$

式中 ρ——空气的质量密度；

$\bar{v}$——风速；

μ——空气的黏性系数；

v——运动黏性系数，且 $v=\mu/\rho$；

D——圆柱体直径或表面特征尺寸（其他形状的物体）。

在式（5-68）中代入空气的运动黏性系数 $v=1.45\times10^{-5}\,m^2/s$，则式（5-68）可改写为：

$$R_e=6.9\times10^4\,\bar{v}D \tag{5-69}$$

涡激共振在不同的雷诺数区间表现出不同的特征。以圆柱体为例，可分为以下三种类型：

（1）亚临界范围：当 $3.0\times10^2\leqslant R_e<3.0\times10^5$ 时，由于风速低，结构的正常使用可能受到影响，但不至于破坏。故只需要采取适当的构造处理，如调整结构布置、改变结构自振周期和控制临界风速。

（2）超临界范围：当 $3.0\times10^5\leqslant R_e<3.5\times10^6$ 时，漩涡脱落没有明显的周期，结构

的横向振动也呈随机性。通常横向风随机振动远小于顺风向随机振动响应，故可不处理。

(3) 跨临界范围：当 $R_e \geqslant 3.5 \times 10^6$ 时，漩涡脱落又重新出现大致的规则性。当旋涡脱落频率 f_s 与结构横向自振频率接近时，结构会发生剧烈的共振，要进行横风向风振验算。

2. 横风向涡激共振分析方法

1) 斯脱罗哈数和锁定现象

斯托罗哈（Strouhal）指出旋涡脱落现象可以用一个无量纲的参数描述，此参数即为斯托罗哈数 S_t，可表示为：

$$S_t = f_s D / \bar{v} \tag{5-70}$$

式中 f_s——旋涡脱落频率；

$\bar{v}$——来流的平均风速；

D——物体在垂直于平均流速平面上的投影特征尺寸，对圆柱体为截面的直径。

试验表明，斯托罗哈数 S_t 取决于结构截面形状，不同断面的结构可具有不同的斯托罗哈数值，可通过风洞试验获得。

斯托罗哈数 S_t 除了与物体的形状有关，还与雷诺数 R_e 有关。在亚临界区（$3.0 \times 10^2 \leqslant R_e < 3.0 \times 10^5$），$S_t \approx 0.2$；在超临界区（$3.0 \times 10^5 \leqslant R_e < 3.5 \times 10^6$），漩涡脱落具有随机性，$S_t$ 离散性很大；在跨临界区（$R_e \geqslant 3.5 \times 10^6$），漩涡脱落又变得有规律，$S_t = 0.27 \sim 0.3$。

由式（5-70）可以看出，对于特定结构，旋涡脱落频率 f_s 与平均风速成正比。但实验中观察到，一旦结构物产生共振，则结构物的自振频率就控制了旋涡脱落频率，使其在一定风速范围内不再随风速变化，甚至当外部的风速变化使名义上的斯托罗哈频率偏离了自振频率的百分之几时，其旋涡脱落仍被控制住，这一现象常称为锁定（lock-in）。在锁定区内，旋涡脱落频率是不变的，锁定对旋涡脱落的影响示于图 5-15。

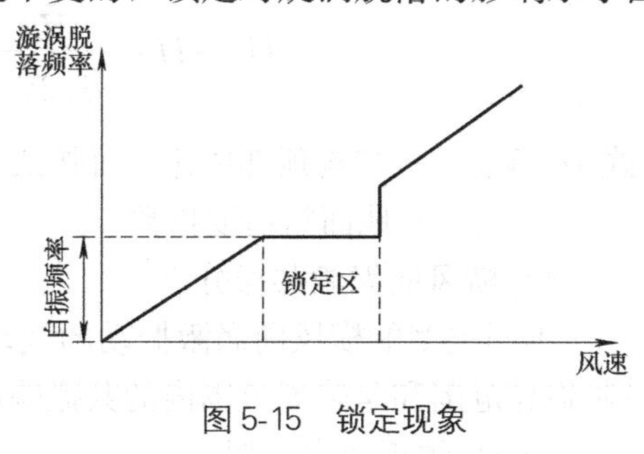

图 5-15 锁定现象

2) 横风向涡激共振判定

横风向涡激共振发生必须满足两个条件：

(1) 结构高度范围内存在共振区，即结构顶点风速大于共振风速（临界风速）。

(2) 发生强风共振，即结构处于跨临界区。

与结构 j 振型对应的临界风速可由 S_t 数确定，即：

$$\bar{V}_{cr,j} = \frac{B(z) \cdot f_j}{S_t} \tag{5-71}$$

式中 $B(z)$——结构迎风宽度，通常取垂直于流速方向的结构截面最大尺寸，当结构的截面沿高度缩小时（倾斜度不大于 0.02），可近似取 2/3 结构高度处的。

f_j——第 j 振型的自振频率；

S_t——斯脱罗哈数，对圆截面结构取 0.2。

结构顶点风速可按下列公式确定：

$$\bar{V}_H=\sqrt{\frac{2000\mu_H w_0}{\rho}} \tag{5-72}$$

式中 μ_H——结构顶部风压高度变化系数；

w_0——基本风压（kN/m^2）；

ρ——空气密度（kg/m^3）。

当 $\bar{V}_H<\bar{V}_{cr}$，则不会发生涡激共振。当雷诺数 $R_e\leqslant3.5\times10^6$（对于圆柱体），则不会发生强风共振，可不必进行该振型的横风向涡激共振分析。

3）共振区高度确定

由锁定现象可以看出，自发生涡激共振开始时起，在一定风速范围内将发生主要为跨临界范围有规则的漩涡脱落的涡激共振，这一风速范围有可能位于结构物某一高度处至顶端的区域内，这一区域即为共振区高度。对于自立式圆柱形结构，共振区定义为沿高度方向上取（1～1.3）$\bar{V}_{cr}$的风速变化范围。其中，$\bar{V}_{cr}$为临界风速，H_1 代表共振区的起始高度，H_2 代表共振区的终止高度。一般而言，H_2 常超出结构高度，工程上为了简化取为 $H_2=H$。如图 5-16 所示。

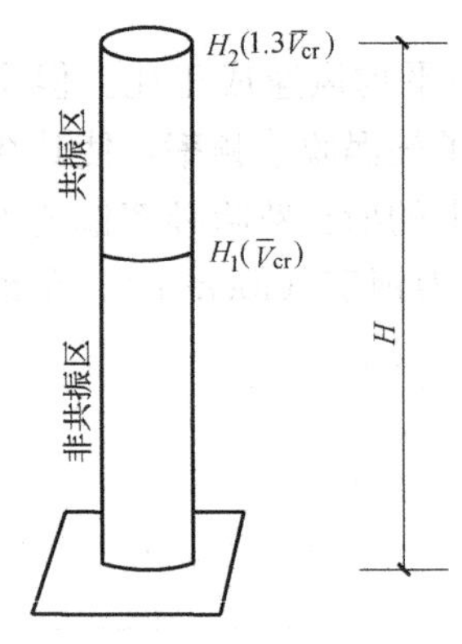

图 5-16 共振区高度

共振区起始高度 H_1 对应的风速为临界风速 $\bar{V}_{cr}$，考虑到跨临界强风共振的危害性大，故将结构顶部的风速提高 1.2 倍，以扩大验算范围。则对任一类地面粗糙度类别，由风剖面指数变化规律可得：

$$H_1=H\times\left(\frac{\bar{V}_{cr}}{1.2\bar{V}_H}\right)^{\frac{1}{\alpha}} \tag{5-73}$$

式中 $\bar{V}_H$——结构顶部风速，可按式（5-72）计算；

α——地面粗糙度指数。

4）横风向涡激共振分析

不同类型的横风向涡激振动的气动力模型不同。对于圆形截面的高耸或高层结构，在亚临界范围和跨临界范围内的共振响应是由周期性漩涡脱落引起的，可采用卢曼（W. S. Rumman）的正弦力模型：

$$p_L(z,t)=\frac{1}{2}\rho\bar{V}^2(z)B(z)\mu_L(t)\sin2\pi f_s t \tag{5-74}$$

式中 $\bar{V}(z)$、$B(z)$ ——随高度变化的来流平均风速和迎风投影宽度；

μ_L——升力系数，一般由风洞试验确定，对于圆柱体，一般取 0.25；

f_s——漩涡脱落频率；

$p_L(z、t)$——简谐升力，是确定性的动力荷载。

对于竖向弯曲悬臂结构，在横风向涡激动力荷载 $p_L(z, t)$ 的作用下，运动方程为：

$$m(z)\ddot{y}(z,t)+c(z)\dot{y}(z,t)+k(z)y(z,t)=p_L(z,t) \tag{5-75}$$

采用振型分解法，并假定阻尼项也满足正交条件，则第 j 振型对应的运动方程为：

$$\ddot{q}_j(t)+2\xi_j\omega_j\dot{q}_j(t)+\omega_j^2 q_j(t)=\frac{1}{m_j}\int_0^H p_{\mathrm{L}}(z,t)\phi_j(z)\mathrm{d}z \tag{5-76}$$

式中 ω_j、ξ_j——分别为第 j 振型固有频率和阻尼比；

$q_j(t)$——第 j 振型广义坐标；

ϕ_j——第 j 振型的振型系数；

$p_{\mathrm{L}}(z,t)$——采用式（5-74）的模型。

多自由度结构在正弦激励下的反应可按振型分解为单自由度结构在正弦激励下的响应问题来计算。按确定性动力荷载作用共振原理，在广义坐标下的第 j 振型位移的共振动力放大系数为 $1/(2\xi_j)$；由式（5-74）可知荷载幅值为 $p_{\mathrm{L0}}(z)=\frac{1}{2}\rho\bar{V}^2(z)B(z)\mu_{\mathrm{L}}$，则发生共振时第 j 振型广义位移最大值为：

$$\begin{aligned}q_{j,\max}&=\frac{1}{2\xi_j}\frac{1}{k_j^*}\int_{H_1}^H p_{\mathrm{L0}}(z)\phi_j(z)\mathrm{d}z\\&=\frac{1}{2\xi_j}\frac{1}{m_j^*\omega_j^2}\int_{H_1}^H\frac{1}{2}\rho\bar{V}_{\mathrm{cr},j}^2\mu_{\mathrm{L}}B(z)\phi_j(z)\mathrm{d}z\\&=\frac{\rho}{4\xi_j}\frac{\mu_L\bar{V}_{\mathrm{cr},j}^2}{\omega_j^2}\frac{\int_{H_1}^H B(z)\phi_j(z)\mathrm{d}z}{m_j^*}\end{aligned} \tag{5-77}$$

进而可得第 j 阶振型的几何坐标位移最大值为：

$$y_j(z)=\phi_j(z)q_{j,\max}=\phi_j(z)\frac{\rho}{4\xi_j}\frac{\mu_L\bar{V}_{\mathrm{cr},j}^2}{\omega_j^2}\frac{\int_{H_1}^H B(z)\phi_j(z)dz}{m_j^*} \tag{5-78}$$

对于竖向斜率小于 0.01 的圆筒形结构，可取 $B(z)=B_0$，$m(z)=m_0$，则第 j 振型的广义位移最大值为：

$$q_{j,\max}=\frac{\rho}{4\xi_j}\frac{\mu_{\mathrm{L}}B_0\bar{V}_{\mathrm{cr},j}}{\omega_j{}^2}\frac{\int_{H_1}^H\phi_j(z)\mathrm{d}z}{m_0\int_0^H\phi_j^2(z)\mathrm{d}z} \tag{5-79}$$

引入系数 λ_j，作为第 j 振型下共振区分布的折算系数。振型折算系数 λ_j 可通过表 5-8 直接确定。

$$\lambda_j=\frac{\int_{H_1}^H\phi_j(z)\mathrm{d}z}{\int_0^H\phi_j^2(z)\mathrm{d}z} \tag{5-80}$$

λ_j 计算用表 **表 5-8**

结构类型	振型序号	H_1/H										
		0	0.1	0.2	0.3	0.4	0.5	0.6	0.7	0.8	0.9	1.0
高耸结构	1	1.56	1.55	1.54	1.49	1.42	1.31	1.15	0.94	0.68	0.37	0
	2	0.83	0.82	0.76	0.60	0.37	0.09	−0.16	−0.33	−0.38	−0.27	0
	3	0.52	0.48	0.32	0.06	−0.19	−0.30	−0.21	0.00	0.20	0.23	0
	4	0.30	0.33	0.02	−0.20	−0.23	0.03	0.16	0.15	−0.05	−0.18	0
高层建筑	1	1.56	1.56	1.54	1.49	1.41	1.28	1.12	0.91	0.65	0.35	0
	2	0.73	0.72	0.63	0.45	0.19	−0.11	−0.36	−0.52	−0.53	−0.36	0

注：1. H_1 为共振区起始高度；
2. H 为结构物高度。

将式（5-88）代入式（5-79），可得竖向斜率小于0.01的圆筒形结构的第j振型广义位移最大值为：

$$\frac{q_{j,\max}}{B_0}=\frac{\rho}{4\xi_j}\frac{\mu_L B_0 \bar{V}_{cr,j}^2}{m_0\omega_j^2}\lambda_j \tag{5-81}$$

对上式做无量纲化处理，可得：

$$\frac{q_{j,\max}}{B_0}=\left(\frac{\bar{V}_{cr}}{f_j B_0}\right)^2\cdot\left(\frac{\rho B_0^2}{4\pi m_0\xi_j}\right)\cdot\frac{\mu_L}{4\pi}\cdot\lambda_j=\frac{\mu_L}{4\pi}\frac{\lambda_j}{S_t{}^2\cdot S_c} \tag{5-82}$$

式中 S_t——斯托罗哈数，$S_t=\frac{f_s B_0}{v_{cr}}=\frac{f_j B_0}{v_{cr}}$；

S_c——斯科拉顿数（Scruton Number）或质量阻尼参数（Mass-damping Parameter），$S_c=\frac{4\pi m_0\xi_j}{\rho B^2}$。

可见，影响结构横风向振动的主要因素包含：结构气动性能（μ_L）、结构振型（λ_j）、旋涡脱落特征（S_t）以及质量阻尼参数（S_c），这也是进行横风向涡激振动风洞试验研究时需要考虑的参数。

5.3 建筑结构抗风设计

5.3.1 高层建筑

我国现行《高层建筑混凝土结构技术规程》JGJ 3—2010第1.0.2条规定10层及10层以上或房屋高度大于28m的住宅建筑以及房屋高度大于24m的其他高层民用建筑混凝土结构为高层建筑，将建筑高度大于100m的民用建筑称为超高层建筑。

5.3.1.1 抗风设计要求

高层建筑的抗风设计要求主要包括对强度、刚度、舒适度的要求。从以往设计经验来看，强度要求往往容易满足，而满足刚度（变形）和舒适度的要求是设计重点。

1. 强度要求

高层建筑的主体结构和围护结构在设计风荷载的作用下不发生强度破坏，即：

$$\sigma\leqslant f_y \tag{5-83}$$

式中 σ——结构在风荷载作用下的最大应力；

f_y——材料强度的设计值。

2. 刚度要求

在正常使用条件下，高层建筑结构应具有足够的刚度，以避免过大的侧向位移而影响结构的承载力、稳定性和使用要求。侧向位移过大，将会引起结构开裂、倾斜、损坏，在一定频率范围内还会使居住者感觉不舒服。

侧向位移分为顶点侧向位移和层间相对侧向位移，其限值主要参考我国现行《高层民用建筑钢结构技术规程》JGJ 99—2015（以下简称《高钢规》）和《高层建筑混凝土结构技术规程》JGJ 3—2010（以下简称《混凝土高规》）JGJ 3—2010相关的规定，这里不再具体介绍。

3. 舒适度要求

高层建筑，特别是超高层建筑钢结构，由于高度的增加，抗侧刚度和阻尼比的减小，在遭受强风袭击时，结构的振动会引起居住者心理上的不适，即我们通常所说的舒适度问题。近年来，随着建筑高度的不断增加以及材料轻质高强化的趋势，舒适度问题已成为很多超高层建筑抗风设计中的控制因素。

研究表明，振幅和振动频率是影响居住者舒适度主要因素，当两者达到某一关系时就会导致居住者的不适感。因此对高层建筑风振舒适度的评价不能仅考虑水平侧移。此外，居住者舒适度还与结构振动形式有关。弯曲振动时，起决定作用的是最大加速度值，它与振幅及频率都有关系；扭转振动时，起决定作用的是扭转角速度，它与扭转角幅值及频率都有关系。

国内外研究人员结合人体工程学和试验心理学的有关原理，提出了风振舒适度的不同评价标准，其中最有代表性的是 F. K. Chang 所提出的最大加速度判别标准。他建议将振动频率为 0.10～0.25Hz 的高层建筑上的居住/办公人员的风振舒适度根据基于 10 年重现期的最大加速度进行分类，并建立了不同风振加速度时人体风振反应的分级标准，见表 5-9。

人体风振反应的分级标准 **表 5-9**

结构风振加速度 a	$<0.005g$	$0.005g\sim0.015g$	$0.015g\sim0.05g$	$0.05g\sim0.15g$	$>0.15g$
人体反应	无感觉	有感觉	令人烦躁	令人非常烦躁	无法忍受

我国《高钢规》规定，高层建筑顺、横风向重现期为 10 年的顶点加速度限值为：

公寓建筑： a_d(或 a_w)$\leqslant0.20\text{m/s}^2$(20gal) (5-84a)

公共建筑： a_d(或 a_w)$\leqslant0.28\text{m/s}^2$(28gal) (5-84b)

我国《混凝土高规》对 150m 以上的高层混凝土建筑结构规定，顺、横风向重现期为 10 年的顶点加速度限值为：

住宅、公寓： a_d(或 a_w)$\leqslant0.15\text{m/s}^2$(15gal) (5-85a)

办公、旅馆： a_d(或 a_w)$\leqslant0.25\text{m/s}^2$(25gal) (5-85b)

式中 a_d、a_w——顺风向和横风向的顶点最大加速度。

上述最大加速度限值只对顺风向和横风向加速度做了规定，而未对高层建筑整体扭转的角速度限值予以规定。研究表明，居住者对高层建筑的扭转振动十分敏感，因此建议结构的风致扭转角速度不宜超过 0.001rad/s。

5.3.1.2 静力风效应分析

当结构不需要考虑风振时，按照静力风效应分析，可采用平均风荷载进行抗风设计。具体的表达公式详见本章 5.2 节。这里主要介绍高层建筑抗风设计中两个需要注意的问题。

1. 平面形状对高层建筑气动力的影响

图 5-17 给出了部分不同平面形状高层建筑的风荷载体型系数，可以看出，不同形状的气动力差异较大。有研究表明，方形截面建筑的顺风向平均弯矩系数和横风向弯矩系数均比其他截面类型大，而十字形平面和 Y 形平面均能显著减小高层建筑的风荷载，尤其是横风向风荷载。因此通过改变高层建筑的平面形状，可能只是在边角部位的微小改动，

就有可能显著降低其风荷载。在超高层建筑设计中合理利用这一性质，可以获得比单纯增加构件截面更为经济、有效的抗风效果。

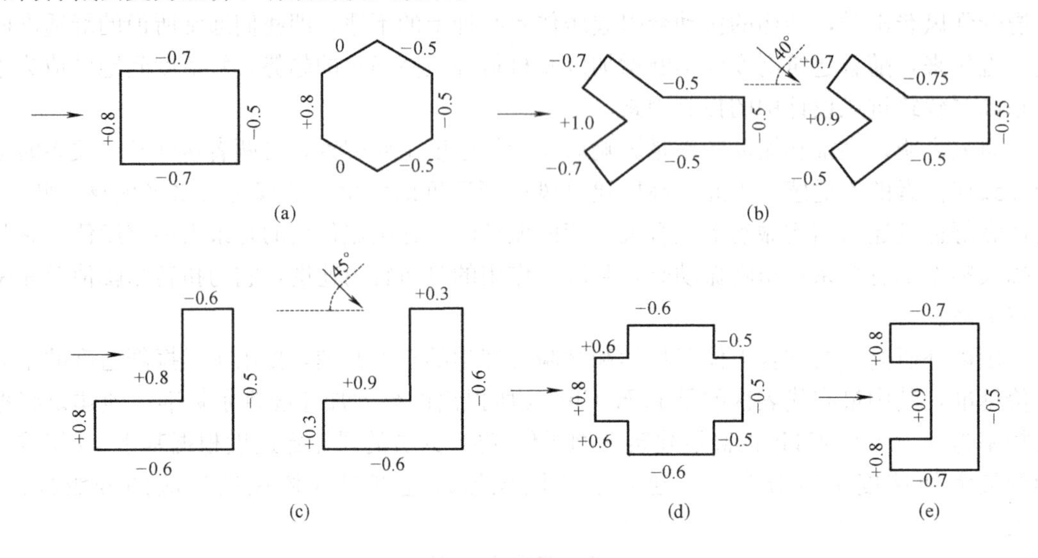

图 5-17 高层建筑的风荷载体型系数

(a) 正多边形平面；(b) Y形平面；(c) L形平面；(d) 十字形平面；(e) π形平面

2. 群体风的干扰效应

城市化发展使得密集型高层建筑群成为现代都市的重要标志之一。由于相邻高层建筑之间的流场相互干扰，使得受扰建筑和施扰建筑的风荷载和风致响应与其他单独存在时相比有较大变化。因此，当所设计高层建筑附近存在多个体量相当的建筑物时，宜考虑风力相互干扰的群体效应。一般可将单独建筑物的风荷载体型系数 μ_s 乘以相互干扰系数来描述干扰所引起的静力和动力干扰作用。相互干扰系数 η 可定义为：

$$\eta = R_G / R_S \tag{5-86}$$

式中 R_G——受扰后的结构风荷载或相应参数；

R_S——单体结构的风荷载或相应参数。

《荷载规范》根据大量风洞试验研究结构，采用基于基底弯矩的相互干扰系数描述，给出如下取值建议：

(1) 对于矩形平面高层建筑，当单个施扰建筑与受扰建筑高度相似时，根据施扰建筑的位置，对顺风向荷载可取 1.00～1.10，对横风向荷载可取 1.00～1.20。

(2) 其他情况可参考类似条件的风洞试验资料确定，对于比较重要的建筑物，宜通过风洞试验确定。

当单个施扰建筑且其余受扰建筑高度相同时，图 5-18 和图 5-19 分别给出了顺风向和横风向荷载相互干扰系数研究结果。其中，b 为受扰建筑的迎风面宽度，x 和 y 分别为施扰建筑离受扰建筑的纵向和横向距离。

当为单个施扰建筑且施扰建筑和受扰建筑的高度不同时，可用下式计算考虑施扰建筑相对高度影响后的相互干扰系数：

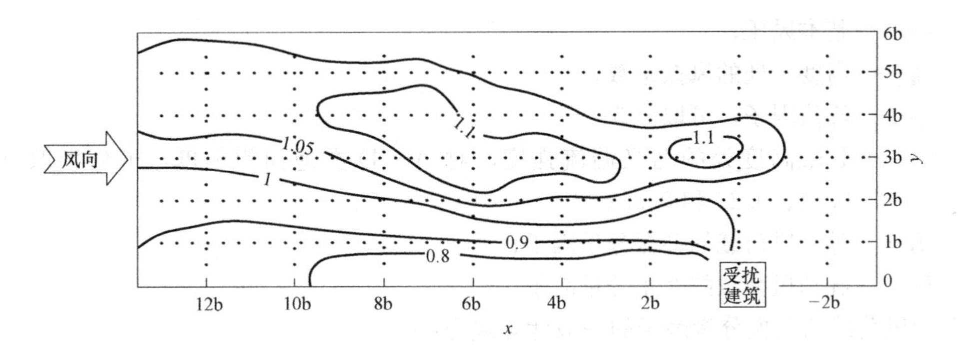

图 5-18 单个施扰建筑作用的顺风向风荷载相互干扰系数

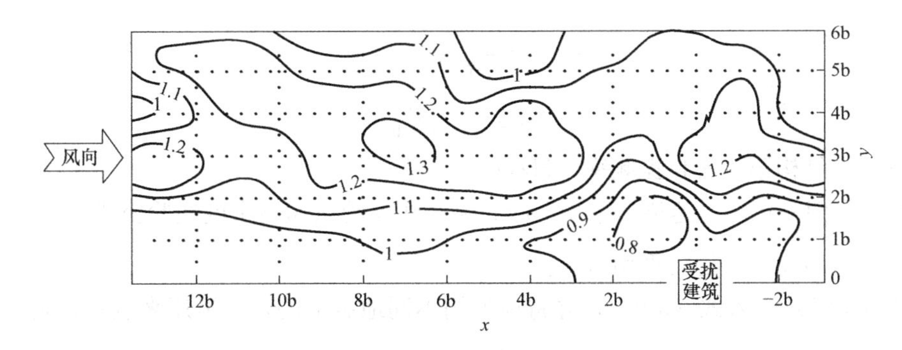

图 5-19 单个施扰建筑作用的横风向风荷载相互干扰系数

$$\eta_{\mathrm{H}}=\begin{cases}0.93+0.11\eta_0 & (H_{\mathrm{u}}/H_{\mathrm{d}}=0.6)\\ 0.51+0.53\eta_0 & (H_{\mathrm{u}}/H_{\mathrm{d}}=0.8)\\ 1.08\eta_0 & (H_{\mathrm{u}}/H_{\mathrm{d}}=1.2)\\ 1.12\eta_0 & (H_{\mathrm{u}}/H_{\mathrm{d}}\geqslant 1.4)\end{cases} \tag{5-87}$$

式中 H_{u}、H_{d}——施扰建筑和受扰建筑的高度，当 $H_{\mathrm{u}}/H_{\mathrm{d}}\leqslant 0.05$ 时可不考虑风致干扰效应；

η_0——$H_{\mathrm{u}}/H_{\mathrm{d}}=1$ 时的干扰系数。

5.3.1.3 顺风向风振分析

对于高度大于 30m 且高宽比大于 1.5 的房屋，以及基本自振周期 T_1 大于 0.25s 的各种高耸结构，应考虑风压脉动对结构产生顺风向风振的影响。顺风向风振响应计算应按结构随机振动理论进行，可参考本章 5.2 节介绍的结构风致响应分析的原理和方法。

而对于一般竖向悬臂型结构，例如高层建筑和构架、塔架、烟囱等高耸结构，均可仅考虑结构第一振型的影响，结构任意高度处的顺风向风荷载可根据风振系数法按式 (5-88) 计算：

$$w_{\mathrm{k}}=\beta_{\mathrm{z}}\mu_{\mathrm{s}}\mu_{\mathrm{z}}w_0 \tag{5-88}$$

$$\beta_{\mathrm{z}}=1+2gI_{10}B_{\mathrm{z}}\sqrt{1+R^2} \tag{5-89}$$

式中 w_{k}——风荷载标准值（$\mathrm{kN/m^2}$）；

μ_{s}——风荷载体型系数；

μ_{z}——风压高度变化系数；

w_0——基本风压；

β_z——高度 z 处的风振系数；

g——峰值因子，可取 2.5；

I_{10}——10m 高度处的名义湍流强度，对 A～D 类地面粗糙度，可分别取 0.12、0.14、0.23 和 0.39；

R——脉动风荷载的共振分量因子；

B_z——脉动风荷载的背景分量因子。

脉动风荷载的共振分量因子的一般计算式为：

$$R^2=S_f(f_1)\frac{\pi f_1}{4\xi_1} \tag{5-90}$$

$$S_f(f)=\frac{2x^2}{3f(1+x^2)^{4/3}} \tag{5-91}$$

$$x=1200/\bar{V}_{10}$$

式中 f_1——结构第一阶自振频率（Hz）；

S_f——归一化的风速谱；采用 Davenport 建议的风速谱密度经验公式；

$\bar{V}_{10}$——10m 高度处的平均风速。

将式（5-91）代入式（5-90），并将风速用不同地貌下的基本风压来表示，则：

$$R^2=\frac{\pi}{6\xi_1}\frac{x_1^2}{(1+x_1^2)^{4/3}} \tag{5-92}$$

其中：

$$x_1=\frac{30f_1}{\sqrt{k_w w_0}} \text{且 } x_1>5 \tag{5-93}$$

式中 k_w——地面粗糙度修正系数，对 A～D 类地面粗糙度分别取 1.28、1.0、0.54 和 0.26；

ξ_1——结构第一阶振型的阻尼比，对钢结构可取 0.01；对有填充墙的钢结构房屋可取 0.02；对钢筋混凝土及砌体结构可取 0.05；对其他结构可根据工程经验确定。

脉动风荷载的背景分量因子的计算式为多重积分式，较为复杂。《荷载规范》大量试算及回归分析，采用非线性最小二乘法拟合得到简化经验公式如下：

$$B_z=kH^{\alpha_1}\rho_x\rho_z\frac{\phi_1(z)}{\mu_z(z)} \tag{5-94}$$

$$\rho_z=\frac{10\sqrt{H+60e^{-H/60}-60}}{H} \tag{5-95}$$

$$\rho_x=\frac{10\sqrt{B+60e^{-B/60}-60}}{B} \tag{5-96}$$

式中 $\phi_1(z)$——结构的第一阶振型系数，可根据结构动力计算确定；

H——结构总高度（m），对 A、B、C 和 D 类地面粗糙度，其取值应分别不大于 300m、350m、450m 和 550m；

k、α_1——系数，可按表 5-10 取值；

ρ_z——脉动风荷载竖直方向相关系数；

ρ_x——脉动风荷载水平方向相关系数；

B——结构迎风面宽度，且 $B \leqslant 2H$。

系数 k 和 α_1 **表 5-10**

粗糙度类别		A	B	C	D
高层建筑	k	0.944	0.670	0.295	0.112
	α_1	0.155	0.187	0.261	0.346
高耸结构	k	1.276	0.910	0.404	0.155
	α_1	0.186	0.218	0.292	0.376

5.3.1.4 横风向风振分析

当建筑物受到风力作用时，不但顺风向可能发生风振，而且在一定条件下也能发生横风向风振。导致建筑横风向风振的主要激励有：尾流激励（旋涡脱落激励）、横风向紊流激励以及气动弹性激励（建筑振动和风之间的耦合效应），其激励特性远比顺风向要复杂。

判断高层建筑是否需要考虑横风向风振的影响这一问题比较复杂，一般要考虑建筑的高度、高宽比、结构自振频率及阻尼比等多种因素，并要借鉴工程经验及有关资料判断。一般而言，建筑高度超过 150m 或高宽比大于 5 的高层建筑或高度超 30m 且高宽比大于 4 的圆形截面构筑物，可出现较为明显的横风向风振效应，此时宜考虑横向风振的影响。

对于平面或立面体型复杂的高层建筑，横风向风振的等效荷载宜通过风洞试验确定，也可参考有关资料确定。对于形状相对简单的圆形截面和矩形截面高层建筑，其横风向风振等效荷载可根据《荷载规范》所给出的公式确定。

5.3.1.5 扭转风振分析

高层建筑的扭转风振，主要是由于质心、形心、刚心与脉动风荷载的合力作用点不重合引起的。高层建筑的风致扭矩与结构平面形状有很大关系，往往平面形状不规则的高层建筑会引起较大的风致扭矩，从而导致较大的扭转响应。要判断高层建筑是否需要考虑扭转风振的影响，需要考虑建筑的高度、高宽比、厚宽比、结构自振频率、结构刚度与质量的偏心等多种因素。

《荷载规范》规定：对于高度超过 150m，且同时满足高宽比 $H/\sqrt{DB} \geqslant 3$、折算风速 $T_{T1}U_H/\sqrt{DB} \geqslant 0.4$（$T_{T1}$ 为第一阶扭转周期）和厚宽比 $D/B \geqslant 1.5$ 的高层建筑，宜考虑扭转风速的影响。

对于平面形状和质量在整个高度范围内基本相同的高层建筑，当其刚度或质量的偏心率（偏心距/回转半径）不大于 0.2，且同时满足 $H/\sqrt{DB} \leqslant 6$、$D/B \leqslant 5$、$T_{T1}U_H/\sqrt{DB} \leqslant 10$ 三个条件时，扭转风振等效风荷载标准值 w_{Tk}(kN/m²）可按下式计算：

$$w_{Tk} = 1.8 g w_0 \mu_H C'_T \left(\frac{z}{H}\right)^{0.9} \sqrt{1+R_T^2} \tag{5-97}$$

$$R_T = K_T \sqrt{\frac{\pi F_T}{4\xi_1}} \tag{5-98}$$

$$K_T = \frac{(B^2+D^2)}{20r^2} \left(\frac{z}{H}\right)^{-0.1} \tag{5-99}$$

式中 μ_H——结构顶部风压高度变化系数；

g——峰值因子，取 2.5；

C'_T——风致扭矩系数，$C'_T=\{0.0066+0.015\ (D/B)^2\}^{0.78}$；

R_T——扭矩共振因子；

K_T——扭矩振型修正系数；

r——结构回转半径；

F_T——扭矩谱能量因子，可根据厚宽比 D/B 和扭转折算频率 f_T^* 按图 5-20 确定；

f_T^*——扭转折算频率，$f_T^*=\dfrac{\sqrt{BD}}{T_{T1}U_H}$；

ξ_1——结构第一阶振型阻尼比。

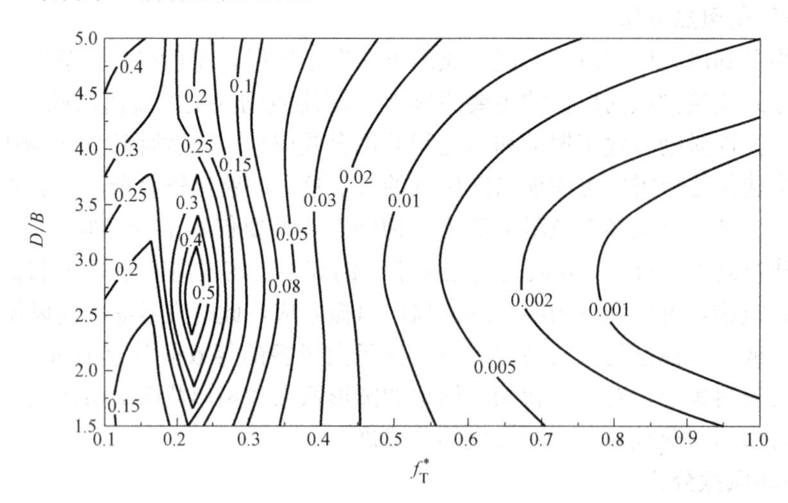

图 5-20 扭矩谱能量因子

有三点补充说明：

（1）当由扭转风振等效风荷载标准值计算风力扭矩时，应乘以迎风面面积和宽度。

（2）当偏心率大于 0.2 时，高层建筑的弯扭耦合风振效应显著，结构风振响应规律非常复杂，此时不能直接采用上述方法计算扭转风振等效荷载。

（3）大量风洞试验结构表面，风致扭矩与横风向风力具有较强相关性。当 $H/\sqrt{DB}>6$ 或 $T_{T1}U_H/\sqrt{DB}>10$ 时，两者的耦合作用易发生不稳定的气动弹性现象，此时建议采用风洞试验方法进行专门研究。

5.3.1.6 风效应组合

在脉动风荷载作用下，高层建筑的顺风向风荷载、横风向风振等效风荷载和扭转风振等效风荷载一般是同时存在的，但三种风荷载的最大值并不一定同时出现，因此在工程上应考虑各方向等效风荷载之间的组合。

一般情况，顺风向风振响应与横风向风振响应的相关性较小，因此对于顺风向风荷载为主的情况，横风向风荷载不参与组合。对于横风向风荷载为主的情况，顺风向风荷载仅静力部分参与组合，简化为在顺风向风荷载前乘以 0.6 的折减系数，虽然扭转风振与顺风向及横风向风振响应之间存在相关性，但由于影响因素较多，在目前研究尚不成熟的情况下，暂不考虑扭转等效风荷载与另外两个方向的风荷载组合。

基于上述考虑，《荷载规范》规定，顺风向风荷载、横风向风振和扭转风振等效风荷载可按表 5-11 进行组合。

风荷载组合 表 5-11

工 况	顺风向风荷载	横风向风振等效风荷载	扭转风振等效风荷载
1	F_{Dk}	—	—
2	$0.6F_{Dk}$	F_{Lk}	—
3	—	—	T_{Tk}

表 5-11 中，F_{Dk}为顺风向单位高度风力标准值（kN/m），其计算公式为：

$$F_{Dk}=(w_{k1}-w_{k2})B \tag{5-100}$$

F_{Lk}为横风向单位高度风力标准值，其计算公式为：

$$F_{Lk}=w_{Lk}B \tag{5-101}$$

T_{Tk}为单位高度风致扭矩标准值，其计算公式为：

$$T_{Tk}=w_{Tk}B^2 \tag{5-102}$$

式中 w_{k1}、w_{k2}——迎风面、背风面的风荷载标准值（kN/m²）；

w_{Lk}、w_{Tk}——横风向风振和扭转风振等效风荷载标准值（kN/m²）；

B——迎风面宽度（m）。

5.3.1.7 风振舒适度分析

1. 顺风向风振加速度计算

顺风向风振加速度计算的理论与风振系数计算理论相同。风荷载标准值的动力部分为：

$$P_d=2gI_{10}B_z\sqrt{1+R^2}P=2gI_{10}B_z\sqrt{1+R^2}\mu_s\mu_z w_R A \tag{5-103}$$

由牛顿第二定律可得高层建筑高度 z 顺风向风振加速度为：

$$a_{D,z}=\frac{P_d}{m}=\frac{2gI_{10}B_z\sqrt{1+R^2}\cdot\mu_s\mu_z w_R BH}{m} \tag{5-104}$$

式中 w_R——10m 高度处对应的 R 年重现期的风压（kN/m²），一般取 10 年；

B——迎风面宽度；

m——结构单位高度质量（t/m）；

B_z——脉动风荷载的背景分量因子。

在仅考虑第一振型的情况下，加速度响应峰值也可以按下式计算：

$$a_{D,z}=g\phi_1(z)\sqrt{\int_{-\infty}^{\infty}\omega^4 S_{q1}(\omega)\mathrm{d}\omega} \tag{5-105}$$

式中 $S_{q1}(\omega)$——顺风向第一阶广义位移响应功率谱。

采用 Davenport 风速谱和 Shiotani 空间相关性公式，式（5-104）可表示为：

$$a_{D,z}=\frac{2gI_{10}B_z\mu_s\mu_z w_R B}{m}\sqrt{\int_{-\infty}^{\infty}\omega^4\,|H_{q1}(i\omega)|^2 S_f(\omega)\mathrm{d}\omega} \tag{5-106}$$

为方便使用，上式中的根号项用顺风向风振加速度的脉动系数 η_a 表示，则：

$$a_{D,z}=\frac{2gI_{10}B_z\mu_s\mu_z w_R B\eta_a}{m} \tag{5-107}$$

式中 η_a——脉动系数，可根据结构阻尼比 ξ_1 和系数 $x_1\left(x_1=\dfrac{30f_1}{\sqrt{k_w w_0}}\right)$查表 5-12 确定；

f_1——第一振型频率；

k_w——地面粗糙度系数；

w_0——基本风压。

顺风向风振加速度的脉动系数 η_a 表 5-12

x_1	$\xi_1=0.01$	$\xi_1=0.02$	$\xi_1=0.03$	$\xi_1=0.04$	$\xi_1=0.05$
5	4.41	2.94	2.41	2.10	1.88
6	3.93	2.79	2.28	1.99	1.78
7	3.75	2.66	2.18	1.90	1.70
8	3.59	2.55	2.09	1.82	1.63
9	3.46	2.46	2.02	1.75	1.57
10	3.35	2.38	1.95	1.69	1.52
20	2.67	1.90	1.55	1.35	1.21
30	2.34	1.66	1.36	1.18	1.06
40	2.12	1.51	1.23	1.07	0.96
50	1.97	1.40	1.15	1.00	0.89
60	1.86	1.32	1.08	0.94	0.84
70	1.76	1.25	1.03	0.89	0.80
80	1.69	1.20	0.98	0.85	0.76
90	1.62	1.15	0.94	0.82	0.74
100	1.56	1.11	0.91	0.79	0.71
120	1.47	1.05	0.86	0.74	0.67
140	1.40	0.99	0.81	0.71	0.63
160	1.34	0.95	0.78	0.68	0.61
180	1.29	0.91	0.75	0.65	0.58
200	1.24	0.88	0.72	0.63	0.56
220	1.20	0.85	0.70	0.61	0.55
240	1.17	0.83	0.68	0.59	0.53
260	1.14	0.81	0.66	0.58	0.52
280	1.11	0.79	0.65	0.56	0.50
300	1.09	0.77	0.63	0.55	0.49

2. 横风向加速度计算

横风向风振加速度计算的依据与横风向风振等效风荷载相似，也是基于大量的风洞试验结果。由于高层建筑横向风力以漩涡脱落激励为主，相对于顺风向风力谱，横风向风力谱的峰值比较突出，谱峰的宽度小，因此横风向加速度响应可以只考虑共振分量的贡献。

我国现行《荷载规范》给出了体型和质量沿高度均匀分布的矩形截面高层建筑，其 z 高度处的横风向风振加速度计算公式。

5.3.2 高耸结构

高耸结构指的是高度较大、横断面相对较小的结构，以水平荷载（特别是风荷载）为结构设计的主要依据。根据其结构形式可分为自立式塔式结构和拉线式桅式结构，所以高耸结构也称塔桅结构。

5.3.2.1 抗风设计要求

高耸结构的风致失效形式主要有三种：频繁的大幅度摆动使结构不能正常工作；结构横截面或构架内力达到极限，发生屈服、断裂、失稳甚至倒塌；结构长时间振动造成材料疲劳累积损伤，引起结构破坏。因此，高耸结构的抗风设计要求包括对强度、刚度、舒适度和适用度的要求。

1. 强度要求

要求高耸结构的主体结构在设计风荷载作用下不发生破坏，强度取决于结构或构件材料的许用应力。

2. 刚度要求

我国现行《高耸结构设计规范》GB 50135（以下简称《高耸结构规范》）对结构刚度的控制条件有两个：

（1）在设计风荷载作用下，高耸结构任意点的水平位移不得大于离地面高度的1%。

（2）对于装有方向性较强（如微波塔、电视塔）或工艺要求较严格（如石油化工塔）的设备的高耸结构，在设计风荷载作用下，在设备所在位置的塔身角位移应满足工艺要求。

3. 舒适度和适用度要求

对于设有旅游观光等居人设施的高耸结构，其在脉动风荷载作用下的振动加速度幅值 $A_f\omega_1^2$ 不应大于 0.2m/s²，其中对于有常驻值班人员的塔楼，A_f 为风压频遇值作用下塔楼处的水平动位移幅值；仅对于有旅客的塔楼，可按照实际情况取 A_f 为 6～7 级风作用下水平动位移幅值；ω_1 为基阶圆频率。对微波塔、电视发射塔的设备所在位置，其在风荷载作用下的响应应满足正常工作所要求的适用度。

5.3.2.2 静力风效应分析

《高耸结构规范》规定：高耸结构的基本风压 w_0 应按 50 年一遇的风压考虑，但不小于 0.35kN/m²。高耸结构应考虑由脉动风引起的风振影响，当结构的基本自振周朝小于 0.25 时，可不考虑风振影响。

高耸结构多为镂空结构的构筑物，因此其风荷载体型系数 μ_s 明显不同于通常以围护结构覆盖的建筑物。《高耸结构规范》对风荷载体型系数 μ_s 有如下规定：

（1）高耸结构体型如在现行国家标准《荷载规范》中列出时，可按该规定采用。

（2）高耸结构体型如未在现行国家标准《荷载规范》中列出但与《高耸结构规范》的表 4.2.7 所列结构体型相似时，可按该表规定采用。

（3）高耸结构体型与表 4.2.7 所列体型不同，而又无参考资料可以借鉴以及特别重要或体型复杂时，宜由风洞试验确定。

5.3.2.3 动力风效应分析

1. 顺风向等效风荷载

高耸结构的顺风向等效风荷载计算方法基本与高层建筑相同，主要区别为风振系数需要进一步修正，有如下几点需要注意：

（1）由于高耸结构的高度远大于其宽度，因此在计算中只需要考虑风荷载的竖向空间相关性，水平方向相关系数 $\rho_x=1$。

（2）对迎风面和侧风面的宽度沿高度按直线或接近直线变化，而质量沿高度按连续规律变化的高耸结构，式（5-94）计算的背景分量因子 B_z 应乘以修正系数 θ_B 和 θ_v。θ_B 为构筑物在 z 高度处的迎风面宽度 $B(z)$ 与底部宽度 B（0）的比值；θ_v 可按表 5-13 确定。

修正系数 θ_v　　表 5-13

$B(H)/B(0)$	1	0.9	0.8	0.7	0.6	0.5	0.4	0.3	0.2	≤0.1
θ_v	1.00	1.10	1.20	1.32	1.50	1.75	2.08	2.53	3.30	5.60

（3）结构振型系数应按实际工程由结构动力学计算得出。一般情况下，对顺风向响应可仅考虑第一振型的影响；对圆截面高层建筑及构筑物横风向的共振响应，应验算第一至第四振型的响应。对于等截面的高耸结构，前四阶振型系数可按表 5-14 确定。

等截面高耸结构的振型系数　　表 5-14

相对高度	振型序号			
z/H	1	2	3	4
0.1	0.02	−0.09	0.23	−0.39
0.2	0.06	−0.30	0.61	−0.75
0.3	0.14	−0.53	0.76	−0.43
0.4	0.23	−0.68	0.53	0.32
0.5	0.34	−0.71	0.02	0.71
0.6	0.46	−0.59	−0.48	0.33
0.7	0.59	−0.32	−0.66	−0.40
0.8	0.79	0.07	−0.40	−0.64
0.9	0.86	0.52	0.23	−0.05
1.0	1.00	1.00	1.00	1.00

对于截面沿高度规则变化的高耸结构，其第一阶振型系数可按表 5-15 确定。

变截面高耸结构的振型系数　　表 5-15

相对高度 z/H	B_H/B_0				
	1.0	0.8	0.6	0.4	0.2
0.1	0.02	0.02	0.01	0.01	0.01
0.2	0.06	0.06	0.05	0.04	0.03
0.3	0.14	0.12	0.11	0.09	0.07
0.4	0.23	0.21	0.19	0.16	0.13
0.5	0.34	0.32	0.29	0.26	0.21
0.6	0.46	0.44	0.41	0.37	0.31
0.7	0.59	0.57	0.55	0.51	0.45
0.8	0.79	0.71	0.69	0.66	0.61
0.9	0.86	0.86	0.85	0.83	0.8
1.0	1.00	1.00	1.00	1.00	1.00

注：B_H、B_0 分别为结构顶部和底部的宽度。

2. 横风向等效风荷载

高耸结构应考虑由脉动风引起的垂直于风向的横向共振。对于圆形截面的高耸结构，当高度 $H>30$m 且高宽比 $H/D>4$ 时，应进行横风向的风振响应分析。横风向等效风荷载的计算方法与高层建筑相同，另外也可参考《高耸结构规范》4.4.12 条款。

3. 扭转等效风荷载

对于高度超过150m且同时满足$H/\sqrt{DB}\geqslant3$、$T_{T1}U_H/\sqrt{BD}\geqslant0.4$和$D/B\geqslant1.5$的高耸结构（其中$T_{T1}$为第一阶扭转周期），宜考虑扭转风振的影响。扭转风振等效风荷载的计算方法也与高层建筑相同。

5.4 桥梁结构抗风理论与设计

1940年11月7日，美国华盛顿州建成才四个月的塔科马海峡悬索桥（Tacoma Narrows Bridge）在约为19m/s的风速作用下发生强烈的风致振动并破坏（图5-21）。该桥跨度为853m，桥宽11.9m，梁高2.4m，采用挠度理论已能够完全符合结构静力设计要求，但当时的桥梁设计尚未意识到风荷载的动力作用。该事件促进了桥梁工程界对结构空气动力学问题的研究，形成了一门新兴的结合桥梁工程与空气动力学的交叉学科——桥梁风工程。近60年来，桥梁风工程研究已得到了很大的发展并日趋成熟和完善。

(a)

(b)

图5-21 塔科马海峡大桥
(a) 风毁前；(b) 颤振风毁

桥梁风工程的研究方法主要有理论分析、风洞试验、现场观测以及数值模拟四种。理论分析方法就是运用空气动力学原理，建立各类风荷载的数学模型，然后应用结构动力学方法，求解各类风致振动和稳定问题。现场实测是桥梁抗风研究中非常重要的基础性和长期性的工作，它是获得边界层风场和桥梁风振响应规律最为可靠的方法。极端条件下（如台风、下击暴流）现场实测结果可用于验证抗风设计的有效性和准确性，为桥梁工程抗风理论研究和设计规范的修订提供有用依据和参考。风洞实验是目前桥梁抗风研究的主要手段，包括全桥气动弹性模型试验和节段局部模型试验，它能够对桥梁结构开展系统的研究工作。但由于其存在湍流尺度、雷诺数、非线性相似模拟的困难，风洞实验结果需要现场实测进行验证。数值模拟是近年来发展较为迅猛的一种研究方法，它能够对桥梁开展全尺度数值模拟实验，可以获取更为全面、系统的研究成果，但由于其计算方法中往往存在着一些不完全符合实际风场和结构实际状况的假设，其计算结果需要现场实测和风洞实验验证。

5.4.1 抗风设计基本原则

5.4.1.1 风对桥梁的作用

风对桥梁的作用受到风的自然特性、结构的动力特性以及风与结构的互相作用三方面的制约。当气流绕过一般为非流线型（钝体）截面的桥梁结构时，会产生涡旋和流动的分离，形成复杂的空气作用力。当桥梁结构的刚度较大时，结构保持静止不动，这种空气力的作用只相当于静力作用；当桥梁结构的刚度较小时，结构振动得到激发，这时空气力不仅具有静力作用，而且具有动力作用。风的动力作用激发了桥梁风致振动，而振动起来的桥梁结构又反过来影响空气的流场，改变空气作用力，形成了风与结构的相互作用机制。当空气力受结构振动的影响较小时，空气作用力作为一种强迫力，引起结构的强迫振动；当空气力受结构振动的影响较大时，受振动结构反馈制约的空气作用力，主要表现为一种自激力，导致桥梁结构的自激振动。

从工程的抗风设计角度，可以把自然风分解成不随时间变化的平均风和随机变化的脉动风两部分的叠加，分别考虑它们对桥梁的作用，如表 5-16 所示。

风对桥梁的作用分类 **表 5-16**

<table>
<tr><th>分类</th><th colspan="5">现象</th><th>作用机制</th></tr>
<tr><td rowspan="3">静力作用</td><td colspan="5">静风荷载引起的内力和变形</td><td>平均风的静风压产生的阻力、升力和力矩作用</td></tr>
<tr><td colspan="3" rowspan="2">静力不稳定</td><td colspan="2">扭转发散</td><td>静(扭转)力矩作用</td></tr>
<tr><td colspan="2">横向屈曲</td><td>静阻力作用</td></tr>
<tr><td rowspan="5">动力作用</td><td colspan="3">抖振</td><td colspan="2" rowspan="2">限幅振动</td><td>紊流风作用</td></tr>
<tr><td rowspan="4">自激振动</td><td colspan="2">涡振</td><td>旋涡脱落引起的涡激力作用</td></tr>
<tr><td colspan="2">驰振</td><td rowspan="2">单自由度</td><td rowspan="3">发散振动</td><td rowspan="2">自激力的气动负阻尼效应——阻尼驱动</td></tr>
<tr><td rowspan="2">颤振</td><td>扭转颤振</td></tr>
<tr><td>古典耦合颤振</td><td>二自由度</td><td>自激力的气动刚度驱动</td></tr>
</table>

在平均风作用下，假设结构保持静止不动，或者虽有轻微振动，但不影响空气的作用力，即忽略气流绕过桥梁时所产生的特征紊流以及旋涡脱落等非定常（随时间变化的）效应，只考虑定常的空气作用力，称为风的静力作用。

在近地紊流风作用下，桥梁作为一个振动体系的空气弹性动力响应可以分为两大类：

（1）在风荷载作用下，由于结构振动对空气力的反馈作用，产生一种自激振动机制，如颤振和驰振，达到临界状态时，将出现危险性的发散振动。

（2）在脉动风作用下的一种有限振幅的随机强迫振动，称为抖振。涡激共振虽带有自激的性质，但也是有限幅的，因而具有双重性。

5.4.1.2 桥梁结构抗风设计准则

桥梁抗风设计的目的首先在于保证结构在施工阶段和建成后的营运阶段能够安全承受可能发生的最大风荷载的静力作用和动力作用。

由平均风速（风压）所产生的风荷载通常被视作一种静荷载，因而它还须与恒载或活载等进行组合，对组合后的荷载进行常规的静力分析。就现行的极限状态而言，各荷载的分项系数及抗力系数都必须视不同情况（如施工阶段、成桥阶段等）予以确定。

对于大跨度斜拉桥或悬索桥等柔性结构，由于其自振频率往往较低，因而风荷载的动力作用较为明显，此时风荷载的动力效应往往成为主导因素。其中，在桥梁抗风设计中首先要求颤振或驰振临界风速小于桥梁设计风速，以保证结构具有足够的安全度，从而确保结构的抗风稳定性；同时要求涡振、抖振的最大振幅限制在可接受范围内，以免对行车舒适度、结构疲劳等产生较大影响。

5.4.2　桥梁结构抗风设计理论与方法

5.4.2.1　静力风荷载

平均风产生的静荷载简称静力风荷载。当气流以恒定不变的流速和方向绕过假定静止不动的桥梁时，就形成了一个定常的流场，空气对桥梁表面动压力的合力就是空气作用力，也是定常的。由于桥梁是一个水平方向的线状结构，流场可近似看作是二维的，对于主梁，此时空气作用力通常可分解为三个分量，即静力三分力，分别为：

阻力：
$$F_H=\frac{1}{2}\rho U^2 C_H(\alpha_0)H \tag{5-108a}$$

升力：
$$F_V=\frac{1}{2}\rho U^2 C_V(\alpha_0)B \tag{5-108b}$$

力矩：
$$F_M=\frac{1}{2}\rho U^2 C_M(\alpha_0)B^2 \tag{5-108c}$$

式中　U——离断面足够远的上游来流风速；

ρ——空气密度；

H、B——梁高和梁宽；

C_H、C_V、C_M——主梁在体轴坐标下的阻力系数、升力系数与扭矩系数，它们分别由节段模型试验测定。

由于风的来流方向与水平面（桥面）存在夹角 α，且当风向斜向上时攻角为正。节段模型试验往往容易测量出风轴坐标系（坐标系沿风向建立）下的风荷载，如图 5-22（a）所示；而实际分析计算通常在体轴坐标系（坐标系沿梁截面形心主轴建立）下开展（图 5-22b）。体轴坐标系下的三分力定义见式（5-108），而风轴坐标系下对应的三分力则定义为式（5-109）。

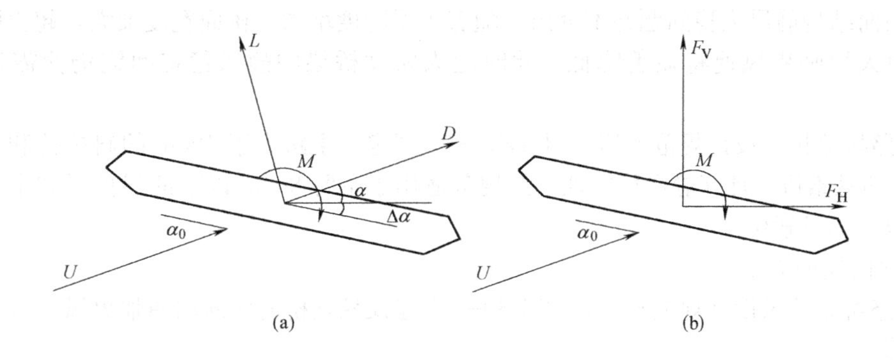

图 5-22　主梁静风力荷载

（a）风轴坐标系；（b）体轴坐标系

阻力：
$$D=\frac{1}{2}\rho U^2 C_D(\alpha_0)B \tag{5-109a}$$

升力：
$$L=\frac{1}{2}\rho U^2 C_L(\alpha_0)B \tag{5-109b}$$

力矩：
$$M=\frac{1}{2}\rho U^2 C_M(\alpha_0)B^2 \tag{5-109c}$$

式中 C_D、C_L、C_M——风轴坐标系下的阻力系数、升力系数与扭矩系数。

由于静力三分力系数与来流攻角 α 有关，形状复杂的主梁断面在模型试验时应测得不同攻角下的三分力系数。风轴与体轴下的三分力可按式（5-110）进行换算：

$$\begin{Bmatrix} F_V \\ F_H \\ F_M \end{Bmatrix}=\begin{bmatrix} \cos\alpha & \sin\alpha & 0 \\ -\sin\alpha & \cos\alpha & 0 \\ 0 & 0 & 1 \end{bmatrix}\begin{Bmatrix} L \\ D \\ M \end{Bmatrix} \tag{5-110}$$

对于桥塔、拉索或桥墩，其静风荷载只计阻力，即：

$$F_H=\frac{1}{2}\rho V_g^2 C_H A_n \tag{5-111}$$

式中 C_H——桥梁各构件的阻力系数；

A_n——桥梁各构件顺风向投影面积（m^2），对吊杆、斜拉索和悬索桥的主缆取为其直径乘以其投影高度。

计算桥塔和拉索承受的风荷载时，按风剖面变化考虑不同高度的风速。桥墩或桥塔的阻力系数 C_H 可按现行推荐性的行业标准《公路桥梁抗风设计规范》取值，断面形状复杂的桥墩、桥塔可通过风洞试验测定或数值模拟方法计算其阻力系数。

5.4.2.2 风致静力失稳

桥梁风致静力失稳分为扭转发散失稳和横向屈曲失稳。在空气静力扭矩作用下，当风速超过某一临界值时，大跨悬索桥或斜拉桥主梁扭转变形的附加攻角所产生的扭转力矩增量超过了结构抵抗力矩的增量，主梁会出现一种不稳定的扭转发散现象；对于大跨度拱桥，其静风荷载主要表现为主拱结构所承受的阻力，且风荷载对主拱或者加劲梁的变形依赖性不强，因此其失稳的模式表现为主拱的侧向屈曲失稳。结构空气动力失稳前有一个振幅逐渐发散的过程，而风致静力失稳前征兆小，事故发生快，因而破坏性更大。

目前跨度范围内的斜拉桥和悬索桥的静力失稳临界风速往往大于设计风速或颤振临界风速，因而结构静风失稳问题并不突出。随着主梁跨度增加、桥面宽度加大，超大跨度桥梁的静风失稳临界风速将显著降低，此时超大跨度桥梁的静风稳定问题仍使需进一步研究。

《公路桥梁抗风设计规范》JTG/T D60—01 规定：主跨大于 400m 的斜拉桥和主跨大于 600m 的悬索桥应计算静风稳定性，此规范适用于主跨 800m 以下的斜拉桥和主跨跨径 1500m 以下的悬索桥。

1. 横向屈曲失稳

《公路桥梁抗风设计规范》JTG/T D60—01 建议悬索桥的横向屈曲临界风速可按下述公式计算：

$$V_{1b}=K_{1b}f_t B \tag{5-112a}$$

$$K_{1b}=\sqrt{\frac{\pi^3\frac{B}{H}\mu\frac{r}{b}}{1.88C_H\varepsilon\sqrt{4.54+\frac{C_L}{C_H}\frac{B_c}{H}}}} \tag{5-112b}$$

其中：

$$\mu=\frac{m}{\pi\rho b^2};\ b=\frac{B}{2};$$

$$\frac{r}{b}=\frac{1}{b}\sqrt{\frac{I_m}{m}};\ \varepsilon=\frac{f_t}{f_b}$$

式中 V_{1b}——横向屈曲临界风速（m/s）；

B、H——主梁全宽（m）和主梁高度（m）；

B_c——主缆中心距（m）；

m——桥面系及主缆单位长度质量（kg/m）；

I_m——桥面系及主缆单位长度质量惯矩（kg·m²/m）；

f_t——对称扭转基频（Hz）；

f_b——对称竖向弯曲基频（Hz）；

ε——扭弯频率比；

C_H——主梁阻力系数；

C_L'——风攻角 $\alpha=0°$ 时主梁升力系数的斜率，宜通过风洞试验或数值模拟技术得到。

悬索桥横向屈曲临界风速应满足下述规定：

$$V_{1b}\geqslant 2V_d \tag{5-113}$$

式中 V_d——桥面高度处的设计基本风速（m/s）。

2. 扭转发散失稳

对于全桥结构而言，在初始风荷载作用下桥梁结构会产生变形，由于静力三分力系数是结构变形（扭转角）的函数，因此变形增量会反馈影响风荷载，从而形成一个外荷载增量。发散机理从数学上可以用下式表示：

$$\{\delta\}=\{\delta_0\}+\{\Delta\delta_1\}+\{\Delta\delta_2\}+\cdots+\{\Delta\delta_n\}+\cdots \tag{5-114}$$

因此，给定风速下结构是否会出现失稳从数学上就归结于以上无穷级数的收敛问题。

《公路桥梁抗风设计规范》JTG/T D60—01 建议，悬索桥和斜拉桥的静力扭转发散临界风速可按下述公式计算：

$$V_{td}=K_{td}f_tB \tag{5-115a}$$

$$K_{td}=\sqrt{\frac{\pi^3}{2}\mu\left(\frac{r}{b}\right)^2\frac{1}{C_M'}} \tag{5-115b}$$

式中 C_M'——当风攻角 $\alpha=0°$ 时主梁扭转力矩 C_M 系数的斜率，宜通过风洞试验或数值模拟技术得到。

静力扭转发散的临界风速应满足下述规定：

$$V_{td}\geqslant 2V_d \tag{5-116}$$

5.4.2.3 驰振

如果浸没在气流中的弹性体本身发生变形或振动，那么这种变形或振动相当于气体边界条件发生改变，从而引起气流力的变化，气流力的变化又会使弹性体产生新的变形或振动，这种气流力与结构相互作用的现象称为气动弹性现象。驰振是细长物体因气流自激作用产生的一种纯弯曲大幅振动，理论上是发散的，即不稳定的。这种振动最先发现于结冰的电线，振动激发的波在两根电杆之间快速传递，犹如快马奔腾，振幅可达电线直径的

10倍，因此称为驰振。

当气流经过一个在垂直气流方向上处于微振动状态的细长物体时，即使气流是攻角与风速都不变的定常流，物体与气流之间的相对攻角也在不停地随时间变化。相对攻角的变化必然导致三分力的变化，这一变化部分形成了动力荷载，即气动自激力。这种忽略了物体周围非定常流场存在而按照相对攻角变化建立的气动自激理论被称为准定常理论，相应的气动力称为准定常力。

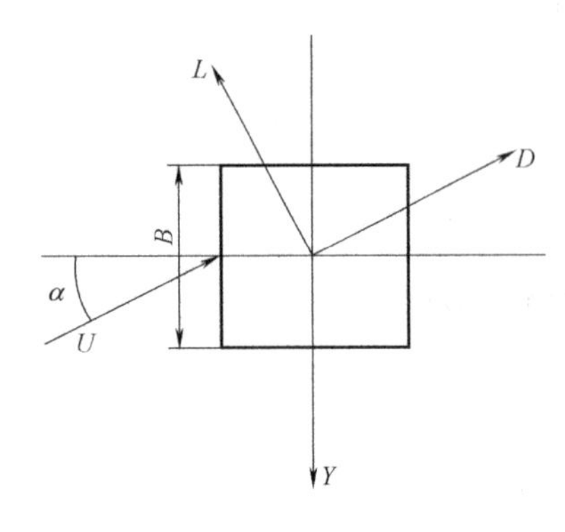

图 5-23 均匀流流过细长体断面

如图 5-23 所示，均匀流以攻角 α 和速度 U 流过一个细长体定位断面。在风轴坐标系下，阻力 $D(\alpha)$ 和升力 $L(\alpha)$ 分别为：

$$D(\alpha)=\frac{1}{2}\rho U_{\alpha}{}^{2}C_{\mathrm{D}}(\alpha)B \tag{5-117a}$$

$$L(\alpha)=\frac{1}{2}\rho U_{\alpha}{}^{2}C_{\mathrm{L}}(\alpha)B \tag{5-117b}$$

根据准定常理论可以推出在竖向（y 轴向下）的作用力为：

$$F_{\mathrm{y}}(\alpha)=-\frac{1}{2}\rho U^{2}B\left(\frac{\mathrm{d}C_{\mathrm{L}}}{\mathrm{d}\alpha}+C_{\mathrm{D}}\right)\bigg|_{\alpha=0}\cdot\frac{\dot{y}}{U} \tag{5-118a}$$

那么如图 5-23 所示断面的竖向振动方程现在可以写为：

$$m(\ddot{y}+2\zeta\omega\dot{y}+\omega^{2}y)=-\frac{1}{2}\rho U^{2}B\left(\frac{\mathrm{d}C_{\mathrm{L}}}{\mathrm{d}\alpha}+C_{\mathrm{D}}\right)\bigg|_{\alpha=0}\cdot\frac{\dot{y}}{U} \tag{5-118b}$$

将右端的准定常气动自激力项移至左边，速度 $\dot{y}$ 前的系数表示系统的净阻尼，用 d 表示有：

$$d=2m\zeta\omega+\frac{1}{2}\rho UB\left(\frac{\mathrm{d}C_{\mathrm{L}}}{\mathrm{d}\alpha}+C_{\mathrm{D}}\right)\bigg|_{\alpha=0} \tag{5-118c}$$

显然，至少要：

$$\left(\frac{\mathrm{d}C_{\mathrm{L}}}{\mathrm{d}\alpha}+C_{\mathrm{D}}\right)\bigg|_{\alpha=0}<0 \tag{5-118d}$$

时才可能出现不稳定的驰振现象。因此，式（5-118d）左端又称为驰振力系数。又因为一般情况下阻力系数 C_{D} 总是正的，因此只有当：

$$C_{\mathrm{L}}'=\frac{\mathrm{d}C_{\mathrm{L}}}{\mathrm{d}\alpha}<0 \tag{5-118e}$$

才会出现不稳定的驰振现象。式（5-118e）的物理意义是升力系数关于攻角的斜率为负，即升力曲线的负斜率效应。

结构是否发生驰振，主要取决于结构横截面的外形。对于非圆形截面的边长比在一定范围内的类似矩形断面的钝体结构及构件，由于升力曲线的负斜率效应，微幅振动的结构能够从风流中不断吸收能量。当风速达到临界风速时，结构吸收的能量将克服结构阻尼所消耗的能量，形成一种发散的横风向单自由度弯曲自激振动。而圆形截面和八角形截面的升力系数斜率是正的，属于稳定截面。桥梁结构的塔柱高而细长，应作倒角处理以提高驰振稳定性，特别是施工阶段独塔状态应注意避免发生驰振现象，另外结冰的拉索也有可能发生驰振现象。《公路桥梁抗风设计规范》JTG/T D60—01 规定高宽比 $B/H<4$ 的钢主梁、斜拉桥和悬索桥的钢质桥塔应验算其自立状态下的驰振稳定性。驰振临界风速可用下式估算：

$$V_{cg}=-\frac{4m\zeta_s\omega_1}{\rho H}\cdot\frac{1}{C_L'+C_H} \tag{5-119}$$

式中 ω_1——结构一阶弯曲圆频率；

ζ_s——结构阻尼比；

H——构件断面迎风宽度。

结构断面的驰振力系数一般由风洞试验得到，初步设计时可以根据《公路桥梁抗风设计规范》JTG/T D60—01 取值。驰振临界风速应满足下述规定：

$$V_{cg}\geqslant 1.2V_d \tag{5-120}$$

驰振临界风速与结构阻尼比、密度比成正比，与升力曲线的斜率成反比。抵抗驰振的方法有以下 4 种：

（1）在塔顶安装调质阻尼器（TMD），提高结构阻尼比；

（2）对矩形截面采用倒角的方法，降低升力曲线的斜率；

（3）加大结构的刚度，提高弯曲频率；

（4）加大结构密度和阻尼，如混凝土塔较钢塔阻尼比大。

5.4.2.4 颤振

颤振也是桥梁结构最主要的气动弹性不稳定现象，最早发现于薄的机翼，是扭转发散振动或弯扭复合的发散振动。著名的旧塔科马桥事故，就是一种典型的由颤振不稳定引发的灾害。风的动力作用激发了桥梁风致振动，而振动起来的桥梁结构又反过来影响空气的流场，改变空气作用力，形成了风与结构的相互作用机制。当空气力受结构振动的影响较大时，受振动结构反馈制约的空气作用力将导致桥梁结构的自激振动。当空气的流动速度影响或改变了不同自由度运动之间的振幅及相位关系，使得桥梁结构能够在流动的气流中不断汲取能量，而该能量又大于结构阻尼所耗散的能量，这种形式的发散性自激振动称为桥梁颤振。

桥梁颤振物理关系复杂，其相关研究也经历了由古典耦合颤振理论到分离流颤振机理再到三维桥梁颤振分析的发展过程。早在 1940 年美国塔科马桥风毁事故之前，航空界就发现了机翼的颤振现象，并建立了适合早期飞机机翼（截面形状不变的等宽直机翼）的二维流动理论。现在的桥梁颤振导数理论是 Scanlan 在 1971 年将飞机机翼的颤振导数理论加以推广建立起来的。他引入 8 个无量纲的颤振导数 H_i^*、A_i^*（$i=1,2,3,4$），近似地将一个二维均匀流中的桥梁主梁断面的自激力表达为状态向量的线性函数，即：

$$L=\frac{1}{2}\rho U^2(2B)\left[KH_1^*\ \frac{\dot{h}}{U}+KH_2^*\ \frac{\dot{B\alpha}}{U}+K^2H_3^*\ \alpha+K^2H_4^*\ \frac{h}{U}\right] \tag{5-121a}$$

$$M=\frac{1}{2}\rho U^2(2B^2)\left[KA_1^*\ \frac{\dot{h}}{U}+KA_2^*\ \frac{\dot{B\alpha}}{U}+K^2A_3^*\ \alpha+K^2A_4^*\ \frac{h}{U}\right] \tag{5-121b}$$

其中

$$K=B\omega/U=2k$$

$$B=2b$$

式中 U——风速；

ρ——空气密度；

K——折算频率；

B——桥宽；

h、α——桥梁结构的竖向位移、扭转角，其上加点代表一阶导数即相应的速度。

式（5-121）中，U、B、ω、K、h、α、$\dot{h}$、$\dot{\alpha}$ 表示风场与断面的运动状态。颤振导数是表征桥梁断面气动自激力特征的一组函数，其实质就是气动自激力对状态向量的一阶偏导数。

桥梁颤振导数是表征桥梁断面气动自激力特征性的重要参数，由桥梁断面的形状确定，它可以看作是由状态向量（h，α，$\dot{h}$，$\dot{\alpha}$）到自激力（L，M）的传递函数，同时也是无量纲风速 U 和来流攻角 α 的函数。颤振导数是分析桥梁结构颤振性能和机理及抖振响应的重要参数，是桥梁结构进行风致振动分析的前提条件。颤振导数的识别问题是近年来桥梁抗风研究中的一个重要领域，自 20 世纪 60 年代以来，国内外许多学者提出了各种试验方法和参数识别技术。到目前为止，只有理想平板断面得到了颤振导数的理论解。因此，对于一般的桥梁断面，只有通过模型风洞试验或近些年发展起来的计算流体力学技术（CFD）模拟得到。图 5-24（b）是 CFD 技术中用来模拟流域内流场形状随时间变化流动情况的动网格模型。

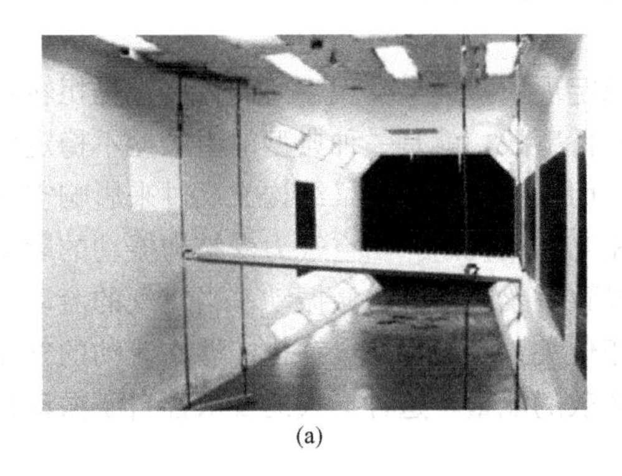

(a)

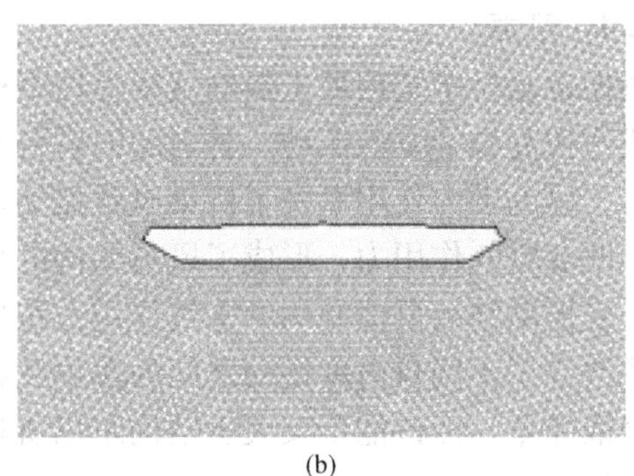

(b)

图 5-24 颤振导数识别

(a) 弹性悬挂节段模型试验；(b) CFD 模拟

5.4.2.5 涡振

当流体绕过钝体断面后，在尾流中将出现交替脱落的旋涡，当被绕流的物体是一个振动体系时，周期性的涡激力将引起结构的涡激振动，当旋涡脱落的频率与结构的自振频率一致时将发生涡激共振。涡流脱落的示意如图 5-25 所示。涡激振动是大跨度桥梁在低风速下很容易发生的一种风致振动形式，涡激振动带有自激性质，但振动的结构反过来会对涡脱形成某种反馈作用，使得涡振振幅受到限制，因此涡激共振是一种带有自激性质的风致限幅振动。日本东京湾大桥、丹麦大贝尔特东桥以及中国西堠门大桥在正式通车前都观测到了显著的竖向涡激共振。尽管涡激共振不是一种毁灭性的振动，但由于其低风速下即可诱发，且振幅大甚至影响结构施工安全、行车安全性等，因而避免或抑制桥梁在施工或成桥阶段发生涡激振动具有重要的意义。

如本章 5.2.2 节所述，1898 年，Strouhal 通过实验发现当流体绕过圆柱体时旋涡脱

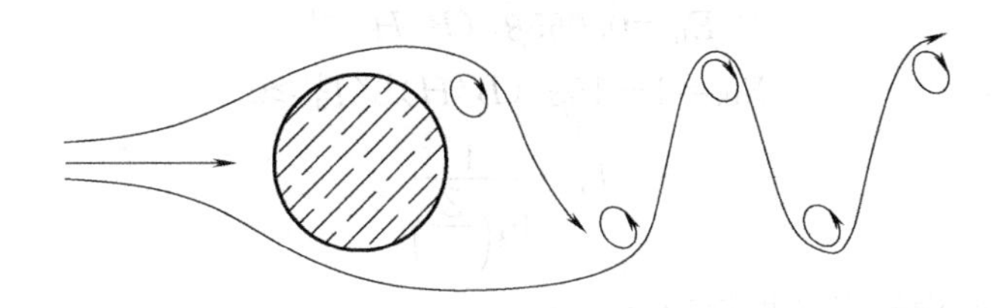

图 5-25 旋涡脱落

落的频率、风速及圆柱体直径之间存在以下关系：

$$S_t=\frac{fd}{v} \tag{5-122}$$

式中 f——旋涡脱落频率；

d——圆柱直径；

v——风速；

S_t——Strouhal 数，对于圆柱体，S_t 约为 0.2。

其他的钝体如方形、矩形或各种桥面都有类似的旋涡脱落现象。当钝体截面受到均匀流的作用时，截面背后的周期性旋涡脱落将产生周期变化的作用力——涡激力，且其涡激频率为：

$$f_v=S_t\frac{v}{d} \tag{5-123}$$

式中 d——截面投影到与气流垂直平面上的特性尺度，对于一般钝体截面，可取迎风面的高度；

v——风速。

涡激频率与结构的自振频率一致时将发生涡激共振。涡激共振可以激起弯曲振动也可以激起扭转振动，对于断面形状和阻尼的敏感性较高。由上式可知，涡频 f_v 与风速 v 呈线性关系，因而涡激振动只在某特定风速时才发生。频率为 f_s 振动的振动体系将对涡脱产生反馈作用，使涡频 f_v 在相当长的风速范围内被 f_s 所俘获，产生一种锁定现象。因此，涡激振动不是一种危险性的发散振动，通过增加阻尼，或者适当的整流装置，如折翼板、扰流板和分流板等，均可以将其振幅限制在可以接受的范围内。

《公路桥梁抗风设计规范》JTG/T D60—01 建议混凝土桥梁或者结构基频大于 5Hz 的桥梁可以不考虑涡激共振的影响，钢桥或者钢质桥塔宜通过风洞试验做涡激振动测试。实腹式桥梁的竖向和扭转涡激共振发生风速分别可按下式计算：

$$V_{cvh}=2.0f_bB;V_{cv\theta}=1.33f_tB \tag{5-124}$$

式中 V_{cvh}、$V_{cv\theta}$——竖向和扭转涡激共振发生风速；

f_b、f_t——竖向弯曲和扭转的振动频率；

B——桥面全宽。

实腹式桥梁竖向涡激共振振幅可按下式估算：

$$h_c=\frac{E_hE_{th}}{2\pi m_r\zeta_s}B<[h_a]=\frac{0.04}{f_b} \tag{5-125a}$$

$$m_r=\frac{m}{\rho B^2} \tag{5-125b}$$

$$E_{h}=0.065\beta_{ds}(B/H)^{-1} \tag{5-125c}$$

$$E_{th}=1-15\beta_{t}(B/H)^{1/2}I_{u}^{2}\geqslant 0 \tag{5-125d}$$

$$I_{u}=\frac{1}{\ln\left(\frac{Z}{z_{0}}\right)} \tag{5-125e}$$

式中 h_c——竖向涡激共振振幅（m）；

$[h_a]$——竖向涡激共振的允许振幅（m）；

m——桥梁单位长度质量（kg/m）；

ζ_s——桥梁结构阻尼比；

B、H——桥面宽度（m）和高度（m）；

I_u——紊流强度；

Z——桥面的基准高度（m）；

z_0——桥址处的地表粗糙高度（m）；

β_{ds}——形状修正系数；

β_t——系数，对六边形截面取 0，其他截面取 1。

实腹式桥梁扭转涡激共振振幅可按下式估算：

$$\theta_{c}=\frac{E_{\theta}E_{t\theta}}{2\pi I_{pr}\zeta_{s}}B<[\theta_{a}]=\frac{4.56}{Bf_{t}} \tag{5-126a}$$

$$I_{pr}=\frac{I_{p}}{\rho B^{4}} \tag{5-126b}$$

$$E_{\theta}=17.16\beta_{ds}(B/H)^{-3} \tag{5-126c}$$

$$E_{t\theta}=1-20\beta_{t}(B/H)^{1/2}I_{u}^{2}\geqslant 0 \tag{5-126d}$$

式中 θ_c——扭转涡激共振振幅（m）；

$[\theta_a]$——竖向涡激共振的允许振幅（m）；

I_p——桥梁单位长度质量惯矩（kg·m⁴/m）。

5.4.2.6 抖振

桥梁结构在紊流风场中诱发的强迫振动被称为抖振。对于任何暴露于自然风中的桥梁，其都会不可避免地发生风致抖振现象。随着风速的提高和桥梁跨度的增加，结构抖振响应幅值也将超线性增长，其虽然不会引起结构的直接破坏，但交变应力会引起构件的疲劳损伤，从而缩短结构的疲劳寿命；过大的振动幅度导致行车舒适度降低，在桥梁施工期间可能危及施工人员和机械的安全。因此，抖振是大跨柔性桥梁所面临抗风稳定性的关键问题之一。

在桥梁风工程领域，风荷载主要被分为平均风速引起的静风荷载、脉动风引起的抖振力和流固耦合引起的气动自激力等三部分。因此，在大跨度桥梁抖振分析理论中，强风作用下的桥梁运动方程可以表述为：

$$M\ddot{X}(t)+C\dot{X}(t)+KX(t)=F_{st}+F_{b}(t)+F_{se}(t) \tag{5-127}$$

式中 M、C、K——结构的质量、阻尼和考虑了自重的刚度矩阵；

$\ddot{X}(t)$、$\dot{X}(t)$、$X(t)$——节点的加速度、速度与位移列阵；

F_{st}——静力风荷载；

$F_b(t)$——表征脉动风作用的抖振力；

$F_{se}(t)$——描述风-桥流固耦合的气动自激力。

在准定常假设下，脉动风不影响桥梁断面的静力三分力系数，因而气动三分力系数通过风洞试验表示为有效攻角的函数。由于脉动风引起风速的瞬时攻角发生变化，如图 5-26 所示，桥梁断面在平均风与脉动风共同作用下的三分力按瞬时风轴坐标系可以表示为：

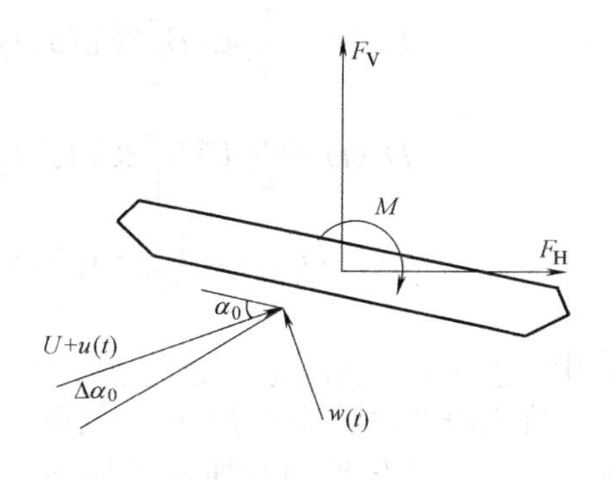

图 5-26　考虑瞬时攻角效应的主梁风荷载

$$L'(t)=\frac{1}{2}\rho\{[U+u(t)]^2+w^2(t)\}C_L(\alpha_0+\Delta\alpha_0)B \tag{5-128a}$$

$$D'(t)=\frac{1}{2}\rho\{[U+u(t)]^2+w^2(t)\}C_D(\alpha_0+\Delta\alpha_0)B \tag{5-128b}$$

$$M'(t)=\frac{1}{2}\rho\{[U+u(t)]^2+w^2(t)\}C_M(\alpha_0+\Delta\alpha_0)B^2 \tag{5-128c}$$

式中　$\Delta\alpha_0$——脉动风引起的附加攻角。

脉动风作用下的主梁断面在平衡位置做小幅振动，因而三分力系数可按泰勒公式展开并舍去非线性项；竖向脉动风速 $w(t)$ 相对较小，则附加攻角 $\Delta\alpha_0$ 亦为微小变量，因此

$$\sin\Delta\alpha_0\approx\Delta\alpha_0=\tan\Delta\alpha_0=\frac{w(t)}{U+u(t)}\approx\frac{w(t)}{U} \tag{5-129a}$$

$$\cos\Delta\alpha_0\approx1-\frac{\Delta^2\alpha}{2} \tag{5-129b}$$

将式（5-128）转化到平均风轴坐标系，并忽略高阶项，则有：

$$L_b(t)=\frac{1}{2}\rho U^2B\left[2C_L(\alpha_0)\frac{u(t)}{U}+(C_L'(\alpha_0)+C_D(\alpha_0))\frac{w(t)}{U}\right] \tag{5-130a}$$

$$D_b(t)=\frac{1}{2}\rho U^2B\left[2C_D(\alpha_0)\frac{u(t)}{U}+(C_{D'}(\alpha_0)-C_L(\alpha_0))\frac{w(t)}{U}\right] \tag{5-130b}$$

$$M_b(t)=\frac{1}{2}\rho U^2B\left[2C_M(\alpha_0)\frac{u(t)}{U}+C_M'(\alpha_0)\frac{w(t)}{U}\right] \tag{5-130c}$$

结合式（5-131），便可将风轴坐标系的抖振力转换为体轴坐标系下的抖振力：

$$\begin{pmatrix}L\\D\\M\end{pmatrix}=\begin{pmatrix}\cos\Delta\alpha_0 & \sin\Delta\alpha_0 & 0\\-\sin\Delta\alpha_0 & \cos\Delta\alpha_0 & 0\\0 & 0 & 1\end{pmatrix}\begin{pmatrix}L'\\D'\\M'\end{pmatrix} \tag{5-131}$$

在准定常假定下，主梁断面抖振力具有两个主要特点：① 三分力特性与脉动风频率无关；② 沿主梁宽度方向的风荷载完全相关。对于低频段的紊流即紊流尺度远大于主梁宽度时，准定常假定能够准确反映结构的受力特征；对于高频段的紊流即紊流尺度小于主梁宽度时，基于准定常假定的抖振力与结构真实受力状态会产生较大差别。因此，Davenport 引入了依赖于脉动风频率特性的气动导纳函数以修正准定常抖振力模型，使得 Davenport 抖振力模型中可以考虑脉动风的频率特性。在式（5-130）中引入 6 个气动导纳函数可得：

$$L_{\mathrm{b}}(t)=\frac{1}{2}\rho U^{2}B\left[2C_{\mathrm{L}}(\alpha_{0})\chi_{\mathrm{L}}\frac{u(t)}{U}+(C'_{\mathrm{L}}(\alpha_{0})+C_{\mathrm{D}}(\alpha_{0}))\chi'_{\mathrm{L}}\frac{w(t)}{U}\right] \tag{5-132a}$$

$$D_{\mathrm{b}}(t)=\frac{1}{2}\rho U^{2}B\left[2C_{\mathrm{D}}(\alpha_{0})\chi_{\mathrm{D}}\frac{u(t)}{U}+(C'_{\mathrm{D}}(\alpha_{0})-C_{\mathrm{L}}(\alpha_{0}))\chi'_{\mathrm{D}}\frac{w(t)}{U}\right] \tag{5-132b}$$

$$M_{\mathrm{b}}(t)=\frac{1}{2}\rho U^{2}B\left[2C_{\mathrm{M}}(\alpha_{0})\chi_{\mathrm{M}}\frac{u(t)}{U}+C'_{\mathrm{M}}(\alpha_{0})\chi'_{\mathrm{M}}\frac{w(t)}{U}\right] \tag{5-132c}$$

式中 χ_{L}、χ'_{L}、χ_{D}、χ'_{D}、χ_{M}、χ'_{M}——气动导纳函数。

在大跨度桥梁抖振分析中，气动导纳函数通常由风洞试验获得。当缺乏实测气动导纳函数时，气动导纳函数通常可取 Sears 函数或偏安全的取 1。自激力可由式（5-121）求得。

《公路桥梁抗风设计规范》JTG/T D60—01 建议，当判断桥梁结构对风作用敏感时，宜通过适当的风洞试验测定或数值模拟技术计算其气动力参数，进行抖振响应分析，必要时可通过全桥气动弹性模型试验测定其抖振响应。目前基于经典抖振理论，抖振响应的计算可分为频域法和时域法两大类。频域法采用傅里叶变换技术，通过激励的统计特性来确定结构相应的统计特性如均值与方差等。时域方法是通过模拟随机荷载的统计特性，将激励转化为时间序列，通过动力有限元的方法确定结构响应。近年来，考虑到气动力的非线性以及大跨度柔性结构的几何非线性等影响因素，时域方法逐渐成为主流。

5.4.2.7 拉索振动

拉索是斜拉桥的关键构件，由于斜拉索的柔度非常大，但其质量和阻尼比较小，故在风荷载、风雨共同作用及车辆荷载等活载作用下拉索极易发生振动。斜拉索大幅振动是不利的，主要表现在：①索的振动会引起索的疲劳，尤其在锚固处会更容易产生疲劳破坏，另外还会造成斜拉索防腐系统的老化破坏和斜拉索的整体疲劳失效；②索的大幅振动会引起行人对桥梁安全性的怀疑和不舒适感；③由于斜拉索与主梁的联合作用，斜拉索与主梁的振动相互影响，斜拉索的振动也会造成主梁的振动，从而对斜拉桥主梁的安全性和耐久性造成不利影响。因此，越来越多的学者开始关注斜拉索的振动问题，创立了多种关于斜拉索振动的理论，并发明了不同的减振器，以控制斜拉索的振动。

拉索振动可以分为两大类：风致振动与非风致振动。风致振动包括：涡激共振、尾流驰振、驰振、风雨激振等；非风致振动主要指参数共振和内共振。

气体流经斜拉索时，在斜拉索的上下部产生旋涡，当旋涡的脱落频率与索的某一阶横向固有振动频率相差不大时，斜拉索就会产生横风向共振，称为涡激共振。引发涡激共振的临界风速一般比较小，因此实桥上发生的涡激振动振幅不会太大，但由于激发振动的风速较低，故产生这种振动的累计时间较多，会引起索的疲劳破坏。尾流驰振是指当两根索沿风向斜列时，来流方向上游拉索的尾流区中存在一个不稳定弛振区，如果下游拉索正好位于这一不稳定区域，则会发生比上游拉索更强烈的横风向振动。一般来流方向的下游斜拉索发生比上游斜拉索更强烈的风致振动。斜拉索的参数振动是指发生在拉索和塔梁之间的耦合振动。拉索的锚固端与桥塔和主梁相连接，在风荷载或汽车作用下，斜拉桥主梁和塔将会发生振动现象。如果塔或梁的振动频率和拉索的横向自振频率（固有频率）成倍数关系，则会引起较大振幅的斜拉索横向振动。

风雨激振是指在风雨交加的时候，风、雨联合作用导致的斜拉索振动，此种振动频率往往比较低，但是其振幅较大。风雨激振自 20 世纪 80 年代中期在日本的 Meiko. Nishi 桥上被首先观察到之后，这种振动现象在世界各地的大桥上均被观察到了。由于这种斜拉索的振动要求的风速较小，中、小雨时也有可能发生，而且振动幅度值比较大，影响了行驶的舒适性和桥梁的正常使用，因此风雨激振是最受关注的拉索振动。

拉索风雨激振是最复杂的一种斜拉索振动，至今还没有完善的计算理论，现在主要通过现场实测、风洞试验和理论分析等手段进行研究。其中，现场实测是最早用于研究风雨激振的手段，它可以获得拉索风雨激振最准确的特征，可以为验证风洞试验和理论分析研究结果的真实性、可靠性提供宝贵资料；风洞试验可以重现风雨激振的一些基本特征，还可以对各种影响因素进行参数分析和研究振动控制措施的有效性。

图 5-27　拉索减振方式

(a) PE 护套压制凹坑、缠绕螺旋线；(b) 诺曼底大桥辅助索；(c) 油阻尼器；(d) 磁流变阻尼器

控制拉索振动有三种措施：空气动力学措施、结构措施与机械阻尼措施，如图 5-27 所示。由于风雨振的产生与上水线的形成有密切的关系，因此改变拉索表面形状以阻止上水线形成，如将 PE 护套外表面制成纵向肋条，缠绕螺旋线或压制一些凹坑，都能起到抑制风雨振的作用。较为有效的结构措施是设置辅助索，即将各拉索之间用一根或者多根辅助索联结起来形成一个索网。辅助索方法减少了拉索的自由长度，提高了整个索面的刚度，因而非常有效，但同时破坏了原有索面的景观，加之设计安装困难，实桥的应用较少。拉索易于振动主要是因为拉索具有非常低的固有结构阻尼，因此增加拉索阻尼是控制拉索振动特别是风雨振最直接的方法。常用的阻尼器有高阻尼橡胶阻尼器、油阻尼器、剪切型黏滞阻尼器等，湖南大学陈政清教授课题组开发研制了磁流变阻尼器，配套安装于洞庭湖大桥的拉索减振系统，被美国土木工程杂志（Civil Engineering Magazine）评价为世界上第一套应用磁流变阻尼器的智能控制系统，有效抑制了拉索风雨振。我国南京长江二

桥一方面采用PE护套外缠绕螺旋线，同时在拉索锚固区安装了油阻尼器。主跨世界第二的斜拉桥苏通大桥也采用了PE护套设置刻痕和磁流变阻尼器的混合控制措施，取得了不错的效果。

本章小结

(1) 介绍了大气边界层的基本概念；平均风速特性，包括平均风速剖面、基本风速、基本风压等；脉动风速特性，包括湍流强度、湍流积分尺寸、脉动风速功率谱和空间相关性等。

(2) 阐述了建筑结构上平均风荷载和脉动风荷载的计算方法。建筑结构顺风向随机风振响应分析介绍了风速谱到风压谱的转换、风振响应的频域分析方法以及背景响应与共振响应；建筑结构横风向涡激共振响应分析介绍了横风向涡激振动以及横风向涡激共振分析方法。

(3) 主要阐述了高层建筑和高耸结构抗风设计方法，它们是土木工程结构中应用最广泛的基本内容，并结合了我国有关建筑结构荷载中风荷载规范条文的最新内容。

(4) 桥梁抗风设计的目的在于保证结构在施工阶段和建成后运营阶段能够安全承受可能发生的最大风荷载的静力作用和动力作用。

(5) 静力风荷载会导致桥梁出现风致静力失稳，包括扭转发散失稳和横向屈曲失稳。阐述了桥梁结构两类失稳的产生机理及设计方法。

(6) 在风荷载动力效应方面，介绍了桥梁结构风致振动的分类，即弛振、颤振、涡振、抖振和拉索振动等，分别阐述了其发生机理及设计方法。

思考与练习题

5-1　试述非标准地貌下的风速换算方法。

5-2　简述湍流强度和湍流积分尺度随高度和地面粗糙度的变化规律。

5-3　以圆柱体绕流为例，阐述亚临界、超临界和跨临界区的流动特性。

5-4　试述斯脱拉哈数及其随雷诺数的变化规律。

5-5　试述频响函数随频率比的变化规律。

5-6　在刚性结构中，背景响应和共振响应哪个更显著？

5-7　如何根据结构的风振响应特点判断响应类型？

5-8　针对不同的风振响应类型，可采取哪些措施提高结构的抗风性能？

5-9　简述桥梁风工程的研究方法。

5-10　简述桥梁结构抗风设计准则。

5-11　简述桥梁风致振动的主要类型及其抗风设计理论。

5-12　简述控制拉索振动的常用措施。

第 6 章　建筑结构抗火设计

本章要点及学习目标

本章要点：

(1) 定量描述火灾作用的建筑火灾指标体系；

(2) 钢与混凝土材料高温特性；

(3) 抗火设计的抗力取值及荷载效应组合；

(4) 结构构件抗火设计方法与要求。

学习目标：

(1) 了解建筑火灾的基本知识；

(2) 了解高温下结构钢和混凝土的材料性能；

(3) 掌握并熟练运用钢结构和钢筋混凝土结构的基本构件抗火计算方法；

(4) 初步了解结构抗火设计原理。

6.1　建筑火灾的基本知识

6.1.1　建筑火灾历程及升温曲线

建筑火灾的发展一般可分为三个阶段，即初期增长阶段、全盛阶段及衰退阶段。火灾在初期增长阶段的燃烧面积很小并仅限于室内局部，表现为室内温度不高，可燃物燃烧产生的烟少且流动相当慢；进入全盛阶段时，室内温度达到最高；后继室内大多数可燃物烧尽或室内空气耗尽后，火焰逐渐减小直至熄灭，当室内温度下降至最高温差的 80%以下时，即认为火灾进入衰退阶段。

图 6-1 显示了单一可燃物在火灾全过程中的燃烧情况。

升温曲线描述了火灾全过程中的温度与时间数学关系，一般分为标准火灾升温曲线和大空间建筑火灾升温曲线。

6.1.1.1　标准火灾升温曲线

我国采用国际标准组织制定的 ISO 834 标准火灾升温曲线，如式 (6-1)：升温段 $t \leqslant t_h$

$$T_g - T_0 = 345\lg(8t+1) \tag{6-1}$$

降温段：$t > t_h$

$$\frac{dT_g}{dt} = -10.417, ℃/\min; t_h \leqslant 30\ \min \tag{6-1a}$$

$$\frac{dT_g}{dt} = -4.167(3 - t_h/60), ℃/\min; 30\min < t_h \leqslant 120\min \tag{6-1b}$$

图6-1 单一可燃物的燃烧历程

(a) 引燃；(b) 火灾初期增长阶段；(c) 火灾全盛阶段；(d) 火灾衰退阶段

$$\frac{dT_g}{dt}=-4.167,℃/\min;t_h\geqslant 120\min \tag{6-1c}$$

式中 t——火灾发生后持续的时间（min）；

T_0——初始室内的温度，一般取 20℃；

T_g——t 时刻着火室内的温度（℃）；

t_h——升温段持续时间（min），按参考文献［87］中式（2-21）确定。

6.1.1.2 大空间建筑火灾升温曲线

由于火源面积远小于室内地面面积，所以大空间建筑火灾也称为局部火灾。我国现行《建筑钢结构防火技术规范》GB 1249—2017 规定的大空间建筑火灾烟气温度-时间关系如式（6-2），是基于场模型对火灾进行参数分析得出的经验公式，适用于高度不小于 6m、独立空间地（楼）面面积不小于 500m^2 的建筑空间。

$$T_{(x,z,t)}-T_0=T_z[1-0.8\exp(-\beta t)-0.2\exp(-0.1\beta t)]\left[\eta+(1-\eta)\exp\left(-\frac{x-b}{\mu}\right)\right] \tag{6-2}$$

式中 $T_{(x,z,t)}$——对应火灾 t 时刻距火源中心水平距离 x(m)，距地面垂直距离 z(m) 处的烟气温度（℃）；

T_z——火源中心正上方高度 z(m) 处的烟气升温（℃）；

β——曲线形状系数；

η——温度衰减系数；

B——火源形状中心至火源最外边缘的距离（m）；

μ——拟合系数。

其中 T_z、β、η 及 μ 按《建筑钢结构防火技术规范》GB 1249—2017 附录 D 取值。

6.1.2 建筑结构构件耐火极限

构件的耐火极限有两层含义。一方面是指构件在火灾中失去稳定性、完整性或隔热性所经历的时间，它是结构构件耐火能力的表征；另一方面是以规范条文形式对结构构件的耐火能力提出明确的时间要求。

我国现行《建筑设计防火规范》GB 50016—2014 规定的构件耐火极限主要由建筑的耐火等级、构件的重要性及构件类型三种因素共同确定，与构件的材料无关。

6.1.3 火灾下钢构件升温计算方法

6.1.3.1 无防火保护层的钢构件升温计算

表 6-1 列出了在 ISO 834 标准火灾升温条件下无防火保护层的钢构件温度，其中，截面形状系数 F/V 为构件表面积 F 与体积 V 之比。

ISO 834 标准火灾升温条件下无防火保护层钢构件温度　　表 6-1

火灾时间 (min)	烟气温度 (℃)	截面形状系数 F/V (m^{-1})									
		10	20	30	40	50	100	150	200	250	300
0	20	20	20	20	20	20	20	20	20	20	20
5	576	32	44	56	67	78	133	183	229	271	309
10	678	54	86	118	148	178	311	416	496	552	590
15	739	81	138	193	246	295	491	609	669	697	711
20	781	112	197	277	350	416	638	724	752	763	767
25	815	146	261	365	456	533	737	786	798	802	805
30	842	182	327	453	556	636	799	824	830	833	834
35	865	221	396	538	646	721	838	852	856	858	859
40	885	261	464	618	723	787	866	874	877	879	880
45	902	302	531	690	785	835	888	893	896	897	898
50	918	345	595	752	834	871	906	911	913	914	915
55	932	388	655	805	871	898	922	926	928	929	929
60	945	432	711	848	900	919	936	940	941	942	943
65	957	475	762	883	923	936	949	952	954	954	955
70	968	518	807	911	941	951	961	964	965	966	966
75	979	561	846	933	956	963	972	974	976	976	977
80	988	603	880	952	969	975	982	984	986	986	987
85	997	643	908	968	981	985	992	994	995	995	996
90	1006	683	933	981	991	995	1001	1003	1004	1004	1004

注：1. 当 $F/V < 10$ 时，构件温度应按截面温度非均匀分布计算；
　　2. 当 $F/V > 300$ 时，构件温度等于火灾环境温度。

6.1.3.2 有轻质防火保护层的钢构件升温计算

通常当保护层满足式（6-3）时，即属于轻质保护层。

$$c_s \cdot \rho_s \cdot V \geqslant 2 \cdot c_i \cdot \rho_i \cdot d_i \cdot F_i \tag{6-3}$$

式中　c_s——钢的比热［J/(kg·℃)］；

ρ_s——钢的密度（kg/m^3）；

V——单位长度构件的体积（m^3/m）；

c_i——保护层的比热［$J/(kg\cdot℃)$］；

ρ_i——保护层的密度（kg/m^3）；

F_i——单位构件长度上保护层的内表面积（m^2/m）；

d_i——保护层的厚度（m）。

为便于工程应用，在常见温度范围内通过曲线拟合，得出标准火灾升温条件下的钢构件温度 T_s 计算式：

$$T_s=(\sqrt{0.044+5\times10^{-5}B}-0.2)t+T_0 \quad T_s\leqslant600℃ \tag{6-4}$$

式中　B——截面保护层系数，$B=\frac{\lambda_i}{d_i}\cdot\frac{F_i}{V}$，$F_i/V$ 按参考文献［87］中表 4-3 所列公式计算；

λ_i——保护层的导热系数［$W/(m℃)$］。

6.1.3.3　非轻质保护层钢构件升温计算

属性不满足式（6-3）的保护层为非轻质保护层，推荐在工程应用中采用式（6-5）计算敷设非轻质保护层钢构件温度的增量：

$$\Delta T_s=\frac{\lambda_i/d_i}{c_s\cdot\rho_s}\cdot\frac{F_i}{V}\cdot\left[\frac{1}{1+\mu/2}\right]\cdot(T_g-T_s)\cdot\Delta t-\frac{\Delta T_g}{1+\frac{2}{\mu}} \tag{6-5}$$

式中　ΔT_g——时间步 i 时对应的火灾环境温度增量（℃）；

μ——按文献［87］中式（4-36）确定。

6.1.3.4　防火保护层含水率对钢构件升温的影响

在大多数情况下，防火保护层内都含有一定的自由水分，在升温过程中，这些水分会蒸发，称这种防火保护层为湿性保护层，对这种湿性防火保护层下的钢构件的升温计算一般采用近似方法。基本方程及基本解法均与上述干性保护层相同，只是在构件温度达到100℃时，考虑保护层内的水分蒸发，吸收热量，构件温度停止上升，直到保护层内的水分蒸发完为止。

6.1.4　火灾下钢筋混凝土构件截面温度场计算

钢筋混凝土构件截面温度场是钢筋混凝土结构抗火性能分析及其火灾后性能评估的基础条件。

6.1.4.1　钢筋混凝土构件截面温度场特点及影响因素

火灾燃烧产生的热量通过热传导逐渐输入构件内部，由于混凝土材料的热惰性，钢筋混凝土构件内部形成非常不均匀的温度分布，并随火灾发展进程而不断变化，因此钢筋混凝土构件截面上的温度分布是瞬态的。构件截面上的温度分布特征对其内力、变形和承载力均产生较大影响。

影响钢筋混凝土构件截面温度分布的因素主要有：火灾环境温度、构件受火时间、构件截面形状和尺寸、构件表面受火方式（即：单面受火、两面受火、三面受火或四面受火）以及混凝土材料的热工性能。

普通混凝土和预应力混凝土结构中，钢筋（丝）按一定方式分散布置在混凝土内，占混凝土总体积的百分数较小（小于3%），因此，在火灾历程中，钢筋对混凝土构件截面温度分布影响较小，一般可忽略。

结构的高温力学反应在通常情况下不会改变其既有的温度分布，但是当钢筋混凝土结构出现很宽的裂缝或混凝土保护层局部崩脱时，热量输入也会造成小范围的局部温度变化。为简化计算，通常也忽略混凝土开裂或表层崩脱后截面局部温度重分布。

已有试验和分析结果表明，在火灾环境温度分布较为均匀的情况下，钢筋混凝土梁、柱等杆系构件的温度场除端部区域外沿纵向可近似视为均匀，一般假设沿构件轴线的温度相同，在横截面上为二维温度场；墙、板等平面构件的温度场除边缘区域外在平面内可近似视为均匀，可简化为沿厚度方向的一维温度场。

6.1.4.2 钢筋混凝土构件截面温度场计算方法

确定钢筋混凝土构件截面温度场主要有四种方法，即：解析法、数值分析法、图表法和实测法。

解析法是通过求解热传导方程，获得构件截面温度场的解析解。然而在火灾（高温）作用下，钢筋混凝土构件的温度边界条件和混凝土的导热系数、比热容、质量密度等热工参数均随时间变化，因此混凝土构件内部的热传导是一个非线性瞬态问题，需要借助于数值分析方法。

图6-2为采用有限元数值分析方法，对某三面受火（底面和两侧面受火）的钢筋混凝土构件截面进行网格划分和数值传热分析后获得的截面温度分布图。

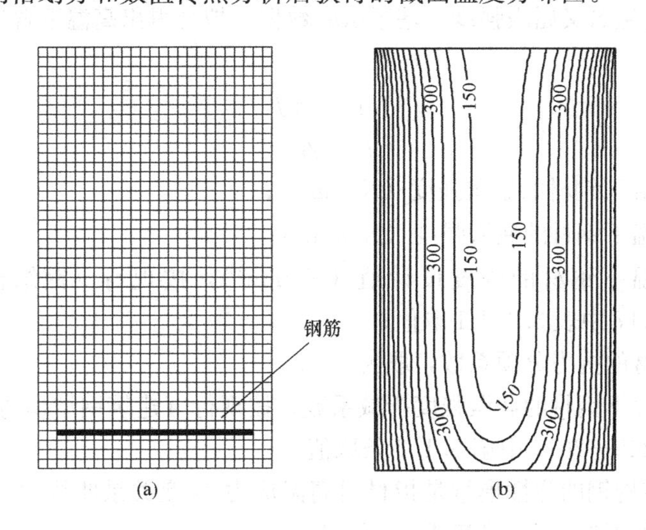

图6-2 钢筋混凝土温度场的数值分析结果

（a）截面网格划分；（b）截面等温线分布

采用有限元法对构件截面温度场进行分析尽管比较准确、直观，但工作量较大，且需要较高的软件操作水平，因此不适合于工程应用。

实测法是制作足尺寸试件进行高温试验，显然这种方法因为费用太高，效率低下，也不适合于工程应用。

基于大量的计算分析和试验数据，针对常用的钢筋混凝土构件截面尺寸，参考文献[87]附录四中给出了在 ISO 834 标准升温条件下，单面受火钢筋混凝土楼板（墙）、相同截面尺寸的相邻两面受火柱、三面受火（梁）柱和四面受火柱的截面温度场曲线。当构件截面尺寸、受火时间、受火条件等都符合附录四图表条件时，可直接查取截面温度场；若不完全相符，也可按相近条件查得温度曲线后再进行插值计算。

6.2 钢材及混凝土的高温材性

6.2.1 高温下普通结构钢的物理力学性能

高温下结构钢的物理特性主要包括热膨胀系数、热传导系数、比热容和密度。热膨胀系数是指固体在温度每升高 1℃ 时长度或体积发生的相对变化量，可取为 1.4×10^{-5}m/(m·℃)。热传导系数又称导热系数，是指在单位温度梯度条件下，在单位时间内单位面积上所传递的热量，可取为 45W/(m·℃)。比热容简称比热，是指单位质量的物质温度升高或降低 1℃时所吸收或释放的热量，可取为 600J/(kg·℃)。密度可取为 7850kg/m^3。

高温下钢材的力学性能主要包括应力-应变关系、屈服强度、弹性模量和泊松比。普通结构钢在某温度水平的应力-应变关系曲线可以通过恒温加载材性试验获得。由于普通结构钢在高温下没有明显的屈服平台，所以，我国采用 0.2%名义应变对应的屈服强度作为普通结构钢的高温名义屈服强度。基于试验数据，拟合得出高温下普通结构钢屈服强度表达式为

$$f_{yT}=\eta_{sT}f_y \tag{6-6}$$

$$f_y=\gamma_R f \tag{6-7}$$

式中 f_{yT}——高温下钢材的屈服强度（N/mm^2）；

f_y——常温下钢材的屈服强度（N/mm^2）；

f——常温下钢材的强度设计值（N/mm^2），按现行《钢结构设计标准》GB 50017 中表 3.4.1-1 取值；

γ_R——钢材的抗力分项系数，取为 1.1；

η_{sT}——高温下钢材的屈服强度折减系数，按现行《建筑钢结构防火技术规范》GB 51249—2017 中第 5.1.2 条取值。

高温下普通结构钢的弹性模量是指材料高温应力-应变关系曲线中每个温度水平所对应的初始线性阶段的斜率值，可按式（6-8）确定：

$$E_{sT}=\chi_{sT}E_s \tag{6-8}$$

式中 E_{sT}——高温下钢材的弹性模量（N/mm^2）；

E_s——常温下钢材的弹性模量（N/mm^2）；

χ_{sT}——高温下钢材的弹性模量折减系数，按《建筑钢结构防火技术规范》GB 51249—2017 中第 5.1.3 条取值。

高温下普通结构钢的泊松比 v_s 是在高温条件下，材料横向应变与纵向应变比值的绝

对值，其受温度的影响很小，可取 $v_s=0.3$。

6.2.2 高温过火冷却后普通结构钢的力学性能

6.2.2.1 屈服强度与应力-应变关系

热轧钢及冷弯型钢高温过火冷却后，其弹性模量基本保持不变。热轧钢高温过火温度为 710℃后，其屈服强度和极限抗拉强度下降约 10%；冷弯型钢过火后的屈服强度和极限抗拉强度下降约 20%，并且过火冷却后的屈服强度要略低于常温屈服强度。

钢筋高温后的屈服强度与钢筋类型以及高温后的冷却方式有关。当钢筋过火温度小于 500℃，冷却后，其应力-应变关系与常温基本相同；当大于 500℃，冷却后，钢筋应力-应变关系的屈服平台消失。

6.2.2.2 弹性模量

试验表明，高温后钢筋的弹性模量随温度升高而降低，但与钢筋种类关系不大，冷却方式对其影响也较小。当钢筋过火温度小于 500℃，冷却后，其弹性模量相对于常温弹性模量的降低幅度一般在 10%以内。

6.2.3 高温下混凝土的物理力学性能

混凝土是一种人工复合材料，其热物理参数主要包括：热膨胀系数、热传导系数、比热容以及密度。混凝土的热膨胀是水泥石热膨胀、脱水收缩以及骨料热膨胀的综合作用。根据混凝土骨料种类的不同，硅质骨料与钙质骨料的热膨胀系数 α_{cT} 分别按《建筑混凝土结构耐火技术规程》DBJ/T 15-81—2011 中第 4.4.2-1 与 4.4.2-2 条确定。混凝土的热传导系数主要受骨料种类、含水量、混凝土配合比等因素的影响，热传导系数 λ_{cT} 按现行《建筑混凝土结构耐火技术规程》DBJ/T 15-81—2011 中第 4.4.1-1 条确定。高温下混凝土的比热容随温度的升高而逐渐增大，超过 600℃后趋于稳定，比热容 C_{cT} 按《建筑混凝土结构耐火技术规程》DBJ/T 15-81—2011 中第 4.4.1-2 条确定。混凝土的密度在升温过程中也不断地发生变化，高温下普通混凝土密度 ρ_{cT} 按《建筑混凝土结构耐火技术规程》DBJ/T 15-81—2011 中第 4.4.1-3 条确定。

高温下混凝土的力学性能包括：轴心抗压强度、抗拉强度以及弹性模量。在火灾升温历程中，混凝土将产生一系列的物理化学反应，因此，影响高温下混凝土力学性能的因素很多，如：加热速度、试件受力状态、骨料性质、常温下的混凝土强度等。普通混凝土高温下轴心抗压强度 f_{cu}^{T} 按式（6-9）确定：

$$f_{cu}^{T}=\eta_{cT}f_{cu} \tag{6-9}$$

式中 η_{cT}——高温下混凝土轴心抗压强度折减系数，按《建筑混凝土结构耐火技术规程》DBJ/T 15-81—2011 中第 4.4.3 条确定。

高温下混凝土的抗拉强度 f_t^{T} 随温度升高而单调下降，普通混凝土高温下抗拉强度按式（6-10）确定：

$$f_t^{T}=\eta_{tT}f_t \tag{6-10}$$

式中 η_{tT}——普通混凝土高温抗拉强度折减系数，按《建筑混凝土结构耐火技术规程》DBJ/T 15-81—2011 中第 4.4.4 条确定。

随着温度升高，混凝土弹性模量降低。普通混凝土高温下弹性模量 E_{cT} 按（6-11）确定：

$$E_{cT}=\chi_{cT}E_c \tag{6-11}$$

式中 E_c——常温下混凝土弹性模量（N/mm^2）；

χ_{cT}——高温下混凝土弹性模量折减系数，按《建筑混凝土结构耐火技术规程》DBJ/T 15-81—2011 中第 4.4.5 条确定。

6.2.4 高温后混凝土的力学性能

高温后混凝土的力学性能主要包括抗压强度、抗拉强度、弹性模量、应力-应变关系。高温后混凝土轴心抗压强度 f_{cT}^r 随过火温度升高而逐渐降低，按式（6-12）确定：

$$f_{cT}^r=\eta_{cT}^r f_c \tag{6-12}$$

式中 η_{cT}^r——混凝土高温后轴心抗压强度折减系数，按文献［87］中式（5-31b）取值。

试验表明，火灾作用后，混凝土抗拉强度的损失远大于抗压强度，且过火温度越高降低幅度越大，拉、压强度比不再为常数，其比值在 400～700℃之间最小。高温后自然冷却的混凝土抗拉强度可按高温下抗拉强度取值。

高温后混凝土弹性模量按式（6-13）确定：

$$E_{cT}^r=\chi_{cT}^r E_c \tag{6-13}$$

式中 χ_{cT}^r——高温后混凝土弹性模量折减系数，按参考文献［87］中式（5-32b）确定。

混凝土在高温作用后，其单次加载下的应力-应变曲线与常温下相似，但由于混凝土轴心抗压强度和弹性模量的降低，曲线表现更为平缓。高温后混凝土应力-应变关系按式（6-14）确定：

$$y=\begin{cases}0.63x+1.74x^2-1.37x^3 & x\leqslant 1\\ \dfrac{0.67x-0.22x^2}{1.00-1.33x+0.78x^2} & x\geqslant 1\end{cases} \tag{6-14}$$

其中： $x=\varepsilon/\varepsilon_{0T}^r \quad y=\sigma/f_{cT}^r$

式中 f_{cT}^r、ε_{0T}^r——过火温度 T 后，混凝土的轴心抗压强度（N/mm^2）和应变峰值，其中 ε_{0T}^r 按参考文献［87］中式（5-34）确定。

6.2.5 高温下钢筋的物理力学性能

高温下普通钢筋热物理性能包括：导热系数、热膨胀系数、比热容、密度，其取值与高温下普通结构钢的取值一致，可参见本章 6.2.1 节。

高温下普通钢筋的力学性能包括：屈服强度与弹性模量。屈服强度按式（6-15）确定。

$$f_{yT}=\eta_{yT}f_y \tag{6-15}$$

式中 η_{yT}——高温下普通钢筋的屈服强度折减系数，按《建筑混凝土结构耐火技术规程》DBJ/T 15-81—2011 中第 4.1.3 条确定。

高温下普通钢筋的弹性模量按式（6-16）确定：

$$E_{sT}=\chi_{sT}E_s \tag{6-16}$$

式中 χ_{sT}——高温下普通钢筋的弹性模量折减系数，按《建筑混凝土结构耐火技术规程》DBJ/T 15-81—2011 中第 4.1.4 确定。

6.3 结构抗火设计的一般原则与方法

6.3.1 结构抗火设计要求及目标

结构的基本功能是抵抗外界荷载。火灾下，随着结构内部温度的升高，结构的承载能力将下降，当结构的承载能力下降到与外荷载（包括温度作用）产生的组合效应相等时，结构达到抗火承载极限状态。

无论是构件层次还是整体结构层次的抗火设计，总体要求满足：

$$\text{结构(构件)抗火能力} \geqslant \text{结构(构件)抗火要求} \tag{6-17}$$

具体要求可从以下耐火极限、临界温度和荷载效应三个方面考虑：

（1）在规范规定的耐火极限内对结构（构件）进行耐火验算，使其高温承载力 R_d 不小于其荷载组合效应 S_m，即：

$$R_d \geqslant S_m \tag{6-18}$$

（2）在荷载组合效应下，对结构（构件）进行防火设计，使其耐火时间 t_d 不小于规范规定的耐火极限 t_m，即

$$t_d \geqslant t_m \tag{6-19}$$

（3）火灾下，当结构（构件）内部温度分布一定时，若规定结构（构件）达到承载极限状态时其内部某特征点的温度为临界温度 T_d，则 T_d 应不小于在规范规定的耐火极限内结构在该特征点处的最高温度 T_m，即：

$$T_d \geqslant T_m \tag{6-20}$$

当明确了结构抗火设计要求后，则应进一步确定火灾下结构的抗火能力。火灾下，构件和结构这种两层次的抗火承载极限状态，分别对应结构局部破坏和整体结构倒塌。

6.3.2 结构抗火设计方法

结构抗火设计由所设计火灾场景的升温计算、结构（构件）升温计算以及验算高温下结构（构件）抗火承载力三部分组成，其中，火灾场景的升温计算结果作为结构（构件）升温及高温下力学分析的温度边界条件。以分别验算结构的耐火极限、临界温度及荷载效应为目标，结构抗火设计方法总体上可分为承载力法及临界温度法。

6.3.2.1 承载力法

承载力法是参照时间指标，即耐火极限，验算结构（构件）的高温承载力是否满足结构抗火要求。具体可按下列步骤进行：

（1）设计建筑室内火灾场景，确定火灾的温度-时间历程；

（2）设计防火保护措施，确定防火保护材料的热工性能等技术参数，也可假定结构（构件）无防火保护；

（3）计算构件在《建筑设计防火规范》GB 50016—2014 中表 5.1.1 规定的耐火极限内的升温，并按式（6-21）确定火灾工况下结构或构件的荷载组合效应；

（4）验算结构（构件）的高温承载力；

（5）如果结构（构件）的高温承载力不满足要求，则按步骤（2）重新设计防火保护措施，直至验算满足要求。

6.3.2.2 临界温度法

临界温度法是验算火灾工况下结构（构件）的荷载组合效应达到其高温承载力时所对应的特征温度是否小于结构（构件）在规范规定的耐火极限内所达到的温度，以温度指标验算结构（构件）的高温承载力是否满足抗火要求。具体可按下列步骤：

（1）按照式（6-21）规定的火灾工况下的荷载效应组合值计算结构（构件）达到其高温承载力所对应的临界温度；

（2）计算结构（构件）在《建筑设计防火规范》GB 50016—2014 中表 5.1.1 规定的耐火极限内所达到的温度；

（3）验算结构（构件）的临界温度是否大于规范规定的耐火极限内所达到的温度；

（4）如果第（3）步的验算不满足要求，则设计结构（构件）防火保护措施，或增强结构（构件）在无防火保护条件下自身抗火能力，从而提高其临界温度；

（5）回到步骤（2）重新计算，直至结构（构件）的抗火承载力满足要求。

临界温度法和承载力法进行结构（构件）抗火设计的核心理念是相同的，均是对结构结构（构件）的高温承载力进行验算，区别在于，承载力法参照时间指标验算结构结构（构件）的承载力是否满足要求；而临界温度法则是将温度指标作为判别结构（构件）高温承载极限状态的依据，并且为了方便工程应用，给出了多参数影响下的结构（构件）的临界温度值可直接查用。

6.3.3 结构抗火设计的抗力取值及荷载效应组合

考虑到火灾的偶然性，结构抗火承载能力的安全度可低于结构正常使用工况，计算火灾下结构（构件）的承载力或抗力时，可取材料强度的标准值，比正常使用工况下取材料强度的设计值略为提高。

目前国内外基于概率可靠度的极限状态设计法均采用不同分项系数的荷载效应线性组合设计表达式。我国根据荷载代表值及有关参数的具体情况，进行结构（构件）抗火设计时应考虑结构（构件）上可能同时出现的荷载（作用），按式（6-21）荷载效应组合值的最不利情况确定：

$$S=\gamma_{\mathrm{G}}G_{\mathrm{k}}+\sum_{i}\gamma_{\mathrm{Q}i}Q_{i\mathrm{k}}+\gamma_{\mathrm{W}}W_{\mathrm{k}}+\gamma_{\mathrm{F}}F_{\mathrm{k}}(\Delta T) \tag{6-21}$$

式中 S——荷载组合效应；

G_{k}——永久荷载标准值效应；

$Q_{i\mathrm{k}}$——楼面或屋面荷载（不考虑屋面雪载）标准值效应；

W_{k}——风载标准值效应；

$F_{\mathrm{k}}(\Delta T)$——构件或结构的温度变化引起的效应（温度效应）；

γ_{G}——永久荷载分项系数，取 1.0；

$\gamma_{\mathrm{Q}i}$——楼面或屋面活载效应分项系数，取 1.0；

γ_{W}——风载效应分项系数，取 0 或 0.3，选不利情况；

γ_F——温度效应分项系数，取 1.0。

6.3.4　火灾下结构内力计算

结构（构件）在火灾下的内力由两部分组成，一部分是由结构（构件）所承受的外荷载产生，另一部分则是由于结构（构件）温度升高时，其热膨胀变形受到约束而产生的温度内力。

计算局部火灾下由外荷载产生的结构（构件）内力，一般考虑建筑某个区域受火，并且假设受火区域内构件均匀升温。由于实际建筑结构设计都已先进行了常温下结构内力计算，进行结构抗火设计时，为简化计算，可以偏于安全地假定火灾下由荷载产生的结构（构件）内力与常温下相等。

计算结构在局部火灾下构件的温度内力，可采用结构整体分析方法。该方法将受火构件的温度效应等效为杆端作用力，将该等效力作用在与该杆端对应的结构节点上，然后按常温下的计算方法对结构进行分析，分析时各构件的材料特性按构件升温后的材料特性取值，从而可得到在整体结构中该构件由于升温产生的温度内力和变形。

6.4　钢结构构件实用抗火计算与设计

常温下钢结构构件按受力特性可分为轴心受力构件、受弯构件和压（拉）弯构件。上述钢构件抗火承载力验算方法的原理及公式推导与常温下基本钢构件相同，不同之处在于考虑了温度对材料强度、弹性模量和稳定系数等指标的影响。

6.4.1　轴心受力构件

6.4.1.1　轴心受拉钢构件的抗火承载力验算

如图 6-3 所示，端部用螺栓连接的轴心受拉工况，构件上存在两种截面，即：有螺栓孔的净截面 1-1；无螺栓孔的毛截面 2-2。对于轴心受拉钢构件，可假定截面应力均匀分布，按火灾工况下构件的承载极限状态判别标准，轴心受拉钢构件截面的抗火承载力按式（6-22）验算：

$$\frac{N}{A_n} \leqslant \eta_{sT} \gamma_R f \tag{6-22}$$

式中　N——火灾下钢构件的轴拉力或轴压力设计值；

A_n——钢构件的净截面面积（mm^2）。

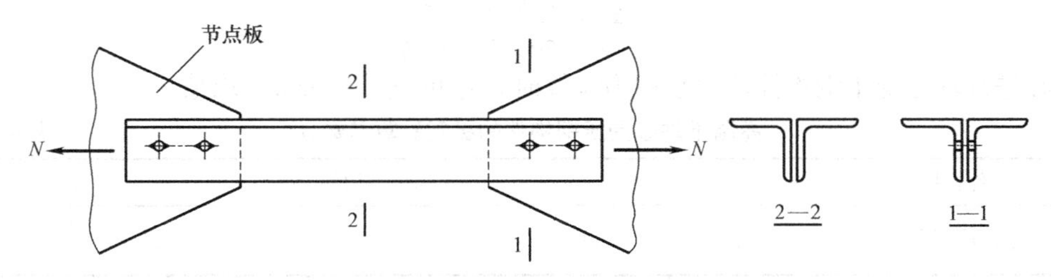

图 6-3　端部有螺栓孔的双角钢轴心受拉构

在火灾升温历程中，式（6-22）中钢构件的轴拉力设计值应按式（6-21）确定。构件的承载力 $\eta_{sT}\gamma_R f$ 将随温度的升高而衰减，式（6-22）实际是验算无防火保护钢构件按照《建筑设计防火规范》GB 50016—2014 中表 5.1.2 规定的耐火极限内是否满足荷载效应组合值不大于其高温承载力 $\eta_{sT}\gamma_R f$。如果不满足要求，则需要对轴心受拉钢构件实施防火保护。轴心受拉钢构件的临界温度 T_d 应根据式（6-23）确定的截面强度荷载比 R，按表 6-2 取值。

$$R=\frac{N}{A_n f} \tag{6-23}$$

按截面强度荷载比 R 确定的钢构件的临界温度 T_d（℃） 表 6-2

R	0.30	0.35	0.40	0.45	0.50	0.55	0.60
结构钢构件	676	656	636	617	599	582	564
R	0.65	0.70	0.75	0.80	0.85	0.90	
结构钢构件	546	528	510	492	472	452	

6.4.1.2 高温下轴心受压钢构件抗火承载力验算

轴心受压钢构件主要有两类：一类是短而粗的受压构件，其抗火承载力验算与轴心受拉构件相同，按式(6-22)验算其净截面强度；另一类是长而细的轴心受压构件，如图 6-4 所示，这类构件的破坏通常是由其高温稳定承载力控制。

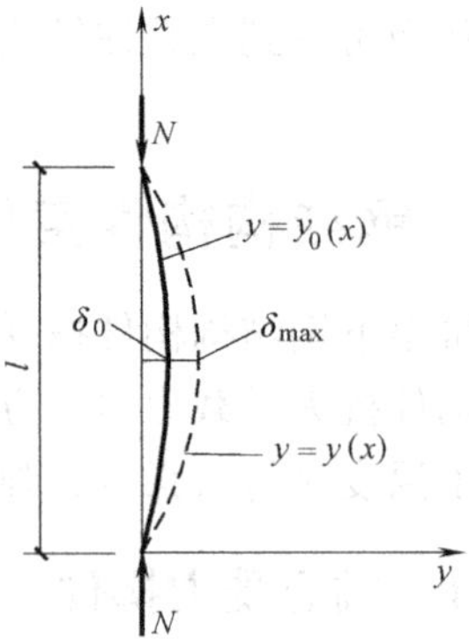

图 6-4 轴心受压钢构件的计算模型

6.4.1.3 高温下轴心受压钢构件的稳定系数

基于最大荷载理论引入高温下轴压钢构件的稳定系数 φ_T，并将高温下轴心受压构件的临界应力 σ_{crT} 和常温下轴压构件的临界应力 σ_{cr} 分别表示为：

$$\sigma_{crT}=\varphi_T f_{yT} \tag{6-24}$$

$$\sigma_{cr}=\varphi f_y \tag{6-25}$$

式中 φ_T——高温下轴心受压钢构件的稳定系数；

φ——常温下轴心受压钢构件的稳定系数，可按照我国现行《钢结构设计标准》GB 50017 中附表 1 查取。

定义轴心受压钢构件高温下和常温下的稳定系数之比为 α_c，由式（6-24）和式(6-25)可得：

$$\alpha_c=\frac{\varphi_T}{\varphi}=\frac{\sigma_{crT} f_y}{\sigma_{cr} f_{yT}}=\frac{\sigma_{crT}}{\sigma_{cr}\eta_{sT}} \tag{6-26}$$

在进行轴心受压钢构件抗火承载力验算时，α_c 可直接按表 6-3 取值。

高温下轴心受压钢构件的稳定验算参数 α_c 表 6-3

构件材料		结构钢构件					
$\lambda\sqrt{f_y/235}$		≤10	50	100	150	200	250
温度(℃)	≤50	1.0	1.0	1.0	1.0	1.0	1.0
	100	0.998	0.995	0.988	0.983	0.982	0.981
	150	0.997	0.991	0.979	0.970	0.968	0.968
	200	0.995	0.986	0.968	0.955	0.952	0.951

续表

构件材料		结构钢构件					
$\lambda\sqrt{f_y/235}$		≤10	50	100	150	200	250
温度（℃）	250	0.993	0.980	0.955	0.937	0.933	0.932
	300	0.990	0.973	0.939	0.915	0.910	0.909
	350	0.989	0.970	0.933	0.906	0.902	0.900
	400	0.991	0.977	0.947	0.926	0.922	0.920
	450	0.996	0.990	0.977	0.967	0.965	0.965
	500	1.001	1.002	1.013	1.019	1.023	1.024
	550	1.002	1.007	1.046	1.063	1.075	1.081
	600	1.002	1.007	1.050	1.069	1.082	1.088
	650	0.996	0.989	0.976	0.965	0.963	0.962
	700	0.995	0.986	0.969	0.955	0.952	0.952
	750	1.000	1.001	1.005	1.008	1.009	1.009
	800	1.000	1.000	1.000	1.000	1.000	1.000

按式（6-27）对其进行火灾下整体稳定性验算：

$$\frac{N}{\varphi_{\mathrm{T}}A}\leqslant\eta_{\mathrm{sT}}\gamma_{\mathrm{R}}f \tag{6-27}$$

式中 A——受火构件截面面积（mm^2）。

在承载力法中，按照式（6-27）验算轴心受压钢构件的荷载效应组合值$\frac{N}{\varphi_{\mathrm{T}}A}$在《建筑设计防火规范》GB 50016—2014 中表 5.1.2 规定的耐火极限内，是否不大于其高温承载力 $\eta_{\mathrm{sT}}\gamma_{\mathrm{R}}f$。

同时，按照式（6-28）可确定轴心受压钢构件的抗火承载力极限状态：

$$\frac{N}{\varphi Af}=\gamma_{\mathrm{R}}\alpha_{\mathrm{c}}\eta_{\mathrm{sT}} \tag{6-28}$$

式（6-28）左端项定义为轴心受压构件的稳定荷载比 R'，即：

$$R'=\frac{N}{\varphi Af} \tag{6-29}$$

当已知构件的特征温度和长细比 λ，由式（6-29）可确定轴心受压钢构件的稳定荷载比 R'。根据表 6-4 所列的轴心受压钢构件的临界温度，验算其在耐火极限内的特征温度 T_{m} 是否小于其临界温度 T_{d}。如果满足要求，则认为轴心受压钢构件抗火承载力符合要求。

轴心受压钢构件的临界温度 T_d（℃） **表 6-4**

构件材料		普通结构钢构件				
$\lambda\sqrt{f_y/235}$		≤50	100	150	200	≥250
R'	0.30	674	672	670	669	669
	0.35	654	652	651	650	650
	0.40	636	635	634	634	634
	0.45	618	619	620	621	621

续表

构件材料		普通结构钢构件				
$\lambda\sqrt{f_y/235}$		≤50	100	150	200	≥250
R'	0.50	601	606	607	608	609
	0.55	583	592	595	597	598
	0.60	566	575	579	582	583
	0.65	548	557	561	564	566
	0.70	530	538	542	545	547
	0.75	511	516	521	523	524
	0.80	492	494	496	498	498
	0.85	471	469	467	467	467
	0.90	447	439	429	426	426

6.4.2 受弯构件

6.4.2.1 高温下受弯钢构件的整体稳定系数

当截面无削弱时，受弯钢构件的承载力由整体稳定控制。根据弹性理论，常用的绕强轴受弯的单轴（或双轴）对称截面钢构件的临界弯矩为：

$$M_{cr}=C_1\frac{\pi^2EI_y}{l^2}\left[C_2a+C_3\beta+\sqrt{(C_2a+C_3\beta)^2+\frac{I_\omega}{I_y}\left(1+\frac{GI_tl^2}{\pi^2EI_\omega}\right)}\right]\beta_b \tag{6-30}$$

式中 C_1、C_2、C_3——与荷载有关的系数；

β_b——构件整体稳定的等效弯矩系数；

β——与构件截面形状有关的参数；

a——横向荷载作用点至截面剪力中心的距离；

I_y——构件截面绕弱轴 y 轴的惯性矩；

I_ω——构件截面的扇性惯性矩；

I_t——构件截面的扭转惯性矩；

l——构件的跨度（m）；

E——弹性模量（N/mm^2）；

G——剪切模量（N/mm^2）。

高温下，除了构件的材料参量 E 和 G 发生变化外，其他条件均未改变，因此式(6-30)也适于高温情况，即：

$$M_{crT}=C_1\frac{\pi^2E_TI_y}{l^2}\left[C_2a+C_3\beta+\sqrt{(C_2a+C_3\beta)^2+\frac{I_\omega}{I_y}\left(1+\frac{G_TI_tl^2}{\pi^2E_TI_\omega}\right)}\right]\beta_b \tag{6-31}$$

式中 M_{crT}——高温下受弯构件的临界弯矩；

E_T——温度为 T_s 时的弹性模量（N/mm^2）；

G_T——温度为 T_s 时的剪切模量（N/mm^2）。

考虑高温下抗力分项系数，定义受弯构件高温下整体稳定系数与常温下整体稳定系数之比为 α_{bT}：

$$\alpha_{bT}=\frac{\varphi_{bT}}{\varphi_b}=\frac{M_{crT}f_y}{M_{cr}f_{yT}} \tag{6-32}$$

因高温下钢材的泊桑比与常温下相同，则 $G_T/E_T=G/E$，将式（6-30）、式（6-31）代入式（6-32），得：

$$\alpha_{bT}=\frac{E_T f_y}{E f_{yT}} \tag{6-33}$$

式中 E——常温下材料的弹性模量（N/mm^2）；

E_T——材料温度为 T_s 时的弹性模量（N/mm^2）。

在实际工程应用中，按表 6-5 确定受弯构件高温下的稳定验算参数 α_{bT}。

受弯钢构件高温下的稳定验算参数 α_{bT} **表 6-5**

材料＼温度	20	100	150	200	250	300	350	400
结构钢构件	1.000	0.980	0.966	0.949	0.929	0.905	0.896	0.917
材料＼温度	450	500	550	600	650	700	750	800
结构钢构件	0.962	1.027	1.094	1.101	0.961	0.950	1.011	1.000

通过 α_{bT} 对常温下受弯钢构件的整体稳定系数修正，得到高温下构件的整体稳定系数：

$$\varphi_{bT}=\alpha_{bT}\varphi_b \tag{6-34}$$

上述关于 φ_b、φ_{bT} 的计算是以构件处于弹性状态工作为条件的，如果考虑构件处于弹塑性工作状态，应对其进行修正。

常温下受弯构件的稳定验算，我国现行《钢结构设计规范》GB 50017 规定：

$$\varphi_b=1.07-\frac{\lambda_y^2}{44000}\cdot\frac{f_y}{235} \tag{6-35}$$

当 $\varphi_b>0.6$ 时，应采用下式计算的 φ_b' 代替 φ_b，即：

$$\varphi_b'=1.07-\frac{0.282}{\varphi_b}\leqslant 1.0 \tag{6-36}$$

类似地，进行高温下受弯构件的稳定验算，当 $\varphi_{bT}>0.6$ 时，则有：

$$\varphi_{bT}=\begin{cases}\alpha_b\varphi_b & \alpha_b\varphi_b\leqslant 0.6\\ 1.07-\dfrac{0.282}{\alpha_b\varphi_b}\leqslant 1.0 & \alpha_b\varphi_b>0.6\end{cases} \tag{6-37}$$

6.4.2.2 高温下受弯钢构件的抗火承载力验算

高温下受弯钢构件的稳定性验算式为：

$$\frac{M}{\varphi_{bT}W}\leqslant\eta_{sT}\gamma_R f \tag{6-38}$$

式中 M——火灾时构件的最大弯矩设计值（kN·m）；

W——按受压纤维确定的构件毛截面模量。

在承载力法中，按式（6-38）验算在《建筑设计防火规范》GB 50016—2014 规定的耐火极限内，受弯钢构件的抗火承载力是否大于其荷载效应组合值。

φ_{bT} 和 η_T 均是关于构件温度的函数，所以，满足式（6-39）时所对应的温度为受弯构件的临界温度。

$$\frac{M}{\varphi_{bT}W}=\eta_T\gamma_R f \tag{6-39}$$

式中 η_T——高温下钢材的强度折减系数，按《建筑钢结构防火技术规范》GB 1249—2017 中式（4.1.3-2）取值。

为方便工程应用，定义受弯构件的荷载比 R 为火灾工况下构件截面的最大弯矩与其常温下承载力之比，即：

$$R=\frac{M}{\varphi_b Wf} \tag{6-40}$$

由式（6-40）得$\frac{M}{Wf}=\varphi_b R$，并将其代入式（6-39）可得：

$$R=\frac{\varphi_{bT}}{\varphi_b}\eta_T\gamma_R \tag{6-41}$$

如果确定了受弯构件的稳定系数 φ_b 和荷载比 R，查表 6-6 可得构件的临界温度 T_b；同时，求得《建筑设计防火规范》GB 50016—2014 规定的耐火极限内构件的特征温度。如果构件的临界温度大于该特征温度，则受弯构件的抗火承载力满足要求。

受弯构件的临界温度 T_b（℃） **表 6-6**

构件材料		普通结构钢					
φ_b		≤0.5	0.6	0.7	0.8	0.9	1.0
R	0.30	669	669	672	674	675	676
	0.35	650	650	652	653	654	655
	0.40	634	634	635	635	636	636
	0.45	621	620	620	619	618	618
	0.50	610	608	606	604	602	600
	0.55	600	596	591	588	585	583
	0.60	586	580	575	571	568	565
	0.65	569	563	557	553	550	548
	0.70	550	543	538	534	532	530
	0.75	528	522	517	515	513	511
	0.80	500	497	495	494	493	492
	0.85	466	466	470	471	472	472
	0.90	423	423	441	446	449	450

6.4.3 拉弯和压弯构件

6.4.3.1 高温下拉弯和压弯钢构件强度

当压弯构件两端的弯曲挠度变形方向相反时，只需对构件的截面强度进行验算。火灾下拉弯或压弯钢构件的强度按式（6-42）验算：

$$\frac{N}{A_n}\pm\frac{M_x}{\gamma_x W_{nx}}\pm\frac{M_y}{\gamma_y W_{ny}}\leqslant\eta_T\gamma_R f \tag{6-42}$$

式中 M_x、M_y——所计算构件段范围内对截面绕强轴 x 轴和弱轴 y 轴的最大弯矩（kN·m）；

W_{nx}、W_{ny}——对截面强轴 x 轴和弱轴 y 轴的净截面模量（mm^3）；

γ_x、γ_y——绕强轴 x 轴和弱轴 y 轴弯曲的截面塑性发展系数。

6.4.3.2 高温下压弯钢构件的稳定性

高温下压弯构件的整体稳定验算公式采用与常温下相似的形式，即：

绕强轴 x 轴弯曲：

$$\frac{N}{\varphi_{xT}A}+\frac{\beta_{mx}M_x}{\gamma_x W_x(1-0.8N/N'_{ExT})}+\eta'\frac{\beta_{ty}M_y}{\varphi_{byT}}\leqslant f_{yT} \tag{6-43}$$

绕弱轴 y 轴弯曲：

$$\frac{N}{\varphi_{yT}A}+\frac{\beta_{my}M_y}{\gamma_y W_y(1-0.8N/N'_{EyT})}+\eta'\frac{\beta_{tx}M_x}{\varphi_{bxT}W_x}\leqslant \eta_{sT}\gamma_R f \tag{6-44}$$

式中 φ_{xT}、φ_{yT}——分别为高温下轴心受压构件整体稳定系数，分别对应于强轴 x 轴失稳和弱轴 y 轴失稳，$\varphi_{xT}=\alpha_c\varphi_x$，$\varphi_{yT}=\alpha_c\varphi_y$，其中 α_c 按表 6-3 取值；

φ_{bxT}、φ_{byT}——分别为高温下均匀弯曲的受弯构件分别对强轴 x 轴及弱轴 y 轴的整体稳定系数，按式（6-37）计算，其中 φ_{bxT} 计算时采用 λ_y，φ_{byT} 计算时采用 λ_x；

N'_{ExT}、N'_{EyT}——分别为高温下绕强轴 x 轴弯曲和绕弱轴 x 轴弯曲的参数，$N'_{ExT}=\pi^2E_TA/(1.1\lambda_x^2)$，$N'_{EyT}=\pi^2E_TA/(1.1\lambda_y^2)$；

W_x、W_y——分别为对强轴 x 轴及弱轴 y 轴的毛截面模量（mm^3）；

η'——截面影响系数，对于闭口截面，$\eta'=0.7$；对于其他截面，$\eta'=1.0$；

β_{mx}、β_{my}——分别为弯矩作用平面内的等效弯矩系数，按《钢结构设计规范》GB 50017 式（5.2.2-1）中规定取值；

β_{tx}、β_{ty}——分别为弯矩作用平面外的等效弯矩系数，按《钢结构设计规范》GB 50017 式（5.2.2-2）中规定取值。

6.4.3.3 拉弯和压弯钢构件的抗火承载力验算

1. 拉弯钢构件的抗火承载力验算

拉弯钢构件的临界温度 T_d，应根据式（6-45）确定的截面强度荷载比 R，按表 6-2 确定。

$$R=\frac{1}{f}\left[\frac{N}{A_n}\pm\frac{M_x}{\gamma_x W_{nx}}\pm\frac{M_y}{\gamma_y W_{ny}}\right] \tag{6-45}$$

2. 压弯构件的抗火承载力验算

定义压弯构件绕强轴 x 轴弯曲的稳定荷载比 R'_x 为：

$$R'_x=\frac{1}{f}\left[\frac{N}{A\varphi_x}+\frac{\beta_{mx}M_x}{\gamma_x W_x(1-0.8N/N'_{Ex})}+\eta'\frac{\beta_{ty}M_y}{\varphi_{by}W_y}\right] \tag{6-46}$$

$$N'_{Ex}=\pi^2E_sA/(1.1\lambda_x^2)$$

式中 E_s——常温下钢材的弹性模量（N/mm^2）；

φ_x——常温下轴心受压构件对强轴失稳的稳定系数，按参考《钢结构设计标准》GB 50017 中表 5.2.1-1 和表 5.2.1-2 的截面分类，再按附录 C 取值。

绕强轴 x 轴弯曲的压弯构件的临界温度 T''_{dx} 应根据稳定荷载比 R'_x 和长细比 λ_x，按表 6-7 确定。

同理定义压弯构件绕弱轴 y 轴弯曲的稳定荷载比 R'_y：

$$R'_y=\frac{1}{f}\left[\frac{N}{A\varphi_y}+\frac{\beta_{my}M_y}{\gamma_y W_y(1-0.8N/N'_{Ey})}+\eta'\frac{\beta_{tx}M_x}{\varphi_{bx}W_x}\right] \tag{6-47}$$

$$N'_{Ey}=\pi^2 E_s A/(1.1\lambda_y^2)$$

式中 φ_y——常温下轴心受压构件对弱轴失稳的稳定系数，按《钢结构设计标准》GB 50017 中表 5.2.1-1 和表 5.2.1-2 的截面分类，再按附录 C 取值。

绕弱轴 y 轴弯曲的压弯构件的临界温度 T''_{dy} 应根据稳定荷载比 R'_y 和长细比 λ_y，按表 6-7 确定。

压弯构件也有可能发生截面强度破坏，与该破坏形式所对应的临界温度 T''_d 可按式 (6-48) 所定义的截面强度荷载比 R 按表 6-2 确定。

$$R=\frac{1}{f}\left[\frac{N}{A_n}\pm\frac{M_x}{\gamma_x W_{nx}}\pm\frac{M_y}{\gamma_y W_{ny}}\right] \tag{6-48}$$

最终，压弯构件的临界温度 T_d 应取上述三种破坏形式下临界温度的最小值，即：

$$T_d=\min\{T''_{dx},T''_{dy},T''_d\} \tag{6-49}$$

压弯钢构件按稳定荷载比 R'_x（或 R'_y）确定的临界温度 T''_{dx}（或 T''_{dy}）(℃)　　表 6-7

R'_x 或 R'_y		0.30	0.35	0.40	0.45	0.50	0.55	0.60
$\lambda_x\sqrt{\frac{f_y}{235}}$ 或 $\lambda_y\sqrt{\frac{f_y}{235}}$	≤50	676	655	637	620	604	587	570
	100	670	650	633	617	604	589	573
	150	668	649	633	619	606	593	579
	200	671	652	637	623	611	601	588
	≥250	674	655	639	626	614	604	593
R'_x 或 R'_y		0.65	0.70	0.75	0.80	0.85	0.90	
$\lambda_x\sqrt{\frac{f_y}{235}}$ 或 $\lambda_y\sqrt{\frac{f_y}{235}}$	≤50	553	536	518	500	480	460	
	100	557	539	521	502	482	460	
	150	563	547	530	511	491	470	
	200	574	559	544	527	510	491	
	≥250	580	566	552	537	520	503	

6.4.4 框架梁柱

6.4.4.1 钢框架梁的抗火承载力验算

为便于工程应用，可偏安全地将火灾中框架梁的轴力转变为零时的状态作为其抗火设计的极限状态，即钢框架梁按式 (6-50) 进行抗火验算：

$$M\leqslant\eta_{sT}\gamma_R f W_p \tag{6-50}$$

式中 M——火灾工况下钢框架梁的最大弯矩设计值，不考虑温度内力；

W_p——钢框架梁截面的塑性截面模量 (mm^3)。

遵循钢框架梁的临界温度法，受楼板侧向约束的钢框架梁的强度荷载比 R 应按式 (6-51)计算：

$$R=\frac{M}{W_{\mathrm{p}}f} \tag{6-51}$$

根据 R 查表 6-2 可确定钢框架梁的临界温度 T_{d}，同时，求得《建筑设计防火规范》GB 50016—2014 规定的耐火极限内钢框架梁的特征温度。如果钢框架梁的临界温度大于该特征温度，则满足承载力要求。

6.4.4.2　钢框架柱的抗火承载力验算

假设柱两端屈服形成塑性铰，如图 6-5 所示，验算火灾下框架柱绕强轴弯曲和绕弱轴弯曲的整体稳定。近似忽略另一弯曲方向柱端弯矩对所考虑弯曲方向整体稳定的影响，则式（6-43）、式（6-44）分别可简化为：

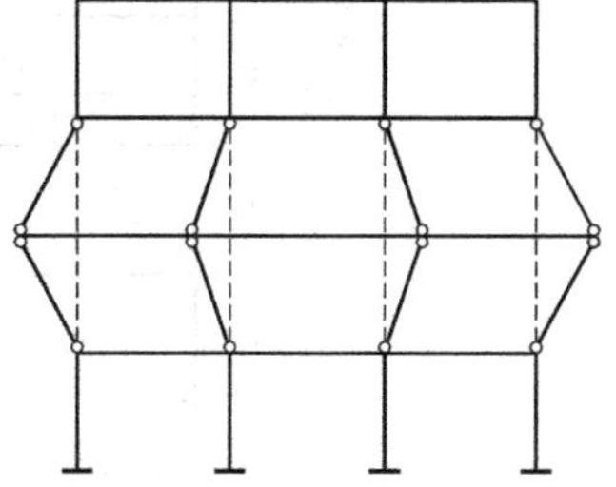

图 6-5　梁高温膨胀下的柱端屈服

1. 绕强轴 x 轴弯曲且柱端弯曲屈服时

绕强轴 x 轴弯曲稳定验算：$\frac{N}{\varphi_{\mathrm{xT}}A}+\frac{\beta_{\mathrm{mx}}M_{\mathrm{yT}}}{1-0.8N/N'_{\mathrm{ExT}}}\leqslant f_{\mathrm{yT}}$　(6-52)

绕弱轴 y 轴弯曲稳定验算：$\frac{N}{\varphi_{\mathrm{yT}}A}+\eta\frac{\beta_{\mathrm{tx}}M_{\mathrm{yT}}}{\varphi'_{\mathrm{bxT}}}\leqslant f_{\mathrm{yT}}$　(6-53)

2. 绕弱轴 y 轴弯曲且柱端弯矩屈服时

绕强轴 x 轴弯曲稳定验算：$\frac{N}{\varphi_{\mathrm{xT}}A}+\eta\frac{\beta_{\mathrm{ty}}M_{\mathrm{yT}}}{\varphi'_{\mathrm{bxT}}}\leqslant f_{\mathrm{yT}}$　(6-54)

绕弱轴 y 轴弯曲稳定验算：$\frac{N}{\varphi_{\mathrm{yT}}A}+\frac{\beta_{\mathrm{my}}M_{\mathrm{yT}}}{1-0.8N/N'_{\mathrm{EyT}}}\leqslant f_{\mathrm{yT}}$　(6-55)

式（6-52）～式（6-55）左端的第二项可近似取为 $0.3f_{\mathrm{yT}}$，故框架柱可近似按式(6-56)进行抗火验算：

$$\frac{N}{\varphi_{\mathrm{T}}A}=0.7\eta_{\mathrm{sT}}\gamma_{\mathrm{R}}f \tag{6-56}$$

式（6-56）计算高温下轴心受压钢构件稳定系数 φ_{T} 时，钢框架柱计算长度应取其纵向高度。

遵循钢框架柱的临界温度法，其稳定荷载比 R' 按式（6-57）计算：

$$R'=\frac{N}{0.7\varphi Af} \tag{6-57}$$

根据 R' 查表 6-4 可确定钢框架梁的临界温度 T_{d}，同时，求得《建筑设计防火规范》GB 50016—2014 规定的耐火极限内构件的特征温度。如果钢框架梁的临界温度大于其特征温度，则满足承载力要求。

6.4.5　钢结构抗火设计实例

如图 6-6 所示的钢框架结构，梁柱均采用 Q235B 钢制作。忽略钢柱自重；各层所受的均布恒载标准值 $g_{\mathrm{k}}=24\mathrm{kN/m}$，均布活载标准值 $q_{\mathrm{k}}=10\mathrm{kN/m}$；节点恒载标准值 $G_{\mathrm{k}}=60\mathrm{kN}$；风荷载标准值 W_{k} 如图 6-6 中所示。规定钢柱耐火极限为 2h，请以框架柱 CD 为研究对象，确定钢柱的临界温度。

不考虑温度内力时，所计算的构件内力一般偏小，因此，求得的结构临界温度偏

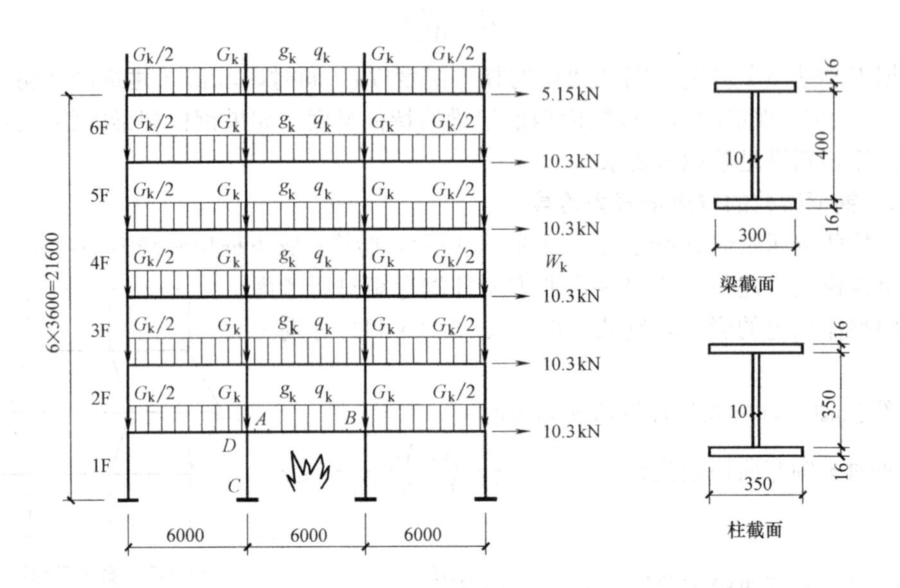

图 6-6 示例结构

高，按该临界温度验算结构的抗火承载力偏于安全。在进行火灾工况下结构荷载效应组合计算时，按不考虑温度内力假定，进行构件抗火设计，确定构件防火保护层厚度。

1）框架柱 CD 的几何参数

$I_x=4.110\times10^8\text{mm}^4$；$I_y=1.144\times10^8\text{mm}^4$；$A=1.47\times10^4\text{mm}^2$；$r_x=167.2\text{mm}$；$r_y=88.2\text{mm}$；$F_i/V=145.9\text{m}^{-1}$（四面受火）；

$\lambda=\max\{\lambda_x，\lambda_y\}=\lambda_y=l_y/r_y=3600/88.2=40.8$；框架柱两端屈服后为铰接。

2）不考虑温度内力时框架柱 *CD* 的抗火计算

各载荷下框架柱 *CD* 的内力及组合内力如表 6-8 所列（压力为正）。

框架柱 *CD* 的内力及组合内力 **表 6-8**

荷载与作用	轴力 N(kN)	荷载分项系数
恒载 g_k	855.8	1.0
恒载 G_k	356.6	1.0
活载 q_k	345.0	0.7
风载 W_k	3.3	0.3
组合内力 N_0	1454.9	

不考虑温度内力时，根据式（6-57）可得框架柱 *CD* 的荷载比 R（即表 6-4 中的 R'）为：

$$R=\frac{N_0}{0.7\varphi Af}=\frac{1454.9\times10^3}{0.7\times0.896\times1.47\times10^4\times215}=0.734$$

根据表 6-4 可得框架柱 *CD* 的临界温度 $T_{d0}=516.8$℃。

3）按 $T_s=516.8$℃重新计算框架柱 *CD* 的内力如表 6-9 所列（压力为正）

框架柱 *CD* 重新计算的内力及组合内力 表 6-9

荷载与作用	轴力 N(kN)	荷载分项系数
恒载 g_k	855.8	1.0
恒载 G_k	356.6	1.0
活载 q_k	345.0	0.7
风载 W_k	3.3	0.3
温度效应 T_s=516.8℃	183.9	1.0
组合内力 N_1	1638.9	

此情况下，框架柱 *CD* 的荷载比 R 为：

$$R=\frac{N_0}{0.7\varphi Af}=\frac{1638.8\times10^3}{0.7\times0.896\times1.47\times10^4\times215}=0.827$$

根据表 6-3 可得该情况下框架柱 *CD* 的临界温度 T_{d1}=481.2℃。

4）按 T_s=481.2℃重新计算框架柱 *CD* 的内力如表 6-10 所列（压力为正）

框架柱 *CD* 再次重新计算的内力及组合内力 表 6-10

荷载与作用	轴力 N(kN)	荷载分项系数
恒载 g_k	855.8	1.0
恒载 G_k	356.6	1.0
活载 q_k	345.0	0.7
风载 W_k	3.3	0.3
温度效应 T_s=481.2℃	171.2	1.0
组合内力 N_2	1626.1	

可见 N_1 和 N_2 已经相差很小，因此，可按 N_2 进行框架柱 *CD* 的抗火设计。

在此情况下，框架柱 *CD* 的荷载比 R 为：

$$R=\frac{N_0}{0.7\varphi Af}=\frac{1626.1\times10^3}{0.7\times0.896\times1.47\times10^4\times215}=0.820$$

根据表 6-4 可得该情况下框架柱 *CD* 的临界温度 T_d=484.0℃。

6.5 混凝土构件抗火计算与设计

6.5.1 钢筋混凝土构件实用抗火设计方法

高温下普通混凝土构件的承载力计算可采用常温下普通混凝土构件的计算原则和方法，但由于高温下钢筋和混凝土的强度及变形指标劣化，需依据构件截面的温度分布进行相应修正。钢筋混凝土构件的抗火计算主要包括以下 3 部分：

(1) 确定火灾的温度-时间曲线及构件截面的温度分布；

(2) 确定材料的高温耦合本构关系；

(3) 将材料的高温本构关系代入常温的平衡方程和变形协调方程中，确定构件的高温极限承载力或耐火极限。

钢筋混凝土构件的截面温度场计算在本章 6.1.4 节已有介绍，因此本节的内容是基于构件截面温度场已知的条件。在计算截面温度场时，一般不考虑截面上钢筋的作用，但在高温极限承载力分析时，要考虑钢筋的贡献，此时截面上钢筋的温度值取所在位置的混凝土温度。

6.5.1.1 构件截面抗火承载力计算方法

构件的高温极限承载力和耐火极限是描述钢筋混凝土构件高温性能的两个重要指标。在进行钢筋混凝土构件高温下的极限承载力或耐火极限计算时基于以下基本假设：

（1）截面应变线性分布，即高温下平截面假定依然成立；

（2）钢筋和混凝土之间无相对滑移；

（3）忽略混凝土的高温抗拉作用。

火灾下钢筋混凝土构件的截面温度不均匀，对应于不同温度，将有不同的钢筋和混凝土强度值，这将使得钢筋混凝土构件的极限承载力计算复杂化。将高温下普通混凝土构件的截面转换成为等效匀质混凝土截面，直接应用常温下现行计算原则和方法计算高温下钢筋混凝土构件的极限承载力，简化钢筋混凝土构件截面抗火承载力的计算过程。高温下混凝土截面的承载力计算按下述步骤：

（1）确定截面等温线的分布；

（2）忽略截面上温度大于指定温度的部分，按等效面积法得到截面的有效宽度 b_{eff} 和有效高度 h_{eff} 详见图 6-7；

（3）确定受拉区和受压区钢筋的温度；单根钢筋的温度可根据钢筋中心的位置由构件截面温度场曲线获得；对于有效截面范围之外的钢筋，在计算该截面的高温承载力时仍需考虑其对高温承载力的贡献；

（4）根据钢筋的温度以及式（6-6）确定钢筋强度；

（5）按构件的有效截面及步骤（4）确定的钢筋强度，采用常温计算方法确定截面的高温承载力；

（6）验算构件截面高温承载力是否满足要求。

步骤（2）中的等效面积法具体为：500℃等温线法、300℃和 800℃等温线法及条带法，在此介绍 500℃等温线法，其他方法的等效原理类似，可见《建筑混凝土结构耐火设计技术规程》DBJ/T 15-81—2011 中附录 C 简化计算方法。

6.5.1.2 500℃等温线法

500℃等温线法适用于钢筋混凝土受弯和受压构件，但对于受压构件未考虑轴力的二阶效应。此外，500℃等温线只适用于标准火灾升温条件。当火灾升温不符合此条件时，需根据构件实际截面温度场并考虑混凝土和钢筋的高温强度进行综合分析。

500℃等温线法的基本原则是：温度大于 500℃的混凝土（即损伤层厚度范围内的混凝土）对构件承载力没有贡献，而温度不大于 500℃的混凝土的抗压强度和弹性模量与常温下相同。

500℃等温线法采用缩减的构件截面尺寸，即忽略构件表面的损伤层，在不同受火条件下缩减后的有效截面按图 6-7 确定。损伤层厚度 $a_{z,500}$ 取为截面受压区 500℃等温线上各点到截面边缘的平均距离。

混凝土材料在500℃时，抗压强度平均值约为常温强度的80%左右；超过500℃时，抗压强度降低较多。不考虑温度大于500℃的混凝土对构件的贡献，可以部分抵消温度小于500℃时采用常温强度所带来的误差。

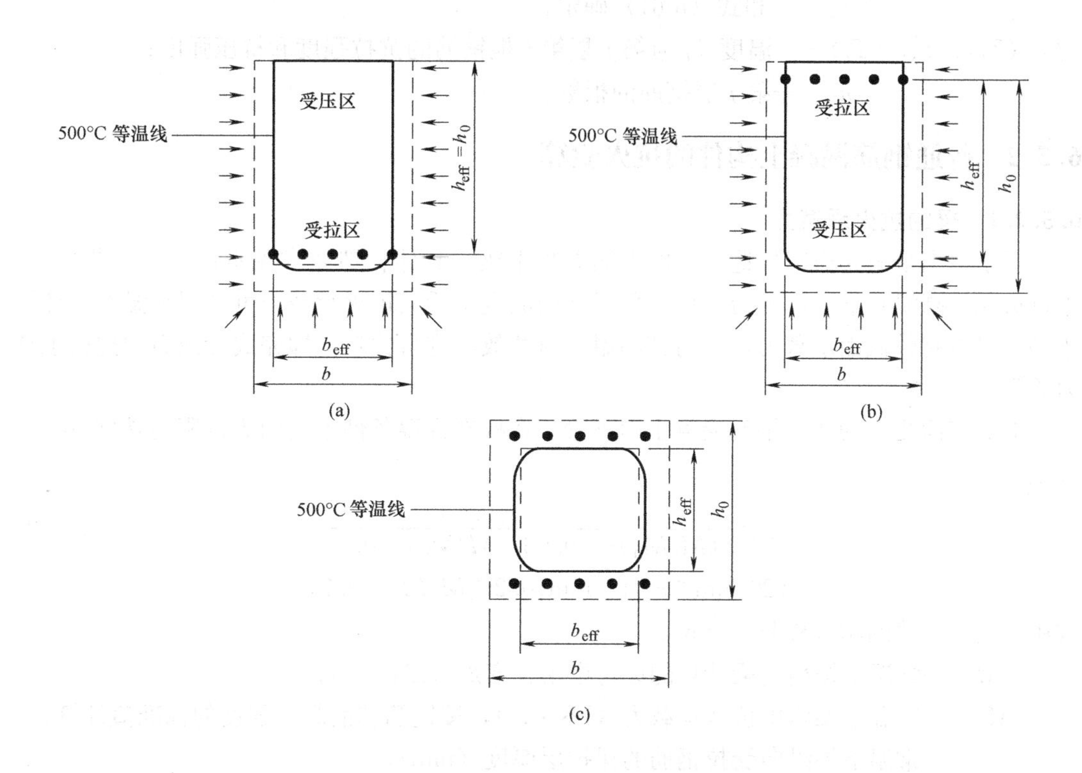

图 6-7 500℃等温线法的有效截面

(a) 受拉区三面受火；(b) 受压区三面受火；(c) 四面受火

6.5.1.3 钢筋中心至截面边缘的距离确定

在钢筋混凝土构件的截面抗火承载力计算中，受拉区钢筋和受压区钢筋中心分别至截面受拉区边缘和受压区边缘的距离 a_s 和 a'_s 是两个重要的计算参数。在火灾作用下，由于每根钢筋的温度可能不同，导致其高温屈服强度存在差异，因此，不能按常温方法确定钢筋中心至截面边缘的距离。

若截面钢筋分层布置且各钢筋直径相等，可由式（6-58）和式（6-59）分别确定受拉区和受压区钢筋中心至有效截面受拉区边缘和受压区边缘的距离 a_s 和 a'_s：

$$a_s=\frac{\sum a_{sj}\overline{f}_{yj}(T)}{\overline{f}_{yj}(T)} \tag{6-58}$$

$$a'_s=\frac{\sum a'_{sj}\overline{f}'_{yj}(T)}{\overline{f}'_{yj}(T)} \tag{6-59}$$

$$\overline{f}_{yj}(T)=\frac{\sum f_{yj}(T_i)}{n_j} \tag{6-60}$$

$$\overline{f}'_{yj}(T)=\frac{\sum f'_{yj}(T_i)}{n_j} \tag{6-61}$$

式中 a_{sj}、a'_{sj}——受拉区和受压区第 j 层钢筋中心至缩减后的有效截面受拉边缘和受压边缘的距离；

$\overline{f}_{yj}(T)$、$\overline{f}'_{yj}(T)$——第 j 层钢筋的平均高温抗拉强度和抗压强度，分别由式（6-60）和式（6-61）确定；

$f_{yj}(T_i)$、$f'_{yj}(T_i)$——温度 T_i 时第 j 层第 i 根钢筋的抗拉强度和抗压强度；

n_j——第 j 层钢筋的根数。

6.5.2 普通钢筋混凝土构件的抗火验算

6.5.2.1 梁的抗火承载力

对于不满足耐火极限构造要求的钢筋混凝土梁（具体构造要求见本章 6.5.3 节），需进行火灾（高温）下的承载力验算。普通钢筋混凝土梁的抗火承载力可采用常温方法计算梁的高温下有效截面承载力，并与其高温下荷载效应进行比较，即完成梁截面的抗火承载力验算。

对于三面受火的普通钢筋混凝土简支梁，在标准升温条件下的耐火极限可按式(6-62)确定：

$$t_m=\frac{0.86c+19.58}{(M/M_u)^2-0.064(M/M_u)+0.12} \tag{6-62}$$

$$(20\ \text{mm}\leqslant c\leqslant 50\ \text{mm};0.2\leqslant M/M_u\leqslant 0.7)$$

式中 t_m——梁的耐火极限（min）；

M——常温下按简支梁计算的梁跨中组合弯矩（kN·m）；

M_u——常温下梁跨中抗弯承载力（kN·m），按钢筋和混凝土强度的标准值计算；

c——常温下梁纵向受拉钢筋的保护层厚度（mm）。

式（6-62）适用于梁纵向受拉钢筋配筋率 $0.5\%\leqslant\rho_t\leqslant 1.5\%$的情况。

当钢筋混凝土梁的耐火极限不能满足要求时，需对截面进行重新设计。增大钢筋的混凝土保护层厚度、增大截面尺寸、控制荷载比或敷设防火保护层是比较有效的防火保护措施。

6.5.2.2 柱的抗火承载力

对于不满足耐火极限构造要求的钢筋混凝土柱（构造要求详见本章 6.5.3 节），需进行抗火承载力验算。可采用常温方法计算普通钢筋混凝土柱高温下的有效截面承载力，并与其高温下荷载效应进行比较，即完成柱截面的抗火承载力验算。

对四面受火的硅质骨料普通混凝土矩形柱，按式（6-63）计算其耐火极限

$$t_{cm}=\beta_u\beta_L\beta_{hdb}\beta_b\beta_e\beta_\rho \tag{6-63}$$

其中

$$\beta_\mu=c_1\mu^2+c_2\mu+c_3 \tag{6-64a}$$

$$\beta_L=c_4L+c_5 \tag{6-64b}$$

$$\beta_{hdb}=c_6\left(\frac{h}{b}\right)^2+c_7\left(\frac{h}{b}\right)+c_8 \tag{6-64c}$$

$$\beta_b=c_9b+c_{10} \tag{6-64d}$$

$$\beta_e=c_{11}e^3+c_{12}e^2+c_{13}e+c_{14} \tag{6-64e}$$

$$\beta_\rho=c_{15}\rho+c_{16} \tag{6-64f}$$

式中 t_{cm}——柱的耐火极限（min）；

μ——组合轴压力与该力作用点处柱常温轴向承载力之比，材料强度标准值计算；

$c_1\sim c_{16}$——具体取值可《建筑混凝土结构耐火技术规程》DBJ/T 15-81—2011 中表 5.3.5-1；

L——柱的计算长度（m）；

h、b——柱的截面高度和截面宽度（m）；

ρ——全截面纵向受力钢筋配筋率；

e——偏心率，$e=e_0/r_a$，其中 $e_0=\sqrt{e_{0y}^2+e_{0z}^2}$，为组合轴压力作用点至截面形心的距离，$r_a=\sqrt{I_a/A}$为回转半径；$e_{0y}$和$e_{0z}$分别为组合轴压力作用点至经过截面形心的 z 轴和 y 轴的距离；A 为全截面面积；α 为组合轴压力作用点至截面形心的连线与 z 轴的夹角（以逆时针方向为正）；I_α 为相对于形心轴 z_α 的截面惯性矩，形心轴 z_a 与 z 轴的夹角等于 α 加 90°，如图 6-8 所示。

式（6-63）的适用范围为：$2.0\text{m}\leqslant L\leqslant 4.0\text{m}$、$0.3\text{m}\leqslant b\leqslant 0.6\text{m}$、$b\leqslant h\leqslant 0.6\text{m}$、$0.0\leqslant e\leqslant 2.0$、$1\%\leqslant\rho\leqslant 3\%$、$0.2\text{m}\leqslant\mu\leqslant 0.7$。

当普通钢筋混凝土柱的耐火极限不能满足要求时，需对截面进行重新设计，增大钢筋的混凝土保护层厚度、增加截面尺寸、减小轴压比、减小荷载偏心率或增加防火保护层是比较有效的防火保护措施。

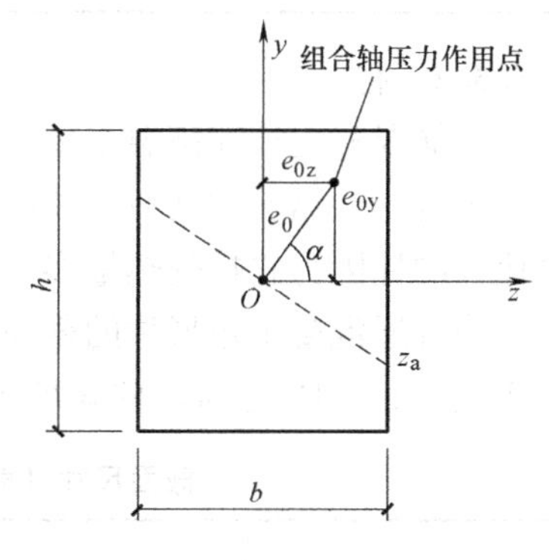

图 6-8 截面参数

6.5.3 普通钢筋混凝土构件满足耐火极限的构造

由于钢筋混凝土构件具有较好的耐火（高温）性能，当构件满足下述截面尺寸、钢筋的混凝土保护层厚度时，一般都能达到《建筑设计防火规范》GB 50016—2014 表 5.3.5-1 中的耐火极限要求。

6.5.3.1 梁

影响钢筋混凝土梁在高温下极限承载力的主要因素有混凝土保护层厚度、截面尺寸、荷载比（M/M_u）和配筋率等。随着混凝土保护层厚度、截面尺寸、配筋率的增加，普通钢筋混凝土简支梁的耐火极限增加；荷载比对混凝土梁耐火极限的影响显著，随着荷载比增加，梁的耐火极限迅速降低。钢筋强度、混凝土强度等对梁的高温承载力亦有一定影响。

如果普通混凝土简支梁的梁宽以及纵向受拉钢筋的保护层厚度不小于表 6-11 的规定，同时角部受拉钢筋的梁侧保护层厚度不小于表 6-11 中数值加上 10mm 时，梁满足相应的耐火极限要求，不需要进行抗火验算。

简支梁梁宽和纵向受拉钢筋保护层厚度的最小值 **表 6-11**

耐火极限(min)	梁宽(mm)/ 纵向受拉钢筋的保护层厚度(mm)			
60	120/30	160/25	200/20	300/20
90	150/45	200/35	300/30	400/25
120	200/55	240/50	300/45	500/40

连续梁受火后会出现内力重分布现象，耐火性能明显优于简支梁，因此在达到同样的耐火极限时，对连续梁的最小截面尺寸和混凝土保护层厚度的要求相对于简支梁要低。当普通混凝土连续梁的梁宽以及纵向受拉钢筋的保护层厚度不小于表6-12的规定，同时角部受拉钢筋的梁侧保护层厚度不小于表 6-12 中数值加上 10 mm 时，梁满足相应的耐火极限要求，不需要进行抗火验算。为了保证支座附近有足够的抗弯承载力，在应用表 6-12 时，还要求连续梁在常温设计时的弯矩调整比例不能超过 15%。

连续梁梁宽和纵向受拉钢筋保护层厚度的最小值 **表 6-12**

耐火极限(min)	梁宽(mm)/ 纵向受拉钢筋的保护层厚度(mm)			
60	120/20	—	—	—
90	150/25	250/20	—	—
120	200/35	300/25	450/25	500/20

6.5.3.2 柱

钢筋混凝土柱在高温下的截面极限承载力与截面尺寸、截面形状、混凝土保护层厚度、轴压比、纵筋配筋率、荷载偏心率等因素有关。两个截面面积相同的柱，周长与面积之比大的柱因为它接受热量多，内部温度较高，所以耐火性能更差。

当普通混凝土矩形柱的截面尺寸或圆柱截面直径，以及纵向受力钢筋的保护层厚度不小于表 6-13 的规定时，柱满足相应的耐火极限要求。

截面尺寸（直径）和纵向受力钢筋保护层厚度的最小值 **表 6-13**

耐火极限(min)	截面尺寸(直径)/纵向受力钢筋的保护层厚度(mm)			
	多面受火			单面受火
	μ=0.2	μ=0.5	μ=0.7	μ=0.7
60	200/20	200/25 300/20	250/35 350/30	200/20
90	200/25 300/20	300/35 400/30	300/45 400/40	200/20
120	250/30 350/25	350/35 450/30	350/50 450/45	200/25
180	350/35 450/30 550/25	450/45 550/40 650/35	450/60 550/55 650/50	250/45 350/40 450/35

注：μ 为组合轴压力与该力作用点处墙常温轴向承载力之比。

6.5.3.3 楼板

楼板是直接承载人和物的水平承重构件，起分隔楼层（垂直防火分隔物）和传递荷载的作用。楼板的耐火极限主要取决于楼板厚度以及混凝土保护层厚度，随着楼板厚度、混凝土保护层厚度的增加，楼板的耐火极限增加。此外还受板的支承情况及制作等因素的影响。

当普通混凝土简支板的板厚以及纵向受拉钢筋的保护层厚度不小于表6-14的规定时，板满足相应的耐火极限要求，不再需进行抗火验算。

板厚和纵向受拉钢筋保护层厚度的最小值 **表6-14**

耐火极限(min)	板厚(mm)	纵向受拉钢筋的保护层厚度(mm)		
		单向板	双向板	
			$l_y/l_x \leqslant 2.0$	$2.0 < l_y/l_x \leqslant 3.0$
60	80	20	15	15
90	100	25	15	20

注：1. l_y 和 l_x 分别为双向板的长跨和短跨，双向板适合于四边支撑情况，否则按单向板考虑；
2. 纵向受拉钢筋的保护层厚度与钢筋半径之和大于0.2倍板厚时，需计算校核裂缝宽度，必要时应配置附加钢筋。

6.5.3.4 墙体

当普通混凝土墙的墙厚以及纵向受力钢筋的保护层厚度不小于表6-15的规定时，墙满足相应的耐火极限要求，而不需进行抗火验算。

墙厚和纵向受力钢筋保护层厚度的最小值 **表6-15**

耐火极限(min)	墙厚(mm)/纵向受力钢筋的保护层厚度(mm)			
	$\mu=0.35$		$\mu=0.7$	
	单面受火	双面受火	单面受火	双面受火
60	140/15	140/15	140/15	140/15
90	140/15	140/15	140/20	170/20
120	150/20	160/20	160/30	220/30
180	180/35	200/40	210/45	270/50

注：μ 为组合轴压力与该力作用点处墙常温轴向承载力之比。

当普通混凝土墙体不满足上述要求时，需进行火灾（高温）下的承载力验算。普通混凝土墙体的高温承载力可采用常温方法针对缩减后的有效截面进行计算。

6.5.4 特殊钢筋混凝土构件的抗火设计

普通钢筋混凝土构件具有较好的耐火性能，但是一些特殊的混凝土构件，例如高强混凝土构件、预应力混凝土构件、加固混凝土构件（例如粘贴钢板加固、粘贴碳纤维增强复合材料加固）和异形混凝土柱等，它们的抗火性能远不如钢筋混凝土构件，实际应用时必须引起重视。在此对这些特殊构件的抗火设计做简要介绍。

6.5.4.1 高强混凝土构件

1. 高强混凝土构件的爆裂

火灾（高温）作用下高强混凝土构件表面常常发生爆裂。高强混凝土构件中钢筋保护层的爆裂将直接导致构件截面面积减小，截面温度场发生突变，并致使全部或部分钢筋（包括纵筋和箍筋）直接暴露于高温环境而迅速软化，这将降低构件的耐火性能，导致结构过早破坏，给高强混凝土结构的火灾安全性带来极大危害。因此，采取有效措施防止或减轻高强混凝土的高温爆裂是高强混凝土结构抗火设计的一个重要方面。

2. 高强混凝土构件的抗火设计

高强混凝土柱和墙的高温承载力也可按常温方法针对缩减后的有效截面进行计算。当采用500℃等温线法确定有效截面时，损伤层厚度 a_z 按下式确定：

$$a_z = k \cdot a_{z,500} \tag{6-65}$$

式中 k——损伤层厚度增大系数，混凝土强度等级小于C60时，$k=1.0$；混凝土强度等级C60～C70时，$k=1.1$；混凝土强度等级大于C70但不大于C80时，$k=1.2$；

$a_{z,500}$——500℃等温线上各点距离截面边缘的平均深度（mm）。

有效截面内混凝土的抗压强度和弹性模量采用常温取值；有效截面之外的钢筋在高温承载力计算时需予以考虑，钢筋强度按所在位置处的温度逐一确定。

6.5.4.2 预应力混凝土构件

1. 预应力混凝土结构在火灾（高温）下的受力特点及影响因素

设计合理的预应力混凝土构件在火灾下具有较好的抗火性能，但由于高温下预应力筋的强度劣化较快以及高温导致的预应力损失，预应力混凝土结构的抗火性能一般劣于普通钢筋混凝土结构。不过，由于预应力混凝土结构裂缝开展迟于普通混凝土结构，因此在一定时间内预应力钢筋可以得到更好的保护。

2. 预应力混凝土构件的抗火设计

高温下预应力混凝土构件的承载力计算可采用常温下预应力混凝土构件的计算原则和方法，但钢筋和混凝土的力学性能需依据截面温度场进行相应的修正。高温下预应力混凝土构件的截面可近似以缩减后的有效截面予以等效。有效截面的确定方法同普通钢筋混凝土构件，有效截面内混凝土的抗压强度和弹性模量采用常温取值；有效截面之外的钢筋在构件高温承载力计算时需予以考虑，预应力筋和非预应力筋的强度根据所在位置处的温度确定。

当预应力混凝土梁的纵向预应力钢筋的保护层厚度不小于表6-16的规定时，梁满足相应的耐火极限要求。

纵向预应力钢筋保护层厚度的最小值　　表6-16

约束条件	梁截面宽度 b(mm)	耐火极限(min)		
		60	90	120
简支	$200 \leqslant b < 300$	45mm	50mm	65mm
简支	$b \geqslant 300$	40mm	45mm	50mm
连续	$200 \leqslant b < 300$	40mm	40mm	45mm
连续	$b \geqslant 300$	40mm	40mm	40mm

注：1. 表中数值是针对梁的控制截面常温受弯承载力与其组合弯矩之比 $K=1.7$ 提出的；对于 $K \neq 1.7$ 的情况应将表中数值乘以 $(1.7/K)^{0.5}$；
2. 保护层厚度同时指梁底和梁侧的保护层厚度；
3. 常温受弯承载力计算时，钢筋和混凝土强度采用标准值。

当预应力混凝土矩形柱的截面尺寸和纵向预应力钢筋的保护层厚度不小于表6-17的规定时，柱满足相应的耐火极限要求。

截面尺寸和纵向预应力钢筋保护层厚度的最小值　　表 6-17

耐火极限(min)	截面尺寸/纵向预应力钢筋的保护层厚度(mm)			
	多面受火			单面受火
	$K=5$	$K=2$	$K=1.4$	$K=1.4$
60	200/25	200/36 300/31	250/46 350/40	155/25
90	200/31 300/25	300/45 400/38	300/53 450/40*	155/25
120	250/40 350/35	350/45* 450/40*	350/57* 450/51*	175/35
180	350/45*	350/63*	450/70*	230/55

注：1. 表中 K 为柱的控制截面常温受弯承载力与其组合弯矩之比；
2. 上标“*”表示柱内所用钢筋不少于 8 根；
3. 受弯承载力计算时，钢筋和混凝土强度采用标准值。

当预应力混凝土板的纵向预应力钢筋的保护层厚度不小于表 6-18 和表 6-19 的规定时，板满足相应的耐火极限要求。

单向板纵向预应力钢筋保护层厚度的最小值　　表 6-18

约束条件	耐火极限(min)	
	60	90
简支	25mm	30mm
连续	20mm	20mm

双向板纵向预应力钢筋保护层厚度的最小值　　表 6-19

长边与短边之比	耐火极限(min)	
	60	90
≤1.5	20mm	20mm
1.5～2.0	25mm	30mm

注：1. 表中数值是针对板厚不小于 180mm 和板的控制截面常温受弯承载力与其组合弯矩之比 $K=1.7$ 提出的；板厚 h 小于 180mm 时，应将表中数值乘以 $(180/h)^{0.2}$；对于 $K\neq1.7$ 的情况应将表中数值乘以 $(1.7/K)^{0.5}$；
2. 常温受弯承载力计算时，钢筋和混凝土强度采用标准值。

6.6 建筑结构抗火研究的发展趋势

相对于国际上从 20 世纪 50 年代开始重视结构抗火研究，我国自 20 世纪 90 年代初对建筑结构抗火开展系统研究，起步较晚，但是，经过二十多年的研究积累，我国经历了从研究普通钢材的结构抗火性能，到研究耐火钢材、铝合金材料、不锈钢材料、高强钢索等金属材料结构及钢筋混凝土结构的抗火性能；从研究小室火灾环境下结构的抗火性能到研究大空间建筑火灾环境下结构的抗火性能；从研究火灾下结构抗火性能到研究火灾升降温全过程的结构抗火性能；从研究新建结构的抗火性能到研究改造加固结构的抗火性能；从仅有钢结构防火涂料的施工要求到规定了各种材料防火工程施工的要求；从颁布地方性建筑结构防火技术规程，到建筑钢结构防火技术行业规范，直至建筑钢结构防火技术国家规范的报批，每一阶段研究成果均形成了指导工程实践应用的技术文件，使我国现今已发展成为国际上建筑结构抗火研究领域中起主导地位的国家之一。

6.6.1 建筑火灾场景预测技术的发展

对于建筑小室火灾一般采用标准升温曲线；对于地面面积不小于 500m^2、顶棚高度不低于 6m 的建筑空间的火灾场景被定义为大空间建筑火灾。大空间建筑火灾场景的瞬态非均匀温度分布可采用基于计算流体力学理论（CFD）开发的数值模拟软件预测，这种模拟技术可以较准确地考虑火焰辐射及热烟气对火灾环境温度的影响，但由于对工程技术人员要求较高的热物理基础知识以及对模拟软件的操作技能，所以目前这种数值模拟软件的界面不适用于工程应用，仅用于专业研究范畴。当火源位置、火源面积、火源单位热释放率、建筑空间几何尺度确定时，对于单层规则六面体建筑空间火灾场景中的烟气瞬态非均匀温度分布也可以根据经验公式预测。现阶段研发的建筑火灾场景预测技术，基本可以满足结构抗火分析与防火设计的要求。

6.6.2 建筑结构抗火分析及防火保护技术的发展

自 20 世纪 90 年代以来，我国在建筑结构材料高温材性和火灾下结构反应方面取得了长足进步，基于大量试验研究得出普通结构钢、耐火钢的高温力学特性参数设计指标，可满足高温下结构反应分析要求。从结构基本构件的抗火性能开始，针对梁、柱、楼板的抗火性能进行了大量理论与试验研究，得出了基于计算考虑结构构件受荷水平的构件抗火设计方法。近十年中，基于对火灾下约束构件承载机制以及构件发生大变形时整体结构承载机制的理论与试验研究，建立了考虑整体结构约束效应的梁、柱、楼板抗火承载力计算方法，进一步真实反映了结构构件受火力学行为。特别是针对大跨度钢结构局部受火下的力学行为研究，得出了区别于框架结构局部受火的结构反应分析方法，为我国近年新建的大跨度建筑钢结构的火灾安全提供了科学的评估方法。同时，基于构件及整体结构的受火全过程力学反应数值分析方法，可实现对超限特殊建筑火灾下的结构防火安全设计。

对结构实施防火保护的直接方法是在火灾向结构构件传递热量的途径中设置防护屏障，所以，建立防火材料隔热性能参数的确定与测试方法是防火保护技术重要的环节，也是准确计算构件升温及预测构件抗火承载力的必要条件。目前，在工程中实施的钢结构防火保护措施可以按防火材料主要分为：浇筑混凝土、砌筑耐火砖、包裹耐火轻质板材、涂抹防火涂料。其中防火涂料是目前我国应用最广的钢结构防火保护技术。

6.6.3 促进建筑结构性能化防火设计

如果建筑钢结构防火设计是以不致因结构破坏影响建筑内人员逃生及消防人员灭火、不致因结构破坏使建筑火灾损失更大为总体目标，那么，同类结构构件按相同的耐火极限规定保障其火灾安全的解决方案，并未实现建筑钢结构防火设计的功能目标。因此，基于结构性能化防火技术标准应根据功能目标提出性能要求，再根据性能要求确定耐火时间。要建立这种结构性能化防火设计技术标准，还需要更进一步的理论研究基础，这些理论研究将涉及各种功能建筑的人员逃生模型；消防接警、出动、到达、灭火模型；考虑建筑布置、火灾荷载、喷淋装置等影响的各种功能建筑失火概率模型及实际火灾升降温模型。这种基于结构性能化防火技术标准将具有最优综合经济技术指标，也更具科学性。

本章小结

（1）介绍了建筑火灾的基本知识。

（2）介绍了高温下结构钢和混凝土的材料性能，包括高温下的物理性能、力学性能和高温过火冷却后的力学性能。

（3）重点介绍了结构抗火设计的一般原则与方法及工程应用较广泛的钢结构构件及钢筋混凝土构件抗火设计方法。

（4）介绍了抗火研究的发展趋势，有助于理解科学的防火设计思路。

（5）教学重点为结构构件抗火设计方法与要求，抗火设计的抗力取值及荷载效应组合；教学难点为火灾下结构构件的防火保护设计方法。

思考与练习题

6-1 设有一钢构件受到 ISO 834 标准火的作用，各参数为 $c=600\text{J/(kg}\cdot\text{K)}$，$\rho=7850\text{kg/m}^3$，$\frac{A_\text{m}}{V}=180\text{m}^{-1}$，计算其 30min 时的温度。

6-2 某钢筋混凝土柱 300mm×300mm，配有 4Φ12 钢筋，钢筋中心至混凝土表面距离为 25 mm。试求下列两种条件下四面受火 120 min 时，钢筋的温度。

（1）柱外无饰面材料；（2）柱四周外抹 20 mm 厚混合砂浆。

6-3 某框架柱在各种荷载标准值作用下的内力效应如表 6-20 所示，试求进行结构抗火设计时的内力组合效应。

荷载标准值下的内力效应　　表 6-20

	永久荷载	楼面活载	屋面活载	风载	火灾升温
轴力 N_k(kN)	305	215	32	±21	76
弯矩 M_k(kN·m)	24.1	15.6	1.2	±112.5	18.6

6-4 图 6-9 所示为一焊接 H 型钢截面的轴心受拉构件，火灾时承受轴心压力设计值 $N=1488\text{kN}$。截面采用焊接组合 H274×250×8×12，翼缘钢板为火焰切割边，其截面面积 $A=80.00\text{cm}^2$。材料用 Q345，钢材的强度设计值 $f_\text{d}=310\text{N/mm}^2$。耐火时间要求为 3h，采用厚型防火涂料，涂料导热系数为 $\lambda_i=0.1\text{W/(m}\cdot\text{K)}$，密度为 $\rho_i=680\text{kg/m}^3$，比热为 $C_i=1000\text{J/(kg}\cdot\text{k)}$，求所需防火保护厚度。

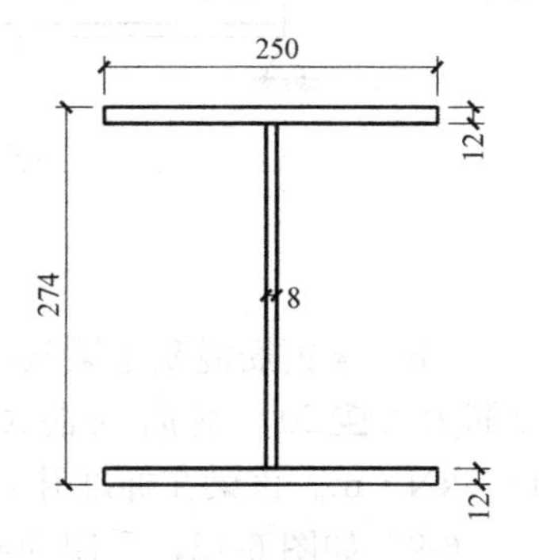

图 6-9　焊接 H 型钢截面

6-5 图 6-10 所示为一焊接 H 型钢截面的受弯构件，火灾时承受弯矩设计值 $M=330\text{kN}\cdot\text{m}$，计算长度 $l_\text{ox}=6\text{m}$，$l_\text{oy}=3\text{m}$。截面采用 HN600×200×11×17，其截面面积

$A=130.26\text{cm}^2$，$I_x=78200\text{cm}^4$，$W_x=2610\text{cm}^3$，$i_x=24.1\text{cm}$，$i_y=4.11\text{cm}$。材料用Q235，钢材的强度设计值 $f_d=205\text{N/mm}^2$。耐火时间要求为2h，采用厚型防火涂料，涂料导热系数为 $\lambda_i=0.1\text{W/(m·K)}$，密度为 $\rho_i=680\text{kg/m}^3$，比热为 $C_i=1000\text{J/(kg·k)}$，求所需防火保护厚度。

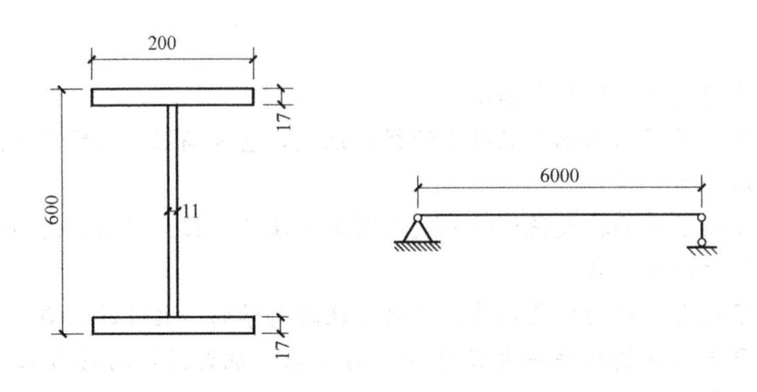

图6-10 焊接H型钢截面的受弯构件

6-6 图6-6所示的钢框架结构，梁柱均采用Q235B钢制作。结构外荷载如下（忽略钢柱自重）：各层梁所受的均布恒载标准值 $g_k=24\text{kN/m}$，均布活载标准值 $q_k=10\text{kN/m}$；节点恒载标准值 $G_k=60\text{kN}$；风荷载标准值 W_k 大小如图6-6所示。拟采用防火涂料的热传导系数 $\lambda_i=0.10\text{W/(m·℃)}$，密度为 $\rho_i=680\text{kg/m}^3$，比热为 $C_i=1000\text{J/(kg·k)}$。钢柱耐火极限要求为2h，请以框架柱 CD 为基准，确定钢柱所需的防火涂料厚度。

6-7 图6-11所示为I型钢截面的压弯构件，火灾时承受弯矩设计值 $M_x=60\text{kN·m}$，压力设计值 $N=160\text{kN}$，计算长度 $l_{ox}=6\text{m}$，$l_{oy}=3\text{m}$。已知I型钢截面规格为I36b，其截面面积 $A=83.64\text{cm}^2$，$i_x=14.08\text{cm}$，$i_y=2.64\text{cm}$，$W_x=920.8\text{cm}^3$，$W_y=84.6\text{cm}^3$。材料用Q235，钢材的强度设计值 $f_d=215\text{N/mm}^2$。耐火时间要求为3h，采用厚型防火涂料，涂料导热系数为 $\lambda_i=0.1\text{W/(m·K)}$，密度为 $\rho_i=680\text{kg/m}^3$，比热为 $C_i=1000\text{J/(kg·k)}$，求所需防火保护厚度。

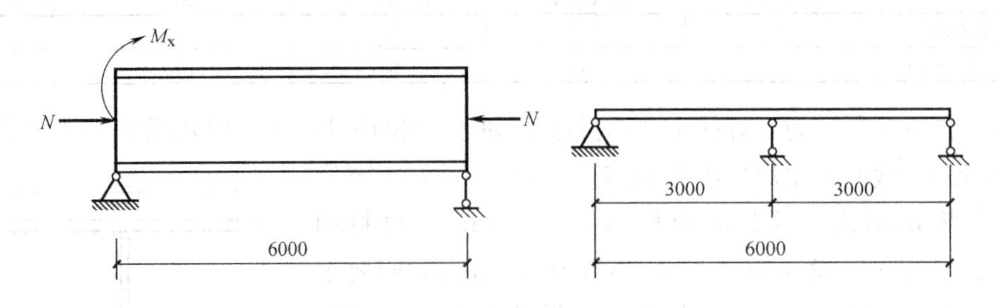

图6-11 I型钢截面的压弯构件

6-8 某钢筋混凝土梁截面尺寸为200mm×500mm，混凝土强度等级为C25，受拉区纵筋为2Φ20，钢筋的混凝土保护层厚度为25mm。跨中最大弯矩标准值 $M_k=45.6\text{kN·m}$。该梁在标准升温条件下三面受火，求该梁的耐火极限。

6-9 如图6-12，采用500℃等温线法，计算截面尺寸为400mm×400mm的四面受火钢筋混凝土柱截面，在标准升温条件下受火3h时的有效截面尺寸。

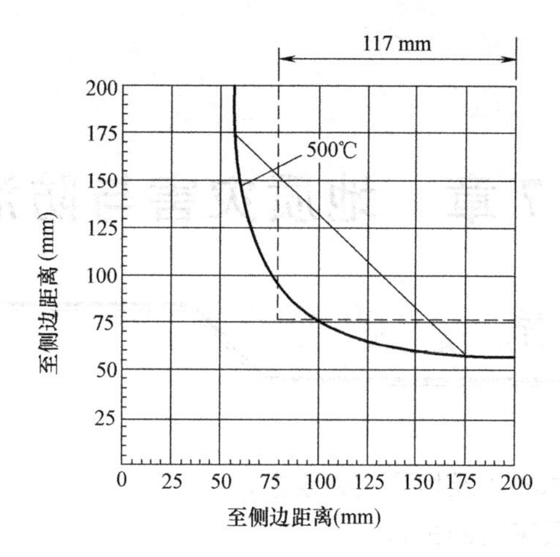

图 6-12　400×400 柱四面受火 180min 时的 500℃ 等温线

第7章　地质灾害与防治

本章要点及学习目标

本章要点：

(1) 地质灾害的基本概念及地质灾害现象；

(2) 土木工程与地质灾害的关系；

(3) 地质灾害危险性评估；

(4) 山体崩塌、滑坡、泥石流、地面塌陷、地裂缝、地面沉降等常见地质灾害的形成，对土木工程的危害和主要防治方法。

学习目标：

(1) 掌握主要地质灾害的要点知识，学会在土木工程设计及建造中正确分析有关地质作用和地质现象；

(2) 掌握常见地质灾害的成因、对工程的危害以及主要预防及处置措施。

7.1　地质灾害的基本知识

地质灾害，通常是指在自然或者人为因素作用下，地质体发生变形、破坏、运动而给人民生命财产造成损失和人类生存环境造成危害的地质现象。地质灾害可划分为数十种类型，由降雨、融雪、地震等引发的称为自然地质灾害，由工程开挖、堆载、爆破、弃土等引发的称为人为地质灾害。根据2004年国家颁布实施的《地质灾害防治条例》，常见的地质灾害主要包括山体崩塌、滑坡、泥石流、地面塌陷、地裂缝、地面沉降六种与地质作用有关的灾害。

我国地域辽阔，自然地理条件十分复杂，构造运动强烈，因此自然地质灾害种类繁多、灾情严重。同时，迅猛的经济和社会发展对资源开发的依赖程度相对较高，大规模的资源开发和工程建设以及对地质环境保护不力，人为诱发了很多地质灾害，使我国成为世界上地质灾害最为严重的国家之一。据国土资源部的统计资料，2015年全国共发生各类地质灾害8224起，其中，滑坡5616起，崩塌1801起，泥石流486起，地面塌陷278起，地裂缝27起，地面沉降16起，造成了较大人员伤亡、经济损失和对环境的破坏影响。

7.1.1　主要地质灾害现象

1. 山体崩塌

山体崩塌是指陡峻山坡上岩块、土体在重力作用下发生突然崩落或垮塌的运动现象。

崩塌的物质称为崩塌体。崩塌体为土质者为土崩；崩塌体为岩质者为岩崩；大规模的岩崩，称为山崩。崩塌可以发生在任何地带，山崩限于高山峡谷区内。崩塌体与坡体的分离界面称为崩塌面，崩塌面往往就是倾角很大的界面，如节理、片理、劈理、层面、破碎带等。崩塌体的运动方式为倾倒、崩落。崩塌体碎块在运动过程中滚动或跳跃，最后在坡脚处形成堆积地貌（图 7-1）。

2. 滑坡

滑坡是斜坡上土体、岩体或其他碎屑堆积物在重力作用下沿一定的滑动面整体下滑的现象（图 7-2）。一个典型的滑坡包括滑坡体、滑动面、滑坡后壁、滑坡台地、滑坡鼓丘和滑坡舌等构成要素。按滑体的物质组成，分为土质滑坡和岩质滑坡；按滑体受力状态，分为牵引式滑坡和推动式滑坡；按主滑面与层面的关系，分为顺层滑坡和切层滑坡；按滑坡体体积的规模，分为小型滑坡（10 万 m^3）、中型滑坡（10 万～50 万 m^3）、大型滑坡（50 万～100 万 m^3）和巨型滑坡（大于 100 万 m^3）。

图 7-1 山体崩塌

图 7-2 滑坡

滑坡与崩塌都是斜坡上的岩土体向坡脚的运动，常在相同的或近似的地质环境条件下伴生，滑坡沿滑动面滑动，滑体的整体性较好，有一定外部形态。而崩塌则无滑动面，堆积物结构零乱，多呈锥形。滑坡多以水平运动为主；崩塌则以垂直运动为主。崩塌的破坏作用急剧而强烈；滑坡作用有时则相对较缓慢。崩塌一般都发生在地形坡度大于 50°、高度大于 30m 以上的高陡边坡上；滑坡多出现在坡度 50°以下、相对平缓一些的斜坡上。

3. 泥石流

泥石流是指在山区或者沟谷深壑、地形险峻的地区，因为暴雨、融雪或其他自然灾害引发山体滑坡并携带有大量泥沙以及石块的暂时性洪流（图 7-3）。泥石流具有突然性以及流速快、流量大、物质容量大和破坏力强等特点。泥石流常常会冲毁公路铁路等交通设施甚至村镇等，造成巨大损失。

4. 地面塌陷

地面塌陷是指地表岩、土体在自然或人为因素作用下，向下陷落，并在地面形成塌陷坑（洞）的一种地质现象。当这种现象发生在有人类活动的地区时，便可能成为一种地质灾害（图 7-4）。

图 7-3 泥石流

图 7-4 地面塌陷

根据其发育的地质条件和作用因素的不同，地面塌陷可分为岩溶塌陷和非岩溶塌陷。由于可溶岩（以碳酸岩为主，其次有石膏、岩盐等）中存在的岩溶洞隙而产生的塌陷为岩溶塌陷；由于非岩溶洞穴产生的塌陷，如采空塌陷、黄土地区黄土陷穴引起的塌陷等为非岩溶塌陷。

5. 地裂缝

“地裂缝”是地面裂缝的简称，是地表岩层、土体在自然因素（地壳活动、水的作用等）或人为因素（抽水、灌溉、开挖等）作用下产生开裂，并在地面形成一定长度和宽度裂缝的一种地表破坏现象（图 7-5）。

我国地裂缝主要分布在华北和长江中下游，以汾渭地堑、太行山东麓平原和大别山北麓平原为三大地裂缝发育地带。作为一种地质灾害，以西安地裂缝破坏性较为严重，已造成巨大的损害。

6. 地面沉降

地面沉降又称为地面下沉或地陷，它是地壳运动或开采地下流体引起的区域性地面标高降低。

地面沉降分为自然发生的地面沉降和人为引起的地面沉降。自然的地面沉降一种是地表松散或半松散的沉积层在重力作用下，由松散到密实的成岩过程；另一种是由于地质构造运动、地震等引起的地面沉降。人为的地表沉降主要是大量抽取地下水所致。图 7-6 为地面沉降导致的高架桥桥墩发生错位。

图 7-5 地裂缝

图 7-6 地面沉降导致桥墩错位

7.1.2　地质灾害的分布与分级

中国地质灾害的空间分布及其危害程度与地形地貌、地质构造格局、新构造运动的强度与方式、岩土体工程地质类型、地下水条件、气象水文及植被条件、人类工程活动的类型等有着极为密切的关系。受上述诸因素制约，我国地质灾害的区域分布具有东西分区、南北分带的特征，如华北、东北、西北诸省，荒漠化进程显著；西南山区降雨多而集中，崩塌、滑坡、泥石流灾害频繁；东部平原区地面沉降、地裂缝广泛发育；沿海诸省海水入侵、海岸侵蚀等作用强烈。

地质灾害按危害程度和规模大小分为特大型、大型、中型、小型地质灾害险情和地质灾害灾情四级。

1. 特大型地质灾害险情：受灾害威胁，需搬迁转移人数在 1000 人以上或潜在可能造成的经济损失 1 亿元以上的地质灾害险情。

特大型地质灾害灾情：因灾死亡 30 人以上或因灾造成直接经济损失 1000 万元以上的地质灾害灾情。

2. 大型地质灾害险情：受灾害威胁，需搬迁转移人数在 500 人以上、1000 人以下，或潜在经济损失 5000 万元以上、1 亿元以下的地质灾害险情。

大型地质灾害灾情：因灾死亡 10 人以上、30 人以下，或因灾造成直接经济损失 500 万元以上、1000 万元以下的地质灾害灾情。

3. 中型地质灾害险情：受灾害威胁，需搬迁转移人数在 100 人以上、500 人以下，或潜在经济损失 500 万元以上、5000 万元以下的地质灾害险情。

中型地质灾害灾情：因灾死亡 3 人以上、10 人以下，或因灾造成直接经济损失 100 万元以上、500 万元以下的地质灾害灾情。

4. 小型地质灾害险情：受灾害威胁，需搬迁转移人数在 100 以下，或潜在经济损失 500 万元以下的地质灾害险情。

小型地质灾害灾情：因灾死亡 3 人以下，或因灾造成直接经济损失 100 万元以下的地质灾害灾情。

7.1.3　土木工程与地质灾害的关系

通常所说的土木工程设施主要包括直接或间接为人类生活、生产、军事、科研服务的各种工程设施，例如房屋、道路、铁路、管道、隧道、桥梁、堤坝、港口、电站、机场、海洋平台、水务以及防护工程等，所有这些设施都离不开由岩土构成的地质环境。它们不是建造在岩石或土之上，就是建造在岩石或土之中，或者以岩石或土作为材料建造而成。土木工程就是建造上述各类工程设施的科学技术的统称。土木工程设施一方面依存于一定的地质条件和地质环境；另一方面土木工程建造对地质条件和地质环境有改造或破坏作用。当自然因素或人为活动导致地质条件和地质环境的改变超过它们之前的平衡状态，就会不可避免地产生地质灾害，进而殃及人类及人类赖以生存的环境。

由于工程地质条件越来越复杂，工程建筑越来越朝着高、重、大、深的方向发展，地质灾害与土木工程的关系越来越紧密，对工程技术人员的工程素养和把握全局的能力要求也越来越高。

7.2 地质灾害的形成、危害与防治

7.2.1 地质灾害危险性评估

地质灾害危险性评估是对地质灾害的活动程度进行调查、监测、分析、评估的工作，主要评估地质灾害的破坏能力。地质灾害危险性通过各种危险性要素体现，分为历史灾害危险性和潜在灾害危险性。历史灾害危险性是指已经发生的地质灾害的活动程度，要素包括灾害活动强度或规模、灾害活动频次、灾害分布密度、灾害危害强度。其中危害强度指灾害发生时所具有的破坏能力，是灾害活动的集中反映，是一种综合性的特征指标，用灾害等级进行相对量度。

地质灾害潜在危险性评估是指未来时期将在什么地方可能发生什么类型的地质灾害，其灾害活动的强度、规模以及危害的范围、危害强度的一种分析、预测。地质灾害潜在危险性受多种条件控制，具有不确定性。地质灾害活动条件的充分程度是控制点，地质灾害潜在危险性的最重要因素，包括地质条件、地形地貌条件、气候条件、水文条件、植被条件、人为活动条件等。历史地质灾害活动对地质灾害潜在危险性具有一定影响。这种影响可能具有双向效应，有可能在地质灾害发生以后，能量得到释放，灾害的潜在危险性削弱或基本消失；也可能具有周期性活动特点，灾害发生后其活动并没有使不平衡状态得到根本解除，新的灾害又在孕育，在一定条件下将继续发生。

地质灾害危险性评估的方法主要有：发生概率及发展速率的确定方法，危害范围及危害强度分区，区域危险性区划等。

地质灾害危险性评估包括下列内容：

（1）阐明工程建设区和规划区的地质环境条件基本特征；

（2）分析论证工程建设区和规划区各种地质灾害的危险性，进行现状评估、预测评估和综合评估；

（3）提出防治地质灾害措施与建议，并作出建设场地适宜性评价结论。

7.2.2 地质灾害的形成、危害与防治

下面就六种常见的与地质作用有关的地质灾害，包括山体崩塌、滑坡、泥石流、地面塌陷、地裂缝、地面沉降等简要介绍其形成、危害与防治措施。

7.2.2.1 山体崩塌

1. 山体崩塌的形成

发生崩塌的山体多由坚硬脆性的岩组构成，如厚层砂岩、岩浆岩、变质岩中的板岩，尤其是节理裂隙发育的岩体更易发生崩塌。崩塌形成的外部因素主要有：

（1）地震。地震促发崩塌灾害，陡立的危岩体，自身为非稳定体，受到地震的影响，裂隙被拉张，块体崩落。

（2）降雨。在降雨季节，水流会对危岩体原有裂隙进一步冲蚀，使裂隙进一步扩

展，水流还软化岩体的结构面，增加静水压力，降低抗剪强度破坏岩体平衡，促发危岩体的崩落。降雨对崩塌的影响相当普遍，主要取决于危岩体自身节理裂隙的发育程度。

(3) 冻胀。冻融循环对危岩体具有破坏作用。危岩体中的节理和裂隙在雨水季节积水，寒冷季节水凝结成冰，体积膨胀，加大节理和裂隙。经过几个冻融交替，原本稳定的岩体，也会变成危岩体；原来的危岩体，会更快地崩落下来。

(4) 人类工程活动。人类工程活动能够改变危岩体的应力状态，影响危岩体的稳定性。人类工程活动主要 3 种形式影响危岩体，一是增大危岩体的临空面；二是降低危岩体的整体性；三是工程震动影响危岩体。

崩塌灾害的发生往往非一种促发因素造成，大部分都是几种促发因素相互作用的结果，故分析发生崩塌的可能性时，要综合考虑各种促发因素。

2. 崩塌对工程的危害

崩塌和后面要讲的滑坡一样，危害极大。崩塌的规模通常虽不如滑坡大，但危害却不亚于滑坡。

崩塌对线路工程的危害体现在大量崩塌块体垮塌堆在线路工程上阻断交通，砸坏输油气管道。若引起管道泄漏，将引发更大的次生灾难；若阻断输水渠道，还会造成渠道垮塌。

崩塌对房屋等建筑的危害表现在三个方面：砸——崩塌块体脱离母岩在斜坡上连滚带跳，最后落于地面将建筑物砸坏；撞——崩塌块体在陡坡上快速滚动、碰撞，遇上建筑就撞击建筑，使建筑物损坏；埋——大型崩塌几十万立方米到数百万立方米，从斜坡上部铺天盖地而来，将下面（坡脚）的建筑物掩埋。

3. 崩塌的防治方法

崩塌灾害的预防可以从以下 3 方面着手：

(1) 合理选择工程建设场址。项目实施前应对环境地质进行详细调查，并进行稳定评估。坡度大于 50°的陡坡容易发生崩塌，所以斜坡坡度大于 50°的陡坡脚和陡崖边不适宜建房修路。

(2) 工程开挖中预防崩塌发生。在道路和其他工程开挖坡脚施工时，应从开挖边坡上缘开始施工，按设计要求开挖一段（级）加固一段（级），从上至下边开挖边加固，以防崩塌发生。

(3) 疏干岸坡与排水防渗。不要随意开挖边坡，已变形的高陡边坡用防水土工布覆盖裂缝，防止雨水进入。崖顶上的水田若有漏水现象，应立即改为旱地，避免引发崩塌。

崩塌的治理，可分为防止崩塌发生的主动防护和避免造成危害的被动防护两种类型。具体方法的选择取决于崩塌历史、潜在崩塌特征及其风险水平、地形地貌及场地条件、防治工程投资和维护费用等。图 7-7 列出了主要的崩塌防治措施。其中 SNS 为安全网统（Safety Netting System）的简称。图 7-8～图 7-11 分别是对可能产生崩塌的危岩块体主动实施嵌补、支撑、锚固等防护和被动铺设金属栅栏防护的示意图。

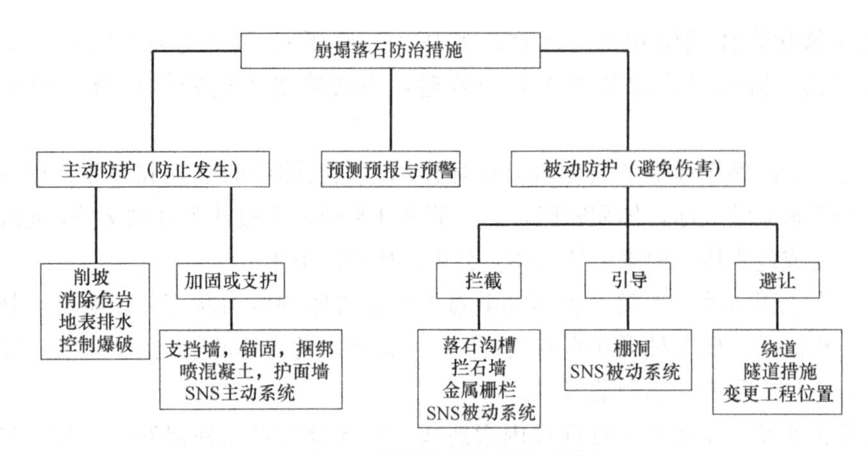

图 7-7　崩塌的防治措施系统

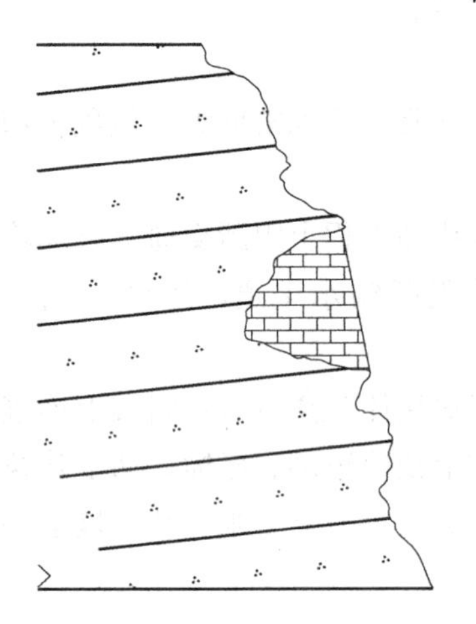

图 7-8　崩塌的防治措施—嵌补

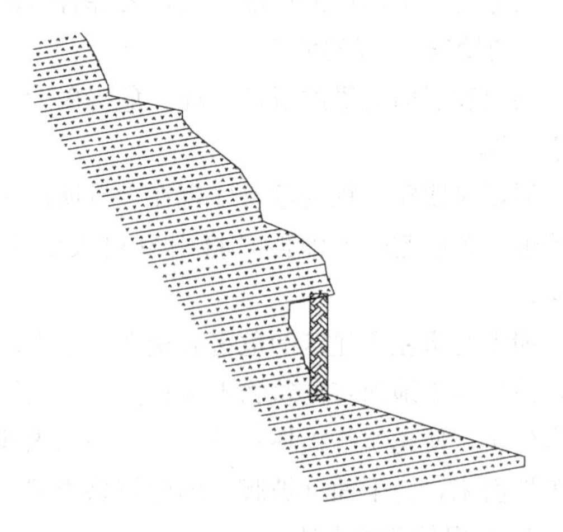

图 7-9　崩塌的防治措施—支撑

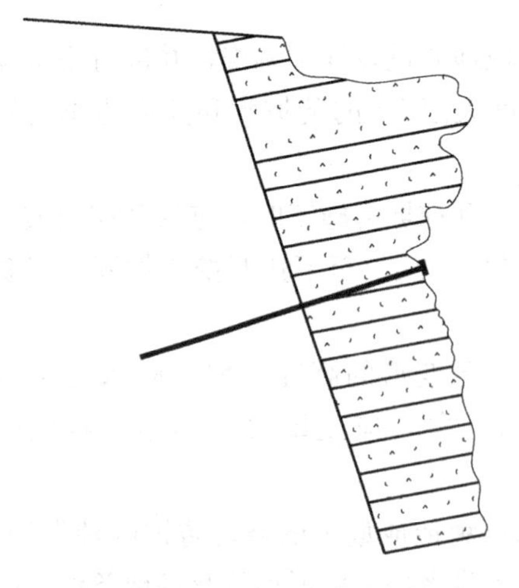

图 7-10　崩塌的防治措施—锚固

图 7-11　崩塌的防治措施—金属栅栏防护

7.2.2.2　滑坡

1. 滑坡的形成

滑坡的形成主要取决于地形地貌、地层岩性、地质构造、水文地质条件和人为活动等因素。滑坡是具有滑动条件的斜坡在多种因素综合作用下的结果，但对某一特定滑坡总有一或两个因素对滑坡的发生起控制作用，我们称它为主控因子，在滑坡防治中应着力找出主控因子及其作用的机制和变化幅度，采取主要工程措施消除或控制其作用以稳定滑坡，对其他因素则采取一般性措施达到综合治理的目的，如由地下水作用引起，则以地下截排水工程为主；如由削弱坡体支撑力引起，则以恢复和加强支挡工程为主。表 7-1 列举了作用于滑坡的因素及其作用效果。当坡体下滑力超过抗滑力时，滑坡就发生了。

作用于滑坡的因素 **表 7-1**

<table>
<tr><th colspan="2">作用因素</th><th>对滑坡的作用</th></tr>
<tr><td rowspan="6">自然因素</td><td>风化作用</td><td>降低岩土体的强度</td></tr>
<tr><td>降雨(雪)</td><td>增大滑体重量和下滑力；减少滑带土强度和抗滑力；产生静水压力</td></tr>
<tr><td>地下水变化</td><td>增加滑带土孔隙水压力，减小抗滑力；增大动水压力和下滑力</td></tr>
<tr><td>河流冲刷</td><td>增大斜坡高度和坡脚陡度和应力；减小抗滑支撑力</td></tr>
<tr><td>地震</td><td>增大下滑力；减小抗滑力；滑带土液化</td></tr>
<tr><td>崩塌加载</td><td>增大坡体重量和下滑力；增大地表水下渗</td></tr>
<tr><td rowspan="8">人为因素</td><td>开挖坡脚</td><td>增大坡脚应力，减小抗滑力</td></tr>
<tr><td>坡上加载</td><td>增大坡体重量和下滑力；增大地表水下渗</td></tr>
<tr><td>水库水位升降</td><td>增大动水压力和下滑力；浸泡抗滑地段减小抗滑力；提高地下水位和滑带土孔隙压力，减小抗滑力</td></tr>
<tr><td>灌溉水下渗</td><td>增大滑体重量和下滑力；增加滑带土孔隙压力，减小抗滑力</td></tr>
<tr><td>采空塌陷</td><td>增大下滑力；滑带松弛、地表水下渗，减小抗滑力</td></tr>
<tr><td>爆破振动</td><td>增大下滑力；破坏滑带，减小抗滑力</td></tr>
<tr><td>破坏植被</td><td>增大地表水下渗和下滑力，减小抗滑力</td></tr>
</table>

2. 滑坡的工程危害

滑坡灾害的广泛发育和频繁发生使城市建设、工矿企业、山区乡镇、交通运输、河运航道及水利水电工程等受到严重危害。

普通规模的滑坡可造成铁路路基上拱、下沉或平移，大型滑坡则掩埋、摧毁路基或线路，以致破坏铁路桥梁、隧道等工程。滑坡对道路工程的危害：一是线路工程在滑坡体上，滑坡滑动推动线路工程一起运动，使线路工程毁坏；二是线路工程在滑坡前缘，滑坡发生后将线路工程掩埋，产生灾害。1980 年我国发生铁路史上最严重的滑坡灾害——成昆铁路铁西滑坡，滑坡体填满采石场后，继续向前掩埋铁路涵洞、路基，堵塞铁西隧道双线进洞口，堆积在路基上的滑坡体厚达 14m，体积为 220 万 m^3，中断行车 40 天，那时造成的经济损失仅工程治理费就达 2300 万元。

滑坡对水利水电工程的危害也是极为严重的。特别是对水库而言，它不仅使水库淤积加剧，降低水库综合效益、缩短水库寿命，而且还可能毁坏电站，甚至威胁大坝及其下游的安全。意大利瓦依昂大坝左坝肩的滑坡灾难即是例子。

滑坡对房屋建筑的危害非常普遍。房屋无论是在滑体上，还是在滑体前沿外侧的稳定岩土上，都会遭到毁坏。如 2012 年 5 月 16 日兰州发生的山体滑坡，造成石峡口小区 4 号楼两个单元坍塌 30 户，掩埋深度约 7m。2015 年 12 月 20 日广东省深圳市光明新区凤凰社区恒泰裕工业园发生山体滑坡，滑坡覆盖面积约38万m^2，造成33栋建筑物被掩埋或不同程度受损，遇难人数达77人。

3. 滑坡的防治方法

滑坡的防治以预防为主，工程项目的选址要避开已存在的新老滑坡，采取预防措施防止古老滑坡复活和已变形滑坡产生滑动造成灾害。防治滑坡的工程措施主要围绕减少下滑力和增大抗滑力同时展开，结合预防手段，达到事半功倍的处理效果。表7-2列举了我国防治滑坡的主要措施。图7-12、图7-13分别是挡墙＋锚杆框架梁和削坡减载＋锚索框架梁处理滑坡的工程现场。

我国防治滑坡的主要措施 **表7-2**

类型	绕避滑坡	排水	力学平衡	滑带土改良
主要工程措施	1. 改移线路 2. 用隧道避开滑坡 3. 用桥梁跨越滑坡 4. 清除滑坡	1. 地表排水系统：滑体外截水沟；滑体内排水沟；自然沟防渗 2. 地下排水工程：截水盲沟；盲(隧)洞；水平钻孔群排水；垂直孔群排水；井群抽水；虹吸排水；支撑盲沟；边坡渗沟；洞-孔联合排水；电渗排水	1. 减重工程 2. 反压工程 3. 支挡工程：抗滑挡墙；挖孔抗滑桩；钻孔抗滑桩；锚索抗滑桩；锚索；支撑盲沟；抗滑键；排架桩；钢架桩；钢架锚索桩；微型桩群	1. 滑带注浆 2. 滑带爆破 3. 旋喷桩 4. 石灰桩 5. 石灰砂桩 6. 焙烧

图7-12 挡墙＋锚杆框架梁支护

图7-13 削坡减载＋锚索框架梁支护

7.2.2.3 泥石流

1. 泥石流的形成

和山体崩塌、滑坡一样，泥石流也属于斜坡地质灾害。崩塌、滑坡常常在运动过程中直接转化为泥石流，或者滑坡、崩塌发生一段时间后，其堆积物在一定的水源条件下生成泥石流。可以认为泥石流是滑坡和崩塌的次生灾害，它与滑坡、崩塌有着许多相同的促发因素。丰富的松散固体物质、陡峻的地形、足够的突发性水源是泥石流产生的三个必备条件。不合理开挖、弃土弃渣采石、滥伐乱垦等是引发泥石流的主要人为原因，它促进了泥石流的发生、发展、复活，加重了泥石流的危害程度。

2. 泥石流的工程危害

泥石流常常具有暴发突然、来势凶猛、迅速之特点，并兼有崩塌、滑坡和洪水破坏的多重作用，其危害程度比单一的崩塌、滑坡和洪水的危害更为广泛和严重。它对人类的危害具体表现在四个方面：

对居民点的危害：泥石流最常见的危害之一，是冲进乡村、城镇，摧毁房屋、工厂、企事业单位及其他场所设施。淹没人畜、毁坏土地，甚至造成村毁人亡的灾难。

对交通的危害：泥石流可直接埋没车站、铁路、公路，摧毁路基、桥涵等设施，致使交通中断，还可引起正在运行的火车、汽车颠覆，造成重大的人身伤亡事故。有时泥石流汇入河道，引起河道大幅度变迁，间接毁坏公路、铁路及其他构筑物。有时迫使道路改线，造成巨大的经济损失。

对水利工程的危害：主要是冲毁水电站、引水渠道及过沟建筑物，淤埋水电站尾水渠，并淤积水库、磨蚀坝面等。

对矿山的危害：主要是摧毁矿山及其设施，淤埋矿山坑道，伤害矿山人员，造成停工停产，甚至使矿山报废。

3. 泥石流的防治方法

在具体实施泥石流的防治时，宜采取坡面、沟道兼顾、上下游统筹的综合治理方案。一般在沟谷上游以治水（调洪水库、截水沟、引水渠）为主，中游以治土为主，下游以排导为主。还应与生物措施和其他措施（如行政法令措施等）相结合，这样才能保证其防治效益的有效发挥。

减轻或避防泥石流的工程措施主要有：

1）跨越工程，指修建桥梁、涵洞，从泥石流沟的上方跨越通过，让泥石流在其下方排泄，用以避防泥石流。这是铁道和公路交通部门为了保障交通安全常用的措施。

2）穿过工程，指修隧道、明硐或渡槽，从泥石流的下方通过，而让泥石流从其上方排泄。这也是铁路和公路通过泥石流地区的又一主要工程形式。

3）防护工程，指对泥石流地区的桥梁、隧道、路基及泥石流集中的山区变迁型河流的沿河线路或其他主要工程措施，作一定的防护建筑物，用以抵御或消除泥石流对主体建筑物的冲刷、冲击、侧蚀和淤埋等的危害。防护工程主要有护坡、挡墙、顺坝和丁坝等。

4）排导工程，其作用是改善泥石流流势，增大桥梁等建筑物的排泄能力，使泥石流按设计意图排泄（图 7-14）。排导工程包括导流堤、排导槽、束流堤等。

5）拦挡工程，用以控制泥石流的固体物和暴雨、洪水径流，削弱泥石流流量、下泄量和能量，减少泥石流对下游建筑工程的冲刷、撞击和淤埋等危害的工程措施。拦挡措施有拦渣坝（图 7-15）、储淤场、支挡工程、截洪工程等。

对于防治泥石流，常采用多种措施相结合，比用单一措施更为有效。

7.2.2.4 地面塌陷

1. 地面塌陷的形成

地面塌陷的形成有赖于岩土体的内部条件和外部条件。地下存在一定规模的空洞是发生塌陷的内因；大气降水、河、湖近岸地带的侧向倒灌以及地震是塌陷产生的外部条件；人为在地面施加荷载、爆破和车辆振动、水库蓄放水的人工调节以及快速、大降深的抽水活动往往是引发地面塌陷最普遍的外部原因。

图 7-14 泥石流排导槽

图 7-15 泥石流拦栅坝

2. 地面塌陷的工程危害

地面塌陷造成地面变形量大，变形速度快，且具有突然性，事前往往很难准确判断发生的时间。地面塌陷破坏地面建筑，造成人员伤亡；损毁铁路、公路和水利设施；引发矿井水患。

3. 地面塌陷的防治方法

由于发育的地质条件和作用因素的不同，地面塌陷可分为岩溶塌陷和非岩溶塌陷。对岩溶地面塌陷的治理工程上通常采取以下措施：

1）挖填法

常用于相对较浅的塌坑或埋藏浅的土洞。清除其中的松土，填入块石、碎石形成反滤层，其上覆盖以黏土并夯实。

2）跨越法

用于较深大的塌陷坑或土洞。对建筑物地基而言，可采用梁式基础、拱形结构或以刚性大的平板基础跨越、遮盖溶洞，避免塌陷危害。对道路路基而言，可选择塌陷坑直径较小的部位，采用整体网格垫层的措施进行整治。

3）强夯法

在土体厚度较小、地形平坦的情况下，采用强夯砸实覆盖层的方法消除土洞，提高土层的强度。

4）钻孔充气法

随着地下水位的升降，溶洞空腔中的水气压力产生变化，经常出现气爆或冲爆塌陷，设置各种岩溶管道的通气调压装置，破坏真空腔的岩溶封闭条件，平衡其水、气压力，减少发生冲爆塌陷的机会。

5）灌注法

在溶洞埋藏较深时，通过钻孔灌注水泥砂浆，填充岩溶孔洞或缝隙，隔断地下水流通道，达到加固建筑物地基的目的。灌注材料主要是水泥、碎料（砂、矿渣等）和速凝剂（水玻璃、氧化钙）等。

6）深基础法

对于一些深度较大，跨越结构无能为力的土洞、塌陷，通常采用桩基工程，将荷载传递到下部硬层上。

7）旋喷加固法

在浅部用旋喷桩形成一“硬壳层”，在其上再设置筏板基础。“硬壳层”厚度根据具体地质条件和建筑物的设计而定，一般 10～20m 即可。

7.2.2.5　地裂缝

1. 地裂缝的形成

地裂缝的形成原因复杂多样，地壳运动、地面沉降、滑坡、特殊土的膨胀与收缩、黄土湿陷等以及人类活动都可引起。地裂缝按成因一般分为构造地裂缝、非构造地裂缝和混合成因地裂缝三类。

1）构造地裂缝。各种地震引起地面的强烈震动，基底断裂活动均可产生这类裂缝。

2）非构造地裂缝。松散土体潜蚀、特殊土的膨胀与收缩、黄土湿陷、地面沉陷产生的裂缝就属于此类。

3）混合成因地裂缝。发育隐伏裂隙的土体，在地表水或地下水冲刷、潜蚀作用下，裂隙中的物质被水带走，裂隙向上开启、贯通而成。

2. 地裂缝的工程危害

地裂缝以垂直差异沉降和水平拉张破坏为主，兼有走向上的扭动，其破坏作用主要限于地裂缝带范围，它对远离地裂缝带的建筑物不具辐射作用。水平方向上，主裂缝破坏最为严重，向两侧逐渐减弱，上盘灾害重于下盘；垂直方向上，地裂缝灾害效应自地表向下递减。

地裂缝作为一种独特的城市地质灾害，自 20 世纪 50 年代后期发现，1976 年唐山大地震以后活动明显加强，特别是进入 20 世纪 80 年代以来，由于过量抽汲地下承压水导致的地裂缝两侧不均匀地面沉降进一步加剧了地裂缝的活动。各类地裂缝穿越居住区、厂矿、农田，横切道路、水管及各种公共设施，其所经之处，地面及地下各类建筑物开裂，路面破坏，地下供水、输气管道错断，危及一些著名文物古迹的安全，不但造成了较大经济损失，也给居民生活带来不便。

以西安为例，其地裂缝群分布面积约 155km^2。它在特殊的黄土梁洼地貌的基础上，成带状发育，准平行等间距，北北东（NNE）向展布，主地裂缝均显示南倾南降特点。西安市区根据地表出露形迹和多种勘察手段确定的地裂缝带有 11 条。引起西安地裂缝近期强烈活动因素除构造活动外，主要与过量开采承压水引发的地裂缝两侧地面不均匀沉降有关。

3. 地裂缝的防治方法

1）确定合理的避让距离

起因于构造活动的地裂缝向地表下延伸很深，对建筑物的破坏是不可抗拒的，所以防治应以避让为主。避让距离的确定，应在查清地裂缝发育现状和灾害程度的基础上，综合考虑下部构造活动和地下水开采对地裂缝活动的影响，预测地裂缝未来发展趋势，具体参考表 7-3。

地裂缝场地避让安全距离及建筑物类型 表 7-3

分带		宽度(m)		容许建筑类型	建筑物适应性
		上盘(SE)	下盘(NW)		
避让区	不安全带	0～6	0～4	简易建筑或露天场地，如公园、停车场	避让场地
设防区	次不安全带	6～15	4～9	三层以下民用建筑或单层厂房	有条件适应性场地
	次安全带	15～25	9～15	24m 高以下民用建筑或跨度小于 18m 的厂房	有条件适应性场地
安全区	安全带	＞25	＞15	高层建筑及特殊建筑，如水塔或桥梁等	常规建设场地

2）控制地下水开采

过度抽取地下水引发地面变形是产生或加剧地裂缝活动的直接原因。多种成因地裂缝均和地下水开采有关，所以在地裂缝场地内应严格控制地下水开采，合理限制地下水开采范围、开采层位、开采强度。

3）建筑物防治对策

可采取适当加固法、部分折除法、地基的特殊处理方法以及加强地基的整体性和加强建筑物上部结构刚度和强度等工程措施，抵抗由地裂缝差异沉降产生的拉裂破坏作用。

4）生命线工程的防治对策

对于线路工程，当无法避免跨越地裂缝时，在跨越地裂缝地段可以采取预应力拱梁、悬空式架设等对不均匀沉降不敏感的结构；或在管道底部铺设一定厚度的碎石层，减小差异变形量；设置专门监测网络，实时掌握地裂缝发展变化，确保工程安全。

7.2.2.6 地面沉降

1. 地面沉降的形成

大面积地面沉降的形成有自然和人为两方面因素。前者主要由地壳形变或构造运动引起，如构造升降运动、地震、火山活动、大陆冰盖巨大静压力产生的地面沉降；后者主要由人类工程活动引起，如大规模开采地下水和油气资源、高层建筑和大型工程的地面加载产生的地面沉降。由基底下降和构造蠕变形成的地面沉降值每年可达数毫米，地下水、油气资源开采引起的地面沉降要大得多。表 7-4 为世界各地开采地下水及油气资源引起的地面沉降值。工程建造引起的地面沉降亦不可忽视，上海市 30％地面沉降来自高层建筑和大型工程的影响。冰川期形成厚度达 2000m 的大陆冰盖所产生的巨大静压力使挪威、芬兰发生地面沉降最大值达 2.5m。

开采地下水及油气资源引起的地面沉降值 表 7-4

国家及地区	沉降面积(km^2)	最大沉降速率(cm/a)	最大沉降量(m)	主要原因
东京	1000	19.5	4.6	开采地下水
大阪	1635	16.3	2.8	

续表

国家及地区	沉降面积(km^2)	最大沉降速率(cm/a)	最大沉降量(m)	主要原因
加州圣华金流域	9000	46.0	8.55	开采石油
德克萨斯州	10000	17.0	1.5	
墨西哥	7560	42.0	7.5	开采石油
意大利波河三角洲	800	30.0	>0.25	开采石油
上海		10.1	2.67	开采地下水
天津	8000	21.6	1.76	

2. 地面沉降的工程危害

1）削弱城市排水管网功能。地面沉降发展使沉降中心的地面高度明显降低，形成碟形洼地，改变了地表水径流条件，影响排涝和排水管网运行能力，雨季易形成城市洪涝。

2）毁坏建筑物和生产设施。地面沉降会对地表或地下建筑物造成危害，如建筑物倾斜开裂、地下管网（排污、供水、通信、电力和其他设施）错断、生产设备受损停产并危害地下交通设施的正常运营等。

3）造成海水入侵或海水倒灌和港湾设施失效。在沿海地区，地面沉降还会造成海水入侵或海水倒灌，一些港口城市由于码头、堤岸的沉降而丧失或降低了港湾设施能力。

在地面沉降区还有一些较为常见的现象，如深井管上升、井台破坏、高楼脱空、桥墩不均匀下沉等，这些现象虽然不致造成大的危害，但也会给市政建设的各方面带来影响。

在我国50余个出现地面沉降的城市中，长三角地区、华北平原和汾渭盆地成为三个重灾区。长三角中心上海市地面沉降的损失估算达2943亿元（表7-5），华北平原截止到2013年地面沉降的损失逾3000亿元，全国的每年总损失达数百亿元之巨。2012年春，国务院审批通过了第一部地面沉降防治规划，对这些地区进行最大限度的治理。

上海市地面沉降的损失估算 **表7-5**

序 号	项 目	估算值(亿元)
1	直接经济损失	189.38
1.1	安全高程损失	169.45
1.2	市政基础设施损失	16.01
1.2.1	道路桥梁损失	0.36
1.2.2	港区码头损失	13.93
1.2.3	地下管线损失	1.71
1.3	深井损失	3.92
2	间接经济损失	2753.69
2.1	潮灾损失	1754.59
2.2	涝灾损失	847.77
2.3	运力下降损失	6.63
2.4	挡潮工程费用	51.09
2.5	排水工程费用	76.86
2.6	减灾防灾投入	16.75
2.6.1	控沉科研投入	10.75
2.6.2	回灌投入	6.00
3	总计	2943.07

3. 地面沉降的防治方法

1）合理开采地下水

(1) 取水地点尽可能安排在砂砾石层、黏性土夹层少的地段；

(2) 在黏性土层多且相变复杂的地区，尽量以地表水作为供水水源，减少或不开采地下水；

(3) 减少开采量，且尽量采用恒定开采办法，不要形成长期增长的开采局面；

(4) 将集中开采变为分散开采；

(5) 减少开采强度，使降落漏斗平且缓，减少沉降的不均匀性和局部沉降过大，避免出现明显的挤压带和拉张带，以减少水平位移和垂直位移集中的现象。

2）地下水人工回灌（等量置换）

人工回灌可用于油气田，即对抽汲的液体按等体积替换，以保证孔隙水压力不造成明显下降。因水比油气比重大，可起到驱赶油气的作用。这种方法也可用于地下水开采区，但要注意注入废水应在运移途中被净化，以避免造成新的污染。

3）对含水层进行修复

含水层存储和修复技术在美国各州得以广泛应用。在圣克拉拉山谷，目前需水量仍然很大，但由于地表水的引入，回灌得以实施，使得地下水抽汲量减少，从而防止了地下水位的继续下降。另外，该区水资源管理局在当地的河流上建立了5个蓄水坝以收集雨水，这样增加了河水对流经区的地下水的补给。这个地区是美国第一个被发现也是第一个采取有效措施并终止了沉降的地区。

4）节约生活和生产用水

节水是制止沉降的一项重要措施。减少人均用水量和工业用水量，尽量使地下水位保持在历史最低水位以上。

本章小结

(1) 地质灾害的基本知识。

(2) 介绍了日常生活与工程实践中常见的地质灾害现象，主要包括山体崩塌、滑坡、泥石流、地面塌陷、地裂缝、地面沉降六种与地质作用有关的地质灾害的形成、危害与防治措施。

思考与练习题

7-1 地质灾害的产生条件是什么？哪个是主因，哪个是诱因？

7-2 结合我国的地质地理特点，试述我国地质灾害的分布规律及不同区域的重点灾害种类。

7-3 何谓危岩崩塌？在防治崩塌的方法中，哪些方法是主动防护方法，哪些是被动防护方法？什么时候采用主动防护方法，什么时候采用被动防护方法？

7-4 什么是滑坡中的主控因子？滑坡防治工程中主控因子起什么作用？

7-5　尽可能多地列举增加抗滑力和减少下滑力的工程措施。

7-6　泥石流产生的必备条件有哪些？简述崩塌、滑坡、泥石流的联系与区别。

7-7　减轻或避防泥石流的工程措施主要有哪些？

7-8　哪些结构形式可以用来处理跨度比较大的地面塌陷？

7-9　什么类型的地裂缝防治应以避让为主？地裂缝场地避让安全距离及建筑物类型是如何确定的？

7-10　如何有效地对含水层进行修复并终止地面沉降趋势？

参考文献

[1] 赵克常. 地震概论 [M]. 北京：北京大学出版社，2012.

[2] 任爱珠，许镇，纪晓栋，陆新征. 防灾减灾工程与技术 [M]. 北京：清华大学出版社，2014.

[3] 李风. 工程安全与防灾减灾 [M]. 北京：中国建筑工业出版社，2005.

[4] 江见鲸，徐志胜. 防灾减灾工程学 [M]. 北京：机械工业出版社，2005.

[5] 潘学标，郑大玮. 地质灾害及其减灾技术 [M]. 北京：化学工业出版社，2010.

[6] 魏伴云. 火灾与爆炸灾害安全工程学 [M]. 武汉：中国地质大学出版社，2004.

[7] 叶列平. 土木工程科学前沿 [M]. 北京：清华大学出版社，2006.

[8] 熊仲明，王社良. 土木工程结构试验 [M]. 北京：中国建筑工业出版社，2015.

[9] 马宗晋，杜品仁. 现今地壳运动问题 [M]. 北京：地震出版社，1995.

[10] 中国科学院地质研究所. 中国地震地质概论 [M]. 北京：科学出版社，1975.

[11] 扶长生. 抗震工程学——理论与实践 [M]. 北京：中国建筑工业出版社，2013.

[12] 李爱群，高振世，张志强. 工程结构抗震与防灾（第 2 版） [M]. 南京：东南大学出版社，第 2 版，2012.

[13] 上海市地震局，同济大学. 上海地震动参数区划 [M]. 北京：地震出版社，2004.

[14] 胡聿贤. 地震工程学（第 2 版）[M]. 北京：地震出版社，2006.

[15] 谢礼立，马玉宏，翟长海. 基于性态的抗震设防与设计地震动 [M]. 北京：科学出版社，2009.

[16] 中华人民共和国国家标准. 中国地震动参数区划图 GB 18306—2015 [S]. 北京：中国标准出版社，2001.

[17] 中华人民共和国国家标准. 建筑抗震设计规范 GB 50011—2010 [S]. 北京：中国建筑工业出版社，2010.

[18] 中华人民共和国国家标准. 建筑工程抗震设防分类标准 GB 50233—2008 [S]. 北京：中国建筑工业出版社，2008.

[19] R. 克拉夫，J. 彭津，王光远等译. 结构动力学（第 2 版（修订版）） [M]. 北京：高等教育出版社，2006. 11（2015. 3 重印）.

[20] 王亚勇. 概论汶川地震后我国建筑抗震设计标准的修订 [J]. 土木工程学报，42（5）：1-12，2009.

[21] 黄世敏，杨沈. 建筑震害与设计对策 [M]. 北京：中国计划出版社，2009.

[22] 刘大海，杨翠如. 高层结构抗震设计 [M]. 北京：中国建筑工业出版社，1998.

[23] 王亚勇，黄卫. 汶川地震建筑震害启示录 [M]. 北京：地震出版社，2009.

[24] 沈聚敏，周锡元，高小旺，刘晶波. 抗震工程学（第 2 版） [M]. 北京：中国建筑工业出版社，2015..

[25] 李国强，李杰，苏小卒. 建筑结构抗震设计（第 2 版）[M]. 北京：中国建筑工业出版社，2008..

[26] 中华人民共和国国家标准. 钢结构设计规范 GB 50017—2003 [S]. 北京：中国建筑工业出版社，2006..

[27] 李爱群，丁幼亮，高振世. 工程结构抗震设计 [M]. 北京：中国建筑工业出版社，2010.

[28] 张新培. 钢筋混凝土抗震结构非线性分析 [M]. 北京：科学出版社，2003.

[29] 江见鲸，陆新征，叶列平. 混凝土结构有限元分析 [M]. 北京：清华大学出版社，2005.

[30] 方鄂华. 高层建筑钢筋混凝土结构概念设计 [M]. 北京：机械工业出版社，2006.

[31] 叶爱君，管仲国. 桥梁抗震（第 2 版），北京：人民交通出版社，2012.

[32] 中华人民共和国公路工程行业推荐性标准. 公路桥梁抗震设计细则 JTGT B02-01—2008 [S]. 北京：人民交通出版社，2008.

[33] 中华人民共和国行业标准. 公路工程抗震规范 JTG B02—2013 [S]. 北京：人民交通出版社，2013.

[34] 中华人民共和国行业标准. 城市桥梁抗震设计规范 CJJ 166—2011 [S]. 北京：中国建材工业出版社，2011.

[35] 中华人民共和国国家标准. 城市轨道交通结构抗震设计规范 GB 50909—2014 [S]. 北京：中国计划出版社，2014.

[36] 中华人民共和国国家标准. 铁路工程抗震设计规范（GB 50111—2006）（2009 版）[S]. 北京：中国计划出版社，2009.

[37] 范立础，王志强. 桥梁减隔震设计 [M]. 北京：人民交通出版社，2001.

[38] 赵鸿铁，徐赵东，张兴虎. 耗能减震控制的研究、应用与发展 [J]. 西安建筑科技大学学报（自然科学版），239（1）：1-5，2001.

[39] 周云，邓雪松，汤统壁，等. 中国（大陆）耗能减震技术理论研究、应用的回顾与前瞻 [J]. 工程抗震与加固改造，28（6）：1-15，2006 .

[40] 周云. 金属耗能减振结构设计 [M]. 武汉：武汉理工大学出版社，2006..

[41] 周云. 黏滞阻尼器减振结构设计 [M]. 武汉：武汉理工大学出版社，2006..

[42] 赵斌华. 消能减振结构的设计方法研究 [D]. 西安建筑科技大学，2014. .

[43] 李爱群. 工程结构减振控制 [M]. 北京：机械工业出版社，2007..

[44] 温东辉，宋凤明，李自刚. 160MPa 级抗震用低屈服点钢的研究与应用 [J]. 钢铁研究学报，22（1）：52-56，2010 .

[45] Watanabe A，Hitomi Y，Saeki E，et al. Properties of brace encased in buckling-restraining concrete and steel tube [C]. Proceedings of Ninth World Conference on Earthquake Engineering，4：719-724，1988 .

[46] Chen C C，Wang C H，Hwang T C. Buckling strength of buckling inhibited braces [C]. Proc. 3rd Japan-Korea-Taiwan Joint Seminar on Earthquake Engineering for Building Structures，2001：265-271.

[47] 黄镇，李爱群. 建筑结构金属消能器减震设计 [M]. 北京：中国建筑工业出版社，2015..

[48] 李宗京. 新型弯曲型与剪切型软钢阻尼器的理论与试验研究 [D]. 东南大学，2012..

[49] 汪大洋，周云，王烨华，等. 粘滞阻尼减震结构的研究与应用进展 [J]. 工程抗震与加固改造，28（4）：22-31，2006.

[50] 丁洁民，王世玉，吴宏磊等. 高层建筑黏滞阻尼墙变形分解与布置研究 [J]. 建筑结构学报，37（6）：36-45，2016.

[51] 李爱群. 工程结构减振控制 [M]. 北京：机械工业出版社，2007.

[52] 潘鹏等. 建筑结构消能减震设计与案例 [M]. 北京：清华大学出版社，2014.

[53] 唐家祥，刘再华. 建筑结构基础隔震 [M]. 武汉：华中理工大学出版社，1993.

[54] 周福霖. 工程结构减震控制 [M]. 北京：地震出版社，1997.

[55] 日本免震构造协会，叶列平译. 图解隔震结构入门 [M]. 北京：科学出版社，1998.

[56] 陈政清. 桥梁风工程 [M]. 北京：人民交通出版社，2005..

[57] Simiu E，Scanlan R H. Wind effets on structures [M]. New York：John Wiley & Sons，INC，1996..

[58] 项海帆. 现代桥梁抗风理论与实践 [M]. 北京：人民交通出版社，2005..

[59] 中华人民共和国行业标准. 公路桥梁抗风设计规范 JTG/T D60-01—2004 [S]. 北京：人民交通出版社，2004.

[60] 李国豪. 桥梁结构稳定与振动 [M]. 北京：中国铁道出版社，1992.

[61] Scanlan R. H, Tomko J. J. Airfoil and bridge deck flutter derivatives. Journal of Engineering. Mechanics [J]. ASCE, 97 (6): 1171～1173, 1971.

[62] Theodorsen T. General theory of aerodynamic instability and the mechanism of flutter [R]. NACA Report No. 496, Langley, 1935.

[63] 王召祥. 基于CFD和系统辨识理论的大跨桥梁颤振导数识别研究 [D]. 湖南大学, 2009.

[64] Macdonald J H G, Irwin P A, Fletcher M S. Vortex-induced Vibrations of the Second Severn Crossing Cable-stayed Bridge-full scale and Wind Tunnel Measurements [J]. Structures & Buildings, 152 (2): 123-134, 2002.

[65] Larsen A, Esdahl S, Andersen J E, et al. Storebaelt Suspension Bridge-vortex Shedding Excitation and Mitigation by Guide Vanes [J]. Journal of Wind Engineering and Industrial Aerodynamics, 88 (2): 283-296, 2000.

[66] Li H, Laima S, Ou J, et al. Investigation of Vortex-induced Vibrarion of s Suspension Bridge with Two Separated Steel Box Girders Based on Field Measurements [J]. Engineering Structure, 33 (6): 1894-1907, 2011.

[67] Wang H. , Hu R. M. , Xie J. , et al. Comparative study on buffeting performance of Sutong Bridge based on design and measured spectrum [J]. ASCE Journal of Bridge Engineering, 18 (7): 587-600, 2013.

[68] 陶天友. 大跨度三塔连跨悬索桥风致抖振及其MTMD控制研究 [D]. 东南大学, 2015. .

[69] Davenport A. G. Buffeting of a suspension bridge by storm winds [J]. Journal of the Structural Division, 88 (3): 233-270, 1962.

[70] Scanlan R H. The action of flexible bridge under wind. part 2: buffeting theory [J]. Journal of Sound and Vibration, 160 (2), 1978.

[71] 卡埃塔诺. 斜拉桥的拉索振动与控制 [M]. 北京: 中国建筑工业出版社, 2012.

[72] 陈政清. 斜拉索风雨振现场观测与振动控制 [J]. 建筑科学与工程学报, 04: 5-10, 2005.

[73] 黄本才. 结构抗风分析原理及应用 [M]. 上海: 同济大学出版社, 2001.

[74] 武岳. 风工程与结构抗风设计 [M]. 哈尔滨: 哈尔滨工业大学出版社, 2014.

[75] 中华人民共和国国家标准. 建筑结构荷载规范GB 50009—2012 [S]. 北京: 中国建筑工业出版社, 2012.

[76] 中华人民共和国行业标准. 高层民用建筑钢结构技术规程JGJ 99—2015 [S]. 北京: 中国建筑工业出版社, 2015.

[77] 中华人民共和国行业标准. 高层建筑混凝土结构技术规程JGJ 3—2010 [S]. 北京: 中国建筑工业出版社, 2010.

[78] 中华人民共和国国家标准. 高耸结构设计规范GB 50135—2006 [S]. 北京: 中国计划出版社, 2007.

[79] 项海帆. 结构风工程的现状与展望 [J]. 振动工程学报, 10 (3): 258-263, 1997.

[80] 谢壮宁. 三个不同高度高层建筑间的横风向动力干扰效应 [J]. 西安交通大学学报, 09: 14-22, 2004.

[81] 张相庭. 工程结构风荷载理论和抗风计算手册 [M]. 同济大学出版社, 1990.

[82] SimiuE, ScanlanRH, 刘尚培, 项海帆译. 风对结构的作用——风工程导论 [M]. 上海: 同济大学出版社, 1992.

[83] 张相庭. 结构风压和风振计算 [M]. 上海: 同济大学出版社, 1985.

[84] 胡卫兵, 何建. 高层建筑与高耸结构抗风计算机风振控制 [M]. 北京: 中国建材工业出版社, 2003.

[85] 何钟山. 高耸结构和高层建筑风振控制的等级设计风荷载 [D]. 武汉理工大学，2008.
[86] 杜咏，楼国彪，张海燕，蒋首超. 结构工程防火 [M]. 武汉：武汉大学出版社，2014.
[87] 中华人民共和国国家标准. 建筑钢结构防火技术规范 GB 51249—2017 [S]. 北京：中国建筑工业出版社，2017.
[88] 广东省地方标准. 建筑混凝土结构耐火设计技术规程 DBJ/T 15-81—2011 [S]. 北京：中国建筑工业出版社，2011.
[89] 中华人民共和国国家标准. 砌体结构设计规范 GB 50003—2011 [S]. 北京：中国建筑工业出版社，2011.
[90] 中华人民共和国国家标准. 混凝土结构设计规范 GB 50010—2010 [S]. 北京：中国建筑工业出版社，2010.
[91] 中华人民共和国国家标准. 建筑设计防火规范 GB 50016—2014 [S]. 北京：中国计划出版社，2006.
[92] E Hock，J W Bray. Rock slope engineering [M]. Civil and mining 4th Edition，London & New YorkSpon Press，2005.
[93] 段永侯. 中国地质灾害的基本特征与发展趋势 [J]. 第四纪研究，19 (3)：208-216，1999.
[94] 黄润秋，陈龙生. 中国的人类活动诱发滑坡灾害：机制及对灾害控制的意义 [J]. 岩石力学与工程学报，23 (16)：2766-2777，2004.
[95] 黄润秋. 20 世纪以来中国的大型滑坡及其发生机制 [J]. 岩石力学与工程学报，26 (3)：433-454，2007.
[96] 唐邦兴. 中国泥石流 [M]. 北京：商务印书馆，2000.
[97] 王继康，黄荣鉴，丁秀燕. 泥石流防治工程技术 [M]. 北京：中国铁道出版社，1996.